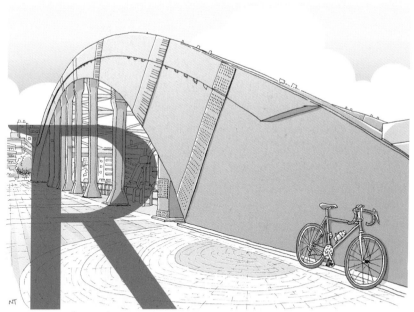

Rによる
多変量解析入門
データ分析の実践と理論

川端一光・岩間徳兼・鈴木雅之 共著

本書に掲載されている会社名・製品名は、一般に各社の登録商標または商標です。

本書を発行するにあたって、内容に誤りのないようできる限りの注意を払いましたが、本書の内容を適用した結果生じたこと、また、適用できなかった結果について、著者、出版社とも一切の責任を負いませんのでご了承ください。

　本書は、「著作権法」によって、著作権等の権利が保護されている著作物です。本書の複製権・翻訳権・上映権・譲渡権・公衆送信権（送信可能化権を含む）は著作権者が保有しています。本書の全部または一部につき、無断で転載、複写複製、電子的装置への入力等をされると、著作権等の権利侵害となる場合があります。また、代行業者等の第三者によるスキャンやデジタル化は、たとえ個人や家庭内での利用であっても著作権法上認められておりませんので、ご注意ください。
　本書の無断複写は、著作権法上の制限事項を除き、禁じられています。本書の複写複製を希望される場合は、そのつど事前に下記へ連絡して許諾を得てください。

出版者著作権管理機構
（電話 03-5244-5088，FAX 03-5244-5089，e-mail：info@jcopy.or.jp）

JCOPY ＜出版者著作権管理機構 委託出版物＞

まえがき

　本書は，マーケティングリサーチ，人事，組織評価などのビジネス分野や，社会科学，行動科学などの学術分野において「データ解析者」を志す皆さんの自習用テキストとして，また「データ解析者」を育成する大学講義や企業内研修における講習用テキストとして活用されることを目的とした，多変量解析に関する「実用的専門書」です。統計解析環境 R を動かしながら，多変量解析の実践法と理論を学ぶことができます。本書の特徴について以下に説明します。

想定する読者　本書は，文科系の大学生や大学院生，数学が必ずしも得意ではない企業人を読者として想定し，『R によるやさしい統計学』[*1]と併せて読まれることを念頭に執筆されています。数理統計的な展開を追求しない分，分析結果の解釈の仕方，論文やレポートなどでの報告例などについて，ていねいに解説をしており，実務に直接的に役立つ内容を求める読者に適しています。統計ソフトのマニュアル本でデータ解析を学ぼうとすると，説明が簡素すぎて理論的な解説が欲しくなることがよくあります。本書は実践と理論のバランスがとれた解説を求める読者に対応する一冊を目指しました。

章立てのコンセプト　各統計手法は，実際に分析に使われる状況を想定し，「○○したいときはどうすればよいのか」という問いかけに応える問題・解答形式で解説されます。これにより，データ分析の課題に直面している読者の視点に沿った解説が可能になります。また，理論と実践を同時に扱う書籍では，手法ごとに最初に理論，次に実践の順で解説を行うことが多いのに対し，本書では，最初に R による実践法を解説しています。これにより，本書にマニュアル本的な機能を期待する読者に対応します。つまり，理論の部分をていねいに読まなくても，手を動かすことによって分析手法の概要について把握できるということです。とはいえ，結果の解釈を正確に行うためには，理論にも習熟しておく必要があります。そこで，続いて理論的な解説を行っています[*2]。

分析コード　R のコードは原則として，R のコンソール上での表示と一致するように記述しています。また，Windows OS で動作する R（ver. 3.4.4）を前提に執筆されています。R の導入については『R によるやさしい統計学』を参照してください。

[*1] 山田剛史・杉澤武俊・村井潤一郎 (2008). オーム社.

[*2] 説明の都合上，実践と理論の解説が混在している章もあります。

コラム 各手法に関連したコラムを各章に設け，コーヒーブレーク的な内容から，本文の補足まで，さまざまな話題を取り扱っています。

章末演習 章末にデータ解析の演習問題を配置しました。解答例は巻末にまとめてあります。また，演習問題用のデータも提供しています。

R による分析コード，データの提供 本書の解説に利用したデータや R のコードは，オーム社 Web ページ（https://www.ohmsha.co.jp/）の書籍個別紹介ページよりダウンロードできますので，R によって分析結果を確認しながら学習を進めることができます。各章のフォルダ内には分析用 R コードとデータ（csv 形式）が含まれています。演習問題用のコードとデータも同一フォルダ内に収められています。断りがない限り，データは著者によって作成された架空のものです。ダウンロードした全てのデータについて無断引用や無断配布はご遠慮ください。

取り上げる多変量解析手法 データ解析の実務や社会科学・行動科学系の学術雑誌で利用されることが多い多変量解析を厳選しました。3 名の著者の専門が心理学領域なので，学力や知能などの潜在変数を取り扱う統計手法（因子分析や構造方程式モデリング）についても解説しています。社会学や経営学の学術領域や，マーケティングリサーチでも潜在変数の測定と分析に興味が持たれることが多いので，そのようなニーズに対応しています。

本書の構成

本書の構成を表 1 に示します。本書は 6 部構成になっています。第 I 部では，多変量解析の基礎について解説します。1 章では多変量データに対する記述統計や推測統計について，2 章ではアンケートデータや ID-POS データに対するデータハンドリング技術について学びます。

第 II 部では量的変数を説明・予測する代表的な統計モデルについて解説します。3 章で説明・予測モデルの基本となる重回帰分析を，4 章でその発展手法である階層的重回帰分析を学びます。大規模なデータベースを分析する研究者や実務家には，近年，複数の集団から測定されたデータに対して説明・予測モデルを構築したいというニーズがあります。5 章では，そのようなニーズに対するマルチレベルモデルでの解決法を学びます。6 章では，複数の変数間の関係性について研究者の仮説を反映させた複雑な統計モデルを構築する方法（パス解析）を学びます。

第 III 部では，心理尺度を開発する際に適用されることが多い 3 つの統計手法について解説します。これらの統計手法は，実際には観測されていない潜在変数を扱うという特徴があります。7 章で探索的因子分析，8 章で確認的因子分析を学び，それらの知識を前提に，9 章で潜在変数を伴ったパス解析を学びます。

まえがき　v

表1　本書の章構成

部	章	分析目的と対応する手法
I. 多変量解析の基礎	1	目的：多変量解析の基礎を学びたい 手法：多変量データの記述統計・推測統計
	2	目的：R によるデータハンドリングを学びたい 手法：アンケートデータと ID-POS データのハンドリング
II. 量的変数の説明・予測	3, 4	目的：現象を説明・予測する統計モデルを作りたい 手法：重回帰分析，階層的重回帰分析
	5	目的：さまざまな集団から得られたデータを分析したい 手法：マルチレベルモデル
	6	目的：複雑な仮説を統計モデルとして表したい (1) 手法：パス解析
III. 心理尺度の分析	7, 8	目的：心理尺度を開発したい 手法：探索的因子分析，確認的因子分析
	9	目的：複雑な仮説を統計モデルとして表したい (2) 手法：潜在変数を伴うパス解析
IV. 質的変数の説明・予測	10	目的：クロス集計表をもっとていねいに分析したい 手法：対数線形モデル
	11	目的：カテゴリに所属する確率を説明・予測したい 手法：ロジスティック回帰分析
V. 個体と変数の分類	12	目的：似たもの同士にグループ分けしたい 手法：クラスター分析
	13	目的：質的変数間の連関を視覚化したい 手法：コレスポンデンス分析
VI. 多変量解析を使いこなす	14	目的：データが持つ情報を視覚化したい 手法：ggplot2 による図の描画
	15	目的：多変量解析を実践で生かしたい 手法：手法を組み合わせて分析するアイデア

　第 IV 部では，質的変数を説明・予測する 2 つの統計モデルについて解説します。10 章では対数線形モデルによってクロス集計表の交互作用効果を詳細に考察する方法を，11 章ではロジスティック回帰分析によって 2 値カテゴリへの所属確率を説明・予測する方法をそれぞれ学びます。

　第 V 部では，個体（観測対象となる人など）や変数を分類する手法について解説します。12 章ではクラスター分析によって個体や変数を少数のクラスターにまとめる方法を，13 章ではコレスポンデンス分析によって平面上に個体や変数をプロットする方法を学びます。

　第 VI 部では，多変量解析をさらにうまく使いこなす工夫について解説します。14 章では，R のパッケージ ggplot2 を利用して，多変量データが持つ情報を自在に視覚化する方法を学びます。15 章では，1 章〜14 章で学習した技術を組み合わせて，

目の前の分析課題に柔軟に対応する統計運用法について学びます。

数値の表記法

各章内に設けられている分析結果の報告例では，相関係数，決定係数，信頼性係数，標準化パス係数のように，0から始まることが多い統計指標について，".95" や ".05" のように，小数点前の "0" を省略して表記しています。これは学術的レポートの表記を意識したものになっています。

第一著者からの謝辞 本書の執筆にあたり，さまざまな方々にご協力をいただきました。まずは本企画の立ち上げから3年以上にわたりご尽力くださいました株式会社オーム社の方々に厚く御礼申し上げます。独立行政法人国際交流基金の中村健太郎先生と東京女子医科大学の久保沙織先生には，それぞれたいへんていねいなご査読とコメントをいただきました。また，日本大学大学院の鈴木雄大さん，明治学院大学大学院の須田望さん，並木雄大さん，鈴木望美さん，橋本佳奈さん，田胡巴瑠子さんにもご査読とコメントをいただきました。皆様，お忙しいところ，快く応じてご協力くださり本当にありがとうございました。とても助かりました。

装丁に関する著者のわがままを完璧に汲んで美しい「丸子橋」を描いてくださったイラストレーターの土田菜摘先生，そして装丁のアイデアに関して親身なご助言をくださった荒井剛さん，丸子橋を愛する自転車仲間にも感謝の意を表します。

最後に，本書の企画から出版まで長期にわたってご助力をくださった横浜国立大学の鈴木雅之先生，北海道大学の岩間徳兼先生，本当にありがとうございました。本書をこの6月にお生まれになった岩間泉心さんに捧げます。

これから「データ解析者」を目指す読者の皆さんに，本書が少しでもお役に立てば幸いです。

2018年6月

著者を代表して 川端 一光

目次

第Ⅰ部　多変量解析の基礎

第1章　多変量解析の基礎を学びたい
── R による多変量データの基本的な統計処理　　2

1.1　データと手法の概要 2

1.1.1　データの概要 2

1.1.2　データの読み込み 3

1.1.3　手法の概要 4

1.2　単変量データの基礎分析 5

1.2.1　ヒストグラムの描画 5

1.2.2　代表値と散布度 6

1.3　単変量データの群間比較 8

1.3.1　ヒストグラムの描画 8

1.3.2　代表値と散布度 8

1.3.3　箱ヒゲ図 9

1.3.4　t 検定 11

1.3.5　母平均の信頼区間の描画 12

1.4　多変量データの基礎分析 14

1.4.1　多変量データの集計 14

1.4.2　多変量データの群間比較 15

1.4.3　データの標準化 15

1.5　多変量データの関係性の分析 16

1.5.1　相関関係の分析 16

1.5.2　連関の分析 20

1.6　基本統計量の数理的成り立ち 24

1.7　偏相関係数 28

1.8　順序カテゴリカル変数の相関係数 30

viii　目次

1.9	効果量	33
	1.9.1　独立な2群のt検定における効果量	33
	1.9.2　対応のあるt検定における効果量	35
	1.9.3　その他の効果量と信頼区間	36
	章末演習	39

第2章　Rによるデータハンドリングを学びたい
──アンケートデータとID-POSデータのハンドリング　41

2.1	手法の概要	41
2.2	変数の型	42
	2.2.1　関数 str によるデータ構造の把握	42
	2.2.2　関数 factor の使いどころ	43
2.3	観測対象の情報の抽出	44
2.4	欠損値の処理	47
2.5	ソート	48
2.6	マージ	50
2.7	数値の置き換え	51
2.8	固定長データのハンドリング	53
2.9	ID-POSデータの読み込み	56
2.10	ID-POSデータにおけるソート	59
2.11	RFM分析	59
2.12	ID-POSデータにおけるクロス集計表	60
2.13	顧客ID別に月ごとの購買金額を求める	61
2.14	顧客ID別に商品名を取得する──自作関数を利用する	62
2.15	顧客IDごとに来店間隔の分布を描画・要約する	63
	章末演習	65

第II部　量的変数の説明・予測

第3章　現象を説明・予測する統計モデルを作りたい (1)
──重回帰分析　68

3.1	データと手法の概要	68
	3.1.1　データの概要	68
	3.1.2　分析の目的と概要	69

3.2	モデル作成と母数の推定・診断		71
	3.2.1	モデル作成と母数の推定	71
	3.2.2	推定結果の診断 ── 多重共線性のチェック	72
3.3	モデルの評価と解釈		74
	3.3.1	決定係数によるモデル全体の評価	74
	3.3.2	切片と偏回帰係数の解釈	75
	3.3.3	偏回帰係数の信頼区間	76
	3.3.4	単位の異なる説明変数が混在する場合 ── 標準偏回帰係数の算出	76
3.4	報告例		78
3.5	質的変数を含む重回帰分析		79
	3.5.1	分析例	79
3.6	AIC と BIC によるモデルの評価		80
3.7	重回帰分析と母数推定理論		81
	3.7.1	最小 2 乗法による母数推定の概要	82
	3.7.2	最尤法による母数推定の概要	84
3.8	偏回帰係数の解釈		85
3.9	決定係数とその検定		87
3.10	切片と偏回帰係数の検定		88
3.11	切片と偏回帰係数の信頼区間		89
3.12	VIF の理論		90
章末演習			91

第 4 章　現象を説明・予測する統計モデルを作りたい (2)
── 階層的重回帰分析　　　　　　　　　　　　　　92

4.1	データと手法の概要		92
	4.1.1	データの概要	92
	4.1.2	分析の目的と概要	93
4.2	階層的重回帰分析		94
	4.2.1	モデル作成	94
	4.2.2	階層的重回帰分析の実行	95
	4.2.3	決定係数の増分に関する検定	97
	4.2.4	AIC と BIC によるモデル比較	98
4.3	重回帰分析での交互作用効果の検討		99
	4.3.1	交互作用効果を検討するためのモデル	99

	4.3.2	中心化	99
	4.3.3	交互作用効果の検討	101
	4.3.4	標準偏回帰係数の算出	102
4.4	単純傾斜分析		103
	4.4.1	単純傾斜分析の方法	103
	4.4.2	単純傾斜分析の実行	104
	4.4.3	交互作用効果のグラフ化	106
4.5	報告例		108
4.6	重回帰分析における変数選択		110
	4.6.1	変数選択とは	110
	4.6.2	変数選択の実行	110
章末演習			113

第5章 さまざまな集団から得られたデータを分析したい ──マルチレベルモデル 115

5.1	データと手法の概要		115
	5.1.1	データの概要	115
	5.1.2	データの構造	116
	5.1.3	分析の目的	117
	5.1.4	分析手法の概要	118
5.2	マルチレベルモデルによる分析		119
	5.2.1	級内相関係数	119
	5.2.2	中心化	121
	5.2.3	ランダム切片モデル	123
	5.2.4	ランダム傾きモデル	126
	5.2.5	集団レベルの変数を含むモデル	128
	5.2.6	クロスレベルの交互作用項を含むモデル	130
5.3	モデル比較		133
5.4	報告例		134
5.5	推定法		135
5.6	複数のレベルを持つデータの例		136
章末演習			137

目次　xi

第6章　複雑な仮説を統計モデルとして表したい (1)
――パス解析　138

6.1　データと手法の概要 138
　　6.1.1　データの概要 138
　　6.1.2　分析の目的 139
　　6.1.3　パス図 140
6.2　パス解析 140
6.3　モデルの評価とモデルの修正 144
　　6.3.1　モデルの評価――適合度指標 144
　　6.3.2　モデルの修正――修正指標 146
6.4　結果の解釈とまとめ方 150
6.5　パス解析の理論 151
　　6.5.1　パス図のモデル式 151
　　6.5.2　母数の推定 151
6.6　係数の解釈 155
　　6.6.1　パス係数が意味するもの 155
　　6.6.2　非標準化推定値と標準化推定値 155
6.7　モデルの適合度 156
　　6.7.1　適合度指標 156
　　6.7.2　同値モデル 158
章末演習 159

第III部　心理尺度の分析

第7章　心理尺度を開発したい (1) ――探索的因子分析　162

7.1　データと手法の概要 162
　　7.1.1　データの概要 162
　　7.1.2　分析の目的と概要 163
7.2　因子数の決定 165
　　7.2.1　ガットマン基準 165
　　7.2.2　スクリーテスト 166
　　7.2.3　平行分析 166
7.3　因子負荷の推定 167
7.4　因子軸の回転 169

xii　目次

7.5	因子の解釈	170
7.6	報告例	171
7.7	信頼性の評価	172
	7.7.1　α 係数	173
	7.7.2　ω 係数	174
7.8	順序カテゴリカル変数の探索的因子分析と信頼性の評価	175
	7.8.1　データの概要	175
	7.8.2　順序カテゴリカル変数を扱った探索的因子分析	175
	7.8.3　信頼性の評価	177
7.9	探索的因子分析の理論	177
	7.9.1　探索的因子分析のモデル	177
	7.9.2　共通性と独自性	178
	7.9.3　因子軸の回転	179
7.10	尺度の信頼性	181
	7.10.1　古典的テスト理論と信頼性	181
	7.10.2　信頼性係数の推定	182
章末演習		184

第 8 章　心理尺度を開発したい (2) ―― 確認的因子分析　185

8.1	確認的因子分析と本章の概要	185
	8.1.1　探索的因子分析と確認的因子分析	185
	8.1.2　確認的因子分析の手順と本章の概要	187
8.2	確認的因子分析	187
	8.2.1　データの概要	187
	8.2.2　確認的因子分析の実行	188
8.3	報告例	191
8.4	順序カテゴリカル変数を扱った確認的因子分析	192
	8.4.1　データの概要	192
	8.4.2　確認的因子分析の実行	192
8.5	モデルの識別性	194
	8.5.1　モデルの識別性と等値制約	194
	8.5.2　モデルの識別性と母数の制約	197
8.6	不適解の問題	199
8.7	高次因子分析	200
	8.7.1　データの概要	200

		目次	xiii

	8.7.2	分析の目的	201
	8.7.3	確認的因子分析の実行	202
8.8	尺度の妥当性		205
	8.8.1	妥当性	205
	8.8.2	妥当性と信頼性の関係	206
章末演習			208

第9章　複雑な仮説を統計モデルとして表したい (2) ── 潜在変数を伴うパス解析　　209

9.1	データと手法の概要		209
	9.1.1	データの概要	209
	9.1.2	分析の目的と手法の位置づけ	211
	9.1.3	データの内容の確認	212
9.2	モデル表現		212
	9.2.1	モデルで扱う変数およびそれらの関係	213
	9.2.2	モデル表現の約束事	215
	9.2.3	モデル記述	215
9.3	モデルの推定および評価		217
	9.3.1	推定値の算出	217
	9.3.2	モデル適合に関する全体的評価	218
	9.3.3	適合の悪さの詳細と修正の可能性の追究	219
9.4	最終モデルの推定結果の確認		220
	9.4.1	変数から変数への影響の強さの確認	221
	9.4.2	個人差や測定における誤差の大きさ，相関関係の強さの確認	222
	9.4.3	内生変数に対する影響や内生変数の説明率の確認	223
	9.4.4	パス図による変数間の関係の視覚的な確認	224
9.5	報告例		225
9.6	モデルの数式表現		226
	9.6.1	測定方程式と構造方程式	226
	9.6.2	母数の同定と自由度	228
9.7	モデルの推定		229
	9.7.1	共分散の構造化	229
	9.7.2	最尤法の考え方	231
	9.7.3	母数の検定と信頼区間	232
	9.7.4	パス係数の標準化推定値	232

xiv　目次

| | 9.7.5 | 非正規データの扱い | 233 |

9.8	発展的な分析に向けて	233
	9.8.1	母数の関数として表現される量の定義と推定	234
	9.8.2	平均や切片をモデルに組み込んだパス解析	235
	9.8.3	複数の母集団を想定したパス解析	235

章末演習 236

第 IV 部　質的変数の説明・予測

第 10 章　クロス集計表をもっとていねいに分析したい
——対数線形モデル　　　238

10.1　データと手法の概要 238
　　　10.1.1　データの概要 238
　　　10.1.2　分析の概要 240
10.2　飽和モデルの分析 241
10.3　独立モデルの分析 243
10.4　最良モデルの探索 245
10.5　報告例 247
10.6　対数線形モデルとポアソン分布 249
10.7　逸脱度 249
10.8　モデルの自由度 250
10.9　逸脱度を用いた尤度比検定 250
10.10　母数の制約 251
10.11　母数と期待度数 252
10.12　期待度数と関連づけた母数の解釈 254
　　　10.12.1　切片の解釈 254
　　　10.12.2　主効果の解釈 254
　　　10.12.3　1 次の交互作用効果の解釈 255
　　　10.12.4　1 次の交互作用効果の別の求め方 256
　　　10.12.5　2 次の交互作用効果の解釈 257
　　　10.12.6　より高次の交互作用効果 260
10.13　基準セルの設定 260
章末演習 261

目次　xv

第 11 章　カテゴリに所属する確率を説明・予測したい
──ロジスティック回帰分析　262

11.1　データと手法の概要 262

　　11.1.1　データの概要 262

　　11.1.2　分析の目的 263

　　11.1.3　ロジスティック回帰分析の概要とデータの整形 263

11.2　係数・切片の推定と解釈 265

　　11.2.1　係数・切片の出力と解釈 265

　　11.2.2　係数・切片の指数変換値の算出と解釈 266

　　11.2.3　係数・切片に関する信頼区間の算出 267

　　11.2.4　標準化係数の算出と解釈 268

11.3　モデルの良さの評価 268

　　11.3.1　当てはまりの良さの評価指標の出力と解釈 269

　　11.3.2　予測の良さの評価指標の出力と解釈 269

11.4　その他の有益な指標 270

　　11.4.1　説明変数群の有効性の確認 270

　　11.4.2　変数選択 271

　　11.4.3　多重共線性の確認 272

11.5　報告例 272

11.6　モデルの意味 273

　　11.6.1　ロジスティック回帰モデルとは 273

　　11.6.2　切片と係数の指数変換 275

11.7　母数の推定の考え方 277

　　11.7.1　ベルヌーイ分布と 2 項分布 277

　　11.7.2　ロジスティック回帰分析における尤度関数 278

11.8　Hosmer-Lemeshow の適合度検定 280

11.9　AIC と BIC 281

　　11.9.1　モデル逸脱度とヌル逸脱度 281

　　11.9.2　AIC と BIC の表現 283

　　11.9.3　説明変数群の有効性評価のための検定統計量 283

章末演習 283

第 V 部　個体と変数の分類

第 12 章　似たもの同士にグループ分けしたい —— クラスター分析　286

12.1　データと手法の概要 286

　　12.1.1　データの概要 286

　　12.1.2　分析の目的と概要 287

　　12.1.3　データの読み込みと確認 288

12.2　階層的クラスター分析の実行 289

　　12.2.1　クラスター形成の実行 289

　　12.2.2　デンドログラムの見方 290

　　12.2.3　解釈のためのクラスター数の決定と妥当性の評価 291

　　12.2.4　各クラスターの特徴の把握 293

　　12.2.5　z 得点化データによる分析 294

12.3　非階層的クラスター分析の実行 —— k 平均法 294

　　12.3.1　クラスター形成の実行 294

　　12.3.2　クラスター数の妥当性の確認 295

　　12.3.3　z 得点化データによる分析 296

12.4　報告例 296

12.5　非類似度の考え方 297

　　12.5.1　ユークリッド距離と平方ユークリッド距離 297

　　12.5.2　その他の距離 299

12.6　階層的クラスター分析におけるクラスター形成の考え方 300

　　12.6.1　ウォード法 301

　　12.6.2　その他の方法 305

　　12.6.3　解釈を困難にするデンドログラムの形状 306

12.7　非階層的クラスター分析の考え方 307

　　12.7.1　k 平均法の概要 307

　　12.7.2　初期クラスター中心の決定 308

　　12.7.3　所属クラスターの更新 308

12.8　クラスター数の妥当性の確認 311

　　12.8.1　クラスター内とクラスター間での比較の考え方 311

　　12.8.2　3 つの指標 312

章末演習 315

目次　xvii

第 13 章　質的変数間の連関を視覚化したい
——コレスポンデンス分析　　316

13.1　データと手法の概要 316
　　13.1.1　データの概要 316
　　13.1.2　分析の目的と概要 319
13.2　コレスポンデンス分析 320
　　13.2.1　手法の選択と次元の確認 320
13.3　報告例 323
13.4　クラスター分析の併用 324
13.5　多重コレスポンデンス分析 326
　　13.5.1　手法の選択と次元の確認 326
　　13.5.2　図の出力 327
　　13.5.3　さまざまなデータ形式からの多重コレスポンデンス分析の実行 .. 328
13.6　コレスポンデンス分析の理論 330
　　13.6.1　行プロファイルと列プロファイル 330
　　13.6.2　ユークリッド距離 333
　　13.6.3　行・列スコアの算出 336
13.7　寄与率・平方相関・慣性 336
　　13.7.1　軸への寄与率 336
　　13.7.2　平方相関 337
　　13.7.3　慣性 338
章末演習 339

第 VI 部　多変量解析を使いこなす

第 14 章　データが持つ情報を視覚化したい
——パッケージ ggplot2 による描画　　342

14.1　データと手法の概要 342
　　14.1.1　データの概要 342
　　14.1.2　分析の目的と概要 343
　　14.1.3　データの読み込み・確認とカテゴリカル変数の水準の設定 344
14.2　分布の検討 345
　　14.2.1　質的変数における棒グラフ 346

xviii 目次

	14.2.2 量的変数におけるヒストグラム	349
14.3	時系列変化の検討	352
	14.3.1 度数を用いる折れ線グラフの描画	352
	14.3.2 平均を用いる折れ線グラフの描画	354
14.4	2つの事柄の関係の検討	355
	14.4.1 パイプ演算子を利用したデータ整形	356
	14.4.2 散布図の描画	357
14.5	軸以外の審美的属性のマッピング	361
	14.5.1 棒グラフにおける塗りつぶし色のマッピング	361
	14.5.2 折れ線グラフにおける線の色および線種のマッピング	362
	14.5.3 散布図における点の色および種類のマッピング	363
14.6	軸と凡例の設定	364
	14.6.1 軸の設定	364
	14.6.2 スケールと凡例の設定	365
14.7	状況・目的に応じたさまざまな図の描画	366
	14.7.1 集計データからの描画	366
	14.7.2 他の幾何学的オブジェクトの紹介	367
章末演習		370

第15章 多変量解析を実践で生かしたい —— 手法の組み合わせ 372

15.1	グループ化 —— グループの影響の検討	372
	15.1.1 データの概要	372
	15.1.2 分析の目的と用いる手法	373
	15.1.3 データの内容の確認	373
	15.1.4 グループ化	374
	15.1.5 グループの影響の検討	376
15.2	尺度得点化 —— 尺度得点による説明	378
	15.2.1 データの概要	378
	15.2.2 分析の目的と用いる手法	379
	15.2.3 データの内容の確認	380
	15.2.4 尺度得点化	380
	15.2.5 尺度得点を用いた説明	383
15.3	測定状況の確認 —— 多変数間の関係の検討	386
	15.3.1 データの概要	386
	15.3.2 分析の目的と用いる手法	388

15.3.3	データの内容の確認	....	388
15.3.4	尺度の測定状況の確認	....	388
15.3.5	多変数間の関係の検討	....	390

章末演習の解答　　　　　　　　　　　　　　　　　　393

参考文献　　　　　　　　　　　　　　　　　　　　　408

索引　　　　　　　　　　　　　　　　　　　　　　412

オーム社 Web ページ（https://www.ohmsha.co.jp/）では，本書内で使用しているRのコードやCSVデータなどを，圧縮ファイル（zip形式）にて提供しています。本書の書籍個別紹介ページの［ダウンロード］タブよりダウンロードし，解凍（フォルダ付き）してご利用ください。

- 上記ファイルは，本書をお買い求めになった方のみご利用いただけます。本書をよくお読みのうえ，ご利用ください。本ファイルの著作権は，本書の著者である川端一光氏・岩間徳兼氏・鈴木雅之氏に帰属します。
- 本ファイルを利用したことによる直接あるいは間接的な損害に関して，著者およびオーム社はいっさいの責任を負いかねます。利用は利用者個人の責任において行ってください。

xx 目次

■ コラム一覧

コラム 1	疑似相関をひたすら集め続ける人	29
コラム 2	アメリカ統計学会の統計的仮説検定に対する声明	38
コラム 3	R の外部エディタとしての "Notepad++"	57
コラム 4	R 上達への近道	63
コラム 5	自由度調整済み決定係数と AIC の意義	83
コラム 6	それでも誤解され続ける偏回帰係数	90
コラム 7	プリーチャー氏の Web サイト	107
コラム 8	セイバーメトリクス	112
コラム 9	マルチレベルモデルにおける記号	132
コラム 10	生態学的誤謬	136
コラム 11	相関と因果	153
コラム 12	因果関係を示すためには？	157
コラム 13	相関行列と因子分析	172
コラム 14	知能と因子分析	183
コラム 15	探索的因子分析と確認的因子分析	204
コラム 16	多特性多方法行列	207
コラム 17	フィットよければ全てよし？	226
コラム 18	共分散構造分析と共分散分析の違いと手法の深い理解	235
コラム 19	対数線形モデルと変数の個数	260
コラム 20	オッズと言えばギャンブル？	275
コラム 21	GLM って何？	282
コラム 22	マハラノビス距離	298
コラム 23	2 種類のウォード法	313
コラム 24	「タイタニックデータ」の多重コレスポンデンス分析	332
コラム 25	市場調査の実務で活躍するコレスポンデンス分析	338
コラム 26	3 次元円グラフにはご注意を	360
コラム 27	色に頼りすぎない	368
コラム 28	合計得点や平均値による尺度化で気をつけること	392

第 I 部

多変量解析の基礎

第**1**章

多変量解析の基礎を学びたい
—— R による多変量データの基本的な統計処理

本章では，多変量データに対する基本的分析手法について解説します。また，
章の後半では，偏相関係数や順序カテゴリカル変数間の相関係数，効果量とそ
の信頼区間など，数理的にはやや高度ですが，データ解析の実践で役に立つ分
析手法を取り上げて紹介します。

1.1 データと手法の概要

ここでは，本章で例示する多変量データと手法の概要について解説します。

1.1.1 データの概要

世界規模で企業展開しているソフトウェア開発メーカー I 社は，10 万人の社員を
抱えています。この 10 万人に対して統一的な人事評価を実施するために，評価シス
テムを構築しました。昨年からシステムの試用を行っており，本年度までに 2 回分の
評価を終了しています。

試用期間中は，全社員ではなく各部署から無作為に選出された一部の社員 800 人に
対して評価を行いました。企業人に求められる対人関係能力や職務に関する技能・知
識，そしてストレス状況について，各部署のリーダーが多面的に評価した結果がシス
テムに登録されています。

この 800 人の社員の評価結果が「人事評価結果.csv」として保存されています[1]。
このファイルを Microsoft 社の表計算ソフト Excel で開くと，図 1.1 のデータが表示
されます。このデータは，各行に観測対象（オブザベーション）である社員が，各列

---

[1] csv 形式とは，データの区切りがカンマ記号となっている形式です。詳細については，『R によるや
さしい統計学』p.29 に解説があります。

1.1 データと手法の概要　　3

	A	B	C	D	E	F	G	H	I	J	K
1	ID	性別	部署	年代	協調性	自己主張	技能	知識	ストレス	総合	昨年総合
2	1	M	A部	中堅	70	45	65	71	53	251	248
3	2	F	B部	熟練	45	62	51	72	64	227	211
4	3	M	A部	中堅	54	70	55	70	61	249	242
5	4	M	A部	熟練	51	63	53	65	60	232	240
6	5	F	A部	若手	56	52	44	68	56	217	177
7	6	M	A部	熟練	51	64	48	73	52	236	216
8	7	F	B部	若手	64	65	58	72	45	256	262
9	8	M	A部	若手	47	77	54	59	68	237	215
10	9	M	A部	若手	62	76	74	82	55	294	314

図 1.1　「人事評価結果.csv」（一部抜粋）

に「性別」や「協調性」といった社員の性質を表現する 11 個の変数が配置されています。変数名とその内容について次にまとめます。

- 「ID」：社員 ID
- 「性別」：F ＝ 女性，M ＝ 男性
- 「部署」：所属部署で A 部，B 部
- 「年代」：20 代 ＝ 若手，30 代 ～ 40 代 ＝ 中堅，50 代以上 ＝ 熟練
- 「協調性」：他の社員との協調性の程度を得点化
- 「自己主張」：自分の意見を適切に表現できるかを得点化
- 「技能」：職務に関する技能を得点化
- 「知識」：職務に関する知識を得点化
- 「ストレス」：個人のストレスの程度を得点化
- 「総合」：「協調性」「自己主張」「技能」「知識」の合計得点
- 「昨年総合」：昨年度の「総合」

1.1.2　データの読み込み

　外部に用意されたデータを R に読み込んでみましょう。「人事評価結果.csv」が収められたフォルダに作業ディレクトリを変更したら[2]，関数 read.csv を利用して，「人事評価結果.csv」の内容を jhk というオブジェクトにデータフレーム形式で保存します。read.csv には作業ディレクトリにあるデータファイル名を文字列として指定します。

データの読み込み

```
> jhk <- read.csv("人事評価結果.csv")  #データの読み込み
```

---

[2] Windows 環境であれば，「ファイル」→「ディレクトリの変更」と進み，データが収められているフォルダを選択することで，作業ディレクトリを変更できます。

4 第1章 多変量解析の基礎を学びたい

多変量データを読み込んだ際は，以下の3つの点について確認するよう心がけてください。

手順1. 関数 dim により多変量データの行数と列数を確認
手順2. 関数 colnames により変数名を確認
手順3. 関数 head により最初の数行を表示

---

dim はデータフレームの行数と列数を，colnames は変数名をそれぞれベクトル形式で返します。また head は1行目から任意の行数分のデータを返します。第2引数で表示する行数を指定します。以下は用例です。

```
データの確認

> dim(jhk)          #手順1. dimによる多変量データの行数列数の確認
[1] 800  11

> colnames(jhk)   #手順2. colnamesによる変数名の確認
 [1] "ID"       "性別"      "部署"      "年代"      "協調性"    "自己主張"
 [7] "技能"     "知識"      "ストレス"  "総合"      "昨年総合"

> head(jhk, 3)    #手順3. headによる最初の3行の表示
  ID 性別 部署 年代 協調性 自己主張 技能 知識 ストレス 総合 昨年総合
1  1    M  A部 中堅     70       45   65   71       53  251      248
2  2    F  B部 熟練     45       62   51   72       64  227      211
3  3    M  A部 中堅     54       70   55   70       61  249      242
```

上述の作業はデータの基本情報を確認しているだけですが，この単純な作業を怠ったために，重大なミスを招いてしまうことも少なくありません。データを読み込んだ際のルーティンワークとして習慣づけておくとよいでしょう。

■ 1.1.3　手法の概要

本章では，次に示す基本的な統計処理について解説します。手順については明確な区別はありませんが，下に進むほど分析は複雑になっていきます。

単変量データの分析

- ヒストグラム・箱ヒゲ図による単変量分布の群間比較
- 代表値・散布度による単変量分布の群間比較
- 平均値差の検定・母平均の信頼区間

多変量データの分析

- 多変量データの集計・標準化

1.2 単変量データの基礎分析　5

- 散布図・散布図行列，相関係数
- クロス集計表・連関係数

より進んだ分析

- 基礎統計量の数理
- 偏相関係数
- 順序カテゴリカル変数間の相関係数
- 効果量

1.2節から1.5節では，統計指標だけでなく，図表による分布の視覚的把握についても詳細に解説します。単変量，多変量というデータの種類にかかわらず，代表値，散布度，相関係数といった統計指標を算出する前に，ヒストグラム，散布図，クロス集計表などの図表を利用して分布を視覚的に把握しておくことが重要です。一般に，図表が持つ分布に関する情報量は，統計指標以上と言えます。例えば，外れ値の存在や，データに対するモデルの仮定の妥当性を，視覚的に検討することができます。また，第三者への説明力という観点でも，図表の利用には大きなアドバンテージがあります。

より進んだ分析のために，1.6節では，統計指標の数理的表現を簡単に解説します。また，偏相関係数，順序カテゴリカル変数の相関係数など，相関や連関のためのより高度な分析法について，さまざまなパッケージを利用した分析法を解説します。

最後に，検定結果を補って解釈するための効果量とその信頼区間について解説します。近年，効果量はさまざまな学術雑誌で報告が要求されるようになってきました。本章では，南風原 (2014) で解説されている効果量と信頼区間の算出法を実装した関数を用いて，実践的分析法について解説します。

1.2 　単変量データの基礎分析

最初に，単変量データに対する基本的な分析手法と，対応するRの関数について説明します。

1.2.1　ヒストグラムの描画

Rでヒストグラムを描画するには組み込み関数のhistが利用できますが，後述するように，多群で分布の比較を行うときには，パッケージlatticeに含まれている関数histogramがたいへん便利です。

---

histogramによるヒストグラムの描画

```
> library(lattice)   #パッケージlatticeの読み込み
> histogram(~ストレス, data=jhk, breaks=20, type="count")
```

histogram の第 1 引数には，ヒストグラムを描画したい変数名を指定します。変数名の前に"~"（チルダ）を記述します。

第 2 引数の data ではデータ名を，第 3 引数の breaks ではヒストグラムの階級数を指定します。また，第 4 引数の type では，ヒストグラムの縦軸を度数（count）と指定します。type="percent"とすると相対度数の百分率が表示されます。デフォルトでは type="percent"となっています。R の出力は図 1.2 となります。

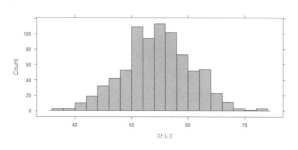

図 1.2　ヒストグラムの描画

■ 1.2.2　代表値と散布度

◆ 代表値

分布の中心位置を表現する統計指標が代表値です。代表値としては，平均値（データの総和をデータ数で割った値）と中央値（データ分布を 2 分割する値），最頻値（最も度数が多いカテゴリ）がよく利用されます[*3]。R でこれらを求めるためには，それぞれ関数 mean, median, table を使います。このうち table は度数分布表を作成する関数であり，得られた度数分布表に対して関数 sort を適用して，度数の昇順にカテゴリを並び替え，最頻値を求めます。

```
代表値の算出
> mean(jhk$ストレス)   #ストレスの平均値
[1] 55.0525

> median(jhk$ストレス)   #ストレスの中央値
[1] 55

> sort(table(jhk$年代))   #年代の最頻値（度数が一番多いので最頻値は若手となる）
熟練 中堅 若手
 177  308  315
```

[*3] 名義尺度で測定されたデータに対して最頻値は必ずしも分布の中心を表現しないので，注意してください。

1.2 単変量データの基礎分析　　7

◆ 散布度

　データの散らばりに関する統計指標が散布度です。特に代表値として平均値を採用した場合には，散布度の1つである標準偏差（standard deviation; SD）を平均値とともに報告します。また，SDの2乗は分散という散布度です。SDが変数の測定単位と同一であるのに対して，分散は2乗の単位となっているので，解釈しやすいのはSDです。しかし，多変量解析手法の全般において，分散も重要な役割を果たします。両指標の下限値は0で，このとき全データは同一の値であり，散らばりがありません。一方，両指標は測定値の単位に依存するので，上限が存在せず，したがって大きさの判断基準がありません。

　SDの算出にあたっては，Rの関数 sd が利用できます。sd は母集団のSDの推定値である，不偏分散の平方根を返すことに注意してください。不偏分散とは母集団の分散の推定値です。不偏分散は関数 var で求めることができます。両指標の数理については，1.6節を参照してください。

```
散布度の算出

> sd(jhk$ストレス)　#ストレスのSD
[1] 6.02288

> var(jhk$ストレス)　#ストレスの分散
[1] 36.27509
```

　「ストレス」の平均値は55.0525点でしたから，SDを利用して 55.0525 ± 6.02288 の間にデータが平均的に散らばっていると解釈することができます。

　中央値を代表値とした場合には，中央値からの平均偏差[*4]を散布度として用います。この指標はデータと中央値との偏差の絶対値を求め，平均した値です。中央値からの平均偏差を求める関数はRには含まれていないので，次のようなコードで計算します。

```
中央値からの平均偏差の算出

> mean(abs(jhk$ストレス-median(jhk$ストレス)))
[1] 4.7325
```

　関数 abs は絶対値を算出します。上記のコードでは abs(jhk$ストレス-median(jhk$ストレス)) で中央値からの偏差の絶対値を求め，その平均値を mean で算出しています。「ストレス」の中央値は55点でしたから，平均的に考えれば，55 ± 4.7325 の範囲でデータが散らばっていると理解できます。

_____

[*4] この呼称は南風原（2002）を参考にしています。

1.3 単変量データの群間比較

ここでは，さまざまな集団における1変数の分布の違いを，図や統計指標の比較によって明らかにしていく方法を解説します。

1.3.1 ヒストグラムの描画

群間で1変数の分布を比較する際にも，ヒストグラムはたいへん有効です。パッケージ lattice の histogram を利用して，社員の「年代」と「性別」の組み合わせでできる6群（セル）ごとのヒストグラムを描画するには，次のように指定します。

群別にヒストグラムを描画
```
> histogram(~協調性|年代+性別, data=jhk, breaks=15)
```

群別にヒストグラムを描画する場合には，ヒストグラムを描画する変数のあとに縦棒（|）を記述します。その後，群を定義する変数を "+" を挟んで追記していきます。上述の例では，~協調性|年代+性別 ですから，「協調性」について「年代」と「性別」の組み合わせでヒストグラムを並べて描画すると解釈できます。コードの実行結果を図1.3に示します。

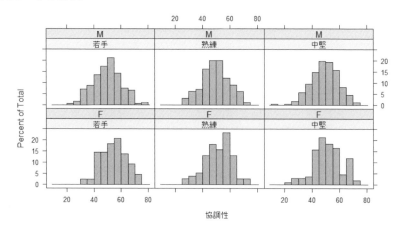

図1.3　群ごとのヒストグラム

1.3.2 代表値と散布度

ここでは，男女間で「協調性」の代表値と散布度を比較します。群別に代表値や散布度を求める場合には，関数 tapply を利用します。

```
群間での分布比較
> tapply(jhk$協調性, jhk$性別, mean)   #性別ごとに「協調性」の平均値を求める
         F         M
 52.92114  50.05590

> tapply(jhk$協調性, jhk$性別, sd)     #性別ごとに「協調性」のSDを求める
         F         M
  9.845809 10.116078
```

tapplyには第1引数に統計量を求める量的変数，第2引数に群を表現する変数，第3引数に関数名を指定します。

Rの出力から，「協調性」について女性のほうがやや平均値が大きく（52.92114），かつSDが小さい（9.845809）結果となっています。

1.3.3 箱ヒゲ図

箱ヒゲ図によって統計量を併用しつつ分布全体を視覚的に比較することも有効です。図1.4に，箱ヒゲ図の各部の意味を，「技能」の得点を利用してまとめました。図中の四分位数とはデータの分布を4分割する値で，第1四分位数，第2四分位数，第3四分位数の3つからなっています。箱は第1四分位数と第3四分位数を両端とする区間であり，その区間に全データの50%が含まれることを表しています。この区間を四分位範囲と呼びます。箱の両端から出ている線分（ヒゲ）は最大で四分位範囲×1.5まで伸ばすことができます。それよりも極端な値は外れ値として○で表されます。図1.5では「協調性」の得点について性別ごとに箱ヒゲ図を描画しています。

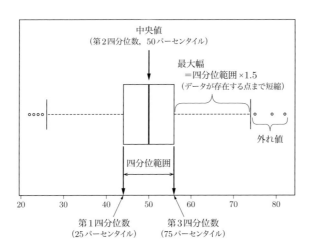

図1.4　箱ヒゲ図の意味

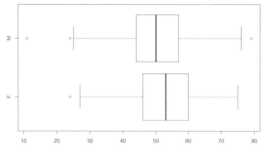

図 1.5 性別ごとの「協調性」の箱ヒゲ図

図 1.4 と図 1.5 の箱ヒゲ図は関数 boxplot を利用して描画しました。

```
箱ヒゲ図の描画
> #「技能」の箱ヒゲ図を横置きに作成する（horizontal=FALSEで縦置き）
> boxplot(jhk$技能, horizontal=TRUE)

> #性別ごとに「協調性」の箱ヒゲ図を描画する
> boxplot(協調性~性別, data=jhk, horizontal=TRUE)
```

1群で箱ヒゲ図を描画する場合には、描画したい量的変数を boxplot の第1引数として与えます。同一変数に対して2群以上で箱ヒゲ図を描画する場合には、第1引数に 協調性~性別 のように式を指定します。

図 1.5 の「協調性」の箱ヒゲ図を参照すると、女性（F）の箱がより右に位置しており、男性よりも高得点で分布していることがわかります。

また、箱ヒゲ図で示される第1四分位数（25 パーセンタイル）や第3四分位数（75 パーセンタイル）を求めたい場合には、関数 summary を利用します。以下では図 1.4 に対応する数値を算出しています。

```
四分位数も含めた要約統計量の算出
> summary(jhk$技能)
   Min. 1st Qu.  Median    Mean 3rd Qu.    Max.
  22.00   44.00   50.00   50.01   56.00   82.00
```

summary の引数にデータフレーム内の量的変数を与えると、上記のような要約統計量が返されます。Min. が最小値、1st Qu. が第1四分位数、Median が中央値（第2四分位数）、Mean が平均値、3rd Qu. が第3四分位数、Max. が最大値を意味しています。

■ 1.3.4　*t* 検定[*5]

　例えば，それぞれ男性と女性からなる 2 つの母集団で「協調性」の平均に差があるかを統計的に推測したい場合には，独立な 2 群の *t* 検定を利用します。R で独立な 2 群の *t* 検定（等分散を仮定）を実行する場合には，関数 var.test と関数 t.test を利用します[*6]。最初に var.test によって等分散性に関する *F* 検定を行います。

等分散性に関する *F* 検定

```
> var.test(協調性~性別, data=jhk)
-出力の一部-
F = 0.94728, num df = 316, denom df = 482, p-value = 0.6026
```

　上記の var.test では，母集団での 2 群の等分散性について検定しています。協調性~性別 で「協調性」（目的変数）の分散を「性別」（説明変数）の群で比較することを表現しています。"~" の左側に目的変数，右側に説明変数を配置します。

　分析の結果，$F = 0.94728$, $df_1 = 316$, $df_2 = 482$, $p = 0.6026$ となりました。ここで，df は自由度（degree of freedom）を，p は有意確率を表現しています。$p > 0.05$ なので，有意水準 5% で「2 群の母分散は等しい」という帰無仮説を棄却できませんでした。したがって，等分散が成り立っていないという積極的な証拠が得られなかったので，等分散を仮定した独立な 2 群の *t* 検定を行います。対応する R のコードは，次のようになります。

独立な 2 群の *t* 検定（等分散を仮定）

```
> t.test(協調性~性別, data=jhk, var.equal=TRUE)
-出力の一部-
t = 3.9599, df = 798, p-value = 8.167e-05
```

---

　t.test 内の 協調性~性別 で「性別」によって「協調性」の平均を群間比較することが表現されています。分析の結果，$t = 3.9599$, $df = 798$, $p = 8.167 \times 10^{-5}$ となっており，少なくとも 0.1% 水準で有意であると解釈できます[*7]。「母平均に差がない」という帰無仮説が棄却される結果となりました。

　もし var.test で等分散の検定が有意となったら，Welch 法を利用した *t* 検定を適

[*5] *t* 検定に関する詳細については，『R によるやさしい統計学』6 章に解説があります。また，検定に関する基本事項の解説は，同書 5 章に記述があります。

[*6] 等分散が仮定できる場合と，できない場合とで利用する *t* 検定が異なるので，事前に 2 群の等分散性の検定が必要になります。

[*7] e- を指数表記と呼び，0 に限りなく近い値を表現する際に利用します。例えば 5e-01 とは $5 \times 10^{-1} = 0.5$ を表現します。また，大きい値を扱う場合には e+ とし，例えば 5e+01 ならば $5 \times 10^1 = 50$ を表現します。この例では，8.167e-05 なので，$8.167 \times 10^{-5} = 0.00008167$ となります。

12   第1章   多変量解析の基礎を学びたい

用します。Welch 法は次に示すコードのように，t.test における var.equal=TRUE という記述を削除（もしくは var.equal=FALSE と明記）すれば実行できます[8]。

Welch 法による t 検定

```
> t.test(協調性~性別, data=jhk)
-出力の一部-
t = 3.9823, df = 688.8, p-value = 7.552e-05
```

分析の結果，$t = 3.9823$，$df = 688.8$，$p = 7.552 \times 10^{-5}$ となっており，Welch 法のもとでも，標本平均間の差は少なくとも 0.1% 水準で有意であると判断できます。

次に，同一の社員から測定された「総合」と「昨年総合」の平均について，母集団で差があるかを推測しましょう。この場合には，対応のある t 検定を利用します。R で実行する場合には，やはり関数 t.test を使います。

対応のある t 検定

```
> score <- c(jhk$総合, jhk$昨年総合)
> year <- c(rep("今年", 800), rep("昨年", 800))
> t.test(score~year, paired=TRUE)
-出力の一部-
t = 0.85118, df = 799, p-value = 0.3949
```

このコードでは，最初に，今年と昨年の総合得点を 1 つのベクトル score にまとめています。また，そのベクトルに対応させる形で，最初の 800 の要素が「今年」，残りの 800 の要素が「昨年」である文字ベクトル year を作成しています。関数 rep は第 1 引数で与えた文字列を，第 2 引数で指定した数だけ繰り返すベクトルを生成する関数です。さらに，関数 t.test 内では paired=TRUE として，データに対応があることを表現しています。出力から $p = 0.3949$ であり，5% 水準で有意でないことがうかがえます。

近年では，t 検定を用いた場合に，t 値や p 値と併せて効果量と呼ばれる統計量を報告することが求められるようになってきました。1.9 節で，効果量とその信頼区間の算出法について解説しています。

■ 1.3.5 母平均の信頼区間の描画

母平均の 95% 信頼区間とは，無数の標本でそれぞれ同様に区間を求めたとき，それらの 95% が母平均を含んでいるような区間です。この区間が狭くなるほど，より精度の高い母平均の推定が行われていると解釈できます。

---

[8] この点について青木 (2009) は，「等分散の場合であっても常に Welch の方法を採用すればよい」という解説をしています。

群別に母平均の 95% 信頼区間をプロットしたい場合には，パッケージ gplots に含まれる関数 plotmeans が利用できます。こちらは t 分布に基づく信頼区間を描画する関数です。「協調性」について「性別」ごとに母平均の信頼区間をプロットするには，次のようなコードを記述します。

```
群ごとに信頼区間を描画
> library(gplots)    #パッケージgplotsの読み込み
> plotmeans(協調性~性別, data=jhk, p=0.95, ylim=c(49,54))
```

第 1 引数の 協調性~性別 で，「性別」によって「協調性」の信頼区間を描画することを表現しています。第 2 引数の data=jhk でデータの指定を，第 3 引数の p=0.95 で 95% 信頼区間の算出を，第 4 引数の ylim=c(49,54) でプロットの縦軸の上限下限をそれぞれ指定しています[*9]。図 1.6 はコードの実行結果です。

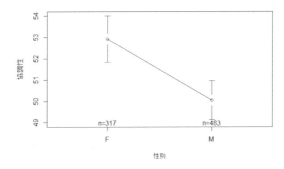

図 1.6　群ごとに平均値の信頼区間をプロットする

t 分布に基づく母平均のための信頼区間を求める際には，関数 t.test が利用できます。以下のコードでは，女性と男性の「協調性」に関する信頼区間を求めています。

```
信頼区間の算出
> t.test(jhk$協調性[jhk$性別=="F"])
-出力の一部-
95 percent confidence interval:
 51.83312 54.00915

> t.test(jhk$協調性[jhk$性別=="M"])
-出力の一部-
95 percent confidence interval:
 49.15146 50.96034
```

[*9] p=0.99 とすることで，母平均の 99% 信頼区間を描画することができます。

14 第1章 多変量解析の基礎を学びたい

jhk$協調性 [jhk$性別=="F"] で，女性の「協調性」得点を抽出していることに注意してください。分析の結果，女性よりも男性のほうが信頼区間は狭く，母平均を精度高く推定できていることが明らかとなりました。

1.4 多変量データの基礎分析

本節では多変量データ分布の要約や集計のための基本的な分析について解説します。

1.4.1 多変量データの集計

多変量データを分析するとき，データを行（横）方向，列（縦）方向に集計する必要に迫られることがあります。関数 apply はこの作業に有用です。第1引数にデータフレーム，第2引数に処理の方向を表現する数値（"1" が行方向，"2" が列方向），第3引数に適用したい関数を指定します。以下では，列方向の処理の例として，「協調性」「自己主張」「技能」「知識」の平均とSDを求めています。

```
列（変数）に対する基礎集計

> varname <- c("協調性","自己主張","技能","知識")
> jhk2 <- jhk[,varname]   #データフレームから4変数を抽出する

> apply(jhk2, 2, mean)   #変数別に平均値を求める
  協調性 自己主張     技能     知識
51.19125 58.00500 50.00625 63.00375

> apply(jhk2, 2, sd)   #変数別にSDを求める
   協調性 自己主張     技能     知識
10.101471 11.992905 10.006567  7.995539
```

出力を確認すると，「知識」の平均が最大で，そのSDが最小となっています。

また，次のコードでは，行方向の処理の例として，先ほどの4変数について社員ごとに合計点とSDを求めています。

```
行（観測対象）に対する基礎集計

> apply(jhk2, 1, sum)   #社員ごとに4変数の合計点を求める
[1] 251 230 249 232 220  -略-

> apply(jhk2, 1, sd)   #社員ごとに4変数のSDを求める
[1] 12.1209186 11.9582607  8.9582364  7.0237692 10.0000000  -略-
```

出力から，例えば，最初の5人のうち，最も合計得点が大きいのは社員1であり，4つのテストの得点差が最も小さいのは社員4であることがわかります。

■ 1.4.2　多変量データの群間比較

　群間で多変数の分布を同時に比較したい場合には，関数 by が有用です。この関数は tapply の拡張版とも言えます。以下では，性別ごとに「協調性」「自己主張」「技能」「知識」の 4 変数の平均と SD をそれぞれ求めています。

```
多変数の分布を群間で比較

> by(jhk2, jhk$性別, apply, 2, mean)  #4変数の平均の算出
jhk$性別: F
  協調性 自己主張    技能    知識
52.92114 57.41640 50.37855 63.05678
-----------------------------------------------------------------
jhk$性別: M
  協調性 自己主張    技能    知識
50.05590 58.39130 49.76190 62.96894

> by(jhk2, jhk$性別, apply, 2, sd)  #4変数のSDの算出
jhk$性別: F
   協調性  自己主張     技能     知識
 9.845809 11.233291 10.153034  7.662786
-----------------------------------------------------------------
jhk$性別: M
   協調性  自己主張     技能     知識
10.116078 12.462645  9.912231  8.214264
```

　関数 by の第 1 引数には，統計量を求める多変量データが収められたデータフレーム jhk2 を指定し，第 2 引数には群である jhk$性別 を指定しています。次に，4 変数の平均を算出するために，関数 apply を指定し，続く 2 つの引数で apply に渡す引数をそれぞれ指定しています。具体的には，列方向（2）に平均値（mean）を求めるように指定しています[*10]。SD については，apply に渡す引数を sd にしています。

　出力から，「協調性」の平均値について男女間で一定の差が見られますが，SD も含めて，全体的には顕著な性差は見られない結果だと言えます。

■ 1.4.3　データの標準化

　多変量データの解析を行う際には，さまざまな単位を持つ変数を同時に分析する必要があります。したがって統計値に単位の違いが含まれないようにするため，標準化を行う工夫も求められます。

　標準化によって得られる得点を標準得点と呼びます。平均を 0，標準偏差を 1 に調整した標準得点を z 得点，平均を 50，標準偏差を 10 に調整した標準得点を偏差値と呼びます。R で標準化を行うには，関数 scale を利用します。

[*10] 平均を求めるのなら，"apply, 2, mean" でなく，"colMeans" でもよいでしょう。

16 第1章 多変量解析の基礎を学びたい

標準化の手続き

```
> zscore <- scale(jhk2)  #z得点の算出
> head(zscore, 2)
          協調性     自己主張       技能       知識
[1,]  1.8619812 -1.0843912 1.49839107 1.000089
[2,] -0.6129058  0.3331136 0.09930979 1.125159

> tscore <- zscore*10+50  #偏差値の算出
> head(tscore, 2)
         協調性 自己主張       技能       知識
[1,] 68.61981 39.15609 64.98391 60.00089
[2,] 43.87094 53.33114 50.99310 61.25159
```

1.5　多変量データの関係性の分析

多変量データを分析する場合，変数間の関係性にも興味が持たれます。この関係性には相関と連関があります。ここでは，それぞれの関係性について分析する方法を解説します。

■ 1.5.1　相関関係の分析

◆ 散布図

相関関係とは2つの量的変数の関連性を意味します。相関関係の有無や程度を考察するためには，散布図を利用するのが有効です。以下のコードは，「人事評価結果.csv」の「技能」と「知識」の散布図を描画します。散布図の描画には，関数 plot が利用できます。

散布図の描画

```
> gino <- jhk$技能
> chisiki <- jhk$知識
> plot(gino, chisiki, xlab="技能", ylab="知識")
```

---

plot の第1引数に横軸（x 軸）に配置する変数，第2引数に縦軸（y 軸）に配置する変数を指定することで，図 1.7 の散布図が描画できます。

この散布図では，「技能」と「知識」の得点によって個人を平面上に位置づけています。散布図の形状は右上がりですから，2変数間に正の相関関係が存在することがうかがえます。もし右下がりなら負の相関関係が，規則性がないなら無相関が示唆されます。

多変数間の散布図を，行列形式で一度に表示する散布図行列もデータ解析の過程では有効です。以下のコードは，「協調性」「自己主張」「ストレス」の組み合わせによ

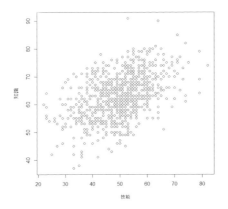

図 1.7 「技能」と「知識」の散布図

る散布図を一度に描画します．

散布図行列の描画
| ```
> kjs <- c("協調性", "自己主張", "ストレス")
> plot(jhk[,kjs])
``` |

このコードの出力を図 1.8 に示します．散布図行列中の横軸はその列の変数名を，縦軸はその行の変数名を参照します．例えば左下の散布図ならば，「協調性」を横軸，「ストレス」を縦軸に配置したものと解釈します．散布図行列を確認すると，「協調性」は「自己主張」と正の相関関係にある一方で，「ストレス」とは負の相関関係にあることがわかります．

◆ 層別散布図

「性別」や「年代」などの群別に散布図を描画することもあります．これを層別散布図と呼びます．層別散布図の描画には，パッケージ lattice の関数 xyplot が利用できます．以下では，年代と部署の組み合わせでできる 6 群について，「技能」と「知識」の散布図を描画しています．

層別散布図の描画
| ```
> xyplot(知識~技能|年代+部署, data=jhk)
``` |

関数 xyplot の第 1 引数は，知識~技能|年代+部署 という式を指定しています．1.3 節で解説した histogram での指定と同様に，縦棒の後ろに群の変数を "+" で挟んで記述します．また，縦棒の前には，相関を求めたいペアを "~" を挟んで記述します．コードの実行結果を図 1.9 に示します．

第 1 章 多変量解析の基礎を学びたい

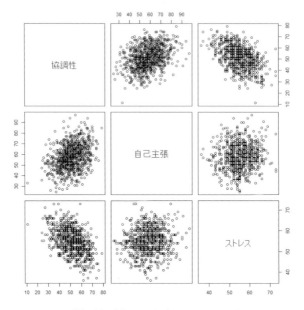

図 1.8 「協調性」「自己主張」「ストレス」の散布図行列

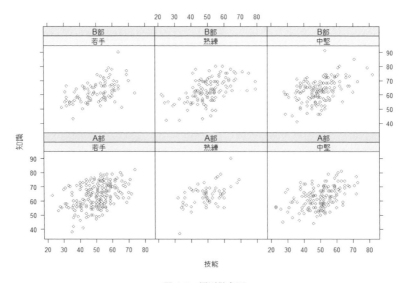

図 1.9 層別散布図

1.5 多変量データの関係性の分析　　19

　層別散布図を確認すると，群によらず「技能」と「知識」には正の相関があることがうかがえます。

◆ 相関係数

　2つの量的変数間の相関関係の指標として，ピアソンの積率相関係数（以下，相関係数）を利用することができます。相関係数は −1 から +1 の範囲の値をとります。相関係数は，散布図の形状が右上がりもしくは右下がりで，かつ，直線的である場合に絶対値が大きくなるという性質を持っています。相関係数を求めるためには，関数 cor を利用します。次のように，第1引数と第2引数にそれぞれ相関係数を求めたい量的変数を指定します。

```
相関係数の算出
> cor(jhk$協調性, jhk$ストレス)   #2変数間の相関係数を求める
[1] -0.507292
```

　多変量データを扱う場合には，3変数以上の相関係数を同時に求める必要が生じます。そのようなときには，関数 cor に多変量データを代入することで相関行列を求めることができます。

```
相関行列の算出
> cor(jhk[,kjs])   #corに多変数を投入し相関行列を求める
            協調性    自己主張    ストレス
協調性    1.0000000  0.3486028 -0.5072920
自己主張  0.3486028  1.0000000  0.1147188
ストレス -0.5072920 0.1147188  1.0000000
```

　相関行列の対角要素は自分自身との相関ですから，必ず1になります。

　後述するように，相関係数は共分散という相関関係の指標をもとに算出されます。相関係数と同様に，共分散もその符号は相関関係の正負を表現しています。ただし，最大値と最小値が測定値の単位に依存するという問題があります。

　要素が各変数間の共分散（の母集団推定値）で構成される共分散行列を求めるためには，関数 cov が利用できます。

```
共分散行列の算出
> cov(jhk[,kjs])
            協調性     自己主張    ストレス
協調性    102.03972   42.231834 -30.863620
自己主張   42.23183  143.829762   8.286345
ストレス  -30.86362    8.286345  36.275088
```

20　第 1 章　多変量解析の基礎を学びたい

共分散行列の対角要素は自分自身との共分散ですが，これは分散になります。

相関係数の検定[11]には，例えばパッケージ psych に含まれている関数 corr.test を利用することができます。

相関係数の検定

```
> library(psych)   #パッケージpsychの読み込み
> corkekka <- corr.test(jhk[,kjs])
> corkekka$t   #t値の算出
             協調性  自己主張   ストレス
協調性       Inf 10.506726 -16.628992
自己主張 10.50673       Inf   3.262215
ストレス -16.62899  3.262215       Inf

> corkekka$p   #p値の算出
             協調性      自己主張      ストレス
協調性   0.000000e+00 5.674197e-24 4.625242e-53
自己主張 2.837099e-24 0.000000e+00 1.152430e-03
ストレス 1.541747e-53 1.152430e-03 0.000000e+00
-略-
```

このコードでは，corr.test の出力に含まれる t 値と有意確率を corkekka から抽出しています。p 値の上三角行列[12]には検定の繰り返しに配慮した有意確率が記載されています[13]。また，下三角行列には，検定の繰り返しに配慮しない有意確率が記載されています。対角要素は解釈しません。下三角行列に記載されている有意確率から，全ての変数間には少なくとも 0.1% 水準で有意な相関係数が観測されたと解釈できます。

■ 1.5.2　連関の分析

♦ クロス集計表

連関とは，2 つの質的変数間の関連性のことを意味します。連関を確認するための最も典型的な方法は，クロス集計表です。クロス集計表は各条件に該当する人数（度数）が収められた表です。

---

[11] 相関係数の検定については，『R によるやさしい統計学』p.124〜128 に解説があります。

[12] 上三角行列とは，次の行列 $\boldsymbol{X}$ で a が配置されている部分です。

$$\boldsymbol{X} = \begin{bmatrix} b & a & a \\ c & b & a \\ c & c & b \end{bmatrix}$$

また，c が配置されている部分を下三角行列，b が配置されている部分を対角要素と呼びます。

[13] Holm による有意確率の修正が適用された p 値となっています。この分析結果では，上三角行列と下三角行列のどちらを利用しても検定結果は変わりません。

1.5 多変量データの関係性の分析　　21

　「人事評価結果.csv」には「部署」と「年代」という質的変数がありました。両者
のクロス集計表を作成するためには，関数 table を利用して，以下のように指定し
ます。

クロス集計表の作成

```
> (cross <- table(jhk$部署, jhk$年代))
        若手   熟練   中堅
  A部   216    58    150
  B部    99   119    158
```

---

　table の第 1 引数と第 2 引数に質的変数を指定している点に注意してください。
　クロス集計表の連関について考察する場合には，度数を割合表記に変換するのが一
般的です。

クロス集計表の割合表記

```
> prop.table(cross)   #全度数を基準にした割合表記
        若手       熟練     中堅
  A部 0.27000  0.07250  0.18750
  B部 0.12375  0.14875  0.19750

> prop.table(cross, 1)   #行方向の割合表記
         若手        熟練       中堅
  A部 0.5094340  0.1367925  0.3537736
  B部 0.2632979  0.3164894  0.4202128

> prop.table(cross, 2)   #列方向の割合表記
         若手        熟練       中堅
  A部 0.6857143  0.3276836  0.4870130
  B部 0.3142857  0.6723164  0.5129870
```

　関数 prop.table の第 1 引数には table の出力を，第 2 引数には割合を行方向に
とるか（1）列方向にとるか（2）を決定する数値を指定します。第 2 引数に何も指定
しないと，全度数を基準にした割合が返されます。
　連関がある状況とは，例えば，部署 A と B で年代の割合が異なる状況を言います。
行方向の割合表記を確認すると，A 部に比較して，B 部は若手の割合が低く，熟練と
中堅の割合が高くなっています。つまり，連関が示唆される状況になっています。

◆ 層別クロス集計表
　関数 xtabs を利用すると，さらに複雑なクロス集計表を作成することができます。
以下では，性別ごとに「年代」と「部署」のクロス集計表を作成しています。

22　第1章　多変量解析の基礎を学びたい

層別クロス集計表の作成

```
> xtabs(~部署+年代+性別, data=jhk)
, , 性別 = F

      年代
部署 若手 熟練 中堅
  A部   91   23   53
  B部   40   54   56

, , 性別 = M

      年代
部署 若手 熟練 中堅
  A部  125   35   97
  B部   59   65  102
```

---

　xtabs の中では，第1引数に集計したい質的変数を "~" の右側に足し算の形式で記述していきます。最初に足される変数から，行に配置される変数（部署），列に配置される変数（年代），層別変数（性別）… のように利用されていきます。

◆ 連関係数

　連関の数的指標として，クラメールの連関係数 V（以下，連関係数）を利用することができます。この指標は下限が 0，上限が 1 で，完全な連関[*14]に近づくにつれ 1 に近い値をとります。R のパッケージ vcd に連関係数を求める関数 assocstats が含まれています[*15]。

連関係数の算出

```
> library(vcd)   #パッケージvcdの読み込み
> assocstats(cross)   #部署と年代の連関係数の算出
-出力の一部-
Cramer's V        : 0.278
```

　連関係数は 0.278 であり，一定の連関が存在することが示唆されています。
　完全な連関があるクロス集計表と，完全に独立（無連関）なクロス集計表の連関係数を確認すると，次のようになります。

[*14] 例えば，女性の喫煙者の割合が 1，男性の喫煙者の割合が 0 という状況は，完全な連関がある状況です。つまり，性別によって喫煙有無の割合が完全に逆転しているようなとき，完全な連関があるといいます。

[*15] この関数の出力には，χ^2 検定の出力も含まれています。

1.5 多変量データの関係性の分析　23

```
> (m1 <- matrix(c(50,0,0,50), ncol=2))   #完全連関のケース
     [,1] [,2]
[1,]   50    0
[2,]    0   50

> assocstats(m1)   #完全連関のクロス集計表における連関係数
-出力の一部-
Cramer's V       : 1

> (m2 <- matrix(c(10,20,100,200), ncol=2))   #独立のケース
     [,1] [,2]
[1,]   10  100
[2,]   20  200

> assocstats(m2)   #独立したクロス集計表における連関係数
-出力の一部-
Cramer's V       : 0
```

matrix は行列を作成する関数です[*16]。上記の例では，第 1 引数に行列の要素が収められたベクトルを，第 2 引数に列数を指定しています。

♦ χ^2 検定と残差分析

連関係数は，χ^2 値と呼ばれる検定統計量によって構成されています。この χ^2 値を利用して母集団における連関の有無について推測するのが，χ^2 検定です[*17]。R で χ^2 検定を実行するには，関数 chisq.test を利用するのが一般的です。

クロス集計表に対する χ^2 検定

```
> (reschisq <- chisq.test(cross))
-出力の一部-
X-squared = 62.031, df = 2, p-value = 3.39e-14
```

chisq.test の引数にはクロス集計表を指定します。検定の結果，少なくとも 0.1% 水準で有意となりました（$\chi^2 = 62.031$, $df = 2$, $p < 0.001$）。

さらに，独立したクロス集計表と比較して，どのセルで有意な逸脱があったのかを検討する場合には，残差分析を行います。chisq.test の出力を利用し，次のように記述してオブジェクトから stdres を抽出することで，各セルの標準化された残差（z 得点）を表示させることができます。絶対値が 1.96 以上であれば，そのセルに 5% 水準で有意な逸脱があった（そのため有意な連関が生じた）と解釈できます。

[*16] 関数 matrix に関する詳細については，『R によるやさしい統計学』p.29 を参照してください。
[*17] χ^2 検定については，『R によるやさしい統計学』p.128〜135 に解説があります。

24　第 1 章　多変量解析の基礎を学びたい

```
残差分析

> reschisq$stdres
          若手       熟練       中堅
 A部  7.111660 -6.111275 -1.927473
 B部 -7.111660  6.111275  1.927473
```

　若手と熟練において，標準化された残差は絶対値で 1.96 以上であり，有意となっています。χ^2 検定における「部署」と「年代」の有意な連関は，若手と熟練における部署間での度数の偏りに原因があると解釈できます[*18]。

1.6　基本統計量の数理的成り立ち

　これまでに解説した統計指標のうち，後の章の学習で特に重要なものについて，数学的な定義をしておきます。説明のためのデータを表 1.1 に示します。

表 1.1　データ例

社員 i	協調性 x_1	自己主張 x_2	技能 x_3	知識 x_4
1	5	10	20	5
2	25	35	25	15
3	25	45	35	30
4	35	45	40	55
5	60	65	55	70

◆ 多変量データの行列表記

　x_{ij} を観測対象 i の変数 j におけるデータとするとき，表 1.1 は行列 $\boldsymbol{X}$ として次のように表現できます。

$$\boldsymbol{X} = \begin{bmatrix} x_{11} & x_{12} & x_{13} & x_{14} \\ x_{21} & x_{22} & x_{23} & x_{24} \\ x_{31} & x_{32} & x_{33} & x_{34} \\ x_{41} & x_{42} & x_{43} & x_{44} \\ x_{51} & x_{52} & x_{53} & x_{54} \end{bmatrix} = \begin{bmatrix} 5 & 10 & 20 & 5 \\ 25 & 35 & 25 & 15 \\ 25 & 45 & 35 & 30 \\ 35 & 45 & 40 & 55 \\ 60 & 65 & 55 & 70 \end{bmatrix} \tag{1.1}$$

◆ 分散と SD

　表 1.1 の社員 i の「協調性」の得点を x_{i1} と表現します。また社員数を n とします。ここでは，標本サイズ n の標本データから母数（母集団の平均と分散）を推定することを考えます。

___

[*18] 10 章の対数線形モデルを利用することで，3 変数以上の連関についても検討することができます。

「協調性」の標本平均 $\bar{x}_1$ を求めたところ，30 点でした。このとき「協調性」の標本分散 s_1^2 は偏差 $(x_{i1} - \bar{x}_1)$ の 2 乗の平均値であり，次の式によって求められます。

$$s_1^2 = \frac{(5-30)^2 + (25-30)^2 + (25-30)^2 + (35-30)^2 + (60-30)^2}{5} = 320 \tag{1.2}$$

式 (1.2) の分子は偏差の 2 乗和であり，平方和と呼ばれます。この分散の平方根 $s_1 = \sqrt{s_1^2}$ が標本標準偏差です。「協調性」の s_1 を求めると，17.889 となりました。また，「自己主張」の標本標準偏差 s_2 も同一の値になりました。

ところで，R の関数 var が返す値は，母集団の分散の推定値（不偏分散）です。不偏分散は母分散に関する不偏推定量です[*19]。「協調性」の得点の不偏分散 $\hat{\sigma}_1^2$ は偏差の 2 乗和を $n-1$ で割った値として，次のように求められます。

$$\hat{\sigma}_1^2 = \frac{(5-30)^2 + (25-30)^2 + (25-30)^2 + (35-30)^2 + (60-30)^2}{5-1} = 400 \tag{1.3}$$

「協調性」と標本標準偏差が等しいので，「自己主張」の不偏分散 $\hat{\sigma}_2^2$ も 400 となります。

関数 sd が返す値は，母集団の SD の推定値です。この値を不偏分散の平方根（$\hat{\sigma}$）と呼びます。不偏分散が 400 ですから，不偏分散の平方根は 20 となります。

母集団の分散や標準偏差に興味があるなら，$\hat{\sigma}^2$ や $\hat{\sigma}$ を報告します。データ数 n が限りなく大きい場合には，$\hat{\sigma}$ と s はほぼ同一の値となります。

◆ 共分散と相関係数

「協調性」と「自己主張」の相関係数 r_{12} を求めてみましょう。そのためには，標本共分散 s_{12} という相関関係の数的指標が必要になります。この指標は 2 変数の偏差の積和を標本サイズ n で割ったものとして，次のように求められます。

$$s_{12} = \frac{(5-30)(10-40) + \cdots + (60-30)(65-40)}{5} = 305 \tag{1.4}$$

また，母集団の共分散に興味がある場合には，その推定値である不偏共分散を利用します。この指標は，共分散の定義式の分母を n から $n-1$ に変更したものです。

$$\hat{\sigma}_{12} = \frac{(5-30)(10-40) + \cdots + (60-30)(65-40)}{5-1} = 381.25 \tag{1.5}$$

s_{12} も $\hat{\sigma}_{12}$ も，0 の際には 2 変数間には直線的な相関が存在していないと解釈できます。また，相関係数と同様に，その符号は相関関係の正負を表現します。ただし，

[*19] 不偏推定量については，『R によるやさしい統計学』p.98 に解説があります。

26　第 1 章　多変量解析の基礎を学びたい

上限下限が測定値の単位に依存するという問題があります。この問題を克服するのが相関係数 r です。相関係数の定義を次に示します。

$$r_{12} = \frac{s_{12}}{s_1 s_2} = \frac{\hat{\sigma}_{12}}{\hat{\sigma}_1 \hat{\sigma}_2} = 0.953125 \tag{1.6}$$

　上式から明らかなように，母集団の推定値を利用するか否かにかかわらず，相関係数の値は不変です。このデータでは上限の 1 に近い相関係数が観測されているので，両者の間には強い正の相関があると解釈できます。

♦ 相関行列

　表 1.1 に含まれる 4 変数の相関行列 $\boldsymbol{R}$ は，次のように表現できます。

$$\boldsymbol{R} = \begin{bmatrix} 1.000 & & & sym \\ r_{21} & 1.000 & & \\ r_{31} & r_{32} & 1.000 & \\ r_{41} & r_{42} & r_{43} & 1.000 \end{bmatrix} = \begin{bmatrix} 1.000 & & & sym \\ 0.953 & 1.000 & & \\ 0.959 & 0.936 & 1.000 & \\ 0.932 & 0.898 & 0.975 & 1.000 \end{bmatrix} \tag{1.7}$$

　$\boldsymbol{R}$ の対角要素は自分自身との相関係数なので，必ず 1 になります。また，上三角行列の数値は下三角行列と同一となるので，省略してあります[20]。

　同様に，標本共分散行列 $\boldsymbol{S}$ は次のように表現できます。

$$\boldsymbol{S} = \begin{bmatrix} s_1^2 & & & sym \\ s_{21} & s_2^2 & & \\ s_{31} & s_{32} & s_3^2 & \\ s_{41} & s_{42} & s_{43} & s_4^2 \end{bmatrix} = \begin{bmatrix} 320 & & & sym \\ 305 & 320 & & \\ 210 & 205 & 150 & \\ 405 & 390 & 290 & 590 \end{bmatrix} \tag{1.8}$$

　$\boldsymbol{S}$ の対角要素は自分自身との共分散ということになりますが，これは分散となります。また $\boldsymbol{R}$ と同様に上三角行列の数値は下三角行列と同一となるので省略してあります。

♦ 標準得点

　社員 1 の「協調性」の得点について z 得点（z_{11}）を求めてみます。

$$z_{11} = \frac{x_{11} - \bar{x}_1}{s_1} = \frac{5 - 30}{17.889} \simeq -1.398 \quad [21] \tag{1.9}$$

　式からも明らかなように，z 得点とは集団における平均的な偏差（SD）を 1 としたときの個人の偏差の比です。したがって，z 得点の絶対値が 1 よりも大きい人は，集

---

[20] 上三角行列の sym とは symmetry（対称）という意味です。
[21] $\simeq$ とは「ほぼ等しい」という意味です。

団における平均的な散らばりを超えたところに位置していると解釈できます。社員1の「協調性」の偏差値 T_{11} は，z 得点から次のように求められます。

$$T_{11} = 10z_{11} + 50 = 36.02 \tag{1.10}$$

偏差値の平均は50ですから，社員1の「協調性」の得点は集団内において相対的に低いと解釈することができます。仮に母集団における偏差値を推定したい場合には，式 (1.9) の分母の SD に $\hat{\sigma}_1 = 20$ を利用すればよいでしょう。

◆ 標本平均の標準誤差

標本平均 $\bar{x}$ によって母平均 μ を推定する場合には，その推定精度についても配慮する必要があります。標本サイズ n で標本を抽出し標本平均を求めるということを無限に繰り返すと，標本平均の分布が構成できます。この理論的な分布は，標本平均の標本分布と呼ばれます。標本平均の標本分布の中心は，推定しようとしている母平均 μ となることが知られています。この標本分布の SD は標準誤差（standard error; SE）[22]と呼ばれる統計量です。標準誤差が小さいということは，どの標本で推定しても，母平均に近い値が得られる可能性が高いことを意味します。したがって，標準誤差は推定の精度の指標として参照することができます。この標準誤差（の推定値）は，手もとの標本のデータから

$$\widehat{SE} = \frac{\hat{\sigma}}{\sqrt{n}} \tag{1.11}$$

で推定できます。不偏分散の平方根 $\hat{\sigma}_1$ は20でしたから，標準誤差は式 (1.11) から，8.944（$\simeq 20/\sqrt{5}$）と求めることができます。母平均を中心に ± 8.944 の範囲で標本平均は平均的に散らばっていると解釈します[23]。また，推定精度をさらに高めたいのならば，式 (1.11) から，標本サイズ n を大きくすればよいことがわかります。

標本平均の標準誤差は式 (1.11) で求められますが，その他の統計量についても標準誤差が存在しています。母数の推定を行う多変量解析手法では，さまざまな推定値に標準誤差を伴って報告します。推定値の検定や信頼区間の理論は，この標準誤差に基づいて構成されています。以上からもわかるように，標準誤差は統計的推測において非常に重要な概念です。

◆ 母平均の信頼区間

標本平均 $\bar{x}$ と上述の標準誤差を利用して，次のような区間を求めます。

$$[\bar{x} - t_{\alpha/2, df} SE, \quad \bar{x} + t_{\alpha/2, df} SE] \tag{1.12}$$

---

[22] 標準誤差（SE）については，『R によるやさしい統計学』p.98 に解説があります。

[23] 標本平均ではなく，母平均を中心とした散らばりの指標なので，注意が必要です。

この区間は母平均の $(1-\alpha)100\%$ 信頼区間と呼ばれ，母平均を幅をもって推定する（区間推定する）場合に利用されます。

α は有意水準ですから，$\alpha = 0.05$ とすると，上記の区間は 95% 信頼区間になります。$t_{\alpha/2, df}$ はある自由度 df を持った t 分布における有意水準 α の両側検定の臨界値を意味しています。自由度は $n - 1$ で求められます。

「協調性」のデータから母平均の 95% 信頼区間を求めてみましょう。自由度は 4 $(= 5 - 1)$，有意水準 5% の t 分布の両側検定の臨界値は 2.776 となります[*24]。$\bar{x}$ は 30，SE は 8.944 ですから，母平均の信頼区間は

$$[30 - 2.776 \times 8.944 = 5.171, \quad 30 + 2.776 \times 8.944 = 54.829] \quad (1.13)$$

となります。区間 $[5.171, 54.829]$ の中に母平均が 95% の確率で含まれていると解釈してはなりません。この 95% 信頼区間とは，さらに別の標本を抽出して同様の手続きで区間を算出するということを無限に繰り返したとき，それらの区間の 95% は母平均を含んでいることが理論的に保証されている区間です。区間 $[5.171, 54.829]$ は無数の区間のうちの 1 つですから，その区間は母平均を含んでいるか，含んでいないかのどちらかであって，確率を考えることができません。

1.7 偏相関係数

簡単な例を挙げて説明します。小学 1～6 年生の児童 500 人を観測対象として集めて体重と語彙量を計測し，相関係数を求めたところ，正の相関が確認できたとします。この相関が見かけの相関，すなわち疑似相関であることは容易に見抜けます。

身体的・精神的成熟が著しい小学 1～6 年生までを観測対象にしていますから，体重も語彙量も年齢という第 3 の変数によってともに増加します。偏相関とは，この第 3 の変数の影響を取り除いた（統制した）上で確認される相関です（図 1.10 を参照）。偏相関を考察するために学年別に体重と語彙量の相関係数を求めるという工夫も有用ですが，より洗練された方法として偏相関係数を用いることができます。

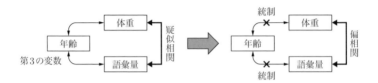

図 1.10　疑似相関と偏相関の例

[*24] この臨界値は，関数 qt を利用して qt((1-0.05/2), df=4) で算出しています。

第 3 の変数を w，相関を求める変数を x, y とするとき，偏相関係数 $r_{xy|w}$ の公式は次のようになります[25]。

$$r_{xy|w} = \frac{r_{xy} - r_{xw}r_{yw}}{\sqrt{1 - r_{xw}^2}\sqrt{1 - r_{yw}^2}} \tag{1.14}$$

3 ペアの相関係数を相関行列から抽出して，この公式に当てはめれば偏相関係数が求められます。ただし，第 3 の変数が 2 つ以上になる場合には，この公式は利用できなくなります[26]。このような場合には，パッケージ psych に含まれる関数 partial.r を利用するとよいでしょう。以下では，「人事評価結果.csv」に含まれる「協調性」「自己主張」「技能」「知識」を第 3 の変数（群）として，「総合」と「昨年総合」の偏相関係数を求めます。

コラム 1：疑似相関をひたすら集め続ける人

　ハリウッド俳優のニコラス・ケイジさんが 1 年間に映画に出演した回数と，その年にプールで溺死した人の数には，10 年間の統計で見ると正の相関があることをご存知でしょうか？　しかも，その相関係数は，なんと 0.67 という高い水準なのです。

　この興味深いデータを報告しているのは，ネット上で実証科学に関する啓蒙活動をしているタイラー・ビゲン（Tyler Vigen）さんです。タイラーさんは，世界中の疑似相関と思える現象を集めては，そのデータや，データから生成される散布図（と相関係数）を自身のサイト tylervigen.com 上で公開しています。2018 年 2 月現在，2 万 5 千件以上の例がサイトに蓄積されています。

　tylervigen.com に掲載されているデータのうち，上述よりもさらに驚異的な例をご紹介しましょう。アメリカ合衆国の 1 人当たりのチーズ消費量と，ベッドシーツに絡まって死亡する人数には，10 年間の統計では極めて高い正の相関があります。相関係数は，実に 0.95（！？）です。どうしてこのような直観的には理解できない高い相関が得られるのでしょうか？

　データ数が 10 件程度だと，偶然誤差の範囲で相関係数の絶対値が高くなることはあり得ます。本章の筆者が行ったシミュレーションでは，例えば母集団で無相関の 2 変数について，10 個ずつランダムサンプリングしてその相関係数を求めるということを 1000 回繰り返すと，そのうちの 0.5% のデータにおいて，絶対値で 0.8 を超える相関係数が観測されました。

　タイラーさんはこのような興味深いデータを通じて，統計学や数的研究に興味関心を持つ人が増えればよいと考えているそうです。

---

[25] $r_{xy|w}$ は w を統制したもとでの x と y の相関係数（すなわち偏相関係数）を意味します。

[26] 例えば南風原 (2002) に，第 3 の変数が 2 つ以上の場合に利用できる公式が掲載されています。

30　第1章　多変量解析の基礎を学びたい

```
偏相関係数の算出

> sixname <- c("協調性","自己主張","技能","知識","総合","昨年総合")
> jhk3 <- jhk[,sixname]

> #総合と昨年総合の相関係数を求める
> cor(jhk3[,5], jhk3[,6])
[1] 0.8203213

> #協調性, 自己主張, 技能, 知識を統制した総合と昨年総合の偏相関係数を求める
> partial.r(jhk3, c(5,6), c(1,2,3,4))
partial correlations
          総合  昨年総合
総合     1.00      0.03
昨年総合 0.03      1.00
```

　関数 partial.r の第 1 引数にはデータフレームを，第 2 引数には偏相関係数を求める変数を，第 3 引数には影響を統制する第 3 の変数を指定します。

　「総合」と「昨年総合」は「協調性」「自己主張」「技能」「知識」の合計得点に基づいて構成される指標ですから，それらの影響を統制したうえでの「総合」と「昨年総合」の相関係数が 0.03 であり，ほぼゼロという結果は，納得がいくものです。

1.8　順序カテゴリカル変数の相関係数

　データ解析の過程では，順序カテゴリカル変数を扱う必要も生じます。順序カテゴリカル変数とは，テストの問題に対する正誤を「0 = 誤答」「1 = 正答」とコーディングした変数（2 値順序カテゴリカル変数）や，生徒の成績を 5 段階評価した結果を含んだ変数（多値順序カテゴリカル変数）などを意味します。

　このような順序カテゴリカル変数を含めてピアソンの積率相関係数を求めると，本来の値よりも絶対値が小さくなるという性質があります。そこでより進んだ分析では，順序カテゴリカル変数に対応した以下の相関係数を利用する場合があります。

- ポリコリック（polychoric）相関係数：順序カテゴリカル変数間の相関係数。特に両変数が 2 値型である場合の相関係数を，テトラコリック（tetrachoric）相関係数と呼びます。
- ポリシリアル（polyserial）相関係数：順序カテゴリカル変数と量的変数間の相関係数。特に順序カテゴリカル変数が 2 値型である場合には，バイシリアル（biserial）相関係数と呼びます。

　順序カテゴリカル変数間の相関係数を求めるにあたり，カテゴリの分布の背後に量的潜在変数 Z を仮定します。図 1.11 では多値（5 値）順序カテゴリカル変数 X（$= 1, 2, 3, 4, 5$）と Y（$= 1, 2, 3, 4, 5$）について，それぞれ周辺分布（行和と列和の分

1.8 順序カテゴリカル変数の相関係数

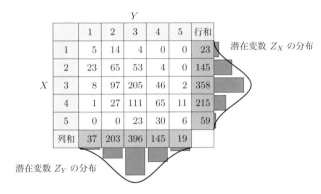

図 1.11 カテゴリカル変数間の背後に潜在変数を仮定する

布)を求めています。その周辺分布の背後に潜在変数 Z_X, Z_Y を仮定します。図では，その分布が実線の曲線として描画されています。ピアソンの積率相関係数とは，この Z_X と Z_Y が量的変数として観測されているという前提のもとで算出される統計指標です。この Z が手もとにない場合には，Z を潜在変数として表現したうえで，潜在変数間の相関係数を推定することになります。

分析例を示すために，「人事評価結果.csv」に含まれる「総合」を 2 値順序カテゴリカル変数「総合カテ」に，また「技能」を多値（3 値）順序カテゴリカル変数「技能カテ」に変換します[*27]。量的変数のカテゴリカル変数化には，関数 cut が有用です。

```
順序カテゴリカル変数を含めたデータフレームの作成
> #2値カテゴリカル変数化するための階級幅を作成する
> (sogoc <- c(-Inf, mean(jhk$総合), Inf))
[1]     -Inf 221.0175      Inf

> #階級幅を利用してデータを0と1に変換する
> (scat <- cut(jhk$総合, breaks=sogoc, right=FALSE, labels=c(0,1)))
[1] 1 1 1 1 0 1 1 1 1 1 1 0 1  -略-

> #多値カテゴリカル変数化するための階級幅を作成する
> (ginoc <- c(-Inf, summary(jhk$技能)[c(2,5)], Inf))
     1st Qu. 3rd Qu.
  -Inf      44      56     Inf

> #階級幅を利用してデータを0と1と2に変換する
> (gcat <- cut(jhk$技能, breaks=ginoc, right=FALSE, labels=c(0,1,2)))
[1] 2 1 1 1 1 1 2 1 2 1 1 2 1 1  -略-
```

[*27] 量的変数で測定されている場合には，ピアソンの積率相関係数を利用することが望まれます。ここでは例示のために量的変数を質的変数に変換しているということに注意してください。

cut の第 1 引数にはカテゴリ化する量的変数を指定し，第 2 引数の breaks に
は階級幅を指定するベクトルを指定します。上の例では，2 値化するために [−∞,
平均値)，[平均値，+∞) という階級幅を，3 値化するために [−∞, 第 1 四分位数)，
[第 1 四分位数，第 3 四分位数)，[第 3 四分位数，+∞) という階級幅をそれぞれベクト
ルとして保存し，指定しています。また，right=FALSE とすることで，「A 以上，B
未満」というように，下限値は区間に含み，上限値は含まないルールでカテゴリ化し
ます[28]。最後の labels には，カテゴリ名をベクトル形式で指定します。

順序カテゴリカル変数を含む相関行列の算出には，パッケージ polycor の関数
hetcor が利用できます。以下では，量的変数である「知識」を含めた 3 変数間の相
関行列を求めます。

順序カテゴリカル変数を含めた相関行列の算出

```
> library(polycor)   #パッケージpolycorの読み込み
> #量的変数「昨年総合」も含めてデータフレームを作成する
> jhk4 <- data.frame(総合カテ=scat, 技能カテ=gcat, 知識=jhk$知識)
> hetcor(jhk4, ML=TRUE)   #最尤法で相関行列の算出
```

ここで，総合カテ は 2 値カテゴリカル変数に変換した「総合」を意味し，技能カ
テ は多値カテゴリカル変数に変換した「技能」を意味します。

関数 hetcor の第 1 引数には順序カテゴリカル変数が含まれたデータフレームを指
定します。第 2 引数で ML=TRUE としているのは，相関係数の推定に最尤法（maximum
likelihood method; ML 法）を利用することを表現しています。ML=FALSE ならば，
two-step 法のもとで推定された最尤法の簡便解が算出されます。

順序カテゴリカル変数を含む相関行列

```
Correlations/Type of Correlation:
         総合カテ      技能カテ         知識
総合カテ       1   Polychoric  Polyserial
技能カテ  0.7973            1  Polyserial
知識     0.6329       0.4558           1
-略-
```

上記の出力を確認すると，総合カテ と 技能カテ は両者ともに順序カテゴリカル
変数なので，上三角行列の該当する要素が Polychoric となっていることがわかり
ます。対応する相関係数は 0.7973 となりました。一方，総合カテ と 知識 は，前者
が順序カテゴリカル変数，後者が量的変数ですから，上三角行列の該当する要素が
Polyserial となっています。対応する相関係数は 0.6329 となります。

---

[28] $[A, B)$ で「A 以上，B 未満」を表現します。

1.9　効果量[*29]

平均値差の t 検定（1.3.4 項）に代表される統計的仮説検定手法には，標本サイズ（n）が大きいときに，どんな帰無仮説も棄却されてしまうという性質があります。母集団に関してより妥当に考察するためには，検定結果だけでなく効果量を算出することが重要です。

■ 1.9.1　独立な 2 群の t 検定における効果量

独立な 2 群の t 検定の検定統計量 t は，

$$t = d\sqrt{\frac{n_1 n_2}{n_1 + n_2}} \tag{1.15}$$

のように，（標本）効果量 d と，各群の標本サイズ（n_1, n_2）で構成される部分との積で表現されます。

効果量 d は，第 1 群の標本平均 $\bar{x}_1$ と第 2 群の標本平均 $\bar{x}_2$ との差を母標準偏差の推定量 s^* で割った値です。標本標準化平均値差とも呼ばれます。

$$d = \frac{\bar{x}_1 - \bar{x}_2}{s^*}, \quad s^* = \sqrt{\frac{n_1 s_1^2 + n_2 s_2^2}{n_1 + n_2 - 2}} \tag{1.16}$$

式 (1.15) を見ると，d を一定とするならば，標本サイズが大きくなるほど t 値は大きくなり，検定結果は有意になりやすくなることがわかります。この d は母集団における効果量の推定量の 1 つとして用いられます[*30]。d を利用することで，母平均間の実質的な差について考察しやすくなります。

以下では，自作関数[*31]effectd1 を利用し，「人事評価結果.csv」に含まれる「協調性」について，女性の平均値（52.92114）と男性の平均値（50.0559）の効果量の推定値，そしてその 95% 信頼区間を算出します。effectd1 は南風原 (2014) で解説されている非心 t 分布を用いた信頼区間算出法を適用するもので，動作にパッケージMBESS を必要とします。

分析の前に以下の関数 effectd1 を R に読み込ませておきます。

[*29] 本節の執筆には，統計量の記法も含めて南風原 (2014) を参考にしました。

[*30] d は母集団の効果量の不偏推定量ではありません。不偏推定量としては，「修正済み g」という効果量を利用することができます。この d は「Cohen の d」や「Hedges の g」と呼ばれることもありますが，本書では南風原 (2014) 同様に標本標準化平均偏差と呼びます。

[*31] 関数の作成法の詳細については，『R によるやさしい統計学』p.31 を参照してください。

34 第1章 多変量解析の基礎を学びたい

関数 effectd1 の読み込み

```
> effectd1 <- function(x1, x2, clevel=0.95)
+ {
+ library(MBESS)
+ #各群の標本サイズの算出
+ n1 <- length(x1); n2 <- length(x2)
+ #各群の平均の算出
+ m1 <- mean(x1); m2 <- mean(x2)
+ #各群の標本標準偏差の算出
+ s1 <- sqrt(mean((x1-m1)^2))
+ s2 <- sqrt(mean((x2-m2)^2))
+ #母標準偏差の推定値の算出
+ sast <- sqrt(((n1*s1^2)+(n2*s2^2))/(n1+n2-2))
+ #効果量の算出
+ d <- (m1-m2)/sast
+ #独立な2群のt検定の実行（等分散仮定）と自由度の算出
+ rest <- t.test(x1, x2, paired=FALSE, var.equal=TRUE)
+ #効果量の信頼区間の算出
+ resconf <- conf.limits.nct(t.value=rest$statistic,
+ df=rest$parameter, conf.level=clevel)
+ ll <- resconf$Lower.Limit*sqrt((n1+n2)/(n1*n2))
+ ul <- resconf$Upper.Limit*sqrt((n1+n2)/(n1*n2))
+ u3 <- pnorm(d, 0, 1)
+ return(list=c(効果量=d, 信頼水準=clevel, 区間下限=ll,
+ 区間上限=ul, U3=u3))
+ }
```

次に，この関数を利用して，効果量とその信頼区間を求めます。

独立な 2 群の *t* 検定に対応した効果量の算出

```
> #事前に関数effectd1をRに読み込んでおく
> fdat <- jhk$協調性[jhk$性別=="F"]
> mdat <- jhk$協調性[jhk$性別=="M"]
> effectd1(fdat, mdat, clevel=0.95)
    効果量     信頼水準     区間下限     区間上限         U3
0.2862393  0.9500000  0.1437825  0.4285185  0.6126526
```

関数 effectd1 の第 1 引数と第 2 引数には，各性別の「協調性」得点が収められた
ベクトルをそれぞれ指定します。また，clevel=0.95 として，効果量のための 95%
信頼区間を求めることを指定します。結果は $d = 0.2862393$ であり，その信頼区間は
$[0.1437825, 0.4285185]$ と 0 を含んでいません。母集団において効果量が 0 である可
能性は低いことが推察されます。

推定された d を解釈するために，d が標準正規分布に従うと仮定したうえで，男性
社員の「協調性」得点の分布を基準としたときに，女性社員の「協調性」得点の平均値

は下から何％に当たるかを求めます。これは，標準正規分布において d 以下の値が出現する確率になります。この確率を U_3 と呼びます。出力から U_3 は 0.6126526 であり，男性社員の分布を基準としたとき，女性社員の平均値は下から 61.26526％ の値であることがわかります。0.2862393 という効果量は，11.26526％（$= 61.26526 - 50$）程度の実質差であると解釈できます。

t 検定を実施した場合には，検定結果と併せて（p 値の後に）効果量とその信頼区間を報告するとよいでしょう。

効果量の報告例

女性と男性の社員で「協調性」の母平均に差があるかについて，独立な 2 群の t 検定を実施したところ，0.1％ 水準で有意差が得られた（$t(798) = 3.960$, $p < 0.001$, $d = 0.286$（95%CI $[0.144, 0.429]$））。

■ 1.9.2　対応のある t 検定における効果量

対応のある t 検定における検定統計量は，次のようになります。

$$t = d'\sqrt{n}, \quad d' = \frac{\bar{v}}{s'_v} \tag{1.17}$$

上式中の d' が標本効果量であり，$\bar{v}$ は差得点 v の平均値を，s'_v は差得点 v の不偏分散の平方根を表現しています。

以下では，自作関数 effectd2 を利用し，「人事評価結果.csv」に含まれる「総合」と「昨年総合」について，対応のある t 検定における効果量と，その 95％ 信頼区間を算出します。最初に effectd2 を読み込みます。

関数 effectd2 の読み込み

```
> effectd2 <- function(x1, x2, clevel=0.95)
+ {
+ library(MBESS)
+ #標本サイズの算出
+ n <- length(x1-x2)
+ #差異の平均v.barの算出
+ v.bar <- mean(x1-x2)
+ #差異の不偏分散の平方根svの算出
+ sv.p <- sd(x1-x2)
+ #効果量の算出
+ d.p <- v.bar/sv.p
+ #対応のあるt検定の実行と自由度の算出
+ rest <- t.test(x1, x2, paired=TRUE)
+ #効果量の信頼区間の算出
+ resconf <- conf.limits.nct(t.value=rest$statistic,
```

```
+ df=rest$parameter, conf.level=clevel)
+ ll <- resconf$Lower.Limit/sqrt(n)
+ ul <- resconf$Upper.Limit/sqrt(n)
+ u3 <- pnorm(d.p, 0, 1)
+ return(list=c(効果量=d.p, 信頼水準=clevel, 区間下限=ll,
+ 区間上限=ul, U3=u3))
+ }
```

　次に，この関数を利用して効果量とその信頼区間を算出します。関数の用法は effectd1 と同じです。

対応のある t 検定における効果量の算出

```
> effectd2(jhk$総合, jhk$昨年総合, clevel=0.95)
     効果量      信頼水準      区間下限      区間上限           U3
 0.03009393  0.95000000 -0.03922638  0.09939541  0.51200393
```

　効果量 d' は 0.03009393 となりました。信頼区間は $[-0.03922638, 0.09939541]$ と範囲が狭く，かつ 0 を含んでいます。母平均の実質差が 0 でないという仮説を強く主張することは難しいと言えます。また，U_3 は 0.51200393 であり，「昨年総合」を基準とするとき，「総合」の平均値は 0.012（$= 0.51200393 - 0.5000$）程度しか大きくありません。やはり，母平均の実質差がほとんどないことがうかがえます。

■ 1.9.3　その他の効果量と信頼区間

　相関係数 r とクラメールの連関係数 V は，その値をそのまま効果量の推定値として利用できます。したがって，両指標の信頼区間は，そのまま効果量の信頼区間として解釈することができます。

◆ 相関係数の信頼区間

　1.5.1 項では，「協調性」「自己主張」「ストレス」の 3 変数について関数 corr.test を用いて相関係数の検定を行いましたが，次のようなコードで信頼区間を算出することもできます。

相関係数の信頼区間の算出

```
> corkekka2 <- corr.test(jhk[,kjs], alpha=0.05)
> print(corkekka2, short=FALSE)
-出力の一部-
                 lower     r upper  p
協調性-自己主張    0.29  0.35  0.41  0
協調性-ストレス   -0.56 -0.51 -0.45  0
自己主張-ストレス  0.05  0.11  0.18  0
```

corr.test の第 2 引数として alpha=0.05 と指定することで，95% 信頼区間の算出を命令しています[32]。その信頼区間を表示するために関数 print を用い，第 2 引数に short=FALSE と指定します。

出力の一部に 95% 信頼区間が表示されています。lower が信頼区間の下限を，r が標本相関係数を，upper が信頼区間の上限を，p が検定のための有意確率（p 値）を表現しています[33]。

◆ クラメールの連関係数 V の信頼区間

連関係数に対応する信頼区間は，以下の自作関数 effectv で求めることができます。

関数 effectv の読み込み

```
> effectv <- function(x, y, clevel=0.95)
+ {
+ library(vcd)
+ library(MBESS)
+ #クロス集計表の算出
+ tmpcross <- table(x, y)
+ #標本サイズの算出
+ n <- sum(tmpcross)
+ #集計表の行数と列数を算出
+ size <- dim(tmpcross)
+ #自由度を算出
+ dof <- prod(size-1)
+ #カイ2乗値と連関係数の算出
+ resas <- assocstats(tmpcross)
+ chi <- resas$chisq_tests["Pearson", "X^2"]
+ v <- resas$cramer
+ #カイ2乗値を所与としたときの非心度の上限値，下限値を算出
+ resconf <- conf.limits.nc.chisq(Chi.Square=chi,
+ df=dof, conf.level=clevel)
+
+ if(resconf$Lower.Limit>0)   #下限値が0を超える領域に入った場合
+ {
+ #信頼区間の下限・上限の算出
+ ll <- sqrt((dof+resconf$Lower.Limit)/((min(size)-1)*n))
+ ul <- sqrt((dof+resconf$Upper.Limit)/((min(size)-1)*n))
+ return(list=c(効果量V=v, カイ2乗値=chi, 信頼水準=clevel,
+ 区間下限=ll, 区間上限=ul))
+ }else if(resconf$Lower.Limit==0)   #下限値が負値の場合（λ=0に固定される）
+ {
```

---

[32] デフォルトでは alpha=0.05 です。

[33] 実際の出力では，日本語の変数名で一部文字化けが生じていました。ここでは，文字化けを修正した表記になっていることに注意してください。

```
+ #信頼区間の下限を0に制約したうえで上限を算出
+ resconf <- conf.limits.nc.chisq(Chi.Square=chi,
+ df=dof, conf.level=NULL, alpha.lower=0, alpha.upper=(1-clevel)/2)
+ ul <- sqrt((dof+resconf$Upper.Limit)/((min(size)-1)*n))
+ return(list=list(
+ "下限値が負値になったので信頼区間の下限値を0にしました。",
+ c(効果量V=v, カイ2乗値=chi, 信頼水準=clevel, 区間下限=0,
+ 区間上限=ul)))
+ }
+ }
```

コラム2：アメリカ統計学会の統計的仮説検定に対する声明

2016年3月にアメリカ統計学会（American Statistical Association; ASA）が統計的仮説検定で多用される p 値について，"The ASA's statement on p-values: context, process, and purpose" というタイトルの声明を発表し（Wasserstein & Lazar, 2016），国内外の科学者の間でちょっとした話題になりました。声明の趣旨が「p 値のみに基づいて効果の有無を判断するのはやめよう」というもので，自身の研究で一度でも検定を使ったことのある科学者にとって，決して他人事ではなかったからです。

この声明では，p 値に関して誤解されている6つの原理について箇条書きで紹介しています。例えば，その中の1つ（原理5）は次のようなものです。

p 値や有意性は，効果の大きさと結果の重要性のどちらも示さない。

式 (1.15) の平均値差の t 値の成り立ちからも明らかなように，検定統計量は標本サイズに依存していくらでも大きくなります。したがって，効果のサイズにかかわらず，p 値はいくらでも小さくなります。統計学をきちんと修めた科学者は，p 値のこの性質について熟知しているので，p 値を報告する場合にはまず標本サイズについて配慮します。また，効果量についても併せて報告し考察しています。

ASA がこのような声明を出したのは，p 値の性質に配慮せず，ただ有意になったかどうかで仮説の正否を判断する慣習が学術界に蔓延していたからです。しかし，今後は p 値のみに基づいて結論する論文は許容されない時代になるでしょう。すでに効果量の報告を要請している学術雑誌や，p 値の報告を禁止している学術雑誌も現れてきています。

さまざまな雑誌の方針はともかくとして，母平均の意味ある差のような実質的効果を検証するためには，p 値だけでなく効果量や信頼区間といった複数の統計量の結果を統合して，分析・考察していく工夫が求められるということです。そして，これは統計学に対して誠実に向き合っている科学者が昔から実践していることでもあるのです。

関数 effectv を用いて，次のように連関係数の信頼区間を求めます。

```
連関係数の信頼区間
> effectv(jhk$年代, jhk$部署, clevel=0.95)
   効果量V   カイ2乗値   信頼水準   区間下限   区間上限
  0.2784575  62.0308450  0.9500000  0.2125222  0.3493345
```

effectv の第 1，第 2 引数には，連関係数を求める質的変数を指定します（ここでは「年代」と「部署」を指定しています）。第 3 引数は信頼水準を指定します。clevel=0.95 ですから，95% 信頼区間を求めていることになります。

出力から，連関係数は 0.2784575 であり（1.5.2 項参照），その信頼区間は [0.2125222, 0.3493345] であることがわかります。

章末演習

ダウンロードデータ「第 1 章」フォルダ内の「学力調査結果.csv」に対して，次の分析を実行してください。

問1 関数 read.csv を用いて「学力調査結果.csv」を R に読み込み，mat というオブジェクトに保存してください。関数 histogram（パッケージ lattice）と関数 boxplot を利用し，「プレ得点」について「部活」別にヒストグラムと箱ヒゲ図（水平方向）を描画してください。

問2 関数 tapply を利用し，「プレ得点」について「部活」別の平均値と中央値，そして SD を求めてください。

問3 関数 t.test を利用し，「数学」について「性別」を群として独立な 2 群の t 検定（等分散を仮定）を実行してください。さらに，関数 effectd1 によって効果量とその 95% 信頼区間を求めたうえで，検定結果の報告をしてください。

問4 関数 apply を利用し，生徒ごとに「プレ得点」「ポスト得点」の合計点を求め，goukei というオブジェクトに保存してください。

問5 関数 scale を利用して「プレ得点」を標準化し，spre1 というオブジェクトに保存してください。次に，関数 plot を利用し，「プレ得点」と spre1 の散布図を描画してください。同時に，関数 cor によって変数間の相関係数を求めてください。散布図と相関係数から標準化する前の分布と，標準化したあとの分布について，どのようなことが言えるでしょうか？

問6 パッケージ psych の関数 partial.r を利用し，「プレ得点」「ポスト得点」を第 3 変数としたときの，「国語」「社会」「英語」の偏相関係数を求めてください。

40 第 1 章 多変量解析の基礎を学びたい

問 7 関数 cut を利用し，「国語」「社会」「英語」を，平均未満は 0，平均以上は 1 というコーディングの 2 値カテゴリカル変数に変換して，それぞれ kcat，scat，ecat というオブジェクトに保存してください。次に，これらの 3 つのオブジェクトを含んだデータフレーム mat2 を作成してください。最後に，パッケージ polychor の関数 hector を利用して，3 つのオブジェクト間の相関係数を最尤法で求めてください。

問 8 関数 effectv を利用し，「性別」と「部活」に関して連関係数とその 95% 信頼区間を求めてください。

第**2**章

R によるデータハンドリングを学びたい
——アンケートデータと ID-POS データ
のハンドリング

多変量データを分析する際には，目的に応じてデータを加工する必要があります。その作業過程で求められるのが，データを操る技術，すなわちデータハンドリングの技術です。本章では，研究調査や市場調査で得られるアンケートデータ，顧客マーケティング分野における ID 付き POS データ（購買データ）を例にとって，典型的なデータハンドリング技術について解説します。

2.1　手法の概要

アンケートデータのハンドリングについては，以下の項目を解説します。いずれも R の基本関数についての解説となりますが，全てを網羅しているわけではなく[*1]，データハンドリングの実践で頻繁に用いられる処理を選んでいます。

- 関数 str によりデータフレームの変数の型を確認する
- 関数 factor と引数 levels によって，度数 0 のカテゴリを確保する
- 関数 subset により条件に合致する観測対象を抽出する
- 関数 order によりデータフレームをソート（並び替え）する
- 関数 read.csv の引数 na.strings や関数 na.omit によって，欠損値の処理をする
- 関数 merge により 2 つのデータフレームを横に併合する
- 関数 which により数値の置き換えをする
- 関数 readLines により固定長ファイルを読み込み，関数 substring によって文字列を抽出し，データフレームに変換する

[*1] 基本関数についての網羅的解説は，舟尾 (2016) を参照してください。

42 第2章 Rによるデータハンドリングを学びたい

次に，ID-POS データのハンドリングについて，重要な処理に絞って解説します。

- 関数 lapply により複数のデータファイルを一括して読み込む
- 関数 order を利用して RFM 分析を実行する
- 関数 table や xtabs によって，ID-POS データのクロス集計表を作成する
- 関数 tapply によりさまざまな条件で顧客 ID ごとの購買金額を求める
- 自作関数と関数 apply を併用して，顧客 ID ごとの購買商品名を取得する
- 顧客 ID 別に来店間隔の分布の描画および要約統計量の算出を行う

2.2　変数の型

最初に，1 章で例示したデータ「人事評価結果.csv」を用いて，R のデータフレームに対する典型的なハンドリング技術を紹介します。

2.2.1　関数 str によるデータ構造の把握

これから分析しようとするデータフレームにどのような型の変数が含まれているかを確認することは，非常に重要です。データフレーム内の変数の型を確認するには，関数 str を利用します。

データフレームの構造の表示

```
> jhk <- read.csv("人事評価結果.csv")  #データの読み込み
> str(jhk)  #関数strによるデータ構造の出力
'data.frame':   800 obs. of  11 variables:
 $ ID    : int  1 2 3 4 5 6 7 8 9 10 ...
 $ 性別   : Factor w/ 2 levels "F","M": 2 1 2 2 1 2 1 2 2 2 ...
 $ 部署   : Factor w/ 2 levels "A部","B部": 1 2 1 1 1 1 2 1 1 1 ...
 $ 年代   : Factor w/ 3 levels "若手","熟練",..: 3 2 3 2 1 2 1 1 1 3 ...
 $ 協調性  : int  70 45 54 51 56 51 64 47 62 50 ...
 $ 自己主張: int  45 62 70 63 52 64 65 77 76 77 ...
 $ 技能   : int  65 51 55 53 44 48 58 54 74 53 ...
 $ 知識   : int  71 72 70 65 68 73 72 59 82 74 ...
 $ ストレス: int  53 64 61 60 56 52 45 68 55 66 ...
 $ 総合   : int  251 227 249 232 217 236 256 237 294 254 ...
 $ 昨年総合: int  248 211 242 240 177 216 262 215 314 234 ...
```

出力を見ると，変数「性別」「部署」「年代」については Factor が，その他については int がそれぞれ記載されています。int とは，その変数が整数型（integer）であることを意味します。Factor はその変数が数値に対応づけられた文字データで構成されている因子型であることを意味します[*2]。データフレーム内の文字列は，特に指定し

---

　*2 厳密に言えば，因子型はベクトルや行列などと同じデータ構造です。

なければ因子型で表現されるというルールがあります。因子型の変数に含まれる文字は，R 内では整数型としても認識されています。例えば「性別」は「人事評価結果.csv」内では "F" と "M" という 2 値の文字で構成されていますが，関数 read.csv で読み込んだ際に，"F" には 1，"M" には 2 が付与されます[*3]。上記の出力を参照すると，本来ならば "F" と "M" で表現されるデータ分布が，"2 1 2 2 1 2 1 2 2 2..." などと，整数値になっています。

次に，「総合」「昨年総合」について個人別に平均を求めます。新しくデータフレームに「総合平均」という変数を追加します。その後，関数 str を実行すると，次のような出力が得られます。

```
実数型の確認
> #「総合平均」をデータフレームに追加
> jhk$総合平均 <- apply(jhk[,10:11], 1, mean)
> str(jhk)
'data.frame':   800 obs. of  12 variables:
-略-
 $ 総合    : int  251 227 249 232 217 236 256 237 294 254 ...
 $ 昨年総合: int  248 211 242 240 177 216 262 215 314 234 ...
 $ 総合平均: num  250 219 246 236 197 ...
```

「総合平均」の型が num となっています。これは実数型（numeric）という意味で，小数点を含むデータで構成される変数を表現します。

R のデータフレームをハンドリングしたり，統計解析したりする場合には，上述した int，Factor，numeric という 3 つの型について区別ができていることが重要です[*4]。特に Factor 型の変数については，データハンドリング時に思わぬ挙動をすることがあり，注意が必要です。

■ 2.2.2　関数 factor の使いどころ

状況に応じて変数の型を変換すると，データハンドリングがスムースに進む場合があります。典型的な例に，関数 factor による型変換があります。以下に例示します。ある番組の面白さを 10 人の評価者に 0 〜 10 点の範囲で評価してもらった結果について度数分布表を作成すると，次のようになりました。

[*3] この対応は R が自動的に行います。

[*4] このほかに，character 型という型も比較的よく扱います。この型は Factor 型と異なり，文字情報のみを保持しています。

44 第 2 章　R によるデータハンドリングを学びたい

度数分布表

```
> score <- c(1,5,2,10,8,2,1,4,3,3)
> table(score)
score
 1  2  3  4  5  8 10
 2  2  2  1  1  1  1
```

この度数分布表を見ると，10 人の評価者のうち，0 点，6 点，7 点，9 点をつけた人はいないことがわかります。しかし，データハンドリングの過程では，回答が存在しなかったカテゴリも表示し，その箇所の度数を 0 と置きたい場面に頻繁に遭遇します。このようなときには，関数 factor を利用して次のように処理します。

Factor 型への変換と度数分布表

```
> fscore <- factor(score, levels=seq(0,10,1))　#関数factorによって変換

> str(fscore)　#構造の確認
 Factor w/ 11 levels "0","1","2","3",..: 2 6 3 11 9 3 2 5 4 4

> table(fscore)　#度数分布表
fscore
 0  1  2  3  4  5  6  7  8  9 10
 0  2  2  2  1  1  0  0  1  0  1
```

関数 factor は入力されたベクトルを Factor 型に変換します。引数 levels に任意の水準名を指定することで，変数内のデータがどのような値（水準）をとりうるのかを指定します。評価は 0 点から 10 点の範囲で行われていますから，seq(0,10,1) としています[*5]。関数 str によって変数の型を確認すると，11 の水準を持つ Factor 型になっていることがわかります。fscore の度数分布を求めると，回答がなかったカテゴリも度数が 0 で表示されています。

2.3　観測対象の情報の抽出

　データフレームの行には，特定の観測対象（評価者，顧客，購買機会など）の情報が含まれています。特定の条件を満たす行を抽出するという作業も，データハンドリングでは必要になります。R は行列操作に優れていますから，複雑な条件抽出処理も短いコードで実行できます。

　関数 subset は条件を満たす行を抽出します。以下のコードでは，オブジェクト jhk を利用して，典型的な抽出作業について例示しています。

[*5] 引数 levels には，本来ならば文字列を与える必要があります。ここでは数値で構成されるベクトルを指定していますが，関数内では文字列として扱われていることに注意してください。

2.3 観測対象の情報の抽出 45

=, ≠ による条件抽出

```
> #男性のデータのみ抽出する
> mdat <- subset(jhk, 性別=="M")
> head(mdat)

> #こちらも男性のデータのみ抽出する
> mdat2 <- subset(jhk, 性別!="F")
> head(mdat2)
```

このコードは男性のデータのみを抽出します。関数 subset の第 1 引数には抽出元のデータセット名を指定します。第 2 引数には，データ抽出の条件式を記述します。"==" は一致を表現し，"!=" は不一致を表現します。

<, ≤, >, ≥ による条件抽出

```
> #協調性が50点未満（<）の行を抽出する
> cope1 <- subset(jhk, 協調性<50)
> head(cope1)

> #50点以下（≦）の行を抽出する
> cope2 <- subset(jhk, 協調性<=50)
> head(cope2)

> #50点より大きい（>）行を抽出する
> cope3 <- subset(jhk, 協調性>50)
> head(cope3)

> #50点以上（≧）の行を抽出する
> cope4 <- subset(jhk, 協調性>=50)
> head(cope4)
```

このコードは，「協調性」について 4 つの不等号の条件を表現しています。これまでに登場した条件式をまとめると，次のようになります。

```
A == B ： A と B は一致
A != B ： A と B は不一致
A < B  ： A は B 未満
A <= B ： A は B 以下
A > B  ： A は B より大きい
A >= B ： A は B 以上
```

データハンドリングの過程では，性別が女性かつ協調性が 60 点以上かつ自己主張が 75 点以上 … というように，複数の条件を満たす行を抽出したい場合もあります。

46 第2章 Rによるデータハンドリングを学びたい

この目的を達成するためには，論理和（|）と論理積（&）という記号を使った条件式を利用します。用法は次のとおりです。

A | B ： *A* または *B* （論理和）

A & B ： *A* かつ *B* （論理積）

Rによる実行例を次に示します。

論理和（|）と論理積（&）の使い方

```
> #男性または熟練（論理和）
> m1 <- subset(jhk, (性別=="M")|(年代=="熟練"))
> head(m1)

> #男性かつ熟練かつ技能が50点以上（論理積）
> m2 <- subset(jhk, (性別=="M")&(年代=="熟練")&(技能>=50))
> head(m2)

> #男性かつ中堅または熟練（論理和と論理積）
> m3 <- subset(jhk, (性別=="M")&((年代=="中堅")|(年代=="熟練")))
> head(m3)
```

　コードで表現されているように，論理和"|"や論理積"&"を利用して，複数の条件式を繋いで記述します。このとき，1つの条件式を丸括弧"()"で囲むとよいでしょう。また，m3を定義する「男性かつ，中堅または熟練」という条件は，最初の論理積が，次に登場する論理和の条件式（年代=="中堅")|(年代=="熟練")全体にかかっています。ですから，((年代=="中堅")|(年代=="熟練"))のように論理和の条件式全体を丸括弧で囲んでいます。

　特にm3のコードが理解できれば，これまでに紹介した条件式を使って，より複雑な条件抽出が可能になります。データハンドリングの実践で困ることもないでしょう。

　また，関数subsetを利用せず，ベクトルの操作で条件に一致する行を検索し，その論理情報（TRUEまたはFALSE）を利用して行の条件抽出を行うことも可能です。

---
subsetを利用しない行の条件抽出

```
> #条件に合致する行にはTRUEを，合致しない行にはFALSEを与える
> cond <- (jhk$性別=="M")&((jhk$年代=="中堅")|(jhk$年代=="熟練"))
> head(cond)   #上に定義したベクトルcondの最初の6要素を表示
[1]  TRUE FALSE  TRUE  TRUE FALSE  TRUE

> m4 <- jhk[cond,]
> head(m4)
```
---

　m4はm3と同じ結果になることを確認してください。

2.4　欠損値の処理

　分析対象となる実際のデータには，ほとんどの場合，欠損値が含まれています。ここでは，欠損値の処理について学びます。

　最初に，外部データ「欠損データ.csv」を読み込み，内容を表示させます。このデータには欠損があり，その部分には数値も文字も挿入されていません。

欠損データの読み込み (1)

```
> #欠損箇所が空白の場合
> kesson <- read.csv("欠損データ.csv")  #データの読み込み
> kesson
  ID A  B  C  D
1  1  5 31 95 23
2  2 NA 23 73 33
3  3 23 35 43 54
4  4  3 45  8 NA
```

　R では，欠損があった箇所には NA（not available）という表示がなされます。

　Excel へのデータ入力の際，欠損箇所にあえて大きな値を入れるような場合もあります。「欠損データ 2.csv」では欠損箇所に，999 と 9999 という大きな値が挿入されています。

欠損データの読み込み (2)

```
> #欠損箇所が数値の場合
> kesson2 <- read.csv("欠損データ2.csv")  #データの読み込み
> kesson2
  ID   A  B  C    D
1  1   5 31 95   23
2  2 999 23 73   33
3  3  23 35 43   54
4  4   3 45  8 9999
```

　この場合，当然ですが，R は 999 と 9999 を欠損値として認識しません。そこで，関数 read.csv の引数 na.strings に，ベクトル形式で欠損値を指定します。

引数 na.strings による欠損値の指定

```
> #na.stringsで欠損値を指定
> #データの読み込み
> kesson3 <- read.csv("欠損データ2.csv", na.strings=c(999,9999))
> kesson3
  ID A  B  C  D
1  1  5 31 95 23
```

48 第 2 章 R によるデータハンドリングを学びたい

```
2  2 NA 23 73 33
3  3 23 35 43 54
4  4  3 45  8 NA
```

　欠損がある行を削除するには，関数 na.omit を利用できます。上記の kesson3 に
は，2 行目と 4 行目に欠損値 NA があります。na.omit を用いてこの 2 行を削除する
には，次のように記述します。

関数 na.omit による完全データの生成

```
> kanzen <- na.omit(kesson3)
> kanzen
  ID A  B  C  D
1  1  5 31 95 23
3  3 23 35 43 54
```

　また，欠損のない行情報を取得したいという場面もあります。このような場合には
関数 complete.cases を利用します。

関数 complete.cases による行の抽出

```
> #NAのない行番号を取得する
> cind <- complete.cases(kesson3)
> cind
[1]  TRUE FALSE  TRUE FALSE

> #complete.casesの結果を利用して完全データを生成する
> kanzen2 <- kesson3[cind,]   #上記のkanzenと内容は一致する
> kanzen2
```

2.5　ソート

　ソートとは，データを昇順あるいは降順に並べ替えることです。1 変数のソートに
は関数 sort が使えます。以下に昇順のソート例を示します。

関数 sort による 1 変数のソート

```
> score <- c(1,5,2,10,8,2,1,4,3,3)
> sort(score, decreasing=FALSE)  #decreasingは省略可。TRUEで降順にソート
 [1]  1  1  2  2  3  3  4  5  8 10
```
---

decreasing=TRUE とすることで，降順にソートします。
　一方，ある変数に基づいて，多変量データ全体をソートするには，関数 order を
利用します。以下は「人事評価結果.csv」の一部を切り出した「ソートデータ.csv」
です。

> 2.5 ソート　49

「ソートデータ.csv」の内容

```
> #データの読み込み
> sdat <- read.csv("ソートデータ.csv")
> sdat
    部署  協調性  ストレス  総合
1     1     30       40      10
2     3     25       10      50
3     2     50       20      20
4     1     40       40      30
5     2     20       30      40
6     2     10       20      40
7     3     20       10      30
```

ここでは「協調性」という変数を利用して，データフレーム（sdat）全体をソートします。最初に，関数 order を利用して，「協調性」の値を昇順にソートしたあとの行番号のベクトルを得ます。

関数 order によるソートされた行番号の取得

```
> #関数orderで「協調性」を昇順にソートしたときの位置番号を取得する
> posi <- order(sdat$協調性)
> posi
[1] 6 5 7 2 1 4 3  #1番目は6行目，2番目は5行目，3番目は7行目…

> #decreasing=TRUEで降順の行番号を取得
> posi2 <- order(sdat$協調性, decreasing=TRUE)
```

---

order によって得られた行番号のベクトルを用いて，次のようにソートを実行します。

---

1 変数によるデータフレームのソート

```
> sdat[posi,]   #昇順の場合
    部署  協調性  ストレス  総合
6     2     10       20      40
5     2     20       30      40
7     3     20       10      30
2     3     25       10      50
1     1     30       40      10
4     1     40       40      30
3     2     50       20      20

> sdat[posi2,]  #降順の場合（省略）
```

複数の変数に基づいてデータフレームのソートを行うことも可能です。この場合，ソートの基準となる変数に優先順位をつける必要があります。例えば，「協調性」＞

50　第2章　Rによるデータハンドリングを学びたい

「総合」という優先順位でソートする場合には，order を用いて次のように記述します。

複数変数によるデータフレームのソート

```
> posi3 <- order(sdat$協調性, sdat$総合)
> sdat[posi3,]
  部署　協調性　ストレス　総合
6   2      10      20    40
7   3      20      10    30
5   2      20      30    40
2   3      25      10    50
1   1      30      40    10
4   1      40      40    30
3   2      50      20    20
```

　「協調性」得点が昇順にソートされていることが確認できます。さらに，「協調性」得点が 20 点の人について見ると，「総合」得点が 30 点，40 点と，昇順にソートされていることがわかります。ここでは 2 変数による例を挙げましたが，さらに多くの変数に基づいてソートできます。

2.6　マージ

　マージとは，2 つのデータフレームを横に併合する作業です。2 つのデータには，ID などの共通する情報が必要となります。以下の 2 つのデータには異なる質問が含まれていますが，ID は共通していることを確認してください。

マージするデータ

```
> #2つのデータを読み込む
> datA <- read.csv("マージデータA.csv")  #行数8
> datB <- read.csv("マージデータB.csv")  #行数4
> datA
  ID  質問A  質問B
1  1     3      1
2  2     3      5
3  3     2      6
4  4     0      7
5  5     1      3
6  6     4      3
7  7     4      7
8  8     4      3

> datB
  ID  質問C  質問D
1  1    30    100
```

2.7 数値の置き換え　　51

```
 2   3      20      60
 3   5      10      30
 4   7      40      70
```

上記の2つのデータフレームをマージすると，次のようになります。

```
マージ
> merge(datA, datB, by="ID")   #byには両データに共通して含まれる変数名を指定
   ID  質問A  質問B  質問C  質問D
 1  1      3      1      30     100
 2  3      2      6      20      60
 3  5      1      3      10      30
 4  7      4      7      40      70
```

つまり，マージを行うことで，両データに存在する ID のもとで，全変数の情報が併合されます。

　また，関数 merge の引数 all に TRUE を指定すると，片方のデータにしか存在しない行の情報も含めて全変数の情報をマージします。ただし，足りない情報については欠損値扱いとなります。

```
欠損値のある行も残すマージ
> merge(datA, datB, by="ID", all=TRUE)
   ID  質問A  質問B  質問C  質問D
 1  1      3      1      30     100
 2  2      3      5      NA      NA
 3  3      2      6      20      60
 4  4      0      7      NA      NA
 5  5      1      3      10      30
 6  6      4      3      NA      NA
 7  7      4      7      40      70
 8  8      4      3      NA      NA
```

　分析の目的にもよりますが，マージする際には，all=TRUE として欠損値のある行も残すことをお勧めします。NA が立った行は，関数 na.omit により容易に除外できるからです。

2.7　数値の置き換え

　データフレーム内の特定の値を別の値に置換したい場合があります。関数 which はそのような用途で活躍します。ここでは，以下のオブジェクト tmat の "2" と "4" を入れ替えるという課題を考えます。

52 第 2 章 R によるデータハンドリングを学びたい

置換を行うデータ

```
> #テストデータの作成
> vec <- c(2,3,4,5,1,2,3,1,2)
> tmat <- matrix(vec, ncol=3)
> tmat
     [,1] [,2] [,3]
[1,]    2    5    3
[2,]    3    1    1
[3,]    4    2    2
```

最初に関数 which を利用して，"2" と "4" の座標を取得します。

関数 which による置換対象要素の座標の取得

```
> #関数whichで2の座標，4の座標を行列形式(arr.ind=TRUE)で取得
> loc2 <- which(tmat==2, arr.ind=TRUE)
> loc4 <- which(tmat==4, arr.ind=TRUE)
> loc2
     row col
[1,]   1   1
[2,]   3   2
[3,]   3   3
```

---

loc2 には "2" が収められている行（row）と列（col）の情報が記載されています。
例えば，1 つ目の "2" の場所は row=1，col=1，つまり 1 行 1 列目に存在するという
ことがわかります。そして，loc2 は 3 行ありますから，"2" は全部で 3 つあるとい
うことがわかります。
置換を行う場合には，この座標情報を次のように利用します。

数値の置換

```
> #変換前のデータのコピーを作成する
> tmatc <- tmat

> #tmatで4が立っている座標を選択し，2を代入
> tmatc[loc4] <- 2

> #tmatで2が立っている座標を選択し，4を代入
> tmatc[loc2] <- 4
> tmatc
     [,1] [,2] [,3]
[1,]    4    5    3
[2,]    3    1    1
[3,]    2    4    4
```

2.8　固定長データのハンドリング　　53

　上記のように，置換をする際には最初に元のデータを別のオブジェクト名でコピーしておいて，そのデータについて座標情報 loc2 や loc4 を指定し，変換したい数値を代入します。

2.8　固定長データのハンドリング

　ハンドリングしたいデータが固定長データとして提供される場合も少なくありません。固定長データとは，各行が必ず同じ桁数になるように作成されたデータであり，桁の位置によって変数の位置を表現します。

　図 2.1 に固定長形式の例を示します。このデータは全ての行が 11 桁で構成されています。1 桁目から 6 桁目が ID を，7 桁目から 11 桁目が全 5 問の多肢選択式問題への回答を表現しています。

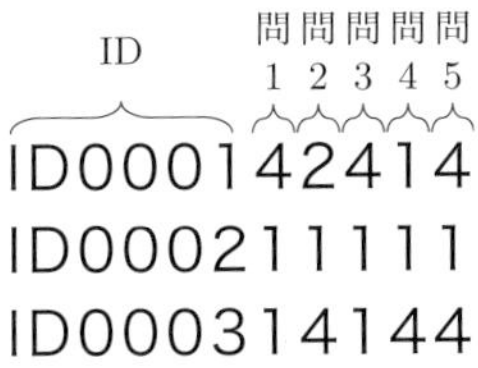

ID　　問問問問問
　　　 1 2 3 4 5

ID000142414
ID000211111
ID000314144

図 2.1　固定長データの例

　固定長データは csv 形式のデータと違い，区切り文字を含まないので，データ量が大きくなる場合に，区切り文字の分のメモリを節約できるという利点があります。一方で，生データから変数を生成するのにやや手間がかかるという欠点もあります。例えば，変数の位置を表現するための桁の情報が別に必要となってきます。とはいえ，R では比較的簡単に固定長データを扱うことができます。

　最初に，ハンドリングする固定長データを読み込みます。固定長データの読み込みには，関数 readLines をお勧めします。

固定長データの読み込み

```
> itemresp <- readLines("項目反応固定長.txt")   #データの読み込み
> itemresp
[1] "ID000142414" "ID000211111" "ID000314144" "ID000434413" "ID000532112"
```

　「項目反応固定長.txt」は，図 2.1 で示したような多肢選択式テストの回答が 5 人分収められた固定長データです。関数 readLines は，外部データファイルの各行を 1 つの長い文字列として読み込む関数です。したがって，オブジェクト itemresp は行列形式ではなく，人数分（5 個）の文字列を含んだベクトルになります。

　次に，readLines で読み込んだ文字列から，ハンドリングのしやすいデータを生

54 第2章 Rによるデータハンドリングを学びたい

成します。そのためには，各変数の場所を特定するための始点と終点の桁の情報が必要です。これを次のように作成します。

```
変数の位置情報の作成

> spoint <- c(1, seq(7,11,1))     #始点の生成
> epoint <- c(6, seq(7,11,1))     #終点の生成

> spoint
[1]  1  7  8  9 10 11

> epoint
[1]  6  7  8  9 10 11
```

　変数の始点が収められた spoint の第1要素は "1" で，変数の終点が収められた epoint の第1要素は "6" です。この値のペアで，変数1が1桁目から6桁目を占有していることを表現します。

　始点と終点を与えて，その間の区間の文字列を抽出する関数に substring があります[6]。上記の spoint と epoint の情報を使って，全部で6つの変数（IDと5項目）の変数を作成する場合には，オブジェクトの要素ごとに関数を実行する sapply を利用できます。

```
変数の作成

> raw0 <- sapply(itemresp, substring, spoint, epoint)
> raw0
      ID000142414 ID000211111 ID000314144 ID000434413 ID000532112
[1,] "ID0001"    "ID0002"    "ID0003"    "ID0004"    "ID0005"
[2,] "4"         "1"         "1"         "3"         "3"
[3,] "2"         "1"         "4"         "4"         "2"
[4,] "4"         "1"         "1"         "4"         "1"
[5,] "1"         "1"         "4"         "1"         "1"
[6,] "4"         "1"         "4"         "3"         "2"
```

　このコードでは，関数 sapply を利用して，itemresp の各要素に関数 substring を適用しています。substring は spoint と epoint の対応する要素の数値を使って，文字列を抽出します。その結果を行列 raw0 の列に順に収めています。

　ここまでの作業で，固定長のデータを変数に分解するという複雑な処理が終了しています。あとはデータの整形作業です。

---

[6] 複数の始点と，それに対応する複数の終点を指定し，一度に複数の文字列を抽出する関数が substring です。これに対して，一組の始点と終点を指定し，単一の文字列のみを抽出する関数は substr です。substr の用例は，2.13 節を参照してください。

2.8　固定長データのハンドリング　　**55**

行列の整形

```
> dimnames(raw0)[[2]] <- 1:5   #あとで行名が煩雑になるので整数値を付与
> raw1 <- t(raw0)   #行と列を交換
> colnames(raw1) <- c("ID", paste("問", 1:5, sep=""))   #変数名を付与
> raw1
  ID         問1 問2 問3 問4 問5
1 "ID0001"  "4" "2" "4" "1" "4"
2 "ID0002"  "1" "1" "1" "1" "1"
3 "ID0003"  "1" "4" "1" "4" "4"
4 "ID0004"  "3" "4" "4" "1" "3"
5 "ID0005"  "3" "2" "1" "1" "2"
```

---

　raw0 は列に個人の情報が収められているので，上記のコードでは，これを行
に転換し，変数名を付与しています。raw0 の行と列をこのまま転換すると，変
換後の行名が ID000142414 のようにデータの内容そのものになり煩雑なので，
"dimnames(raw0)[[2]] <- 1:5" で1～5の連番を挿入しています[7]。最後に，
関数 paste で作成した変数名を，colnames を利用して付与しています。

　さて，正答が存在する多肢選択式テストの場合には，正答数や正答率を計算するた
めに，正答には1を，誤答には0を与える必要があります。このような正誤の情報
で構成されるデータを正誤反応データと呼びます。正答情報に基づき，多肢選択反応
データを正誤反応データへ変換するには，関数 sweep が有用です。

正誤データへの変換

```
> key <- read.csv("key.txt")   #データの読み込み
> key[,1]
[1] 2 1 4 1 1

> #正答を1，誤答を0に変換
> binmat <- sweep(raw1[,-1], 2, key[,1], FUN="==")*1
> binmat
  問1 問2 問3 問4 問5
1   0   0   1   1   0
2   0   1   0   1   1
3   0   0   0   0   0
4   0   0   1   1   0
5   0   0   0   1   0
```

　最初に，正答情報を含んだベクトル key を読み込んでいます。続いて，"sweep
(raw1[,-1], 2, key[,1], FUN="==")" で，ID を除いた項目反応行列（raw[,-1]）

---

　[7] sapply の結果得られる raw0 はリスト形式なので，関数 dimnames を利用して列名の変更をしてい
　　ます。

56 第2章 Rによるデータハンドリングを学びたい

について，列方向（第2引数=2で指定）に正答キー（key）と項目反応の照合（FUN="=="）を行っています。項目反応と正答が一致していればTRUEが，そうでなければFALSEとなるので，その結果に*1で1を乗じ，目的となる正誤反応行列を生成しています。

2.9　ID-POSデータの読み込み

ここからは，購買データ分析でよく必要になるデータハンドリングについて学んでいきます。購買データとして想定するのは，ID付きPOSデータ（ID-POSデータ）です。POSとはPoint Of Salesの略で，IDを持つ顧客が，どこで（店舗），いつ（購買日，購買時間），何を（商品，商品カテゴリ），いくつ（数量），いくらで（購買金額）購入したかという購買情報です。通常，POSデータはレジ端末で収集され，サーバーに転送・蓄積されます。

「POSフォルダ」の中に，ある3つの店舗の2013年の12か月分のID-POSデータが収められています。図2.2に，2013年1月のデータが収められた「201301.csv」の一部を示します。

	A	B	C	D	E	F
1	顧客ID	店舗	購買日	購買時間	商品カテゴリ	購買金額
2	ID00001	B	20130108	15.6	C4	322
3	ID00002	B	20130101	17.6	C25	320
4	ID00002	B	20130110	17.71	C1	383
5	ID00002	B	20130131	15.65	C25	222
6	ID00003	C	20130102	17.25	C14	365
7	ID00003	C	20130111	13.45	C24	445
8	ID00003	A	20130112	16.07	C18	306
9	ID00003	A	20130119	14.26	C24	337
10	ID00003	B	20130128	13.78	C14	303

図2.2　「201301.csv」（一部抜粋）

12か月分のファイルを確認する場合には，作業ディレクトリを「POSフォルダ」に移動したうえで，関数dirを実行します。

```
フォルダ内のファイルの表示
> fname <- dir()
> fname
 [1] "201301.csv" "201302.csv" "201303.csv" "201304.csv" "201305.csv"
 [7] "201306.csv" "201307.csv" "201308.csv" "201309.csv" "201310.csv"
[11] "201311.csv" "201312.csv"
```

ここでは，1月のデータ「201301.csv」を表示してみます。

2.9 ID-POS データの読み込み   57

ID-POS データの一例

```
> pos0 <- read.csv("201301.csv")   #データの読み込み
> head(pos0, 3)
   顧客ID 店舗   購買日   購買時間 商品カテゴリ 購買金額
1 ID00001    B 20130108    15.60          C4      322
2 ID00002    B 20130101    17.60         C25      320
3 ID00002    B 20130110    17.71          C1      383
```

このデータには「顧客 ID」「店舗」「購買日」「購買時間」[*8]「商品カテゴリ」「購買金額」の 6 変数が収められています。また，12 個のデータは全て同じ形式になっています。POS データは，購買商品単位で記録されるので，同じ顧客 ID がデータ内で複数回登場するという特徴があります。上の例では，ID00002 のデータが 2 回登場しています。

次に，変数の型を確認しておきましょう。以下に示すように，「顧客 ID」「店舗」「商品カテゴリ」は Factor 型で，「購買日」「購買金額」は int 型，「購買時間」が num 型です。

コラム 3：R の外部エディタとしての "Notepad++"

　データ解析の実務家や研究者で，R に組み込まれているエディタを日常的に利用している人は少数かもしれません。筆者の周りでは，統合開発環境 Rstudio を導入しているユーザーが多数います。ですが，一部，Notepad++ というフリーのエディタ（https://notepad-plus-plus.org/）を利用しているユーザーもいます。

　Notepad++ は複数のプログラミング言語に対応したテキストエディタで，さまざまな入力支援ツールを提供します。例えば，予約語の色指定やデータの矩形選択，選択行の上下入れ替えなど，長大なデータハンドリング用のコードを記述する際に便利な機能が複数備わっています。

　Notepad++ と R を連携させるためには，NppToR（https://sourceforge.net/projects/npptor/）という別のアプリケーションのインストールが必要になります。このアプリケーションを導入することで，Notepad++ から直接 R コンソールにコードを送り，実行することができるようになります。また，統合開発環境によくある基本関数や既存のオブジェクト名の自動補完機能も実現します。さらに，".r" 形式のファイルを Notepad++ から開いて，コードを実行すると，そのファイルが置かれているディレクトリが R の作業ディレクトリになるという，たいへん便利な特徴があります。データハンドリングの実務で R を多用する場合には，一度 Notepad++ と NppToR の連携を試してみてもよいかもしれません。

[*8] 小数時間表記になっています。

58 第 2 章 R によるデータハンドリングを学びたい

変数の型

```
> str(pos0)
'data.frame':    96 obs. of  6 variables:
 $ 顧客ID        : Factor w/ 33 levels "ID00001","ID00002",..: 1 2 2 2 3 ...
 $ 店舗          : Factor w/ 3 levels "A","B","C": 2 2 2 2 3 3 1 1 2 3 ...
 $ 購買日        : int  20130108 20130101 20130110 20130131 20130102 ...
 $ 購買時間      : num  15.6 17.6 17.7 15.6 17.2 ...
 $ 商品カテゴリ: Factor w/ 30 levels "C1","C10","C11",..: 25 18  ...
 $ 購買金額      : int  322 320 383 222 365 445 306 337 303 429 ...
```

---

12 か月のデータをまとめて分析する場合には，分割されているデータを 1 つに統合する必要があります。フォルダ内の全データを一度に読み込むには，関数 lapply を利用できます。

複数のデータを一度に読み込む

```
> tmp <- lapply(fname, read.csv, stringsAsFactors=FALSE)
```

---

fname は「POS フォルダ」内の 12 個のファイル名が含まれたベクトルです。lapply により，このファイル名それぞれに対して read.csv を適用し，12 個のデータを一度に読み込みます。結果はリスト形式で保存されるので，tmp には 12 個のデータフレームがリストの要素として，それぞれ収められています。また，stringAsFactors=FALSE とし，Factor 型の変数「顧客 ID」「店舗」「商品カテゴリ」を character 型として読み込みます[9]。

さて，読み込んだ 12 個のデータフレームは，tmp 内の要素として収められています。これを縦に繋げるには，関数 do.call と関数 rbind を併用するとよいでしょう。do.call は，リスト形式のオブジェクトに対して与えられた関数を適用するものであり，次のコードでは，rbind を用いてリストの要素を縦に繋げています。

複数のデータフレームを縦に繋げる

```
> #関数do.callとrbindを併用して複数のデータフレームを縦に繋げる
> posall <- do.call(rbind, tmp)
```

最後に，文字列として読み込んだ「顧客 ID」「店舗」「商品カテゴリ」を Factor 型に変換し，元のデータフレームに代入します。関数 lapply を利用して，3 つの変数を同時に Factor 型に変換します。

---

[9] character 型については，2.2.1 項の脚注に解説があります。上述の指定を行わないと，文字列で構成される変数は Factor 型に変換されますが，例えば月をまたいで登場する同一の顧客 ID（文字列）があった場合に，データフレーム間で異なる整数値が付与されるという現象が生じてしまいます。このようなデータを統合すると，想定外のミスを誘発する可能性があるので，read.csv では文字列として読み込み（整数値を付与しない），全データを併合したあとで Factor 型に変換します。

2.11 RFM分析 59

Factor型への変換

```
> locv <- c("顧客ID", "店舗", "商品カテゴリ")
> posall[,locv] <- lapply(posall[,locv], as.factor)
```

2.10 ID-POSデータにおけるソート

　顧客ID別に購買日と購買時間を組み合わせた値の早いほうから，データを並べ替えたい場合もあります。このような場合にも，先述したソートの機能が利用できます。「顧客ID」＞「購買日」＞「購買時間」という優先順でソートする例を示します。

「顧客ID」によるソート

```
> tmploc <- order(posall$顧客ID, posall$購買日, posall$購買時間)
> pos <- posall[tmploc,]
> head(pos)
      顧客ID 店舗   購買日  購買時間  商品カテゴリ  購買金額
1   ID00001    B  20130108    15.60          C4      322
97  ID00001    B  20130202    14.61         C28      332
98  ID00001    A  20130204    18.29          C1      254
99  ID00001    B  20130219    17.14         C27      385
188 ID00001    C  20130320    17.39          C1      406
256 ID00001    C  20130407    18.38         C30      289
```

2.11 RFM分析

　ID-POSデータの分析では，顧客IDごとに最新購買日（recency），総購買回数（frequency），総購買金額（monetary）を求め，顧客の優良性を評価することがあります。この分析をRFM分析と呼びます。以下は，基礎的なRFM分析を実行するコードの一例です。

RFM分析

```
> #顧客IDごとに最新購買日を求める
> R <- tapply(posall$購買日, posall$顧客ID, max)
> #顧客IDごとに総購買回数を求める
> F <- tapply(posall$顧客ID, posall$顧客ID, length)
> #顧客IDごとに総購買金額を求める
> M <- tapply(posall$購買金額, posall$顧客ID, sum)

> #R, F, Mをデータフレームとして統合
> rfm <- data.frame(R=R, F=F, M=M)
```

60　第 2 章　R によるデータハンドリングを学びたい

```
> #優先順位をM > F > Rとして降順にソート
> tmploc2 <- order(rfm$M, rfm$F, rfm$R, decreasing=TRUE)
> rfm2 <- rfm[tmploc2,]   #ソートしたデータフレームを保存

> rfm2[1:7,]   #上位20%以内（36人×0.2＝7.2人）の顧客の表示
                  R  F     M
ID00002 20131231 37 11436
ID00019 20131218 38 11246
ID00020 20131231 35 11045
ID00005 20131230 33 10743
ID00017 20131219 34 10590
ID00028 20131223 34 10295
ID00027 20131213 32 10078
```

　関数 tapply を利用して，顧客別に最新購買日（max），総購買回数（length），総購買金額（sum）を求めています．次に，その結果をデータフレームとしてまとめ（rfm），これを，総購買金額（M），総購買回数（F），最新購買日（R）の順でソートします．ソートしたデータフレーム rfm2 について，上から 20% の顧客を抽出し，例えば，これを総購買金額で特徴づけられる優良顧客と分類します．

2.12　ID-POS データにおけるクロス集計表

　顧客 ID 別に購入した商品の度数をカウントしたり，利用した店舗の度数をカウントしたい場合には，関数 table や関数 xtabs（1.5.2 項参照）を利用できます．基本的な関数ですが，この出力をもとに次の分析に進むことも多く，データハンドリングでは重要な役割を果たします．

さまざまなクロス集計表の作成

```
> #全体
> t1 <- table(posall$顧客ID, posall$商品カテゴリ)

> #店舗別（3店舗）
> t2 <- xtabs(~顧客ID+商品カテゴリ+店舗, data=posall)

> #購買日別（336日）
> t3 <- xtabs(~顧客ID+商品カテゴリ+購買日, data=posall)
```

　12 個のデータフレームそれぞれについてクロス集計表を作成する場合は，各データに存在しない顧客 ID や商品カテゴリは，クロス集計表に含まれません．例えば，1月に購買がなかった顧客 ID のデータは，「201301.csv」には含まれていないので，顧客 ID と商品カテゴリのクロス集計表にはその顧客は登場しません．しかし，データフレームを縦に繋げたあとにクロス集計表を作成すれば，その顧客の 1 月の購買は，

0 として表示されるようになります。

また，Factor 型に変換しているので，関数 subset などでデータを分割したとしても，posall に登場した全ての顧客 ID や商品カテゴリの情報は保持されています。そして，この状態でクロス集計表を作成すれば，分割したデータに含まれないカテゴリも含めて表示されます。

Factor 型変数によるクロス集計表

```
> #データ全体のクロス集計表の行数と列数を求める
> dim(table(posall[, c("顧客ID", "商品カテゴリ")]))
[1] 36 30

> #店舗Aにおけるクロス集計表の行数と列数を求める
> storeA <- subset(posall, 店舗=="A")
> dim(table(storeA[, c("顧客ID", "商品カテゴリ")]))
[1] 36 30
```

このコードでは，posall に基づいて求めた顧客 ID や商品カテゴリのクロス集計表のサイズと，posall のうち，店舗 A のみのデータで求めた顧客 ID と商品カテゴリのクロス集計表のサイズが一致していることを確認しています。Factor 型で変数を保持しておくことの有効性が理解できます。

2.13 顧客 ID 別に月ごとの購買金額を求める

クロス集計表は条件に合致する度数を表にしたものですが，顧客 ID 別に月ごとの総購買金額や，平均購買金額などの記述統計量を求めたい場合もあります。この目的には関数 tapply が有効です。

以下のコードにより，顧客 ID 別に月ごとの購買金額を求め，行列形式にまとめます。

顧客 ID 別に月ごとの総購買金額を算出

```
> #ここでは顧客IDと購買月を指定している
> cid <- posall$顧客ID   #顧客IDのベクトル
> buym <- substr(posall$購買日, 1, 6)  #購買月のベクトル
> #関数tapplyの群の引数をリスト形式で与える
> resmat <- tapply(posall$購買金額, list(cid,buym), sum)

> #該当データが存在せず，NAとなっている部分に0を代入する
> resmat[is.na(resmat)] <- 0
> head(resmat, 3)
         201301 201302 201303 201304 201305 .......
ID00001    322    971    406    704    556 .......
ID00002    925    321    420   1317   1318 .......
ID00003   1756    348    287      0    516 .......
```

関数 substr の第 2, 第 3 引数には, 文字列を抽出する始点 (1) と終点 (6) の情報を与えています。この指定によって, 20130108 という年月日の情報が, 201301 という年月の情報に変換されます。

また, 関数 tapply に与えている list(cid, buym) の部分では, 条件の組み合わせを表現しています。条件を定める変数は 2 つに限りません。例えば, list(cid, buym, posall$店舗) と与えるならば, 顧客 ID × 月 × 店舗という条件で, 総購買金額を求めることが可能です。

2.14 顧客 ID 別に商品名を取得する —— 自作関数を利用する

購入された商品の名称を顧客 ID 別に取得したい場合もあります。ここでは, 自作関数を利用してこの処理を行ってみます。

関数 getitemname の読み込みと適用

```
> #関数getitemnameの読み込み
> #ベクトルxに対して，その要素が1以上の場合に
> #その要素名を返す，自作関数getitemnameを定義
> getitemname <- function(x)
+ {
+ return(names(which(x>=1)))
+ }

> #自作関数を顧客IDと商品カテゴリのクロス集計表に適用する
> res2 <- apply(t1, 1, getitemname)
> head(res2, 2)   #最初の2要素を抽出
$ID00001
 [1] "C1"   "C12" "C14" "C15" "C18" "C20" "C22" "C23" "C24" "C27" "C28"…

$ID00002
 [1] "C1"   "C13" "C14" "C15" "C16" "C18" "C19" "C2"  "C20" "C22" "C24"…
```

このコードは, 顧客 ID と商品カテゴリのクロス集計表 t1 に対して, 1 つでも購入があった商品の名称を, 顧客 ID ごとに抽出します。自作関数 getitemname は購入度数が 1 以上の要素に対して, 関数 names でその要素名を全て取得するという関数です。これを, 関数 apply を利用して, クロス集計表の行に (つまり全顧客 ID に) 適用します。2 人分の出力を表示していますが, 最低 1 回購入されている商品の内容が異なることがうかがえます。

2.15 顧客 ID ごとに来店間隔の分布を描画・要約する

スーパーマーケットやドラッグストアのように，一定期間における同一顧客の再来店回数が比較的多い業態のデータ分析では，顧客の来店間隔について興味が持たれることがあります。以下に，ID-POS データから顧客別に来店間隔を求めるコード例を示します。

```
来店日を date 形式に変換
> #関数as.Dateの引数として使えるように，来店日を文字列に変換
> tmpdate <- paste(substr(posall$購買日, 1, 4), "-",
+ substr(posall$購買日, 5, 6), "-", substr(posall$購買日, 7, 8), sep="")
> tmpdate[1:5]
[1] "2013-01-08" "2013-01-01" "2013-01-10" "2013-01-31" "2013-01-02"

> ndate <- as.Date(tmpdate)   #文字列をdate形式に変換する
> restime <- tapply(ndate, posall$顧客ID, diff)  #顧客別に来店間隔を求める
> head(restime, 2)   #2人分の来店間隔を表示
$ID00001
Time differences in days
 [1] 25  2 15 29 18  3 12 10 18 22  2 22 37 14  5 13  3  0 27 12 26 26

$ID00002
Time differences in days
 [1]  9 21 26  2  7  8 18 11  1  1 19  4  1 12  7 14 29  1  5  6  9 16
[23]  3  0 10 31  2  6  9  8  4 24 12 15  2 11
```

コラム 4：R 上達への近道

一般的に，コンピュータ言語で繰り返し演算を行う場合には，for 文が利用されます。もちろん R でも for 文を使えますが，R の熟達者が書くコードには，おそらく，ほとんど for は登場しないでしょう。代わりに多用されるのが，%*% で表現される行列演算や，apply，lapply，sapply，tapply，mapply などの「apply 族」と呼ばれる関数です。apply 族は大雑把に言えば，繰り返し処理を行う関数の集まりです。本章のID-POS データのハンドリングの解説では，やや複雑な繰り返し処理であっても，for 文はいっさい利用せず，apply 族の関数のみでコーディングを行っています。

特に行列演算については，R の関数は高速です。また，apply 族を利用することで，より少ないコードで，効率良く複雑な処理を記述できます。R 言語は，極力 for 文を使わずに記述するように最適化されている言語と言えるかもしれません。

ただ，行列演算も apply 族の適用も，使いこなすには一定以上の習熟が必要です。ですから，for 文で処理できそうな場面に遭遇したら，これを apply 族の関数や，行列演算，あるいは R の他の関数で表現できないか検討してみましょう。R の上達には，この作業がたいへん効果的です。

このコードでは，最初に関数 paste と関数 substr を組み合わせて，20130101 という整数値を 2013-01-01 というように，ハイフンを入れた形に変換します[*10]。

次に，関数 as.Date によって tmpdate を date 形式に変換します。これにより，tmpdate の内容は単なる文字列ではなく，日付を表すものとして R に認識されます。その結果を収めた ndate に対して，関数 tapply を利用し，個人別に来店日の間隔を求めています（関数 diff）。

このオブジェクトを利用すれば，顧客別に来店間隔の分布を描画することができます。以下は，最初の 6 人の顧客について来店間隔のヒストグラムを描画するコードです。

顧客 ID 別に来店間隔の分布を描画
```
> restime2 <- lapply(restime, as.numeric)    #リストの要素を数値化しておく
> par(mfrow=c(2, 3))    #最初の1～6の顧客のヒストグラムを描画
> lapply(restime2[1:6], hist, breaks=10, xlab="diff", main="")
```

コードを実行した結果を図 2.3 に示します。

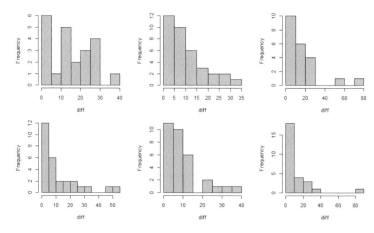

図 2.3　顧客 ID 別の来店間隔の分布

来店間隔に関する詳細な記述統計量を顧客別に求めることも可能です。以下は，最初の 6 人の顧客について来店間隔の要約統計量を算出するコードです。

[*10] 関数 substr の第 1 引数には文字列を指定します。ここでは整数値（int 型）を指定していますが，関数内で自動的に文字列に変換されています。

章末演習　　65

```
顧客 ID 別に来店間隔の分布を要約
```

```
> library(psych)   #パッケージpsychの読み込み
> resd <- lapply(restime2, describe)   #パッケージpsychのdescribe関数で要約
> resd[1:2]
$ID00001
    vars  n  mean    sd median trimmed   mad min max range skew kurtosis   se
X1     1 22  15.5 10.41   14.5   15.17 14.83   0  37    37 0.15    -1.12 2.22

$ID00002
    vars  n  mean    sd median trimmed  mad min max range skew kurtosis   se
X1     1 36 10.11  8.33    8.5     9.2 8.15   0  31    31 0.89     -0.1 1.39
```

章末演習

　「POS フォルダ 2」内には，2013 年の各月に対応するフォルダが「201301 フォル
ダ」「201302 フォルダ」… のように，12 か月分収められており，それらの各フォル
ダ内には，「201301.csv」「201302.csv」… のように，フォルダ名に対応する ID-POS
データが収められています。このデータについて，以下の問に答えてください。

問1　まず，2 章のダウンロードフォルダ「POS フォルダ 2」へ作業ディレクトリを
変更してください。「POS フォルダ 2」内の 12 個のフォルダに含まれている
ID-POS データを R に読み込み，関数 rbind で 1 月から順に縦に（行方向
に）繋げて，posall2 というオブジェクトに保存してください。データの読
み込みには関数 lapply を利用してください。また，「顧客 ID」「店舗」「商品
カテゴリ」などの文字を含んだ変数は，character 型の変数として読み込み，
データを統合したあとで，Factor 型に変換してください。

問2　posall2 から，2 月と 5 月の購買データを抽出し，それぞれ pos02，pos05
というオブジェクトに保存してください。

問3　pos02 と pos05 について，顧客 ID ごとに各店舗における購買金額（単位は
円）を求めます。行に顧客 ID，列に店舗を，セルに購買金額を配置した行列
かデータフレームを作成してください。2 月の分析結果が含まれたオブジェ
クトを store02，5 月の分析結果が含まれたオブジェクトを store05 として
ください。また，購買金額が 0 である箇所には "0" を入力してください。

問4　store02 と store05 の 2 つの行列を顧客 ID によってマージしてください。
ただし，store02 の店舗については 2 月店舗 A，2 月店舗 B，2 月店舗 C，
store05 の店舗については 5 月店舗 A，5 月店舗 B，5 月店舗 C のように，変
数名を変更してからマージしてください。その結果を mdat として保存して
ください。

66 第 2 章　R によるデータハンドリングを学びたい

問 5 `mdat` を分析対象とします。顧客 ID 別に，購買が 200 円以上あった月と店舗の情報（例：2 月店舗 C と 5 月店舗 A という名称）を抽出してください。

問 6 `posall2` を分析対象とします。購買時間と商品カテゴリのクロス集計表を作成してください。時間の単位は 1 時間とします。

問 7 `posall2` を分析対象とします。顧客別に購買日の間隔を求めてください。次に，前回購買日から次回購買日までの日数が 50 日を超えたことがある顧客 ID を抽出してください。

問 8 2 章のダウンロードフォルダ「第 2 章」へ作業ディレクトリを変更してください。各行に 1 人分のテストの結果が収められた，全 1000 行の「項目反応固定長 2.txt」を関数 `readLines` で読み込みます。このデータについて，1 〜 6 列目を受験者 ID とし，残りの各列を 1 列 1 項目としたテストデータ（1000 行，101 列）を作成してください。次に，そのデータに対して，「key2.txt」の正答キー情報から，正誤データ（正答には 1 を誤答には 0）を生成してください。

第 II 部

量的変数の説明・予測

第**3**章

現象を説明・予測する統計モデルを作りたい (1) —— 重回帰分析

　　顧客の来店回数や，ある店舗の総売上などを説明する要因とはなんでしょうか。品揃えでしょうか？ クーポンの有無でしょうか？ それとも立地でしょうか？ 重回帰分析を用いることで，来店回数や売上といった予測の対象となる現象について，これを説明する複数の要因を含めた統計モデルを構築することができます。

　　誤解されることが多いですが，重回帰分析を利用することで各要因の単独の影響が常に明らかになるわけではありません。本章では，その理由にも触れながら，重回帰分析の実践と理論を解説します。

3.1　データと手法の概要

　最初に，本章を通じて利用する多変量データと，重回帰分析の概要について解説します[*1]。

3.1.1　データの概要

　都内を中心に 30 店舗を展開しているフィットネスジムチェーン A 社では，新規顧客の獲得，既存顧客の定着を目的として，店舗別に顧客アンケートを実施し顧客満足度を調査しています。また，店舗別のトレーナー数や，各店舗のオーナーの裁量で行われている接客研修，入会特典の有無についても併せて調査しています。この調査結果は「顧客満足度データ.csv」として保存されています。図 3.1 はこのデータを Excel で開いたときの画面の一部です。

　「顧客満足度データ.csv」に含まれる変数名とその内容を次にまとめます。

- 「店舗番号」：各店舗にランダムに付与された ID
- 「顧客数」：各店舗の顧客数
- 「立地満足度」：立地に関する顧客満足の平均

[*1] 重回帰分析については，『R によるやさしい統計学』15 章にも解説があります。

3.1 データと手法の概要　　69

	A	B	C	D	E	F	G	H	I
1	店舗番号	顧客数	立地満足度	設備満足度	店舗面積満足度	トレーナー満足度	トレーナー数	接客研修	入会特典
2	1	595	4.2	5.4	5.9	6.8	12	0	1
3	2	483	4.7	4.1	3.6	6.1	11	0	0
4	3	601	7.5	6.3	5.5	5.6	11	1	0
5	4	439	5.2	6.3	4.5	4.1	9	1	0
6	5	617	5.3	6.2	4.3	7.4	12	1	1
7	6	592	7.7	5.9	6.1	4.2	9	1	1
8	7	709	5.8	5.7	6.2	8.8	14	1	1
9	8	462	3.1	4.6	4.7	7.7	13	0	0
10	9	494	4	4.1	5.6	4.8	10	1	0
11	10	471	4.4	4	7.1	3.5	8	1	1

図 3.1　「顧客満足度データ.csv」（一部抜粋）

- 「設備満足度」：設備に関する顧客満足度の平均
- 「店舗面積満足度」：店舗面積に関する顧客満足度の平均
- 「トレーナー満足度」：トレーナーに関する満足度の平均
- 「トレーナー数」：各店舗のトレーナー数
- 「接客研修」：1 ＝ 研修あり，0 ＝ なし
- 「入会特典」：1 ＝ 特典あり，0 ＝ なし

　それぞれの満足度は，各店舗の顧客が当該店舗について，0〜9点の10段階（9点が最高満足度）で評価した値の平均値です。

　A 社では「顧客満足度データ.csv」に含まれる変数群が，顧客数を説明するのではないかと予想を立てています。各店舗のオーナーを交えた本社ミーティングでは，どの変数も顧客数を説明する重要な変数の候補として議論されていました。実際のところはどうなのでしょう。このような疑問に統計学的に応えるのが，本章で解説する重回帰分析です。

■ 3.1.2　分析の目的と概要

　ここでは，量的変数である「顧客数」が，同じく量的変数である顧客満足度の変数群「立地満足度」「設備満足度」「店舗面積満足度」「トレーナー満足度」によってどのように説明されるのかを，重回帰分析を用いて明らかにします。

　重回帰分析では，説明される側の変数を目的変数，説明する側の変数を説明変数と呼びます。この分析では，「顧客数」が目的変数となり，顧客満足度に関する4変数が説明変数となります。説明変数は質的変数と量的変数が混在していても構いませんが，目的変数は量的変数に限定されます[*2]。

　この分析では，目的変数と説明変数との関係性を回帰モデルという方程式によって

[*2] 目的変数が質的変数である場合には，ロジスティック回帰分析を利用します。11章を参照してください。

表します。特に，説明変数が1つの回帰モデルを単回帰モデルと呼び，説明変数が2つ以上の回帰モデルを重回帰モデルと呼びます。例えば，「立地満足度」によって「顧客数」を説明する場合には，

$$\overbrace{\text{顧客数} = \underbrace{\alpha + \beta \times \text{立地満足度}}_{\text{単回帰式}} + \text{誤差}}^{\text{単回帰モデル}} \tag{3.1}$$

という単回帰モデルを作成します。この方程式中の下括弧の部分を，本章では特に単回帰式と呼びます。単回帰式は1次関数（直線の関数）となっていますので，α は切片，β は傾きを表現していることになります。β を単回帰係数と呼びます。後述するように，この係数に説明変数の影響が表現されます。

この単回帰式は，目的変数である「顧客数」について「立地満足度」で説明できる部分を表すものです。しかし，「立地満足度」のみで完全に「顧客数」が説明できるわけではないので，その説明できなかった部分が，誤差としてモデル中に表現されているのです。

回帰モデルは，目的変数について，「説明変数で説明できる部分とできない部分がある」ということを単純な数式で表現しています。

次に，「立地満足度」と「設備満足度」で「顧客数」を説明するならば

$$\overbrace{\text{顧客数} = \underbrace{\alpha + \beta_1 \times \text{立地満足度} + \beta_2 \times \text{設備満足度}}_{\text{重回帰式}} + \text{誤差}}^{\text{重回帰モデル}} \tag{3.2}$$

という重回帰モデルを作成します。説明変数が増えているので，傾きも β_1 と β_2 の2つが登場します。説明変数が2個以上の場合には，これらの傾きを偏回帰係数と呼びます。

回帰分析の具体的な手順をまとめると，以下のようになります。

1. 回帰モデルの作成
2. モデルにおける母数の推定
3. モデルの診断と評価
4. 偏回帰係数の解釈

まず，回帰モデルにどのような説明変数を投入するかを判断します（重回帰モデルの作成）。次に，各説明変数に付与されている偏回帰係数の値をデータから推定します（モデルにおける母数の推定）。データから切片や偏回帰係数の数値が得られたら，その値が妥当に推定されているかを診断します。その後，この重回帰モデルの性能を

評価します（モデルの診断と評価）。モデルの評価結果が良好であったのなら，最後に偏回帰係数を解釈します（偏回帰係数の解釈）。

3.2　モデル作成と母数の推定・診断

ここでは「顧客数」を顧客満足度の 4 つの変数「立地満足度」「設備満足度」「店舗面積満足度」「トレーナー満足度」によって説明する重回帰モデルを作成し，R を使った重回帰分析の基本的な手順を実践しつつ学びます。

3.2.1　モデル作成と母数の推定

まず，重回帰モデルを

$$顧客数 = \alpha + \beta_1 \times 立地満足度 + \beta_2 \times 設備満足度$$
$$+ \beta_3 \times 店舗面積満足度 + \beta_4 \times トレーナー満足度 + 誤差 \quad (3.3)$$

と構築します。次に，切片と偏回帰係数の推定のためにデータを読み込みます。

データの読み込み

```
> csdat <- read.csv("顧客満足度データ.csv")  #データの読み込み
> head(csdat, 3)
  店舗番号 顧客数 立地満足度 設備満足度 店舗面積満足度 トレーナー満足度
1        1    595        4.2        5.4            5.9              6.8
2        2    483        4.7        4.1            3.6              6.1
3        3    601        7.5        6.3            5.5              5.6
  トレーナー数 接客研修 入会特典
1           12        0        1
2           11        0        0
3           11        1        0
```

R を用いて重回帰分析を行う場合には，関数 lm を利用できます。分析のためのコードは次のようになります。

重回帰分析の実行

```
> res1 <- lm(顧客数~立地満足度+設備満足度+店舗面積満足度
+ +トレーナー満足度, data=csdat)
```

関数 lm 内の記法は非常に簡単です。"~" の左辺に目的変数を，右辺に説明変数を "+" で繋いで記述するだけです。引数 data には，コード中に利用した変数が含まれているデータを指定します。

関数 lm での推定結果が含まれた res1 に対して関数 summary を実行すると，次の出力が得られます。

72　第 3 章　現象を説明・予測する統計モデルを作りたい (1)

出力の一部

```
> summary(res1)
Coefficients:
                 Estimate Std. Error t value Pr(>|t|)
(Intercept)       -35.204     50.659  -0.695  0.49351
立地満足度          29.105      5.684   5.120 2.73e-05 ***
設備満足度          21.640      7.036   3.076  0.00503 **
店舗面積満足度       23.803      6.971   3.414  0.00219 **
トレーナー満足度     32.421      5.608   5.781 5.01e-06 ***
---
Signif. codes:  0 '***' 0.001 '**' 0.01 '*' 0.05 '.' 0.1 ' ' 1

Residual standard error: 45.11 on 25 degrees of freedom
Multiple R-squared:  0.8248,    Adjusted R-squared:  0.7968
F-statistic: 29.43 on 4 and 25 DF,  p-value: 3.957e-09
```

■ 3.2.2　推定結果の診断 —— 多重共線性のチェック

　重回帰分析では，説明変数間の相関係数の絶対値が大きい場合に，偏回帰係数の推定値の標準誤差を正しく推定できないという問題が生じることがあります。これを多重共線性と呼びます。最初に，この問題について例示してみましょう。「顧客満足度データ.csv」には「トレーナー満足度」のほかに「トレーナー数」という変数があります。2 変数の相関係数を求めると，以下のように，非常に高い正の相関が観測されます[*3]。

説明変数間の相関係数

```
> cor(csdat$トレーナー満足度, csdat$トレーナー数)
[1] 0.9843212
```

　この 2 変数を説明変数として「顧客数」を説明する回帰モデルを作成します。また，結果の比較のために，「トレーナー満足度」によって「顧客数」を説明する回帰モデルも作成します。これらのモデルに対応するコードと出力の一部は，以下のようになります。

説明変数間の相関が高い場合の重回帰分析の出力

```
> resm1 <- lm(顧客数~トレーナー満足度, data=csdat)   #単回帰分析
> summary(resm1)
Coefficients:
                 Estimate Std. Error t value Pr(>|t|)
(Intercept)       314.04      54.69   5.743 3.67e-06 ***
トレーナー満足度     37.09      10.46   3.544  0.00141 **
```

---

*3 散布図を描画すると，ほぼ直線上に 30 店舗が並びます。

```
> resm2 <- lm(顧客数~トレーナー満足度+トレーナー数, data=csdat)  #重回帰分析
> summary(resm2)
Coefficients:
                Estimate Std. Error t value Pr(>|t|)
(Intercept)       373.19     260.79   1.431    0.164
トレーナー満足度    50.88      60.35   0.843    0.407
トレーナー数       -12.83      55.26  -0.232    0.818
```

「トレーナー数」を含む前の「トレーナー満足度」の単回帰係数の標準誤差 Std. Error は 10.46 となっていますが，「トレーナー数」を含むモデルでは 60.35 と，約 6 倍の数値になっています．1.6 節で学んだように，標準誤差とは推定値の推定精度の指標であり，0 に近いことが望まれます．相関の高い「トレーナー数」を含めると偏回帰係数の推定精度が悪くなると理解できます．

多重共線性は，説明変数間の相関行列をていねいに考察することで検出できますが，VIF（variance inflation factor; 分散拡大要因）という指標を用いると，より客観的に診断できるようになります．VIF は各説明変数に対して算出される指標で，2 未満であることが望まれます．10 以上であれば，その変数は多重共線性の要因になっていることを示唆します．

R によって VIF を求める際には，パッケージ car に含まれる関数 vif を利用します．以下では，「トレーナー満足度」と「トレーナー数」を説明変数とした重回帰分析について，多重共線性の判定を行っています．

VIF の算出例

```
> library(car)  #パッケージcarの読み込み
> vif(resm2)    #関数vifによるVIFの算出
トレーナー満足度      トレーナー数
       32.14226         32.14226
```

分析の結果，高い相関のある 2 変数について VIF はそれぞれ 32.14226 となりました．VIF は 10 を大きく超えていますので，多重共線性を生じさせている可能性が疑われます．このような場合には，どちらか一方の説明変数を削除して，モデルを再構成してください[4]．さて，4 つの顧客満足度による回帰モデルについては，多重共線性の可能性はなかったのでしょうか？

---

[4] このような場合，分析者にとってより興味のある説明変数をモデルに残すことになるでしょう．ただし，その説明変数が削除した変数と非常に高い相関を持っていたことも併せて報告すべきです．

74　第 3 章　現象を説明・予測する統計モデルを作りたい (1)

顧客満足度の 4 変数に関する VIF の算出

```
> vif(res1)
  立地満足度   設備満足度   店舗面積満足度   トレーナー満足度
    1.042106     1.589938       1.548752           1.010455
```

　分析の結果，どの説明変数の VIF も 2 を下回っています。このモデルの母数推定には，多重共線性の影響はほとんどないと考えてよいでしょう。

3.3　モデルの評価と解釈

　次に，データに対するモデルの適合と，切片・偏回帰係数の解釈について解説します。

■ 3.3.1　決定係数によるモデル全体の評価

　3.2.1 項の出力の下部に "Multiple R-squared: 0.8248" という箇所があります。Multiple R-squared とは決定係数と呼ばれる数値で，目的変数の分散のうち，説明変数で説明できた割合（分散説明率）を表現しています。R^2 という記号で表す場合もあります。決定係数は割合ですから，値が 1 に近いほど，説明変数で目的変数を良く説明できていることになります。res1 の結果では $R^2 = 0.8248$ なので，顧客満足に関する 4 つの説明変数によって，顧客数の分散の 82.5% が説明されていると解釈できます。決定係数が 0 に近いということは，研究者が投入した説明変数が目的変数に寄与していないということなので，モデルの評価のための指標として，決定係数は偏回帰係数の解釈の前に確認すべき指標と言えます。

　3.2.1 項の出力の決定係数の右に，"Adjusted R-squared: 0.7968" という記載があります。これは自由度調整済み決定係数と呼ばれる指標です。決定係数には，説明変数の数を増やすだけで値が向上するという性質があります（p.83，コラム 5 参照）。そこで，説明変数が多くなる分，決定係数を下方修正するのがこの指標です。決定係数と自由度調整済み決定係数を見比べて，自由度調整済み決定係数が極端に小さくなるようなモデルは，目的変数に寄与しない説明変数を投入しすぎているかもしれません。

　決定係数の出力の下には，"F-statistic: 29.43 on 4 and 25 DF, p-value: 3.957e-09" という表記があります。これは母集団において「偏回帰係数 β が全て 0」という帰無仮説に関する F 検定の結果です。帰無仮説が正しい場合には決定係数は 0 になるので，この検定は決定係数に関する有意性検定とも呼ばれます。

　検定結果は $F = 29.43$，$df_1 = 4$，$df_2 = 25$ であり，対応する p 値は p-value: 3.957e-09 と，ほぼ 0 です。高度に有意な結果ですから，帰無仮説は棄却されました。よって，少なくとも 1 つの説明変数は母集団において目的変数を説明していることが示唆されました。

3.3.2 切片と偏回帰係数の解釈

モデルの評価が済んだので，最後に切片と偏回帰係数を解釈します。上記の出力の Estimate を参照してください。ここには，回帰モデル中の切片 α と，4つの偏回帰係数 $\beta_1, \beta_2, \beta_3, \beta_4$ の推定値が記載されています。

"(Intercept)" は，切片 α の推定値を表現しています。数値は -35.204 です。切片とは，説明変数の値が全て0のときの目的変数の期待値と解釈されます。つまり，顧客満足が全て0の店舗があったとしたら，その店舗の顧客数の理論値は -35.204 人であると解釈できます。ただ，実際の分析では，切片が報告されても解釈されることはあまりありません。

「立地満足度」「設備満足度」「店舗面積満足度」「トレーナー満足度」に記載されている数値は，それぞれ当該変数の偏回帰係数です。偏回帰係数とは，それ以外の説明変数を一定にしたときに，当該説明変数の値を1増加させたときの，目的変数に期待される変化量と解釈できます。

例えば，立地満足度の偏回帰係数 β_1 の推定値は 29.105 となっています。これは，「設備満足度」「店舗面積満足度」「トレーナー満足度」について同じ評価をもらっている店舗だけで見れば（つまり，興味のない他の説明変数の値を一定にしたときに），「立地満足度」が1点上昇すると「顧客数」は 29.105 人増加することが期待できると解釈できます。同様に，「トレーナー満足度」の偏回帰係数 β_4 の推定値が 32.421 となっているのは，「立地満足度」「設備満足度」「店舗面積満足度」について同じ評価をもらっている店舗だけで見れば，「トレーナー満足度」が1点上昇すると「顧客数」は 32.421 人増加することが期待できると解釈できます。

出力を参照すると，「トレーナー満足度」の偏回帰係数 32.421 が最大となっていますから，「他の説明変数の値を一定にした」という前提のもとで，「顧客数」に最も寄与するのは「トレーナー満足度」と解釈することができます。

解釈例からもわかるように，偏回帰係数とは目的変数に対する当該説明変数の単独の影響の指標ではありません。他の説明変数を一定にしたときの，当該説明変数の影響の指標です。この点についてはあとでていねいに解説しますが，各説明変数からの単独の影響の指標として誤解されることが多いので，注意が必要です。

Estimate の右隣にある Std. Error には推定値の標準誤差が，t value には「母集団において切片が0」「母集団において当該偏回帰係数が0」を帰無仮説とした t 検定の t 値が記載されています。Pr(>|t|) は t 値に対応する p 値です。p 値に基づいて検定結果がアスタリスクによって表現されています。"." ならば有意傾向，"*" ならば5%水準で有意，"**" ならば1%水準で有意，"***" ならば0.1%水準で有意と解釈します。出力から，切片 α 以外の全ての偏回帰係数について，少なくとも1%水準で有意であると解釈できます。

76 第3章 現象を説明・予測する統計モデルを作りたい (1)

■ 3.3.3 偏回帰係数の信頼区間

重回帰分析では，偏回帰係数の有意性だけではなく，推定値の大きさにも興味があることが多いので，信頼区間を併せて報告することが有効です[*5]。切片と偏回帰係数の信頼区間の算出には，関数 confint を利用します。例えば，95% 信頼区間を求めるためには，次のように指定します。

```
切片と偏回帰係数の信頼区間の算出
> confint(res1, level=0.95)
                      2.5 %     97.5 %
(Intercept)     -139.538132   69.12916
立地満足度         17.398182   40.81240
設備満足度          7.149443   36.12991
店舗面積満足度       9.445408   38.16051
トレーナー満足度     20.871903   43.97078
```

関数 confint の第 1 引数に関数 lm のオブジェクトを指定します。次の level という引数は，95% 信頼区間であれば 0.95，99% 信頼区間であれば 0.99 と指定します[*6]。偏回帰係数の信頼区間は 0 を含んでいませんので，「母集団において偏回帰係数が 0 である」という帰無仮説は棄却されていますが，全ての信頼区間の幅は広く，係数の推定精度は全体的にやや低いと考えたほうがよさそうです。

■ 3.3.4 単位の異なる説明変数が混在する場合 —— 標準偏回帰係数の算出

「顧客数」を「立地満足度」と「トレーナー数」で説明する回帰モデルは，

$$顧客数 = \alpha + \beta_1 \times 立地満足度 + \beta_2 \times トレーナー数 + 誤差 \tag{3.4}$$

となります。このモデルの説明変数である「立地満足度」は，10 段階評価の平均点です。一方，「トレーナー数」は人数であり，単位が異なります。説明変数の単位が異なると偏回帰係数の値もそれに応じて変動するので，係数の比較が難しくなります。

例えば，cm で測定された説明変数を mm 単位に変換すると，偏回帰係数は元の 10 分の 1 になってしまいます。「他の説明変数を一定にしたうえで当該説明変数の値を 1 増加させたときの，目的変数の期待値」が偏回帰係数の定義ですが，この定義中の「1 の増分」の意味が，cm と mm では変わってきます。1cm の増加に対する目的変

[*5] 偏回帰係数の検定とは，母集団において $\beta = 0$ でないことをデータから示そうとする試みです。β が具体的にどのような値かについては教えてくれません。重回帰分析を行う際には，その係数の大きさを解釈したい場合がありますので，検定結果のみを報告するのでは不十分です。

[*6] 関数のデフォルト値は level=0.95 なので，95% 信頼区間を求めたい場合には，この引数を省略しても構いません。

数の変化量に対して，1mm の増加に対する変化量は 10 分の 1 になってしまうのは直感的にも理解できるでしょう。

単位が違う説明変数をモデルに含める場合には，全ての変数を z 得点に変換し，偏回帰係数から単位の影響を除きます。標準化したデータから推定された偏回帰係数を，標準偏回帰係数と呼びます。標準偏回帰係数はおおよそ -1 から $+1$ の間の値をとるようになり，影響の強さについても解釈がしやすくなります。

標準偏回帰係数の算出のためのコードを例示します。

標準偏回帰係数の算出

```
> #データの標準化とデータフレーム化
> scsdat <- as.data.frame(scale(csdat))

> #標準偏回帰係数の推定
> res2 <- lm(顧客数~立地満足度+トレーナー数, data=scsdat)
```

上のコードを確認すると，関数 scale を利用して，データに含まれる全変数を z 得点に変換した後，関数 as.data.frame によってデータフレームに変換しています。この結果を scsdat というオブジェクトとして保存し，次に関数 lm によって標準偏回帰係数を求めています。

関数 summary によって分析結果を表示させます。

出力の一部

```
> summary(res2)
Coefficients:
              Estimate Std. Error t value Pr(>|t|)
(Intercept)  1.715e-16  1.398e-01   0.000 1.000000
立地満足度    4.020e-01  1.422e-01   2.828 0.008729 **
トレーナー数  5.317e-01  1.422e-01   3.739 0.000878 ***
---
Signif. codes:  0 '***' 0.001 '**' 0.01 '*' 0.05 '.' 0.1 ' ' 1

Residual standard error: 0.7655 on 27 degrees of freedom
Multiple R-squared:  0.4545,    Adjusted R-squared:  0.4141
F-statistic: 11.25 on 2 and 27 DF,  p-value: 0.0002799
```

「立地満足度」の標準偏回帰係数は 0.4020，「トレーナー数」の標準偏回帰係数は 0.5317 となっています。2 変数の単位が一致しているので，「トレーナー数」の係数のほうが 0.1297 （$= 0.5317 - 0.402$）程度大きいと解釈できます[7]。

---

[7] 標準化回帰係数は単位が一緒なので，2 つの値を直接比較することができますが，その差の大きさについては，実質科学的な知見から慎重に考察する必要があります。また，標準化していたとして

78   第 3 章　現象を説明・予測する統計モデルを作りたい (1)

切片である "(Intercept)" は，ほぼ 0 という結果になっています。データを標準化した場合，回帰モデルの切片は理論的に 0 になります。ですから，標準偏回帰係数を報告する場合には，切片の情報は不要になります。

また，標準化したとしても，決定係数の値やモデルの適合に関する F 検定，偏回帰係数に関する t 検定の結果は変わらないことに注意してください。

3.4　報告例

以上が重回帰分析の一連の流れになります。この分析に対する結果の報告例は，次のようなものになります。

重回帰分析の報告例

「顧客数」に対する「立地満足度」「設備満足度」「店舗面積満足度」「トレーナー満足度」の影響を検討するため，「顧客数」を目的変数，顧客満足度の 4 変数を説明変数とした重回帰分析を行った。VIF によって多重共線性の可能性を検討したところ，全ての説明変数において 2 未満であり，多重共線性が生じている可能性は低いと判断した。

モデルの決定係数 R^2 は.825，自由度調整済み決定係数は.797 であり，「顧客数」の分散の約 8 割を顧客満足度の 4 変数が説明する結果となった。下表にモデル中の母数と決定係数の推定値，そして母数の信頼区間を示す。

表：重回帰分析の結果

	推定値	標準誤差	95%CI
切片	−35.204	50.659	[−139.538, 69.129]
立地満足度	29.105	5.684	[17.398, 40.812]
設備満足度	21.640	7.036	[7.149, 36.130]
店舗面積満足度	23.803	6.971	[9.445, 38.161]
トレーナー満足度	32.421	5.608	[20.872, 43.971]

$R^2 = .825^{***}$

決定係数に関する F 検定は 0.1% 水準で有意であり（$F_{(4, 25)} = 29.43$, $p < .001$），母集団において顧客満足度の 4 変数の少なくとも 1 つは「顧客数」を説明している可能性があることが示唆された。また，95% 信頼区間より，全ての説明変数において偏回帰係数は少なくとも 5% 水準で有意であり，母集団における影響の存在が示唆される結果となった。

説明変数の単位が等しいので，偏回帰係数を解釈する。推定値が最大であったのは「トレーナー満足度」の 32.421（95%CI [20.872, 43.971]）であった。他の説明変

も，説明変数間の相関は変わりませんから，標準偏回帰係数も他の変数を一定にしたうえでの当該変数の影響の指標としか解釈できません。標準化の有無にかかわらず，偏回帰係数の解釈には注意を払う必要があります。コラム 6（p.90）も参照してください。

数を一定にしたうえで「トレーナー満足度」を 1 点増加させると，32.421 人の顧客数の増加が見込まれる結果となった。一方，推定値が最小であったのは「設備満足度」の 21.640 であり（95%CI [7.149, 36.130]），他の説明変数を一定にしたうえで，「設備満足度」を 1 点増加させると，21.640 人の顧客の増加が見込まれる結果となった。

この報告例では，紙幅の都合上，偏回帰係数が最大である「トレーナー満足度」と最小である「設備満足度」の数値のみを報告しています。分析目的に合わせて，報告する説明変数を選択してください。また，95% 信頼区間を示すことで，5% 水準で偏回帰係数が有意であることが表現できています。

3.5 質的変数を含む重回帰分析

説明変数には，量的変数だけでなく，質的変数も含めることができます。ここでは，量的変数である 4 つの顧客満足度に，質的変数である「接客研修」「入会特典」を加えた 6 変数でのモデリングを例に，質的変数を含む重回帰分析について解説します。先述したように，「接客研修」は，研修を実施している店舗では 1 が，していない店舗では 0 が割り当てられています。また「入会特典」は，特典を実施している店舗では 1 が，していない店舗では 0 が割り当てられています。

3.5.1 分析例

ここでは，次のような回帰モデルを作成します。

$$顧客数 = \alpha + \beta_1 \times 立地満足度 + \beta_2 \times 設備満足度 + \beta_3 \times 店舗面積満足度$$
$$+ \beta_4 \times トレーナー満足度 + \beta_5 \times 接客研修 + \beta_6 \times 入会特典 + 誤差$$
$$\tag{3.5}$$

説明変数が増えたので，偏回帰係数が 4 つから 6 つに増加しています。対応する R のコードは次のようになります。

質的変数も含めた重回帰分析

```
> res3 <- lm(顧客数~立地満足度+設備満足度+店舗面積満足度+トレーナー満足度
+ +接客研修+入会特典, data=csdat)
```

先ほどの重回帰分析のコードに，「接客研修」と「入会特典」が説明変数として新たに投入されています。このコードを実行し，母数を推定します。

80　第 3 章　現象を説明・予測する統計モデルを作りたい (1)

出力の一部

```
> summary(res3)
Coefficients:
               Estimate Std. Error t value Pr(>|t|)
(Intercept)     -13.878     48.906  -0.284  0.77913
立地満足度        27.488      5.544   4.958 5.18e-05 ***
設備満足度        24.745      6.779   3.650  0.00134 **
店舗面積満足度     17.963      7.067   2.542  0.01822 *
トレーナー満足度   28.515      5.592   5.099 3.65e-05 ***
接客研修           8.014     16.121   0.497  0.62383
入会特典          40.128     18.065   2.221  0.03646 *
---
Signif. codes:  0 `***' 0.001 `**' 0.01 `*' 0.05 `.' 0.1 ` ' 1

Residual standard error: 42.55 on 23 degrees of freedom
Multiple R-squared:  0.8566,    Adjusted R-squared:  0.8192
F-statistic:  22.9 on 6 and 23 DF,  p-value: 1.27e-08
```

　決定係数 R^2 は 0.8566 であり，量的変数のみの分析では 0.8248 であったことから，2 つの質的変数を加えることで 3% 程度，分散説明率が上がったことがわかります。モデルの適合に関する F 検定の結果も前回の分析と同様に有意であり，データに対するモデルの適合は良好なようです。

　偏回帰係数に目を向けると，新たに投入した「接客研修」では 8.014，「入会特典」では 40.128 という推定値が得られています。「接客研修」に注目して解釈するならば，「顧客満足度」と「入会特典」の値が等しい店舗を集めた場合，「接客研修」を実施している（接客研修＝1 の）店舗のほうが，実施していない（接客研修＝0 の）店舗よりも 8.014 人「顧客数」が多いことが期待される，と解釈できます。ただし，「接客研修」の検定結果は，有意ではありません。

　「入会特典」の偏回帰係数は 40.128 ですから，他の説明変数を一定にしたもとでの「顧客数」への影響は，「接客研修」よりも大きいことがわかります。検定結果についても，「入会特典」は有意となっています。

　以上のように，質的変数が説明変数に含まれていても，重回帰分析を実行して偏回帰係数を解釈することができます。

3.6　AIC と BIC によるモデルの評価

　重回帰分析に限らず，説明変数が異なるモデル間で適合度を比較する場合には，AIC（Akaike information criterion）や BIC（Bayesian information criterion）という指標を利用することがあります。本書でも，後の章で頻繁に登場する指標です。同一データに対して 2 つ以上のモデルがあるとき，AIC や BIC の値が小さいモデル

のほうが，適合が良好だと言えます。これらの理論的詳細については 3.7.2 項で説明します。

3.2 節と 3.5 節で得た 2 つの回帰モデルの結果を，AIC の観点から比較してみましょう。R による AIC の算出には，関数 extractAIC を利用します。この関数に，2 つの回帰モデルの結果が収められたオブジェクト res1 と res3 を代入します。

AIC の算出

```
> extractAIC(res1)   #説明変数が量的変数のみの回帰モデル
[1]    5.0000 233.0808

> extractAIC(res3)   #説明変数に質的変数も含めた回帰モデル
[1]    7.0000 231.0751
```

出力中の第 1 要素はモデル中の母数の個数を，第 2 要素は AIC を表現しています。質的変数も含めた回帰モデルの AIC が 231.0751 と相対的に小さくなっています。しかし，その差は 2 点程度と小さなものですから，この差をもって質的変数を含めた回帰モデルが優秀であると考えるのは早計です。

BIC を算出するためには，関数 extractAIC の引数 k に $\log(N)$，すなわち観測対象（オブザベーション）数の自然対数を指定します[*8]。

BIC の算出

```
> extractAIC(res1, k=log(30))   #説明変数が量的変数のみの回帰モデル
[1]    5.0000 240.0868

> extractAIC(res3, k=log(30))    #説明変数に質的変数も含めた回帰モデル
[1]    7.0000 240.8835
```

こちらも，出力中の第 1 要素はモデル中の母数の個数を，第 2 要素は BIC を表現しています。質的な説明変数を含めたモデルにおける BIC がわずかに大きくなっていますが，AIC の結果も併せて考えるならば，実質的には両モデルの適合の良さはほぼ同じであると解釈できます。

3.7　重回帰分析と母数推定理論

重回帰分析の母数推定法について理論的な解説をします。ここでは簡単のため，説明変数が 2 つの重回帰モデルを例に説明します。回帰分析に対応する代表的な母数推定法には，最小 2 乗法と最尤法があります。

[*8] デフォルトでは k=2 に設定されます。

3.7.1 最小 2 乗法による母数推定の概要

観測対象 i について，目的変数を y_i，2 つの説明変数を x_{i1}, x_{i2} と記述します。重回帰式で説明できない誤差は e_i で表現します。重回帰モデルは

$$y_i = \alpha + \beta_1 x_{i1} + \beta_2 x_{i2} + e_i \tag{3.6}$$

となります。このモデルにおいて，重回帰式に該当する部分を $\hat{y}_i$ で表すことにします。つまり，

$$\hat{y}_i = \alpha + \beta_1 x_{i1} + \beta_2 x_{i2} \tag{3.7}$$

です。$\hat{y}_i$ は重回帰式による予測値とも呼ばれます。

説明変数が 2 つの重回帰式は，平面の方程式となります。図 3.2 (a) を見ると，説明変数が 2 つの場合の重回帰式は 3 次元散布図上では平面として表現されていることがわかります[*9]。この平面を描画するためには，式 (3.7) の未知母数である切片と偏回帰係数の推定値が必要です。それでは，どうやってこの切片と偏回帰係数を求めるのでしょうか？

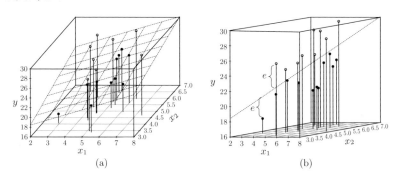

図 3.2　説明変数が 2 つの場合の重回帰式の図的理解

重回帰モデルから重回帰式を引くと，$y_i - \hat{y}_i = e_i$ となります。これは，目的変数 y_i について重回帰式で説明できなかった部分が誤差 e_i であると理解できます。図 (a) の視点を変えた図 (b) を見てください。この図では，平面 ($\hat{y}$) よりも観測値 y_i が小さい観測対象を黒丸で，その逆を白丸で描画しています。両者のケースについてそれぞれ一例ずつ，観測値と平面とのズレを e で表示していることを確認してください。このズレの 2 乗和（これを Q とします）

[*9] 説明変数が 3 つ以上になると，重回帰式は平面の方程式ではなく，超平面の方程式になります。この方程式は 3 次元空間では図示できませんので，図 3.2 のようなイメージで重回帰式を理解できるのは，説明変数が 2 つのときのみです。

コラム5：自由度調整済み決定係数と AIC の意義

ある目的変数に対してたくさんの説明変数を用意して，決定係数を意図的に向上させてみましょう．今，母集団で，目的変数 y と説明変数 x の間に $\hat{y} = 0.8x$ という関係式が成り立っているとします．誤差分散 σ^2 を 1 と設定したうえで，シミュレーションで $N = 3000$ のデータを生成し[*10]，回帰分析したところ，決定係数は 0.381 でした．これは説明変数が 1 つの場合の決定係数です．

次に，目的変数 y とも，既存の説明変数 x とも，上記のような関係式を持たない（つまり，目的変数とはせいぜいノイズ程度の相関しか持たない）新たな説明変数を 1 つ加え，既存の説明変数とともに重回帰分析し，決定係数を求めます．この手続きを説明変数を 1 つずつ増やしながら 100 回繰り返した場合の決定係数の遷移は，下図のようになります．

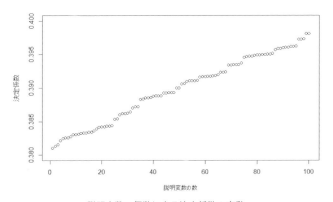

説明変数の個数による決定係数の変動

目的変数と関係のない説明変数を増やしていっても，ノイズとして得られる相関が積み重なることで決定係数は増加し，説明変数の数が 101 になるころには，決定係数は 0.4 近くまで向上してしまいます．

説明変数が 101 個もあるモデルは，決定係数の観点からは一見高性能に見えますが，母集団の構造を捉えているのは最初の説明変数のみです．そのほかの 100 個の説明変数は，本来ならばモデルに含めるべきではありません．

この説明変数が多いモデルの自由度調整済み決定係数を求めてみると，0.3777 になりました．これは説明変数が 1 つのモデルの決定係数に近い値であり，説明変数の多さによる見かけ上の精度の高さを修正してくれていることがわかります．また，説明変数が 101 個のモデルでは，AIC は 81.23 でしたが，説明変数が 1 つのモデルでは -32.29057 となっており，やはり見かけだけの精度の良さを見破ってくれています．

[*10] 人工データの発生法については，『R によるやさしい統計学』18 章を参照してください．

84 第 3 章 現象を説明・予測する統計モデルを作りたい (1)

$$Q = \sum_{i=1}^{N} e_i^2 = \sum_{i=1}^{N} (y_i - \hat{y}_i)^2 \tag{3.8}$$

を最小化するような切片と偏回帰係数を求めるのが，最小 2 乗法による母数推定法に
なります。つまり，最小 2 乗法とは，全ての観測値に対してなるべく近いところに回
帰平面を位置づけるよう母数を推定する方法と言えます。

■ 3.7.2　最尤法による母数推定の概要

最小 2 乗法と並んで重要な母数推定理論が，最尤法です。最尤法では，x_{i1}, x_{i2} と
いう値を持つ観測対象 i について，目的変数 y_i の分布が正規分布に従うという仮定
を置きます。その平均は $\hat{y}_i$ であり，その分散は σ_e^2 です。σ_e^2 は誤差分散と呼ばれま
す。この正規分布の確率密度関数は

$$f(y_i | \hat{y}_i, \sigma_e^2) = \frac{1}{\sqrt{2\pi\sigma_e^2}} \exp\left[-\frac{(y_i - \hat{y}_i)^2}{2\sigma_e^2}\right] \tag{3.9}$$

となります。切片 α，偏回帰係数 β_1, β_2，そして誤差分散 σ_e^2 が既知であるならば，
この式を利用して，目的変数 y_i に対する確率密度[11]を計算することができます。確
率密度とは，その分布におけるデータの生起可能性に関する指標として解釈できま
す。確率とは異なるものなので注意が必要です。

観測対象が N 個ある場合，目的変数 y_i は $y_1, y_2, \cdots, y_N$ のように N 個のデータ
として得られます。このとき，この目的変数のデータ全体の生起可能性の指標となる
確率密度は，N 個の観測対象の生起が互いに独立である場合に限り，上記の確率密度
の積として得られます。具体的には，

$$f(y_1, y_2, \cdots, y_N | \hat{y}_1, \hat{y}_2, \cdots, \hat{y}_N, \sigma_e^2) = \prod_{i=1}^{N} f(y_i | \hat{y}_i, \sigma_e^2) \tag{3.10}$$

で計算することができます[12]。

ところで，母数が既知であるならば，式 (3.10) はデータに関する確率密度と言えま
す。しかし，現状では全ての母数は未知ですから，式としては表現できても，確率密
度とは言えません。ここで，データ（y_i, x_{i1}, x_{i2}）はそのままで α, β_1, β_2, σ_e^2 に適
当な候補値を代入していくことを考えます。そうすると，母数の候補値によって確率
密度は変化していきます。この場合，式 (3.10) を確率密度ではなく尤度 (likelihood)
と呼びます。確率密度とはあくまでも母数が既知である場合のデータの生起可能性に
関して適用される概念です。母数が未知である場合には，式 (3.10) の確率密度は尤
度の頭文字 L を利用して，

---

[11] 確率密度については，『R によるやさしい統計学』p.85 にも解説があります。

[12] $\prod_{i=1}^{N} x_i$ で，N 個ある x_i を全て掛け合わせることを表現します。

$$L(y_1, y_2, \cdots, y_N | \hat{y}_1, \hat{y}_2, \cdots, \hat{y}_N, \sigma_e^2) = \prod_{i=1}^{N} L(y_i | \hat{y}_i, \sigma_e^2) \tag{3.11}$$

という表記にします。尤度とは，手もとにあるデータに対する母数のもっともらしさの程度と解釈できます。この尤度を最大化する母数の候補値を推定値として返す手法が，最尤法です。重回帰分析の場合，先述した最小2乗法と最尤法の母数推定結果は一致することが知られています。

最尤法によって母数を推定した場合，その推定値を使って3.6節で解説したAICを算出することができます。AICは，値が小さいほどモデルの適合が高いことを意味します。AICは下限も上限もない指標なので，単一モデルのデータへの適合について，AICの観点から解釈することはできません。2つ以上の競合するモデルがある場合に，相対的な適合の良さをAICに基づいて解釈することができます。また，最小2乗法を利用した場合には，AICは利用できません。

重回帰分析に対応するAICは，説明変数の総数をJとするとき，

$$\mathrm{AIC} = N \log \left(\frac{\sum_{i=1}^{N}(y_i - \hat{y}_i)^2}{N} \right) + 2(J+1) \tag{3.12}$$

で求められます。ただし，$\hat{y}_i$には，最尤法で得られた推定値によって具体的な値が指定されています。

一方，BICは，

$$\mathrm{BIC} = N \log \left(\frac{\sum_{i=1}^{N}(y_i - \hat{y}_i)^2}{N} \right) + \log(N)(J+1) \tag{3.13}$$

で求められます。第2項が$2(J+1)$ではなく，標本サイズNを用いて$\log(N)(J+1)$となっており，説明変数の多さに対してペナルティがより厳しく課されるようになっています。

3.8 偏回帰係数の解釈

3.3.2項で述べたように，偏回帰係数とは，他の説明変数を一定にしたときに当該説明変数を1増加させたときの目的変数の変化量の期待値です。ここでは，3.2節で推定された重回帰式を利用して，この偏回帰係数の定義を具体的に説明します。重回帰式は次のようになります。

顧客数の予測値 $= -35.204 + 29.105 \times$ 立地満足度 $+ 21.640 \times$ 設備満足度
$+ 23.803 \times$ 店舗面積満足度 $+ 32.421 \times$ トレーナー満足度

「立地満足度」の偏回帰係数（29.105）を導出してみましょう。最初に，全ての説明変数を一定にします。ここでは説明のために1に固定します。そのときの顧客数の予

測値は，

$$71.764 = -35.204 + 29.105 \times 1 + 21.640 \times 1 + 23.803 \times 1 + 32.421 \times 1$$

となります。次に，他の説明変数の値を 1 に固定したまま，「立地満足度」のみ 1 増加させます。このときの顧客数の予測値は，

$$100.869 = -35.204 + 29.105 \times 2 + 21.640 \times 1 + 23.803 \times 1 + 32.421 \times 1$$

となります。「立地満足度」が 1 増加したことによる顧客数の予測値の変化量は，

$$100.869 - 71.764 = 29.105$$

であり，「立地満足度」の偏回帰係数に一致することがわかります。この例では説明変数を 1 に固定していましたが，上述の関係はどのような値に固定しても成り立ちます。

　他の説明変数を一定にしたうえで興味のある変数を 1 増加させることは，上に例示したように理論的には可能です。しかし，説明変数間に高い相関が存在する場合も珍しくはありません。このような状況では，一方の値を固定したうえで他方の値を増加させる手続きは，現実的に不可能です。説明変数間に相関があるのなら，一方の値が変化すれば他方の値もともに変化してしまいます。このことについて，どう受け止めたらよいでしょうか？　以下では，別の角度から偏回帰係数を説明し，その意味について深く理解します。

　繰り返しになりますが，重回帰分析では説明変数間の相関関係について配慮する必要があります。説明変数間の相関係数の絶対値が 1 に近い場合には，多重共線性の可能性を疑うべきですが，例えば相関係数の絶対値が 0.5 や 0.3 といった現実的に観測されやすい値であったとしても，偏回帰係数の解釈において，その相関は無視できません。

　今，説明変数 x_1 と x_2 の間に一定程度の相関が存在していたとします。このとき x_1 と x_2 に重複している情報があり，この重複も含めて，それぞれの変数らしさが形成されていると解釈できます。

　図 3.3 では，2 つの説明変数 x_1 と x_2 を円で表しています。その重複部分が両変数の相関を意味しています。

　次にこの重複部分を排除することを考えます。すると図 3.3 のように，x_1 と x_2 はそれぞれ保持していた情報が失われ，三日月形の元 x_1，元 x_2 となります。偏回帰係数（β_1, β_2）とは，この元 x_1 と元 x_2 からの目的変数への影響の指標です。図中の単方向の矢印は影響を表現しています。この図からも明らかなように，説明変数間に相関がある場合には，偏回帰係数は x_1，x_2 からの影響の指標ではありません。元 x_1 と元 x_2 からの影響の指標です。

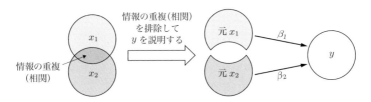

図 3.3　偏回帰係数の意味

したがって，分析結果として偏回帰係数に言及する際には，先述したように，「他の変数を一定にしたうえで，当該変数を 1 増加させた場合の目的変数の平均変化量」などとするしかありません。あるいは，

β_1：x_2 との相関を取り除いた x_1 からの影響
β_2：x_1 との相関を取り除いた x_2 からの影響

などと記載してもよいでしょう。重要なのは，説明変数間の相関の存在に配慮したうえで偏回帰係数を解釈していることを，正確に読み手に伝えることです。説明変数間の相関が 0 でない限り，偏回帰係数を当該説明変数の単独の影響のように記述するのは控えたほうがよいでしょう。

実際のデータ解析では，説明変数間に相関が生じることがよくあります。したがって，上述の例のように，偏回帰係数を算出しても，それが解釈できないという場面に頻繁に遭遇します。このような場合には，決定係数に基づき，手もとにある説明変数群で目的変数がどれだけ説明されているかについて考察するとよいでしょう。もし各説明変数の単独の効果に興味があるのならば，データ収集時に実験計画法を適用し，そのうえで分散分析[*13]やコンジョイント分析[*14]といった統計手法を用いるべきです。

3.9　決定係数とその検定

目的変数 y の平方和を SS_y，重回帰式によって算出された予測値 $\hat{y}$ の平方和を $SS_{\hat{y}}$，誤差の平方和を SS_e とします。それぞれの定義式は以下のとおりです。

$$SS_y = \sum_{i=1}^{N}(y_i - \bar{y})^2 \tag{3.14}$$

$$SS_{\hat{y}} = \sum_{i=1}^{N}(\hat{y}_i - \bar{\hat{y}})^2 \tag{3.15}$$

[*13] 分散分析に関する詳細については，『R によるやさしい統計学』7 章を参照してください。
[*14] コンジョイント分析についての詳しい解説は豊田 (2017) を参照してください。

$$SS_e = \sum_{i=1}^{N} e_i^2 \tag{3.16}$$

ここで，$\bar{y}$ は目的変数 y の平均を意味し，$\bar{\hat{y}}$ は重回帰分析の結果得られた N 個の予測値 $\hat{y}_i$ の平均を意味します。この 3 つの平方和について，

$$SS_y = SS_{\hat{y}} + SS_e \tag{3.17}$$

という関係式が成り立っています。この式は，目的変数のデータの散らばりは重回帰式によって説明できる部分とできない部分に分解できることを意味しています。この式から，決定係数 R^2 を

$$R^2 = \frac{SS_{\hat{y}}}{SS_y} \tag{3.18}$$

と求めることができます。偏回帰係数が全て 0 であるならば $SS_{\hat{y}}$ は 0 となります。このとき，決定係数は 0 となります。つまり，説明変数が目的変数に全く寄与しないということです。

また，自由度調整済み決定係数は

$$\text{自由度調整済み } R^2 = 1 - \frac{SS_e/(N-J-1)}{SS_y/(N-1)} \tag{3.19}$$

で求められます。

決定係数を算出した後，推定された重回帰式が母集団において目的変数を説明するかどうかについての F 検定を行います。この検定の帰無仮説は $\beta_1 = \beta_2 = \cdots = \beta_j = \cdots = \beta_J = 0$ ですが，これは決定係数が母集団において 0 であることを同時に意味しています。

この F 検定の検定統計量は

$$F = \frac{SS_{\hat{y}}/J}{SS_e/(N-J-1)} \tag{3.20}$$

で求められます。この検定統計量は，分子の自由度が J，分母の自由度が $N-J-1$ の F 分布に従います。

3.10 切片と偏回帰係数の検定

切片と偏回帰係数の検定に利用する検定統計量は t でした。この算出には，

$$t_\alpha = \frac{\alpha}{\alpha \text{の標準誤差}} \tag{3.21}$$

$$t_\beta = \frac{\beta}{\beta \text{の標準誤差}} \tag{3.22}$$

を用います。この検定統計量は自由度 $N-J-1$ の t 分布に従います。3.2 節の関数 summary の出力には，α や β の推定値の右に標準誤差の情報が記述されていました。例えば，切片 α の推定値は -35.204 で，その標準誤差は 50.659 です。対応する t 値は $-35.204/50.659 = -0.6949209$ であり，出力中の t value の数値（-0.695）に一致します。また，「設備満足度」の偏回帰係数の推定値は 21.640 で，その標準誤差は 7.036 です。対応する t 値は $21.640/7.036 = 3.075611$ であり，出力中の t value の数値（3.076）に一致します。

それぞれの t 値に対応する両側検定の p 値は，自由度が 25（$= 30 - 4 - 1$）の t 分布を用いて，次のように求めることができます[*15]。

---

t 分布に基づく p 値の算出

```
> pt(-0.6949209,25)*2    #切片のp値
[1] 0.4935136

> (1-pt(3.075611,25))*2   #設備満足度の偏回帰係数のp値
[1] 0.005031446
```

3.11 切片と偏回帰係数の信頼区間

切片と偏回帰係数の信頼区間は，次の定義式によって算出されます。

$$\alpha \pm q_t \times \alpha \text{の標準誤差} \tag{3.23}$$

$$\beta \pm q_t \times \beta \text{の標準誤差} \tag{3.24}$$

ここで，q_t は自由度 $N-J-1$ の t 分布で任意の両側確率を与える t の値です。例えば 95% 信頼区間を求めたいのであれば，$-q_t$ 以下の出現確率が 0.025 で，q_t 以上の出現確率も 0.025 であるような q_t を設定します[*16]。

「設備満足度」の偏回帰係数の推定値は 21.640 でした。この推定値に対する 95% 信頼区間を求めましょう。対応する q_t を R を用いて計算すると，次のようになります。

---

q_t の算出

```
> qt(0.025, 25)   #下側確率0.025を与えるqtの算出
[1] -2.059539

> qt(0.975, 25)   #上側確率0.025を与えるqtの算出
[1] 2.059539
```

[*15] 関数 pt については，『R によるやさしい統計学』p.121 に解説があります。

[*16] t 分布は左右対称の分布なので，両端の確率を等しく設定したときの q_t の絶対値は等しくなります。

90   第 3 章　現象を説明・予測する統計モデルを作りたい (1)

コラム 6：それでも誤解され続ける偏回帰係数

　学術雑誌「教育心理学年報」において心理学者の村井潤一郎氏は，偏回帰係数の解釈に関して，さまざまな書籍や学会のシンポジウムで注意喚起がなされているにもかかわらず，誤解が生じている現状を報告しています（村井, 2017）。

　誤解が減らない要因として，村井氏は (1) 標準偏回帰係数という言葉に冠される「標準」という語から誤った印象を受けてしまうこと，(2) 他の説明変数との情報の重複分を削除したあとの説明変数について文章化しにくいこと，(3) 多重共線性の問題と混同されており，VIF が大きな値でないことを確認した時点で，説明変数間の相関について注意が行かなくなること，の 3 つを挙げています。

　重回帰分析のようなシンプルな統計手法についても，このような根強い誤解があるのですから，より複雑な手法を適用しようとする場合には，誤解・誤用のリスクが相当高くなっていると自覚することが重要です。CPU の処理能力が向上し，膨大な計算量を必要とする複雑な統計手法が量販店のノート PC で誰でも気軽に分析できるようになった今，統計手法を正しく運用する能力が改めて問われています。

　関数 qt は任意の自由度（第 2 引数で指定）を持つ t 分布において，第 1 引数で指定した確率を与える t 値を返す関数です。この出力から q_t は ± 2.059539 であることがわかりました。

　「設備満足度」の偏回帰係数の標準誤差は 7.036 であったことから，信頼区間の上限と下限を次のように求めることができます。

信頼区間の算出

```
> 21.640-2.059539*7.036   #信頼区間の下限
[1] 7.149084

> 21.640+2.059539*7.036   #信頼区間の上限
[1] 36.13092
```

　この値は関数 confint の値と誤差の範囲で一致しています。

3.12　VIF の理論

　最後に，多重共線性の判断のために利用した VIF について解説します。ある説明変数 x_j を，他の全ての説明変数で重回帰分析することを考えます。そのときの決定係数を R_j^2 とします。この決定係数を用いて，説明変数 x_j の VIF は，

$$\mathrm{VIF}_j = \frac{1}{1 - R_j^2} \tag{3.25}$$

で定義されます。もし説明変数 x_j がその他全ての説明変数によって 5 割説明されるのであれば，R_j^2 は 0.5 となります。このときの VIF は 2 になります。もし 9 割説明されるのであれば，VIF は 10 となります。他の説明変数によって 9 割説明される変数は，冗長な変数であると言ってもよいでしょう。

章末演習

データファイル「科目内試験結果.csv」には，ある大学の科目で一年間に実施された 5 回の小テストの得点（偏差値）と，期末テストの得点（偏差値）が収められています。5 回のテストは「t1」〜「t5」であり，期末テストは「final」となっています。

問1 データファイル「科目内試験結果.csv」を kamokudat というオブジェクトとして R 上に保存してください。次に，データフレームの行数列数，変数名を確認してください。

問2 「final」を目的変数，「t1」〜「t5」を説明変数とし，関数 lm を利用して重回帰分析を実施してください。その結果を restest というオブジェクト名で保存してください。

問3 パッケージ car の関数 vif を利用して，多重共線性の判定を行ってください。

問4 多重共線性を生じさせているテストを削除したうえで，もう一度重回帰分析を実施してください。その結果を restest2 というオブジェクト名で保存し，関数 summary によって，各種推定値，決定係数，有意性検定の結果を確認してください。

問5 restest2 で得られている切片と偏回帰係数について，関数 confint を用いて 95% 信頼区間を求めてください。

問6 t1 と t2 のみを説明変数とし，再度，重回帰分析を行い，その結果を restest3 というオブジェクト名で保存してください。関数 extractAIC を用いて，restest2 と restest3 の AIC を算出してください。AIC の観点からは，どちらのほうがデータに適合しているでしょうか？

問7 関数 cor を用いて説明変数間の相関を確認し，このデータにおける偏回帰係数の解釈をどのように行うべきか考察してください。

第4章
現象を説明・予測する統計モデルを作りたい (2) —— 階層的重回帰分析

　　重回帰分析を用いることで，例えば「ストレス経験は教師のバーンアウトを予測するか」といった問題について検討することができます。しかし，ストレスによってバーンアウトしやすい教師もいれば，そうでない教師もいると考えられます。このように，説明変数の影響が別の説明変数によって異なることを，交互作用効果といいます。本章では，階層的重回帰分析によって交互作用効果を検討する方法について解説します。また，交互作用効果が有意であるときに利用される下位検定の1つである単純傾斜分析と，変数選択についても解説します。

4.1　データと手法の概要

4.1.1　データの概要

　　教師のストレス問題は深刻と考えられていることから，教師のバーンアウトについて調査することにしました。バーンアウトは燃え尽き症候群と呼ばれることもあり，精神的にも身体的にも疲弊し，消耗した状態のことです。

　　調査は，教師300人を対象に3か月の間隔を空けて2回実施されました。1回目の調査でも2回目の調査でも，心理尺度を利用してバーンアウトの程度について測定を行いました。また2回目の調査では，3か月の間に，同僚との関係や職務に対するストレスをどのくらい経験したかと，落ち込んだときに慰めや励ましをもらうといった支援（ソーシャルサポート）を，友人や同僚などからどの程度受けたかについても測定しました。調査では，全ての質問項目に対して4件法で回答を求め，各項目の値の平均値を尺度得点としました。

　　300人の回答結果が，「ストレス.csv」として保存されています。このファイルをExcelで開くと図4.1のようなデータ行列が表示されます。変数名とその内容を以下にまとめます。

- 「ストレス」：ストレスを経験した程度を得点化
- 「サポート」：ソーシャルサポートを受けた程度を得点化

	A	B	C	D
1	ストレス	サポート	バーンアウト1	バーンアウト2
2	2.9	3.3	2.2	2.3
3	3.1	3.6	2.7	3
4	2.3	3.5	3.1	3.3
5	3.7	3.2	3.4	2.7
6	3.7	3.3	3.7	3.5
7	2.1	2.8	3.2	3
8	2.9	3.5	2.1	1.9
9	2.4	2.2	2.2	2.5

図 4.1 「ストレス.csv」(一部抜粋)

- 「バーンアウト 1」:1 時点目のバーンアウトの程度を得点化
- 「バーンアウト 2」:2 時点目のバーンアウトの程度を得点化

4.1.2 分析の目的と概要

　分析の目的は,「ストレス経験とバーンアウトの関係は,ソーシャルサポートを受けている程度によって異なるか」という問題について検討することです。より具体的には,「ソーシャルサポートが多い場合にはストレスを経験してもバーンアウトの程度は高まらず,ソーシャルサポートが少ない場合にはストレスを経験するとバーンアウトの程度が高まるか」について検討します。

　このように,「ある目的変数に対する説明変数の影響の『向き』あるいは『大きさ』が,別の説明変数の水準によって異なること」を交互作用効果[*1]といいます。したがって,バーンアウトに対するストレス経験の影響がソーシャルサポートの程度によって異なる場合,バーンアウトに対するストレス経験とソーシャルサポートの交互作用効果があるといいます。

　また,バーンアウトに対するストレス経験とソーシャルサポートの交互作用効果は,バーンアウトとストレス経験の関係に対するソーシャルサポートの調整効果と呼ばれることもあります。調整効果とは,ある説明変数の回帰係数に対する効果のことです。例えば,変数 x と変数 y の関係の強さ(回帰係数)に影響を与える変数 m が存在するときに,変数 m を調整変数と呼び,回帰係数に対するその影響を調整効果と呼びます(図4.2)。

　交互作用効果(調整効果)の検討は,一般に階層的重回帰分析を利用して行われます。階層的重回帰分析(hierarchical multiple regression)とは,いくつかのステップに分けて重回帰分析を行う方法であり,ステップごとにモデルに投入する説明変数を増やしていきます[*2]。説明変数をステップごとに追加することで,ある説明変数を

[*1] 交互作用効果については,『R によるやさしい統計学』p.184〜187 に解説があります。

[*2] 階層的重回帰分析における「階層」はデータの階層性(5.1.2 項参照)を意味するのではなく,階層的に重回帰分析をすることを指しています。階層的重回帰分析は階層線形モデル(hierarchical linear model)としばしば混同されますが,これらは互いに異なるものです。

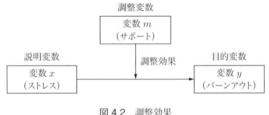

図 4.2 調整効果

投入することによる説明力の増分がどの程度であるのかを知ることができます。例えば，もともとのバーンアウトの程度を一定にしたうえで，ストレス経験やソーシャルサポートの説明力がどの程度あるのかを検討することができます。

そこで，本章では，階層的重回帰分析について解説するとともに，交互作用効果を検討する方法と，交互作用効果が有意であるときに利用される単純傾斜分析についても解説します。さらに，予測の精度を低下させることなく，予測に有効な説明変数のみを選択して重回帰モデルを構築する方法である変数選択についても解説します。

4.2 階層的重回帰分析

4.2.1 モデル作成

ストレス経験を説明変数，バーンアウトを目的変数とする回帰分析を行い，有意な回帰係数が得られたとしても，ただちに「ストレスを経験するとバーンアウト傾向は強くなる」とは解釈できません。これは，例えば「もともとバーンアウト傾向の強い人はストレスを抱えやすい」など，逆の因果の可能性もあるためです。このようなとき，もともとのバーンアウトの程度を一定にしたうえで，ストレス経験がバーンアウト傾向を予測できるかを検討することは有用な方法です（p.157，コラム 12 参照）。言い換えると，3 か月前時点でのバーンアウトの程度である「バーンアウト 1」を一定にしたうえで，「ストレス」（ストレス経験の程度）が 1 多くなると「バーンアウト 2」の程度はどのくらい変化するかを検討するということです。

そこで，「バーンアウト 1」を一定にしたときに「ストレス」と「サポート」が「バーンアウト 2」をどの程度説明できるかについて，階層的重回帰分析によって検討します。つまり，2 つのステップに分けて回帰分析を行います。具体的には，ステップ 1 では，以下のように「バーンアウト 1」のみを説明変数とした回帰モデルで分析を行います。

$$\text{バーンアウト 2} = \alpha + \beta_1 \times \text{バーンアウト 1} + 誤差 \tag{4.1}$$

次に，ステップ 2 では，「バーンアウト 1」に加えて，「ストレス」と「サポート」も説明変数とします。したがって，回帰モデルは次のようになります。

$$バーンアウト 2 = \alpha + \beta_1 \times バーンアウト 1 + \beta_2 \times ストレス$$
$$+ \beta_3 \times サポート + 誤差 \tag{4.2}$$

ステップ 1 の回帰分析の結果とステップ 2 の回帰分析の結果を比較することで，もともとのバーンアウトの程度を一定にしたときの，ストレス経験とソーシャルサポートの効果について知ることができます。

■ 4.2.2 階層的重回帰分析の実行

まず，「ストレス.csv」を読み込んで，その内容を確認しましょう。以下に，データの読み込みとデータフレームの確認を行うためのコードを示します。

データの読み込み，データフレームの確認
```
> sts <- read.csv("ストレス.csv")  #データの読み込み
> head(sts)
  ストレス  サポート  バーンアウト1  バーンアウト2
1    2.9      3.3         2.2          2.3
2    3.1      3.6         2.7          3.0
3    2.3      3.5         3.1          3.3
4    3.7      3.2         3.4          2.7
5    3.7      3.3         3.7          3.5
6    2.1      2.8         3.2          3.0
```

階層的重回帰分析を行う場合には，関数 lm を利用して，ステップごとに回帰分析を実行します[3]。まず，ステップ 1 として，式 (4.1) に示した回帰モデルで分析を行います。

ステップ 1 の回帰分析
```
> res1 <- lm(バーンアウト2~バーンアウト1, data=sts)
> summary(res1)
-出力の一部-
Coefficients:
              Estimate Std. Error t value Pr(>|t|)
(Intercept)    1.0762     0.1184   9.087   <2e-16 ***
バーンアウト1   0.6125     0.0431  14.211   <2e-16 ***
---
Signif. codes:  0 '***' 0.001 '**' 0.01 '*' 0.05 '.' 0.1 ' ' 1

Residual standard error: 0.3464 on 298 degrees of freedom
Multiple R-squared: 0.4039,    Adjusted R-squared:  0.4019
F-statistic:    202 on 1 and 298 DF,  p-value: < 2.2e-16
```

---

[3] 関数 lm については，3.2.1 項を参照してください。

96   第 4 章   現象を説明・予測する統計モデルを作りたい (2)

「バーンアウト 1」の偏回帰係数は 0.6125 であり，1 時点目でバーンアウト
傾向が強い人ほど，2 時点目でもバーンアウト傾向は強いと言えます。また，
Multiple R-squared の値から，決定係数（分散説明率）が 0.4039 であるとわ
かります。

次に，ステップ 2 として，「ストレス」と「サポート」を説明変数に加えて分析を
行います。

ステップ 2 の回帰分析

```
> res2 <- lm(バーンアウト2~バーンアウト1+ストレス+サポート, data=sts)
> summary(res2)
-出力の一部-
Coefficients:
            Estimate Std. Error t value Pr(>|t|)
(Intercept)  1.19234    0.20905   5.704 2.84e-08 ***
バーンアウト1 0.58006    0.04466  12.989  < 2e-16 ***
ストレス      0.07418    0.03452   2.149   0.0324 *
サポート     -0.08091    0.04770  -1.696   0.0909 .
---
Signif. codes:  0 '***' 0.001 '**' 0.01 '*' 0.05 '.' 0.1 ' ' 1

Residual standard error: 0.3438 on 296 degrees of freedom
Multiple R-squared:  0.4168,    Adjusted R-squared:  0.4109
F-statistic: 70.52 on 3 and 296 DF,  p-value: < 2.2e-16
```

分析の結果，「ストレス」の偏回帰係数は 0.07418，「サポート」の偏回帰係数は
−0.08091 でした。「ストレス」の偏回帰係数は有意であり，「バーンアウト 1」と
「サポート」を一定にしたうえで，わずかですが正の効果を持つと言えます。また，
Multiple R-squared の値から決定係数は 0.4168，Adjusted R-squared の値から
自由度調整済み決定係数は 0.4109 です。

ステップ 1 とステップ 2 における回帰分析の結果から，「ストレス」と「サポート」
を説明変数として追加することで，決定係数の値が 0.0129（= 0.4168 − 0.4039）増
加することがわかります。もしステップ 1 とステップ 2 に分けないで，ステップ 2 の
分析だけを行うと，決定係数が 0.4168 という結果が得られますが，0.4168 のうちも
ともとのバーンアウトの高さで説明できる割合や，もともとのバーンアウトを統制し
たうえでストレス経験とソーシャルサポートで説明できる割合が，それぞれどの程度
であるかはわかりません。一方で，階層的重回帰分析を行うことで，ステップごとの
説明力とその変化について知ることができます。これが階層的重回帰分析を利用する
利点です。

■ 4.2.3 決定係数の増分に関する検定

　階層的重回帰分析を利用することで，新しい説明変数の投入によって決定係数がどの程度増加するかを知ることができました。ここでは，決定係数の増分に関する検定について説明します。

　ステップ1における決定係数を R_1^2，ステップ2における決定係数を R_2^2 とします。また，ステップ1における説明変数の個数を J_1，ステップ2における説明変数の個数を J_2 とすると，式 (4.3) の F 統計量は，分子の自由度が $J_2 - J_1$，分母の自由度が $N - J_2 - 1$ の F 分布に従います。

$$F = \frac{(R_2^2 - R_1^2)/(J_2 - J_1)}{(1 - R_2^2)/(N - J_2 - 1)} \tag{4.3}$$

　実際に F 値を求めてみます。ステップ1（「バーンアウト1」のみを説明変数とする回帰分析）における説明変数の個数は1個，決定係数は 0.4039，ステップ2（「バーンアウト1」と「ストレス」「サポート」を説明変数とする回帰分析）における説明変数の個数は3個，決定係数は 0.4168 であることから，以下のようになります。

```
決定係数の増分の検定
> ((0.4168-0.4039)/(3-1))/((1-0.4168)/(300-3-1))   #F値の算出
[1] 3.273663
> 1-pf(3.273663, 2, 296)   #p値の算出
[1] 0.03924299
```

　関数 pf は F 値，分子の自由度，分母の自由度を引数として与えたときの F 分布における下側確率を返します。そのため，1から下側確率を引いて，p 値を求めています。

　検定の結果は有意であり，決定係数の増加は0よりも有意に大きいことが示されました。このことは，「バーンアウト1」が説明変数としてモデルに投入されていても，「ストレス」と「サポート」を新たに説明変数として加えることで「バーンアウト2」の説明力が増加することを意味します。

　また，決定係数の増分が統計的に有意であるかの検討は，関数 anova を利用することでも可能です。関数 anova の引数には，各ステップにおける回帰分析の結果を代入したオブジェクトを指定します。

```
関数 anova を用いた決定係数の増分の検定
> anova(res1, res2)
Analysis of Variance Table

Model 1: バーンアウト2 ~ バーンアウト1
Model 2: バーンアウト2 ~ バーンアウト1 + ストレス + サポート
```

```
   Res.Df    RSS Df Sum of Sq      F  Pr(>F)
1    298 35.765
2    296 34.993  2   0.77178 3.2642 0.03961 *
---
Signif. codes:  0 '***' 0.001 '**' 0.01 '*' 0.05 '.' 0.1 ' '
```

先ほどの検定と同様の結果が得られていることがわかります（ただし，先ほどは丸められた決定係数を用いて計算したため，完全には一致していません）。

■ 4.2.4　AIC と BIC によるモデル比較

本項では，AIC と BIC の観点から，「ストレス」と「サポート」を説明変数に加えることでモデルの適合が改善されるかを検討します。AIC と BIC は，同一データに対して 2 つ以上のモデルがある場合に，より値が小さいモデルの適合が良いことを示します（3.7.2 項参照）。

AIC の算出には，関数 extractAIC を利用します。関数 extractAIC の引数に，回帰分析の結果を代入したオブジェクトを指定することで，AIC が出力されます。BIC を算出するためには，関数 extractAIC の引数 k に対象の個数の自然対数を指定します。

AIC と BIC の算出

```
> #AICの算出
> extractAIC(res1)   #ステップ1の回帰モデルのAIC
[1]    2.0000 -634.0462

> extractAIC(res2)   #ステップ2の回帰モデルのAIC
[1]    4.0000 -636.5908

> #BICの算出
> extractAIC(res1, k=log(300))   #ステップ1の回帰モデルのBIC
[1]    2.0000 -626.6386

> extractAIC(res2, k=log(300))   #ステップ2の回帰モデルのBIC
[1]    4.0000 -621.7757
```

ステップ 2 のモデルにおける AIC の値（−636.5908）のほうが小さい一方で，ステップ 2 のモデルにおける BIC の値（−621.7757）は大きくなっています。AIC と BIC の結果を併せて考えると，両モデルは実質的にはほぼ同一の適合であると言えます。

4.3 重回帰分析での交互作用効果の検討

4.3.1 交互作用効果を検討するためのモデル

ここでは，バーンアウトに対するストレス経験とソーシャルサポートの交互作用効果について検討します。重回帰分析の枠組みで交互作用効果を検討するためには，交互作用項を式 (4.2) に加えます[*4]。交互作用項は，ストレス経験とソーシャルサポートの積によって表されます。つまり，交互作用効果について検討するときのモデル式は，次のようになります。

$$\text{バーンアウト } 2 = \alpha + \beta_1 \times \text{バーンアウト } 1 + \beta_2 \times \text{ストレス} + \beta_3 \times \text{サポート}$$
$$+ \beta_4 \times (\text{ストレス} \times \text{サポート}) + \text{誤差} \tag{4.4}$$

回帰係数 β_4 が有意になれば，交互作用効果があると考えることができます。では，2つの変数の積によって交互作用効果を検討できるのはなぜでしょうか？ 式 (4.4) を変形すると，次のようになります。

$$\text{バーンアウト } 2 = \alpha + \beta_1 \times \text{バーンアウト} 1 + (\beta_2 + \beta_4 \times \text{サポート}) \times \text{ストレス}$$
$$+ \beta_3 \times \text{サポート} + \text{誤差} \tag{4.5}$$

式 (4.5) から，交互作用項を加えた回帰モデルでは，2時点目のバーンアウトの程度とストレス経験の関係の強さ（「ストレス」の偏回帰係数）は，"$\beta_2 + \beta_4 \times \text{サポート}$"になることがわかります。そのため，2時点目のバーンアウトの程度とストレス経験の関係の強さは，ソーシャルサポートの程度によって変化することになります。例えば，「サポート」が1の人は「ストレス」の偏回帰係数が $\beta_2 + \beta_4$ になり，「サポート」が2の人は「ストレス」の偏回帰係数が $\beta_2 + 2\beta_4$ になり，「サポート」の値次第で「ストレス」の偏回帰係数の値が変わります。このように，2つの変数の積をモデルに加えることで，回帰分析の枠組みで交互作用効果について検討することができます。

4.3.2 中心化

2つの変数の積によって作成された交互作用項は，もともとの変数と高い相関を示します。そのため，単純に変数の積をモデルに投入すると，多重共線性（3.2.2項参照）の問題が生じてしまいます。そこで，交互作用効果を検討する際には中心化を行います。中心化とは，ある変数の得点からその変数の平均値を引くことです。中心化をする前と中心化を行ったあととで，交互作用項の偏回帰係数自体は変わりませんが，多重共線性の問題を回避することができます。

[*4] 重回帰分析による交互作用効果の検討について，詳細は Cohen et al. (2002) を参照してください。

100 第 4 章　現象を説明・予測する統計モデルを作りたい (2)

　中心化の前後で相関係数がどのように変化するのかを例示します。まず，変数の中心化を行います。

中心化

```
> #「ストレス」の中心化
> sts$ストレス.c <- sts$ストレス-mean(sts$ストレス)

> #「サポート」の中心化
> sts$サポート.c <- sts$サポート-mean(sts$サポート)
```

　平均値は，関数 mean によって求めることができます。ここでは，個人のストレス得点からストレス得点の平均値を引いた変数を「ストレス.c」という名前で，また，個人のソーシャルサポート得点からソーシャルサポート得点の平均値を引いた変数を「サポート.c」という名前でデータフレームに加えています。

　次に，相関係数を求めて，中心化によって交互作用項との相関が小さくなっていることを確認します。

中心化前後での相関係数の確認

```
> #中心化をする前の交互作用項
> sts$交互作用 <- sts$ストレス*sts$サポート

> #中心化をしたあとの交互作用項
> sts$交互作用.c <- sts$ストレス.c*sts$サポート.c

> #中心化前の相関行列
> cor(sts[, c("ストレス", "サポート", "交互作用")])
            ストレス    サポート    交互作用
ストレス    1.0000000 0.1180760 0.8481021
サポート    0.1180760 1.0000000 0.6091251
交互作用    0.8481021 0.6091251 1.0000000

> #中心化後の相関行列
> cor(sts[, c("ストレス.c", "サポート.c", "交互作用.c")])
              ストレス.c  サポート.c   交互作用.c
ストレス.c    1.00000000   0.1180760 -0.09977173
サポート.c    0.11807601   1.0000000 -0.23594740
交互作用.c   -0.09977173  -0.2359474  1.00000000
```

　まず，中心化する前の変数を用いて作成した交互作用項を「交互作用」という名前で，また，中心化したあとの変数を用いて作成した交互作用項を「交互作用.c」という名前で，データフレームに加えています。次に，中心化をする前の変数間の相関係数と，中心化をしたあとの変数間の相関係数を，関数 cor を用いて算出しています。ストレス経験とソーシャルサポートの間の相関係数は中心化の前後で変化していないのに対

し，交互作用項との相関係数は中心化の前後で変化しています。中心化をする前は交互作用項との相関が大きく，多重共線性の問題が生じるおそれがあります。一方で，中心化をしたあとでは，交互作用項との相関が小さくなっていることがわかります。

■ 4.3.3　交互作用効果の検討

実際に，重回帰分析によって交互作用効果について検討します[*5]。

```
交互作用効果の検討
> #「バーンアウト1」の中心化
> sts$バーンアウト1.c <- sts$バーンアウト1-mean(sts$バーンアウト1)
> #関数lmによる重回帰分析
> res3 <- lm(バーンアウト2~バーンアウト1.c+ストレス.c+サポート.c
+ +ストレス.c*サポート.c, data=sts)
> summary(res3)
-出力の一部-
Coefficients:
                      Estimate Std.  Error t value Pr(>|t|)
(Intercept)            2.73968      0.01976 138.673  <2e-16 ***
バーンアウト1.c         0.57152      0.04438  12.878  <2e-16 ***
ストレス.c              0.06962      0.03425   2.032  0.0430 *
サポート.c             -0.11006      0.04864  -2.263  0.0244 *
ストレス.c:サポート.c -0.15558      0.06121  -2.542  0.0115 *
---
Signif. codes:  0 `***` 0.001 `**` 0.01 `*` 0.05 `.` 0.1 ` ` 1

Residual standard error: 0.3407 on 295 degrees of freedom
Multiple R-squared: 0.4293,    Adjusted R-squared: 0.4216
F-statistic: 55.48 on 4 and 295 DF,  p-value: < 2.2e-16
```

ここでは，「バーンアウト1」についても中心化を行い，中心化した変数（「バーンアウト1.c」と「ストレス.c」「サポート.c」）を用いて分析を行います。また，交互作用効果について検討するために，「ストレス.c」と「サポート.c」の積（ストレス.c*サポート.c）もモデルに加えています。

出力結果のうち，交互作用効果は，ストレス.c:サポート.c の行を見ます。偏回帰係数が -0.15558，p 値が 0.0115 であることから，有意な交互作用効果があることがわかります。また，決定係数は 0.4293，自由度調整済み決定係数は 0.4216 でした。

次に，決定係数の増分が有意であるかについて検定を行います。関数 anova の引数に，ステップ 2 における重回帰分析の結果を代入したオブジェクトと，交互作用項を含んだ重回帰分析の結果を代入したオブジェクトを指定します。

[*5] R による分散分析で交互作用効果を検討する方法については，『R によるやさしい統計学』p.188〜198 に解説があります。

102 第 4 章 現象を説明・予測する統計モデルを作りたい (2)

関数 anova を用いた決定係数の増分の検定

```
> anova(res2, res3)
Analysis of Variance Table
Model 1: バーンアウト2 ~ バーンアウト1 + ストレス + サポート
Model 2: バーンアウト2 ~ バーンアウト1.c + ストレス.c + サポート.c + ストレス.
c * サポート.c
  Res.Df    RSS Df Sum of Sq      F  Pr(>F)
1    296 34.993
2    295 34.243  1   0.74997 6.4609 0.01154 *
---
Signif. codes:  0 '***' 0.001 '**' 0.01 '*' 0.05 '.' 0.1 ' '
```

---

p 値は 0.01154 であり，決定係数の増分は有意であることが示されました。

■ 4.3.4　標準偏回帰係数の算出

交互作用項をモデルに含んでいる場合に標準偏回帰係数を算出するためには，全ての変数を z 得点に変換し，z 得点を用いて重回帰分析を行います。ここで注意する必要があるのは，z 得点を用いて交互作用項を作成するということです。z 得点に変換する前の変数を用いて交互作用項を作成し，その交互作用項をさらに z 得点に変換するわけではないことに注意してください。

標準偏回帰係数を算出するためのコードを例示します。

標準偏回帰係数の算出

```
> #データの標準化とデータフレーム化
> z.sts <- as.data.frame(scale(sts))
> #標準偏回帰係数の推定
> res3.z <- lm(バーンアウト2~バーンアウト1+ストレス+サポート
+ +ストレス*サポート, data=z.sts)
> summary(res3.z)
-出力の一部-
Coefficients:
                Estimate Std.  Error t value Pr(>|t|)
(Intercept)      0.01044    0.04410   0.237  0.8130
バーンアウト1     0.59305    0.04605  12.878  <2e-16 ***
ストレス          0.09339    0.04595   2.032  0.0430 *
サポート         -0.10445    0.04616  -2.263  0.0244 *
ストレス:サポート -0.08873    0.03491  -2.542  0.0115 *
---
Signif. codes:  0 '***' 0.001 '**' 0.01 '*' 0.05 '.' 0.1 ' ' 1

Residual standard error: 0.7605 on 295 degrees of freedom
Multiple R-squared:  0.4293,    Adjusted R-squared:  0.4216
F-statistic: 55.48 on 4 and 295 DF,  p-value: < 2.2e-16
```

まず，関数 scale を用いて z 得点に変換し，関数 as.data.frame によってデータフレームに変換しています。この結果を z.sts という名前のオブジェクトに保存し，関数 lm によって標準偏回帰係数を求めています。

4.4 単純傾斜分析

■ 4.4.1 単純傾斜分析の方法

分散分析では，一般に，交互作用効果が有意であったときに下位検定として単純効果の検定が行われます。回帰分析の枠組みでも，有意な交互作用効果が得られたときには下位検定が行われることが多く，単純効果の検定に該当するものは単純傾斜の検定と呼ばれます。

単純傾斜の検定は，中心化したソーシャルサポート得点である「サポート.c」から「サポート.c」の1標準偏差[*6]を引いた変数と，「サポート.c」に1標準偏差を足した変数を作成し，「サポート.c」の代わりにこれらの変数を用いて，さらに2回の重回帰分析を行うことで可能になります。つまり，1標準偏差を引いた変数を用いて分析したときに得られる「ストレス.c」の偏回帰係数の検定結果を確認することで，ソーシャルサポートが多い人において，バーンアウトに対するストレス経験の効果がどのようなものであるかを知ることができます。同様に，1標準偏差を足した変数を用いた分析から得られる「ストレス.c」の偏回帰係数の検定結果を確認することで，ソーシャルサポートが少ない人において，バーンアウトに対するストレス経験の効果がどのようなものであるかを知ることができます。1標準偏差を引くと（足すと），ソーシャルサポートが多い（少ない）場合のバーンアウトに対するストレス経験の効果が検討できるというのは，直感に反するかもしれませんが，これは $y = ax$ という関数のグラフを x 軸方向に $+p$ だけ平行移動させたい場合に，$y = a(x - p)$ という関数になるのと同じ考え方です。

ソーシャルサポートの標準偏差を $\mathrm{SD}_{サポート.c}$ とし，$\mathrm{SD}_{サポート.c}$ を引いたときのバーンアウトに対するストレス経験の効果を検討するための重回帰モデルは，次のようになります。

$$
\begin{aligned}
バーンアウト2 =\ & \alpha + \beta_1 \times バーンアウト1.c \\
& + \beta_2 \times ストレス.c + \beta_3 \times (サポート.c - \mathrm{SD}_{サポート.c}) \\
& + \beta_4 \times ストレス.c \times (サポート.c - \mathrm{SD}_{サポート.c}) + 誤差 \\
=\ & \alpha + \beta_1 \times バーンアウト1.c \\
& + \{\beta_2 + \beta_4 \times (サポート.c - \mathrm{SD}_{サポート.c})\} \times ストレス.c \\
& + \beta_3 \times (サポート.c - \mathrm{SD}_{サポート.c}) + 誤差 \tag{4.6}
\end{aligned}
$$

[*6] この1標準偏差というのは慣例的に利用されているものであり，必ず1標準偏差でなくてはならないというわけではありません（Aiken & West, 1991）。

104　第4章　現象を説明・予測する統計モデルを作りたい (2)

このうち，$\{\beta_2 + \beta_4 \times (サポート.c - SD_{サポート.c})\}$ が，単純傾斜と呼ばれるものです。「サポート.c」の値が $SD_{サポート.c}$ である（ソーシャルサポートが多い）場合，式 (4.6) は以下のようになります。

$$バーンアウト2 = \alpha + \beta_1 \times バーンアウト1.c + \beta_2 \times ストレス.c + 誤差 \quad (4.7)$$

このとき，単純傾斜は β_2 と簡略化され，$\beta_2 \neq 0$ であれば，ソーシャルサポートが多い場合にバーンアウトに対するストレス経験の効果があると言えます。また，「バーンアウト1.c」と誤差の平均値は 0 であるため，「バーンアウト2」の予測値は

$$バーンアウト2の予測値 = \alpha + \beta_2 \times ストレス.c \quad (4.8)$$

となります。そして，「ストレス.c」の値を $SD_{ストレス.c}$（もしくは，$-SD_{ストレス.c}$）とすれば，ソーシャルサポートが多く，ストレス経験が多い（もしくは少ない）ときの「バーンアウト2」の予測値が得られます。

　同様に，ソーシャルサポートが少ない場合のバーンアウトに対するストレス経験の効果を検討するための重回帰モデルは，次式のようになり，「サポート.c」の値が $-SD_{サポート.c}$ である（ソーシャルサポートが少ない）場合に $\beta_2 \neq 0$ であれば，バーンアウトに対するストレス経験の効果があると言えます。

$$
\begin{aligned}
バーンアウト2 = &\, \alpha + \beta_1 \times バーンアウト1 \\
&+ \{\beta_2 + \beta_4 \times (サポート.c + SD_{サポート.c})\} \times ストレス.c \\
&+ \beta_3 \times (サポート.c + SD_{サポート.c}) + 誤差 \quad (4.9)
\end{aligned}
$$

■ 4.4.2　単純傾斜分析の実行

　実際に，単純傾斜分析を行います。まず，中心化したソーシャルサポート得点である「サポート.c」から「サポート.c」の 1 標準偏差を引いた変数を作成し，この変数を用いて重回帰分析を行います。これは，ソーシャルサポートが多い場合のバーンアウトに対するストレス経験の効果を検討するということです。

```
ソーシャルサポートが多い場合のバーンアウトに対するストレス経験の効果

> sts$サポート.h <- sts$サポート.c-sd(sts$サポート.c)
> res3.h <- lm(バーンアウト2~バーンアウト1.c+ストレス.c+サポート.h
+ +ストレス.c*サポート.h, data=sts)
> summary(res3.h)
-出力の一部-
Coefficients:
```

```
                        Estimate Std.  Error t value Pr(>|t|)
 (Intercept)             2.692885  0.028283  95.213  <2e-16 ***
 バーンアウト1.c           0.571517  0.044378  12.878  <2e-16 ***
 ストレス.c               0.003473  0.044090   0.079  0.9373
 サポート.h              -0.110063  0.048636  -2.263  0.0244 *
 ストレス.c:サポート.h   -0.155585  0.061210  -2.542  0.0115 *
 ---
 Signif. codes:  0 '***' 0.001 '**' 0.01 '*' 0.05 '.' 0.1 ' ' 1

 Residual standard error: 0.3407 on 295 degrees of freedom
 Multiple R-squared:  0.4293,    Adjusted R-squared:  0.4216
 F-statistic: 55.48 on 4 and 295 DF,  p-value: < 2.2e-16
```

標準偏差は関数 sd によって求めることができます。ここでは，「サポート.c」から「サポート.c」の1標準偏差を引いた変数を，「サポート.h」という名前でデータフレームに加えています。

分析の結果を見ると，切片“(Intercept)”と「ストレス.c」以外の結果は 4.3.3 項で示した結果と全く同じになります（ただし，出力されている桁数が異なっているので注意してください）。そして，「ストレス.c」の偏回帰係数は 0.003473，p 値は 0.9373 であり，有意ではありませんでした。この結果は，ソーシャルサポートが多い場合には，ストレス経験とバーンアウトの間には関連がないことを意味します。

次に，中心化したソーシャルサポート得点である「サポート.c」に「サポート.c」の1標準偏差を足した変数を作成し，この変数を用いて重回帰分析を行います。これは，ソーシャルサポートが少ない場合のバーンアウトに対するストレス経験の効果を検討するということです。

```
ソーシャルサポートが少ない場合のバーンアウトに対するストレス経験の効果
> sts$サポート.l <- sts$サポート.c+sd(sts$サポート.c)
> res3.l <- lm(バーンアウト2~バーンアウト1.c+ストレス.c+サポート.l
+ +ストレス.c*サポート.l, data=sts)
> summary(res3.l)
-出力の一部-
Coefficients:
                        Estimate Std.  Error t value Pr(>|t|)
 (Intercept)             2.78647  0.02891  96.383  < 2e-16 ***
 バーンアウト1.c          0.57152  0.04438  12.878  < 2e-16 ***
 ストレス.c              0.13577  0.04192   3.239  0.00134 **
 サポート.l             -0.11006  0.04864  -2.263  0.02436 *
 ストレス.c:サポート.l  -0.15558  0.06121  -2.542  0.01154 *
 ---
 Signif. codes:  0 '***' 0.001 '**' 0.01 '*' 0.05 '.' 0.1 ' ' 1
```

```
Residual standard error: 0.3407 on 295 degrees of freedom
Multiple R-squared:  0.4293,	Adjusted R-squared:  0.4216
F-statistic: 55.48 on 4 and 295 DF,  p-value: < 2.2e-16
```

「サポート.c」に「サポート.c」の1標準偏差を足した変数を，「サポート.l」という名前でデータフレームに加えています。分析結果を見ると，先ほどと同様に，切片"(Intercept)"と「ストレス.c」以外の結果は変化がありません（同様に，出力される桁数は異なります）。また，「ストレス.c」の偏回帰係数は 0.13577，p 値は 0.00134 でした。この結果は，ソーシャルサポートが少ない場合には，ストレス経験とバーンアウトの間には正の関連があることを意味します。

■ 4.4.3　交互作用効果のグラフ化

交互作用効果は，グラフによって視覚的に表示するとわかりやすくなります。例えば，図 4.3 は，プリーチャー氏の Web サイト（コラム 7 参照）を利用して作成したものです。グラフのうち，ソーシャルサポートが多いときのストレス経験とバーンアウトの関係はグレーの一点鎖線，ソーシャルサポートが少ないときのストレス経験とバーンアウトの関係が黒い実線で示されています。グラフ化することで，ソーシャルサポートが多いときにはバーンアウトに対するストレス経験の効果が抑制されるという，交互作用効果の様子がわかりやすくなります。

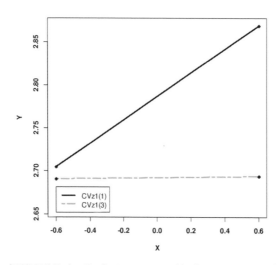

図 4.3　交互作用効果（X 軸：「ストレス.c」，Y 軸：「バーンアウト 2」（予測値））

コラム7：プリーチャー氏の Web サイト

　交互作用効果を重回帰分析によって検討した結果をグラフで示したり，単純傾斜分析を行ったりする際に有用な Web サイトとして，米国の心理統計学者であるプリーチャー（K. J. Preacher）氏のサイトがあります（http://www.quantpsy.org/index.htm）。Web ページを開いて，左側のメニューにある「Mediation & moderation material」をクリックし，「Interaction Utilities」から「Simple slopes and the region of significance for MLR 2-way interactions」へ進むと，重回帰分析における単純傾斜分析を行うためのページが開きます（http://www.quantpsy.org/interact/mlr2.htm）。

　必要な情報を入力し，画面右下にある「Calculate」ボタンをクリックすると，分析が実行されます。ここでは，「ストレス」が説明変数 x，「サポート」が調整変数 z になります。「Regression Coefficients」には切片と偏回帰係数の推定値，「df」には自由度，「Coefficient Variances」および「Coefficient Covariances」にはそれぞれ切片と偏回帰係数の分散および共分散を入力します。偏回帰係数の分散と共分散は，関数 vcov を利用し，重回帰分析の結果を代入したオブジェクトを指定することで出力できます（例：vcov(res3)）。また，「Conditional Values of z」には調整変数の平均値 ±1 標準偏差，「Points to Plot」には説明変数の平均値 ±1 標準偏差の値を入力します。ただし，中心化をしているため平均値は 0 なので，±1 標準偏差の値を入力しています。なお，ここでは「Conditional Values of z」の中央には何も入力していませんが，入力する場合には平均値（中心化しているため 0）を入力します。

$$\hat{y} = \hat{b}_0 + \hat{b}_1 x + \hat{b}_2 z + \hat{b}_3 xz$$

Regression Coefficients		Coefficient Variances		Conditional Values of Z	
$\hat{b}_0$	2.73968	$\hat{b}_0$	0.0003903132	cv_{Z1}	-0.425
$\hat{b}_1$	0.06962	$\hat{b}_1$	0.001173309	cv_{Z2}	
$\hat{b}_2$	-0.11006	$\hat{b}_2$	0.002365469	cv_{Z3}	0.425
$\hat{b}_3$	-0.1558	$\hat{b}_3$	0.0037466393	Points to Plot	
Other Information		Coefficient Covariances		x_1	-0.601
df	295	$\hat{b}_2, \hat{b}_0$	-0.00002110998	x_2	0.601
α	.05	$\hat{b}_3, \hat{b}_1$	0.0001099015	Calculate	
☐	← Check this box if z is dichotomous				
Status:	Okay so far...			Reset	

プリーチャー氏の Web サイトにおける単純傾斜分析

　分析結果は 3 つのボックスに分けて出力されます。1 番上のボックスには，単純傾斜分析の結果が出力されます。中央のボックスは，グラフを表示するための R のコードであり，これをコピーして R のコンソールに貼り付ければ，図 4.3 が出力されます。そして，3 番目のボックスには，信頼帯のグラフを表示するための R のコードが出力されます。

　なお，この Web サイトには，マルチレベルモデル（5 章参照）の単純傾斜分析などを実行するためのページもあります。

108   第4章　現象を説明・予測する統計モデルを作りたい (2)

　こうした交互作用効果のグラフにおける各点は，前項の単純傾斜分析で推定された切片と傾きの値を用いることで推定できます。ソーシャルサポートが多く，ストレス経験が少ないときの値は，前項の「ソーシャルサポートが多い場合のバーンアウトに対するストレス経験の効果」における分析結果を参照し，切片の推定値 (2.692885) に，「ストレス.c」の偏回帰係数の推定値 (0.003473) と「ストレス.c」の -1 標準偏差 (-0.6009469) の積を足します[*7]。つまり，$2.692885 + 0.003473 \times (-0.6009469) = 2.690798$ となります。また，ソーシャルサポートが多く，ストレス経験が多いときの値は，切片の推定値に，「ストレス.c」の偏回帰係数の推定値と「ストレス.c」の 1 標準偏差の積を足します。つまり，$2.692885 + 0.003473 \times 0.6009469 = 2.694972$ となります。

　同様に，ソーシャルサポートが少なく，ストレス経験が少ないときの値は，前項の「ソーシャルサポートが少ない場合のバーンアウトに対するストレス経験の効果」における分析結果を参照し，切片の推定値 (2.78647) に，「ストレス.c」の偏回帰係数の推定値 (0.13577) と「ストレス.c」の -1 標準偏差 (-0.6009469) の積を足します。つまり，$2.78647 + 0.13577 \times (-0.6009469) = 2.704879$ となります。また，ソーシャルサポートが少なく，ストレス経験が多いときの値は，$2.78647 + 0.13577 \times 0.6009469 = 2.868061$ となります。こうして推定された値をプロットすると，図 4.3 のようなグラフになります。

4.5　報告例

　階層的重回帰分析と単純傾斜分析の結果の報告例は，次のようなものになります。階層的重回帰分析の結果を表で整理する際には，各ステップでどのような分析を行ったのか，また，ステップ間で R^2 値（決定係数）がどれだけ増大したかがわかるように作成します。報告例や表中にある ΔR^2 の Δ は「差」を意味します。つまり，ステップ 2 における ΔR^2 はステップ 1 とステップ 2 における R^2 値の差，ステップ 3 における ΔR^2 はステップ 2 とステップ 3 における R^2 値の差を表しています。

> **階層的重回帰分析の報告例**
>
> 　バーンアウトに対する，ストレス経験とソーシャルサポートの交互作用効果を重回帰分析によって検討した。具体的には，2 時点目のバーンアウトを目的変数とし，説明変数にはステップ 1 に 1 時点目のバーンアウト，ステップ 2 にストレス経験とソーシャルサポート，ステップ 3 にストレス経験とソーシャルサポートの積を投入し，階層的重回帰分析を行った。推定結果を下表に示す。

[*7] 「ストレス.c」の標準偏差の値は，関数 sd を利用して算出したものです。

4.5 報告例　109

表：階層的重回帰分析の結果

	推定値	標準誤差	95%CI	
ステップ 1				
バーンアウト 1	0.613	0.043	[0.528,	0.697]
$R^2=.404$				
ステップ 2				
バーンアウト 1	0.580	0.045	[0.492,	0.668]
ストレス	0.074	0.035	[0.006,	0.142]
サポート	−0.081	0.048	[−0.175,	0.013]
$R^2=.417$				
$\Delta R^2=.013$				
ステップ 3				
バーンアウト 1	0.572	0.044	[0.484,	0.659]
ストレス	0.070	0.034	[0.002,	0.137]
サポート	−0.110	0.049	[−0.206,	−0.014]
ストレス×サポート	−0.156	0.061	[−0.276,	−0.035]
$R^2=.429$				
$\Delta R^2=.012$				

　分析の結果，ステップ 2 における決定係数の増分は有意であり（$\Delta R^2 = .013$, $F(2, 296) = 3.264$, $p < .05$），ステップ 3 における決定係数の増分も有意であった（$\Delta R^2 = .012$, $F(1, 295) = 6.461$, $p < .05$）。したがって，ストレス経験とソーシャルサポートの間には有意な交互作用効果があり，ストレス経験がバーンアウトに与える影響は，ソーシャルサポートの程度によって異なることが示唆された。
　交互作用効果が有意であったため，単純傾斜分析を行った。具体的には，ソーシャルサポート得点が平均値 ± 1 標準偏差である場合のストレス得点にかかる偏回帰係数の値を求めた。その結果，ソーシャルサポートが多い場合には，ストレスを経験してもバーンアウト傾向は変化せず（$b = 0.003$（95%CI $[-0.083, 0.090]$），$p = .937$），ソーシャルサポートが少ない場合には，ストレス経験が多いほどバーンアウト傾向が高いことが示された（$b = 0.136$（95%CI $[0.053, 0.218]$），$p < .01$）。

　95% 信頼区間は，関数 confint を利用し，回帰分析の結果を代入したオブジェクトを引数として指定することで算出できます。例えば，ステップ 3 における重回帰分析では，以下のように 95% 信頼区間を算出することができます[8]。

---

[8] 99% 信頼区間の求め方など，詳しい使用法は 3.3.3 項を参照してください。

110　第 4 章　現象を説明・予測する統計モデルを作りたい (2)

```
95% 信頼区間の算出
> confint(res3)
                           2.5 %       97.5 %
(Intercept)            2.700796678   2.77855916
バーンアウト1.c         0.484180127   0.65885474
ストレス.c             0.002206993   0.13703176
サポート.c            -0.205780322  -0.01434498
ストレス.c:サポート.c  -0.276048148  -0.03512172
```

4.6　重回帰分析における変数選択

■ 4.6.1　変数選択とは

　3 章のコラム 5（p.83）で解説されているように，説明変数を増やせば決定係数は大きくなりますが，説明変数の多いモデルが良いモデルであるとは限りません。予測の精度が同程度であるならば，説明変数のより少ない簡潔なモデルのほうが優れていると考えることもできます。言い換えると，予測に寄与しない不要な説明変数は，モデルから取り除くほうが望ましいということです。変数選択とは，予測の精度を低下させることなく，予測に有効な説明変数を，統計的基準をもとに自動的に選択することであり，主に 3 つの方法があります。

- 変数増加法：切片のみの（説明変数のない）モデルを基準に，予測に有効な説明変数を 1 つずつ追加していく方法
- 変数減少法：全ての説明変数を用いて予測を行い，予測に寄与しない説明変数を 1 つずつ削除していく方法
- ステップワイズ法（変数増減法）：変数増加法と変数減少法を組み合わせたもので，予測に有効な変数を取り入れ，有効でない変数を削除することを繰り返し，最適な組み合わせを探る方法

■ 4.6.2　変数選択の実行

　変数選択を行う方法を例示します。データファイル「野球.csv」には，日本のプロ野球選手（打者）の打撃成績と年俸が保存されています。このデータを用いて，プロ野球選手の年俸を予測するモデルについて検討します。まず，「野球.csv」を読み込んで，その内容を確認しましょう。

```
データの読み込み，データフレームの確認
> bsb <- read.csv("野球.csv")  #データの読み込み
> head(bsb)
```

	年俸	打数	安打	打点	本塁打	四球	死球	三振	打率
1	5600	405	106	52	11	19	6	80	0.262
2	24400	374	94	63	18	50	4	89	0.251
3	16700	501	112	90	26	46	5	153	0.224
4	3200	297	74	51	14	32	6	63	0.249
5	12200	181	33	27	9	23	1	53	0.182
6	10600	286	62	55	19	32	1	91	0.217

　変数選択は，パッケージ MASS の関数 stepAIC を用いることで行えます。関数 stepAIC は，AIC が最小になる説明変数の組み合わせを探索します。

ステップワイズ法による変数選択

```
> library(MASS)   #パッケージの読み込み
> base <- lm(年俸~1, data=bsb)
> step.res <- stepAIC(base, direction="both",
+ scope=list(upper=~打数+安打+打点+本塁打+四球+死球+三振+打率))
-出力の一部-
Start:  AIC=2649.05
年俸 ~ 1


          Df  Sum of Sq         RSS     AIC
+ 打点     1 3503749452  3415778882  2545.2
+ 四球     1 3229622933  3689905400  2556.7
+ 本塁打   1 3053368364  3866159970  2563.7
+ 安打     1 2969041723  3950486611  2567.0
+ 打数     1 2921935098  3997593236  2568.8
+ 三振     1 1896919774  5022608559  2603.0
+ 打率     1 1106210130  5813318204  2624.9
+ 死球     1  805181461  6114346872  2632.5
<none>                  6919528333  2649.1


Step:  AIC=2545.16
年俸 ~ 打点


          Df  Sum of Sq         RSS     AIC
+ 四球     1  206503859  3209275023  2537.8
+ 安打     1   66173261  3349605621  2544.2
+ 打数     1   49021564  3366757318  2545.0
<none>                  3415778882  2545.2
+ 死球     1   32421711  3383357171  2545.7
+ 本塁打   1   30560838  3385218044  2545.8
+ 三振     1   24002709  3391776172  2546.1
+ 打率     1    7978426  3407800456  2546.8
- 打点     1 3503749452  6919528333  2649.1


Step:  AIC=2537.8
年俸 ~ 打点 + 四球
```

112 第 4 章 現象を説明・予測する統計モデルを作りたい (2)

まず，説明変数を 1 つも含まない（切片のみを用いた）初期モデルを設定し，その結果を base という名前のオブジェクトに保存します。年俸~1 における "1" は切片を表しています。

関数 stepAIC では，最初の引数で，初期モデルを代入したオブジェクトの名前を指定します。2 つ目の引数の direction では，変数選択の方法としてステップワイズ法を利用することを指定しています。both ではなく，forward とすると変数増加法，backward とすると変数減少法による変数選択が行われます。3 つ目の引数の scope では，変数選択で検討するモデルの範囲を指定します。つまり，ここで指定された変数を加えたり取り除いたりして，モデルを探索します。

出力結果の最初にある AIC の値（2649.05）は，切片のみのモデルにおける AIC です。その次に出力されている情報は，ある変数を説明変数としてモデルに加えたときの AIC の値などが示されています。変数名の左にある "+" は，モデルにその変数を加えることを意味しています。例えば，「打点」を説明変数としたときの AIC の値は 2545.2 になり，AIC の値が最小になります。また，"<none>" は説明変数の加除がないことを意味します。

「打点」を説明変数としたときに AIC が最も小さくなるため，次のステップでは説明変数に「打点」が加わります。これは，"Step: AIC=2545.16" と書かれている行の下に 年俸~打点 と表記されていることからもわかります。その次には，「打点」と組み合わせて当該変数を説明変数として用いたときの AIC の値などが示されています。ただし，ステップワイズ法では変数を削除したモデルの AIC も検討するため，「打点」の左には "–" が表記されています。これは，モデルから「打点」を取り除い

コラム 8：セイバーメトリクス

選手の打率や本塁打数など，野球におけるデータを統計学的に分析し，選手の評価や戦略に役立てる手法や考え方のことを，セイバーメトリクス（SABRmetrics）といいます。セイバーメトリクスは，ジョージ・ウィリアム・ジェームズ（George William "Bill" James）氏によって 1970 年代に提唱されました。セイバーメトリクスを用いて，メジャーリーグの球団であるオークランド・アスレチックスが強豪チームへと変わっていく様子を描いた書籍『マネー・ボール』（マイケル・ルイス）が映画化されたことで，セイバーメトリクスという言葉を耳にしたことがある人も少なくないと思います。

例えば，末木 (2017) は，高校野球における勝敗の予測について，チームの投手力や守備力よりも攻撃力のほうが勝敗に与える影響が大きいことを示しています。ここでの攻撃力は，チームの出塁率と長打率を足し合わせたチーム OPS（on-base plus slugging）として定義されています。

近年では，野球に限らず，スポーツ界でデータが活用されるようになっており，その重要性は今後ますます増していくのではないでしょうか。

たときに AIC の値がどうなるかを示しています。今度は，「打点」と「四球」を組み合わせたときに AIC が最小になるため，「四球」が説明変数としてモデルに追加されます。つまり，説明変数が「打点」と「四球」の2つとなり，このときの AIC の値は2537.8 となります。

以下，同様の手順で変数の追加と削除が繰り返され，最適な変数選択が行われます。最終的な変数選択の結果は，関数 summary を用いることで確認できます。引数に，変数選択の結果を代入したオブジェクトを指定します。

変数選択の結果の確認

```
> summary(step.res)
-出力の一部-
Coefficients:
            Estimate Std. Error t value Pr(>|t|)
(Intercept) 1657.861    873.064   1.899  0.05956 .
四球          107.137     35.415   3.025  0.00294 **
三振         -73.716     22.589  -3.263  0.00137 **
本塁打        415.479     77.501   5.361 3.19e-07 ***
打数          15.204      5.103   2.979  0.00339 **
---
Signif. codes:  0 '***' 0.001 '**' 0.01 '*' 0.05 '.' 0.1 ' ' 1

Residual standard error: 4510 on 145 degrees of freedom
Multiple R-squared: 0.5737,    Adjusted R-squared: 0.562
F-statistic: 48.79 on 4 and 145 DF,  p-value: < 2.2e-16
```

変数選択の結果，「四球」と「三振」「本塁打」「打数」を説明変数としたときに，年俸を最も良く予測できることが示されました。このときの決定係数は 0.5737，自由度調整済み決定係数は 0.562 です。

章末演習

データファイル「成績.csv」には，中学生を対象に行った学力調査の結果が保存されています。どのような中学生の学力が高いかを検討するために，テストの成績と性別（男性＝0，女性＝1），通塾有無（通っていない＝0，通っている＝1），学業に対する有能感，アスピレーション（教育達成に対する希望や意欲），勉強時間などについて調査しています。

問1 関数 lm を利用して，「テスト成績」を目的変数，ステップ1の説明変数を「性別」「通塾有無」「有能感」とし，ステップ2で説明変数に「アスピレーション」を加えた階層的重回帰分析を行ってください。

114　第 4 章　現象を説明・予測する統計モデルを作りたい (2)

問2　ステップ 1 からステップ 2 にかけての決定係数の増分が有意かどうか，検定を行ってください。

問3　ステップ 1 とステップ 2 におけるモデルの AIC を求めてください。また，AIC の観点からは，どちらのほうがデータに適合しているでしょうか？

問4　ステップ 2 におけるモデルに「通塾有無」と「アスピレーション」の交互作用項を加えて重回帰分析を行ってください。その際，「アスピレーション」は中心化してください。

問5　問 4 のモデルで，「通塾有無」と「アスピレーション」の交互作用効果について，単純傾斜分析を行ってください。また，通塾の効果について解釈を行ってください。

問6　全ての変数を用いてステップワイズ法による重回帰分析を行い，変数選択をしてください。

第 **5** 章

さまざまな集団から得られたデータを
分析したい —— マルチレベルモデル

学級単位や学校単位で調査を行う場合，調査対象者である個々の生徒は，学級（学校）という集団に包含されることになります。このように，より上位の単位に組み込まれた形になっているデータは，階層データ（マルチレベルデータ）と呼ばれます。本章では，階層データに対する分析方法である，マルチレベルモデルによる分析[*1]について解説します。

5.1　データと手法の概要

■ 5.1.1　データの概要

学習に対して自信や有能感を持つことは，学習意欲を維持するうえで重要です。なぜなら，「わかる」「できるようになる」という見通しが持てなければ，学習する意欲が削がれてしまう可能性があるためです。このような学業に対する有能感は，学業的自己概念と呼ばれます。

学業的自己概念の形成に関する興味深い現象として，「井の中の蛙効果」というものがあります（Marsh, 1987; 外山, 2008）。「井の中の蛙効果」とは，同じ学力の生徒であっても，学業水準の高い集団に所属している生徒のほうが，学業的自己概念は低くなるという現象です。これは，学力が同一の生徒に着目した場合，学業水準の高い学級（学校）に所属する生徒たちのほうが，優秀な生徒が周囲により多く存在するため，彼らとの比較によって否定的な学業的自己概念が形成されてしまうのだと考えられています。

「井の中の蛙効果」について検討するために，複数の高校で調査を実施しました（全30学級）。各学級に所属する生徒は40人で，計1200人の生徒が調査対象になりま

[*1] 階層線形モデルによる分析，あるいは，線形混合モデルによる分析と呼ばれることもあります。

116 第5章 さまざまな集団から得られたデータを分析したい

した。学業的自己概念については，「数学の授業内容を理解することは容易である」
などの6項目に対して5件法で回答を求め，各項目の値の合計を尺度得点としまし
た。また，同一の数学のテストを全学級で実施しました。これらの結果が，「井の中の
蛙.csv」に保存されています。このファイルをExcelで開くと，図5.1のようなデー
タ行列が表示されます。

	A	B	C	D
1	生徒	学級	学業的自己概念	テスト得点
2	1	1	18	53
3	2	1	10	41
4	3	1	16	71
5	4	1	10	49
6	5	1	14	53
7	6	1	30	61
8	7	1	20	55
9	8	1	22	55

図5.1 「井の中の蛙.csv」（一部抜粋）

変数名とその内容を以下にまとめます。

- 「生徒」：生徒を識別するためのID
- 「学級」：所属学級を識別するためのID
- 「学業的自己概念」：数学の学業的自己概念を測定する尺度得点
- 「テスト得点」：数学のテスト得点

「井の中の蛙.csv」を読み込んで，その内容を確認しましょう。以下に，データの読
み込みとデータフレームの確認を行うためのコードを示します。

```
データの読み込み，データフレームの確認
> kwz <- read.csv("井の中の蛙.csv")  #データの読み込み
> head(kwz)
   生徒  学級  学業的自己概念  テスト得点
1   1    1         18         53
2   2    1         10         41
3   3    1         16         71
4   4    1         10         49
5   5    1         14         53
6   6    1         30         61
```

5.1.2 データの構造

本章で扱うデータは，複数のレベルを持っているという特徴があります。レベルと
は，階層を構成しているそれぞれの層のことであり，低い層から順にレベル1，レベ
ル2といった数値が与えられます。本章の例では，生徒レベルのデータがレベル1

で，学級レベルのデータがレベル2となります。また，生徒と学級のような関係の場合，レベル1の抽出単位は個人，レベル2の抽出単位は集団と呼ばれます。

　生徒レベル（個人レベル）の変数は生徒という個人によって値が異なり，学級レベル（集団レベル）の変数は学級という集団によって異なる値をとります。例として，テスト得点の学級平均値を算出した場合のデータ構造を表5.1に整理します。テスト得点の学級平均値は，生徒個人のテスト得点について，学級単位で平均値を求めたものであり，学級という集団によって異なる値をとる，学級レベル（集団レベル）の変数です[*2]。一方で，生徒レベルの変数である学業的自己概念とテスト得点は，生徒という個人によって異なる値をとる，生徒レベル（個人レベル）の変数です。本章で紹介するマルチレベル分析とは，このような複数のレベルを持つデータ（階層データ）について分析を行うための統計手法です。

表5.1　テスト得点の学級平均値を算出したあとの「井の中の蛙」データの構造

生徒レベル（個人レベル）			学級レベル（集団レベル）	
生徒	学業的自己概念	テスト得点	学級	テスト得点の学級平均
1	18	53	1	53.98
2	10	41	1	53.98
3	16	71	1	53.98
⋮	⋮	⋮	⋮	⋮
40	21	61	1	53.98
41	17	51	2	53.75
42	19	50	2	53.75
⋮	⋮	⋮	⋮	⋮
1200	21	80	30	50.93

5.1.3　分析の目的

分析の目的は，学業的自己概念に対する3つの効果について検討することです。

1. 生徒個人の学業水準の効果
2. 生徒個人の学業水準を一定にしたときの学級の学業水準の効果
3. 生徒個人の学業水準と学級の学業水準のクロスレベルの交互作用効果

まず1つ目の目的について，一般に，定期テストや実力テストの成績が良いなど，学業水準が高い人ほど学習に対して自信を持つようになります。そのため，テスト得

[*2] この例では，学級レベルの変数は，生徒レベルの変数として収集されたデータの学級平均値となっていますが，学級レベルの変数が常に学級平均値であるとは限りません。例えば学校の校種（私立や公立など）や，担任教師の性別や年齢などが学級レベルの変数として利用されることもあります。

点の高い生徒ほど学業的自己概念は高いと予測されます。また，2つ目の目的について，生徒個人のテスト得点を一定にしたとき（学力が同一の生徒に着目したとき），所属学級の平均テスト得点が高いほど学業的自己概念は低いと予測されます。すなわち，「井の中の蛙効果」が見られると予測されます。

そして3つ目の目的について，生徒個人のテスト得点を一定にしたときに所属学級の平均テスト得点が高いほど学業的自己概念は低くなるという傾向は，テスト得点の低い生徒ほど顕著である可能性があります。言い換えると，生徒個人のテスト得点と学級の平均テスト得点の間には交互作用効果がある可能性があります。生徒個人のテスト得点（生徒レベルの変数）と学級の平均テスト得点（学級レベルの変数）のように，レベルの異なる説明変数の交互作用効果は，クロスレベルの交互作用効果と呼ばれます。

■ 5.1.4　分析手法の概要

生徒個人のテスト得点と学業的自己概念の関係について検討するための方法としては，学級ごとに回帰分析を行い，生徒のテスト得点によって学業的自己概念を予測することが考えられます。しかし，テスト得点が同じ生徒であっても，所属している学級次第で学業的自己概念は異なる可能性があります。つまり，学級ごとに回帰分析をする際に，切片が学級間で等しいと仮定することは難しいかもしれません。そこで，切片が学級によって変動することを仮定し，切片の母平均と母分散を推定するというのが，ランダム切片モデルと呼ばれるマルチレベルモデルの基本的なアイデアになります。

また，生徒個人のテスト得点と学業的自己概念の関係，すなわち回帰直線の傾きも，所属学級によって変動する可能性があります。例えば，テストの成績による競争を促進している学級では，回帰直線の傾きが正の方向により大きくなる（テスト得点が高いほど学業的自己概念が高くなるという傾向が顕著である）かもしれません。ランダム傾きモデルと呼ばれるモデルでは，切片に加えて傾き（変数間の関連）も学級によって異なることを仮定して分析することができます。

本章では，マルチレベルモデルの代表的なモデルである，ランダム切片モデルとランダム傾きモデルをまず紹介します。また，「井の中の蛙効果」について検討するための方法として，生徒のテスト得点と学級の平均テスト得点を同時に扱うモデルについて解説します。さらに，クロスレベルの交互作用効果を検討するためのモデルも紹介します[3]。

マルチレベル分析では，分析をするにあたって説明変数を中心化することがあり，

---

[3] マルチレベルモデルには，ほかにもさまざまな種類のモデルがあります。詳細については，尾崎ほか（近刊）などを参照してください。

5.2 マルチレベルモデルによる分析　　119

平均値を引く方法によって2つの中心化が区別されます。どちらの中心化を利用するか，あるいは中心化をしないかによって，切片や傾き，分散・共分散の推定値は異なってきます。そのため，マルチレベル分析において，中心化の選択は重要な問題であり，本章では，2つの中心化の特徴についても解説します。

　なお，マルチレベル分析を用いるにあたっては，そもそもデータに階層性があることを考慮して分析する必要があるかについて検討することが重要です。そこで，初めにマルチレベルモデルによる分析を利用する必要性があるかを判断するための指標として級内相関係数を紹介します。

5.2　マルチレベルモデルによる分析

5.2.1　級内相関係数

　1つ1つのデータのとる値が，他のデータのとる値に依存しない性質を，観測値の独立性といいます。通常の回帰分析などでは，観測値の独立性が前提となっています。しかし，階層性を持つデータでは，観測値の独立性の仮定は満たされません。例えば，本章の例の場合，同じ学級内の生徒は同じ環境で学習し，互いに交流をする機会が多いために，学業的自己概念は似通っている可能性が高くなります。つまり，同じ学級内のデータは類似する可能性があり，類似しているほど観測値は独立でないということです。

　学級などの集団内でデータがどの程度類似しているかを検討するための指標として，級内相関係数（intra class correlation; ICC）があります。級内相関係数の値が大きいほど，観測値の独立性の仮定からの逸脱が大きいことを意味します。したがって，級内相関係数の値が大きい場合には，マルチレベル分析を利用する必要性が高いと言えます。

　ここで，集団 j に所属している個人 i の目的変数の得点を y_{ij} とするとき，マルチレベルモデルでは，目的変数は式 (5.1), (5.2) のように表現されます。

$$\text{レベル1（個人レベル）：}\quad y_{ij} = \beta_{0j} + e_{ij} \tag{5.1}$$

$$\text{レベル2（集団レベル）：}\quad \beta_{0j} = \gamma_{00} + u_{0j} \tag{5.2}$$

β_{0j} は目的変数 y_{ij} の集団 j の平均であり，e_{ij} は集団内での個人間の変動を表します。また，式 (5.2) は，β_{0j} を γ_{00} と u_{0j} に分解して，目的変数の得点が集団によって異なることを表現しています。γ_{00} は調査対象者全体の平均値，u_{0j} は集団間の変動を表します。例えば，u_{0j} の値が正であれば，集団 j の目的変数の平均 β_{0j} は全体平均 γ_{00} よりも大きいことになります。マルチレベルモデルでは，γ_{00} のように集団によって変動しない母数を固定効果（fixed effect），u_{0j} のように集団によって変動する母数を変量効果（random effect）と呼びます。

また，e_{ij} と u_{0j} はそれぞれ個人と集団の数だけあるので平均と分散を考えることができ，それぞれが従う分布として，次のような正規分布が仮定されます[*4]。

$$e_{ij} \sim N(0, \sigma^2) \tag{5.3}$$
$$u_{0j} \sim N(0, \tau_{00}) \tag{5.4}$$

式 (5.3) は，e_{ij} が平均 0，分散 σ^2 の正規分布に従い，式 (5.4) は，u_{0j} が平均 0，分散 τ_{00} の正規分布に従うことを表します。τ_{00} の値が大きいほど，集団ごとの目的変数の値のばらつきが大きいことを意味します。言い換えると，τ_{00} の値が 0 であれば，目的変数の値には集団による違いがないことになります。

級内相関係数は，これら 2 つの分散の推定値を利用し，次式によって求めることができます[*5]。

$$\text{ICC} = \frac{\hat{\tau}_{00}}{\hat{\tau}_{00} + \hat{\sigma}^2} \tag{5.5}$$

式 (5.5) から，級内相関係数とは，全体の分散（集団間分散と個人間分散の和）における集団間分散の割合であることがわかります。集団間分散が大きいほど級内相関係数は大きくなるので，目的変数の得点の集団ごとのばらつきが大きいほど，級内相関係数は大きい値をとると言えます。このことは，同じ集団内のデータが類似していて，個人間分散が小さいほど，級内相関係数は大きい値をとるということです。級内相関係数の値がいくつであればマルチレベル分析を利用すべきであるかについて，明確な基準はありませんが，級内相関係数が 0.05 程度であっても，マルチレベル分析を利用しないと推定値にバイアスが生じたり，第 1 種の過誤の確率が増加したりすることが指摘されています（Barcikowski, 1981; 尾崎ほか, 近刊）。

級内相関係数とその信頼区間は，パッケージ ICC の関数 ICCest を利用して求めることができます。学業的自己概念の級内相関係数を求める方法を以下に示します。

級内相関係数の算出

```
> library(ICC)   #パッケージの読み込み
> ICCest(as.factor(学級), 学業的自己概念, data=kwz,
+ alpha=0.05, CI.type="Smith")
$ICC
[1] 0.08914898

$LowerCI
[1] 0.03603158
```

[*4] ある変数 X が平均 μ，分散 σ^2 の正規分布に従うとき，$X \sim N(\mu, \sigma^2)$ と表します。

[*5] $\hat{\tau}_{00}$ などのハット（ˆ）は，推定値であることを意味しています。

```
$UpperCI
[1] 0.1422664

$N
[1] 30

$k
[1] 40

$varw
[1] 22.95855

$vara
[1] 2.247054
```

関数 ICCest では，第 1 引数で集団を表す ID，第 2 引数で級内相関係数を求める
変数，第 3 引数の data でデータを指定します。また，第 4 引数では，alpha=0.05
と指定することで，95% 信頼区間の算出を命令しています。最後の第 5 引数では，信
頼区間を求めるための方法として Smith 法を指定しています[*6]。

出力結果では，ICC の値が級内相関係数，LowerCI の値が級内相関係数の 95% 信
頼区間の下限，UpperCI の値が上限を表します。したがって，級内相関係数の値は
0.089（95%CI $[0.036, 0.142]$）であるとわかります。また，N の値は集団のサイズ（こ
こでは学級数），k の値は集団内の標本サイズ（ここでは 1 学級当たりの生徒の人数）
を表します。そして，varw の値は切片の学級内における生徒間変動の大きさ（$\hat{\sigma}^2$），
vara の値は切片の学級間変動の大きさ（$\hat{\tau}_{00}$）を示します。これらの値からも，級
内相関係数は $0.08914898 = 2.247054/(2.247054 + 22.95855)$ であることがわかり
ます。

■ 5.2.2　中心化

中心化とは，ある変数の得点からその変数の平均値を引くことです。個人レベルの
説明変数を中心化する方法は，2 種類あります。1 つは，個人の得点からそれぞれの個
人が所属する集団の平均値を引く方法で，集団平均中心化（centering within cluster;
CWC）と呼ばれます。もう 1 つは，個人の得点から，調査対象者全体の平均値を引
く方法で，全体平均中心化（centering at the grand mean; CGM）と呼ばれます。

例えば，個人の数学のテスト得点を x_{ij}，テスト得点の集団平均を $\bar{x}_{\cdot j}$ とすると，集
団平均中心化後の値は $x_{ij} - \bar{x}_{\cdot j}$ となります。また，全体平均を $\bar{x}_{\cdot\cdot}$ とすると，全体平
均中心化後の値は $x_{ij} - \bar{x}_{\cdot\cdot}$ となります。集団平均中心化と全体平均中心化を行った
例を表 5.2 に示します。

[*6] Smith 法では，95% 信頼区間は推定値 $\pm 1.96 \times$ 標準誤差で求められます。

122　第 5 章　さまざまな集団から得られたデータを分析したい

表 5.2　中心化を行ったデータの例

生徒	学級	個人得点 x_{ij}	集団平均 $\overline{x}_{.j}$	全体平均 $\overline{x}_{..}$	集団平均中心化 $x_{ij} - \overline{x}_{.j}$	全体平均中心化 $x_{ij} - \overline{x}_{..}$
1	1	53	53.98	53.86	−0.98	−0.86
2	1	41	53.98	53.86	−12.98	−12.86
3	1	71	53.98	53.86	17.03	17.14
⋮	⋮	⋮	⋮	⋮	⋮	⋮
40	1	61	53.98	53.86	7.03	7.14
41	2	51	53.75	53.86	−2.75	−2.86
42	2	50	53.75	53.86	−3.75	−3.86
⋮	⋮	⋮	⋮	⋮	⋮	⋮
1200	30	80	50.93	53.86	29.08	26.14

　では，集団平均中心化と全体平均中心化とでは，どのような性質の違いがあるので
しょうか[7]。全体平均中心化後の変数は，$x_{ij} - \overline{x}_{..} = (x_{ij} - \overline{x}_{.j}) + (\overline{x}_{.j} - \overline{x}_{..})$ と表すこ
とができます。したがって，全体平均中心化後の変数には，集団内における個人差を
表す要素 $(x_{ij} - \overline{x}_{.j})$ と，集団間差を表す要素 $(\overline{x}_{.j} - \overline{x}_{..})$ が含まれています。一方で，
集団平均中心化後の変数は，集団内における個人差を表す要素のみで構成されます。
　このように，全体平均中心化後の変数には集団間差を表す要素が含まれているた
め，全体平均中心化を行った個人レベルの変数は，集団レベルの変数と相関を持ちま
す。一方で，集団平均中心化後の変数には集団間差を表す要素が含まれていないた
め，集団平均中心化を行った個人レベルの変数は，集団レベルの変数とは無相関にな
ります。
　こうした性質を確認するために，数学のテスト得点について，テスト得点の集団平
均（学級平均）値と，集団平均中心化後のテスト得点，全体平均中心化後のテスト得
点の間の相関係数を求めてみましょう。集団平均値の算出や，集団平均中心化と全体
平均中心化をするための R のコードは，以下のようになります。

集団平均値の算出と中心化

```
> #テスト得点の集団平均（学級平均）値の算出
> kwz$テスト得点.m <- ave(kwz$テスト得点, kwz$学級)

> #集団平均中心化
> kwz$テスト得点.cwc <- kwz$テスト得点-kwz$テスト得点.m

> #全体平均中心化
> kwz$テスト得点.cgm <- kwz$テスト得点-mean(kwz$テスト得点)
```

---

[7] 中心化の影響についての詳細は，尾崎ほか（近刊）を参照してください。

まず，関数 ave を用いて，生徒個人のテスト得点をもとに学級の平均テスト得点（集団平均値）を求め，「テスト得点.m」という名前でデータフレームに加えています。関数 ave は，第 2 引数で指定した変数の値ごとに，第 1 引数で指定した変数の平均値を算出します。

また，生徒個人のテスト得点から所属学級の平均テスト得点（「テスト得点.m」）を引くことで，集団平均中心化が行えます。ここでは，集団平均中心化後の変数を「テスト得点.cwc」という名前でデータフレームに加えています。

そして，生徒個人のテスト得点から全体平均値を引くことで，全体平均中心化を行います。全体平均値は関数 mean によって求めることができます。生徒個人のテスト得点から全体平均値を引き，「テスト得点.cgm」という名前の変数としてデータフレームに加えています。

次に，これらの変数間の相関係数を，関数 cor を用いて求めます。この際，関数 round を利用して小数第 3 位まで出力します。

```
集団平均値と中心化後の変数との相関係数の算出
> round(cor(kwz[, c("テスト得点.m", "テスト得点.cwc", "テスト得点.cgm")]), 3)
            テスト得点.m テスト得点.cwc テスト得点.cgm
テスト得点.m         1.000         0.000          0.499
テスト得点.cwc        0.000         1.000          0.866
テスト得点.cgm        0.499         0.866          1.000
```

集団平均値である変数「テスト得点.m」と集団平均中心化後の変数「テスト得点.cwc」の間の相関係数は，0.000 となっています。一方で，「テスト得点.m」と全体平均中心化後の変数「テスト得点.cgm」の間の相関係数は 0.499 であり，0 にはなりません。このように，集団平均中心化を行った個人レベルの変数は集団レベルの変数とは無相関になり，全体平均中心化を行った個人レベルの変数は相関を持ちます。

こうした性質から，全体平均中心化を利用してマルチレベル分析を行ったときに得られる説明変数の効果には，集団間の効果と集団内の効果が混在することになります。一方で，集団平均中心化後の変数には，集団内における個人差を表す要素しかないため，集団平均中心化を用いると，各集団内における個人レベルの説明変数の効果について検討することができます。全体平均中心化を行ったときの個人レベルの説明変数の効果の解釈は困難であることから，基本的には，集団平均中心化を利用して分析することが適切と考えられています。

■ 5.2.3 ランダム切片モデル

ここでは，「学業水準の高い生徒ほど学業的自己概念は高い傾向にあるのか」という問題について，切片は学級によって異なり，傾きは学級間で等しいことを仮定した

マルチレベルモデル（ランダム切片モデル）によって検討することにします。学級 j に所属する生徒 i の学業的自己概念得点を"学業的自己概念$_{ij}$"，数学のテスト得点を"テスト得点$_{ij}$"とすると，このモデルは式 (5.6) 〜 (5.10) のように表現できます。

レベル 1（生徒レベル）：

$$\text{学業的自己概念}_{ij} = \beta_{0j} + \beta_{1j} \times (\text{テスト得点}_{ij} - \overline{\text{テスト得点}}_{\cdot j}) + e_{ij} \quad (5.6)$$
$$e_{ij} \sim N(0, \sigma^2) \quad (5.7)$$

レベル 2（学級レベル）：

$$\beta_{0j} = \gamma_{00} + u_{0j} \quad (5.8)$$
$$\beta_{1j} = \gamma_{10} \quad (5.9)$$
$$u_{0j} \sim N(0, \tau_{00}) \quad (5.10)$$

ここで，"$\overline{\text{テスト得点}}_{\cdot j}$"は，テスト得点の学級 j の平均値です。したがって，"$\text{テスト得点}_{ij} - \overline{\text{テスト得点}}_{\cdot j}$"は，集団平均中心化を行ったあとの生徒のテスト得点（「テスト得点.cwc」）を表します。β_{0j} は学業的自己概念に関する学級 j の切片，β_{1j} は学級 j における生徒レベルのテスト得点の効果，e_{ij} は学級内での生徒間変動を示します。また，β_{0j} の値は学級によって異なることが，集団レベルの式で表現されています。具体的には，学業的自己概念の全体平均が γ_{00}，学業的自己概念の学級間変動が u_{0j} によって表現されています。この u_{0j} の分散は τ_{00} になります。τ_{00} の値が大きいほど，学業的自己概念の学級間差が大きい（学級間での得点のばらつきが大きい）ことを意味します。一方で，β_{1j} の値は学級によって変動しない（学級間で傾きは等しい）ことを仮定しているため，学級間変動を表す母数はありません（$\beta_{1j} = \gamma_{10}$）。

図 5.2 に，ランダム切片モデルの概念図を示します。この図に描かれた学級ごとの回帰直線の傾きは，学級間で一定（回帰直線が平行）になっています。一方で，切片の値は学級によって異なっており，この切片のばらつきの程度を表すものが τ_{00} です。図 5.2 の図 (a) のように τ_{00} が大きいとき，各学級の切片の違いは顕著になりま

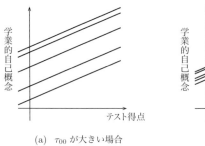
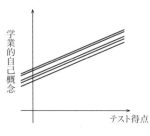

(a) τ_{00} が大きい場合   (b) τ_{00} が小さい場合

図 5.2 ランダム切片モデルの概念図

す。一方，図 (b) のように τ_{00} が小さいとき，切片に学級間差はあまりありません。

マルチレベルモデルによる分析は，パッケージ lmerTest の関数 lmer を利用することで行えます。生徒個人のテスト得点については，集団平均中心化を行った得点である「テスト得点.cwc」を説明変数として用います。これは，集団平均中心化を用いることで，学級内における生徒レベルの説明変数の効果を検討できるためです。つまり，集団平均中心化をすることで，所属する学級内においてテスト得点の高い生徒ほど学業的自己概念が高いかを検討することができます。

ランダム切片モデル

```
> library(lmerTest)   #パッケージの読み込み
> model1.cwc <- lmer(学業的自己概念~テスト得点.cwc+(1|学級),
+ data=kwz, REML=FALSE)
> summary(model1.cwc)
-出力の一部-
Random effects:
 Groups    Name          Variance Std.Dev.
 学級      (Intercept)    2.272   1.507
 Residual                18.195   4.266
Number of obs: 1200, groups:  学級, 30

Fixed effects:
                Estimate Std. Error        df t value Pr(>|t|)
(Intercept)    1.749e+01  3.015e-01 3.000e+01   58.01  <2e-16 ***
テスト得点.cwc 2.216e-01  1.266e-02 1.170e+03   17.50  <2e-16 ***
```

関数 lmer では，第 1 引数でモデルの指定をします。関数 lm などと同様に，"~" の左側に目的変数，右側に説明変数を指定します。また (1|学級) は，切片の値が学級によって変動することを表しています。第 2 引数の data ではデータの指定，第 3 引数の REML=FALSE では最尤法によって母数推定することを指定しています。分析の結果は，model1.cwc というオブジェクトに保存します。結果の出力には関数 summary を用います。

出力結果について，まず Random effects の部分には変量効果に関する推定結果が表示されています。学級 の行の Variance の値（2.272）が切片の学級間分散の推定値（$\hat{\tau}_{00}$）であり，Std.Dev はこの平方根をとったものです（$\sqrt{2.272}=1.507$）。また，Residual の行の Variance の値（18.195）は，学級内における生徒間差の大きさ（$\hat{\sigma}^2$）であり，Std.Dev はこの平方根をとったものです（$\sqrt{18.195}=4.266$）。

次に，Fixed effects の部分に出力される結果について，"(Intercept)" の行の Estimate の値（1.749e+01）が切片の推定値（$\hat{\gamma}_{00}$）であり，テスト得点.cwc の行の Estimate の値（2.216e-01）が傾きの推定値（$\hat{\gamma}_{10}$）です。また，Std. Error の値は推定値の標準誤差であり，t value の値は，推定値をその標準誤差で割って算出

されたものです（例えば切片の t value は，$17.49/0.3015 = 58.01$ となります）。この t 値と自由度（df）をもとに p 値が計算されています。学業的自己概念に対するテスト得点の効果は，有意な正の値を示していることから，学業水準が高い生徒ほど学業的自己概念は高い傾向にあると言えます。

■ 5.2.4　ランダム傾きモデル

次に，切片に加えて傾きも学級間で変動することを仮定したマルチレベルモデル（ランダム傾きモデル）によって，生徒個人の学業水準と学業的自己概念の関係について検討してみます。このモデルを数式の形で表現する場合，生徒レベルの式は式 (5.6), (5.7) と同一で，学級レベルの式のみが異なることになります。

レベル 2（学級レベル）：

$$\beta_{0j} = \gamma_{00} + u_{0j} \tag{5.11}$$

$$\beta_{1j} = \gamma_{10} + u_{1j} \tag{5.12}$$

$$\left(\begin{array}{c} u_{0j} \\ u_{1j} \end{array} \right) \sim N \left[\left(\begin{array}{c} 0 \\ 0 \end{array} \right), \left(\begin{array}{cc} \tau_{00} & \tau_{01} \\ \tau_{10} & \tau_{11} \end{array} \right) \right] \tag{5.13}$$

式 (5.12) では，ランダム切片モデルのときとは異なり，傾きを表す β_{1j} の値が学級によって異なることが表現されています。具体的には，生徒個人のテスト得点の効果の全体平均が γ_{10}，効果の学級間変動が u_{1j} によって表されています。

また，式 (5.13) は，切片の変量効果（u_{0j}）と傾きの変量効果（u_{1j}）に関する 2 変量正規分布を表現しています。u_{0j} と u_{1j} の平均はいずれも 0，分散はそれぞれ τ_{00}，τ_{11} となります。したがって，τ_{11} が大きいほど，テスト得点の効果が学級によって異なることを意味します。言い換えれば，τ_{11} が非常に小さい場合，生徒個人のテスト得点と学業的自己概念の関連の強さは，学級間でほとんど違いがないことになります。さらに，τ_{10}（$= \tau_{01}$）は切片と傾きの変量効果間の共分散です。変量効果間の相関係数は，$\tau_{01}/(\sqrt{\tau_{00}}\sqrt{\tau_{11}})$ によって定義できます。

図 5.3 に，ランダム傾きモデルの概念図を示します。この図では，学級間で傾きが異なっています（回帰直線は平行ではありません）。この傾きのばらつきの程度が，τ_{11} によって表されます。図 (a) のように τ_{11} の値が大きい場合，各学級の傾きの違いは大きくなります。一方，図 (b) のように τ_{11} の値が小さい場合，各学級で傾きは同じようになります。

では，ランダム傾きモデルについて，関数 lmer を利用して分析します。ここでも，先ほどと同様に，集団平均中心化を行った変数を利用します。

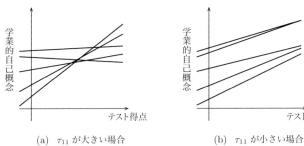

(a) τ_{11} が大きい場合　　　　(b) τ_{11} が小さい場合

図 5.3　ランダム傾きモデルの概念図

```
ランダム傾きモデル
> model2.cwc <- lmer(学業的自己概念~テスト得点.cwc
+ +(1+テスト得点.cwc|学級), data=kwz, REML=FALSE)
> summary(model2.cwc)
-出力の一部-
Random effects:
 Groups   Name         Variance  Std.Dev.  Corr
 学級     (Intercept)  2.288770  1.51287
          テスト得点.cwc 0.006596  0.08122  -0.43
 Residual              17.528394 4.18669
Number of obs: 1200, groups: 学級, 30

Fixed effects:
               Estimate Std. Error       df t value Pr(>|t|)
(Intercept)    17.49000    0.30150 30.00008   58.01 < 2e-16 ***
テスト得点.cwc  0.23318    0.01956 31.00665   11.92 4.12e-13 ***
```

ランダム切片モデルのときとの違いは，第 1 引数の (1+テスト得点.cwc|学級) の部分です．"1" が切片，テスト得点.cwc がテスト得点の効果を表し，|学級 で学級によって変動することを表しています．なお，(テスト得点.cwc|学級) としても，同じモデルで分析が行われます．分析の結果は，model2.cwc というオブジェクトに保存しています．結果の出力は，関数 summary を用いて行います．

ランダム切片モデルの出力結果との違いは，Random effects の部分にテスト得点.cwc が加えられていることです．この行の Variance の値 (0.006596) が，傾きの学級間分散の推定値 ($\hat{\tau}_{11}$) であり，Std.Dev はこの値の平方根をとったものです ($\sqrt{0.006596} = 0.08122$)．また，Corr の値 ($-0.43$) は，切片と傾きの変量効果間の相関係数です．したがって，変量効果間の共分散の推定値 ($\hat{\tau}_{01}$) は，$-0.43 \times 1.51287 \times 0.08122 = -0.05283638$ となります．

なお，ランダム傾きモデルでは，変量効果間の共分散（相関）が 0 であると仮定す

128 第 5 章 さまざまな集団から得られたデータを分析したい

ることもできます。関数 lmer では，変量効果を縦線（|）で表現しますが，この縦線を 2 本（||）にすることで，共分散がないことを仮定することになります。本項の例では，(1+テスト得点.cwc||学級) とすることで，τ_{01} が 0 に固定されて推定が行われます。ただし，変量効果間の共分散を表現する母数は，特別な理由がない限り推定すべきだと考えられています。この共分散は説明変数の中心化の方法によって変動するものであり，共分散を 0 に固定することで，他の母数の推定値に歪みが生じる可能性があるためです（尾崎ほか，近刊）。

また，切片の値は学級間で等しく，傾きの値のみが学級によって異なるというモデルを考えることもできます。これは，関数 lmer において変量効果の設定をする際に，切片を表す "1" を "0" とすることで可能です。本項の例では，(0+テスト得点.cwc|学級) とすることで，τ_{00} が 0 に固定され，τ_{11} のみが推定されます。なお，切片か傾きの変量効果のいずれかが 0 に固定されるとき，変量効果間の共分散は推定されません。

■ 5.2.5　集団レベルの変数を含むモデル

本項では，「井の中の蛙効果」について検討します。「井の中の蛙効果」という現象は，学業水準が同一の生徒であるならば，所属学級の学業水準が高いほど学業的自己概念は低くなるというものでした。言い換えれば，生徒個人のテスト得点を一定にすると，学級の平均テスト得点の効果は負になるということです。

この問題について検討するためのモデルは，以下のようになります[8]。

レベル 1（生徒レベル）：

$$学業的自己概念_{ij} = \beta_{0j} + \beta_{1j} \times (テスト得点_{ij} - \overline{テスト得点_{\cdot\cdot}}) + e_{ij} \quad (5.14)$$

$$e_{ij} \sim N(0, \sigma^2) \quad (5.15)$$

レベル 2（学級レベル）：

$$\beta_{0j} = \gamma_{00} + \gamma_{01} \times (\overline{テスト得点_{\cdot j}} - \overline{テスト得点_{\cdot\cdot}}) + u_{0j} \quad (5.16)$$

$$\beta_{1j} = \gamma_{10} + u_{1j} \quad (5.17)$$

$$\begin{pmatrix} u_{0j} \\ u_{1j} \end{pmatrix} \sim N \left[\begin{pmatrix} 0 \\ 0 \end{pmatrix}, \begin{pmatrix} \tau_{00} & \tau_{01} \\ \tau_{10} & \tau_{11} \end{pmatrix} \right] \quad (5.18)$$

"$\overline{テスト得点_{\cdot j}}$" はテスト得点の学級 j の平均値であり，"$\overline{テスト得点_{\cdot\cdot}}$" はテスト得点の全体平均値です。「井の中の蛙効果」を検討するためには，生徒レベルの説明変数について，集団平均中心化ではなく全体平均中心化を行う必要があります（Huguet

---

[8] ここでは，生徒個人のテスト得点の効果に学級間変動があることを仮定しています（ランダム傾きモデルによって分析をしています）が，学級間変動を仮定しないモデル（ランダム切片モデル）であっても，学級の平均テスト得点の効果を検討することはできます。

et al., 2009)。なぜなら，全体平均中心化を利用したときの γ_{01} は，生徒の学業水準を一定にしたときの学級の学業水準の効果を意味するためです。つまり，全体平均中心化を利用した場合には，「生徒個人のテスト得点を一定にしたうえで，平均テスト得点が 1 点異なる学級に所属すると，学業的自己概念は平均して γ_{01} 違ってくる」と解釈することになります。これは，全体平均中心化を行った生徒レベルの説明変数は学級レベルの説明変数と相関を持つため，学級レベルの説明変数の効果は生徒レベルの説明変数の効果を除外したときの効果（いわば偏回帰係数）になるためです。

一方で，集団平均中心化を用いた場合の γ_{01} は，学級レベルの変数の純粋な効果を意味します。つまり，集団平均中心化を用いた場合は，「平均テスト得点が 1 点異なる学級に所属すると，学業的自己概念は平均して γ_{01} 違ってくる」と解釈されます。これは，集団平均中心化を行った生徒レベルの説明変数は学級レベルの説明変数とは無相関であるため，学級レベルの説明変数の効果は生徒レベルの変数の効果を除外したものにはならないからです。したがって，「井の中の蛙効果」のように，生徒レベルの説明変数（生徒のテスト得点）を一定にしたうえで，学級レベルの説明変数（学級の平均テスト得点）の効果について検討したい場合には，全体平均中心化を利用するのが適切になります。以降では，「井の中の蛙効果」を検討するという目的のため，全体平均で中心化した変数を分析に使います。

また，学級レベルの説明変数については，全体平均中心化を行っています。中心化の有無によって学級レベルの変数の効果の推定値は変化しませんが，次項でクロスレベルの交互作用効果を検討する際には，多重共線性の問題を回避するために中心化をする必要があります。そのため，ここであらかじめ中心化を行っています。

実際に，生徒レベルの説明変数について全体平均中心化を行った変数「テスト得点.cgm」を用いて，マルチレベル分析を行います。

集団レベルの変数の効果を検討するためのマルチレベルモデル

```
> #テスト得点の学級平均値の中心化
> kwz$テスト得点.cm <- kwz$テスト得点.m-mean(kwz$テスト得点)
> #集団レベルの変数の効果を検討するマルチレベルモデル
> model3.cgm <- lmer(学業的自己概念~テスト得点.cgm+テスト得点.cm
+ +(1+テスト得点.cgm|学級), data=kwz, REML=FALSE)
> summary(model3.cgm)
-出力の一部-
Random effects:
 Groups    Name          Variance   Std.Dev.   Corr
 学級      (Intercept)   2.307552   1.51906
           テスト得点.cgm 0.005692   0.07544   -0.43
 Residual                17.559413  4.19040
Number of obs: 1200, groups:  学級, 30
```

```
Fixed effects:
                Estimate Std. Error       df t value Pr(>|t|)
(Intercept)     17.48028    0.30719 30.39072  56.904  < 2e-16 ***
テスト得点.cgm   0.23177    0.01875 32.05022  12.358 9.81e-14 ***
テスト得点.cm   -0.17641    0.05465 34.35734  -3.228  0.00274 **
```

　まず，学級レベルの説明変数である，テスト得点の学級平均値「テスト得点.m」からテスト得点の全体平均値を引いた変数を，「テスト得点.cm」という名前の変数としてデータフレームに加えています。学級レベルの説明変数も生徒レベルの説明変数と同様に，関数 lmer の第 1 引数として，"~" の右側に指定します。

　出力結果のうち，「テスト得点.cm」の行が学級の学業水準の効果に関する結果です。Estimate の値（−0.17641）と検定結果から，生徒の学業水準を一定にした場合には，所属している学級の学業水準が高いほど学業的自己概念は低くなる傾向にあるとわかります。

　ただし，テスト得点の学級平均値のような集団平均値を集団レベルの変数として用いる場合には，集団平均値の信頼性について検討する必要があります（信頼性については 7.10 節参照）。集団平均値の信頼性の指標として，ICC(2) というものがあります。これは，テスト得点の学級平均値が学級の学業水準という構成概念を正確に反映している程度に関する指標であり，級内相関係数の推定値（ICC）を利用して，次式で求めることができます（Bliese, 2000）。

$$\mathrm{ICC}(2) = \frac{k \times \mathrm{ICC}}{1 + (k-1) \times \mathrm{ICC}} \tag{5.19}$$

k は集団内の平均標本サイズであり，ここでは 1 学級当たりの生徒の人数になります。k が大きいほど，ICC(2) は高い値を示します。つまり，1 学級当たりの生徒の人数が多いほど信頼性は高くなり，テスト得点の学級平均値は学級の学業水準を正確に反映していることになります。言い換えれば，例えば生徒が 2 人しかいない場合のように，生徒が少ないほど学級平均値は変動しやすくなるため，学級の学業水準を正確に反映できなくなります。

　ICC(2) の値は，0.70〜0.85 程度であれば許容できるとされています（Bliese, 2000）。級内相関係数は 0.089 であったため，ICC(2) の値は $(40 \times 0.089)/(1 + (40 - 1) \times 0.089) = 0.796$ となり，信頼性は許容できると言えます。

■ 5.2.6　クロスレベルの交互作用項を含むモデル

　最後に，生徒個人の学業水準と学級の学業水準のクロスレベルの交互作用項を含んだモデルについて解説します。このモデルは，生徒レベルの式は式 (5.14)，(5.15) と同一で，学級レベルの式が式 (5.20)〜(5.22) のように表されます。なお，クロスレベルの交互作用効果に興味があるときは，生徒レベルの説明変数に対して集団平均中

心化を利用すべきだと考えられています（Ludtke et al., 2009; 尾崎ほか, 近刊）。しかし，ここではあくまでも，生徒レベルの説明変数を一定にしたときの学級レベルの説明変数の効果，すなわち「井の中の蛙効果」に主な関心があるため，生徒レベルの説明変数について全体平均中心化を利用します。

レベル2（学級レベル）：

$$\beta_{0j} = \gamma_{00} + \gamma_{01} \times (\overline{\text{テスト得点}}_{\cdot j} - \overline{\text{テスト得点}}_{\cdot \cdot}) + u_{0j} \tag{5.20}$$

$$\beta_{1j} = \gamma_{10} + \gamma_{11} \times (\overline{\text{テスト得点}}_{\cdot j} - \overline{\text{テスト得点}}_{\cdot \cdot}) + u_{1j} \tag{5.21}$$

$$\begin{pmatrix} u_{0j} \\ u_{1j} \end{pmatrix} \sim N \left[\begin{pmatrix} 0 \\ 0 \end{pmatrix}, \begin{pmatrix} \tau_{00} & \tau_{01} \\ \tau_{10} & \tau_{11} \end{pmatrix} \right] \tag{5.22}$$

式 (5.20), (5.21) では，学級の切片と傾きが学級の学業水準によって変わることがモデル化されており，傾きに対する学級の学業水準の効果は γ_{11} によって表現されています。γ_{11} が正の値を示す場合，学業水準の高い学級では，傾きが大きくなる（学業的自己概念に対する生徒個人の学業水準の効果が強くなる）ことになります。言い換えれば，γ_{11} は学級の学業水準の調整効果を意味する母数ということです。γ_{11} が調整効果に関する母数であることは，式 (5.20), (5.21) を式 (5.14) に代入することで理解できます。代入後の式を式 (5.23) に示します。

$$\begin{aligned}
\text{学業的自己概念}_{ij} \\
= \gamma_{00} &+ \gamma_{01} \times (\overline{\text{テスト得点}}_{\cdot j} - \overline{\text{テスト得点}}_{\cdot \cdot}) \\
&+ \gamma_{10} \times (\text{テスト得点}_{ij} - \overline{\text{テスト得点}}_{\cdot \cdot}) \\
&+ \gamma_{11} \times (\overline{\text{テスト得点}}_{\cdot j} - \overline{\text{テスト得点}}_{\cdot \cdot}) \times (\text{テスト得点}_{ij} - \overline{\text{テスト得点}}_{\cdot \cdot}) \\
&+ u_{0j} + u_{1j} \times (\text{テスト得点}_{ij} - \overline{\text{テスト得点}}_{\cdot \cdot}) + e_{ij}
\end{aligned} \tag{5.23}$$

式 (5.23) から，γ_{11} は生徒の学業水準と学級の学業水準を掛け合わせた項（交互作用項）の係数であることがわかります。

では，関数 lmer を用いてマルチレベル分析を行います。ここでは，前項と同様に，生徒レベルの説明変数について全体平均中心化を行った変数「テスト得点.cgm」と，学級レベルの説明変数について全体平均中心化を行った変数「テスト得点.cm」を用います。

クロスレベルの交互作用効果を検討するためのマルチレベルモデル

```
> model4.cgm <- lmer(学業的自己概念~テスト得点.cgm+テスト得点.cm
+ +テスト得点.cgm*テスト得点.cm+(1+テスト得点.cgm|学級),
+ data=kwz, REML=FALSE)
> summary(model4.cgm)
-出力の一部-
```

```
Random effects:
 Groups    Name            Variance  Std.Dev.   Corr
 学級       (Intercept)     2.305665  1.51844
           テスト得点.cgm   0.005657  0.07521   -0.43
 Residual                  17.561597  4.19066
Number of obs: 1200, groups:  学級, 30

Fixed effects:
                    Estimate Std. Error        df t value Pr(>|t|)
(Intercept)        17.4713210  0.3111438 32.0160697  56.152  < 2e-16 ***
テスト得点.cgm      0.2317243  0.0187235 31.8194191  12.376 1.06e-13 ***
テスト得点.cm      -0.1790226  0.0568360 35.1605898  -3.150  0.00333 **
テスト得点.cgm:テスト得点.cm
                    0.0005941  0.0033732 32.9720198   0.176  0.86128
```

コラム 9：マルチレベルモデルにおける記号

　集団 j の個人 i の目的変数を y_{ij}，説明変数を x_{ij1} としたときに，個人レベル（レベル 1）の回帰モデルは，式 (1) のように表せます。

$$y_{ij} = \beta_{0j} + \beta_{1j}x_{ij1} + e_{ij} \tag{1}$$

ここで，β_{0j} の添え字の 0 は切片を意味し，j は集団によって切片が異なることを表しています。また，説明変数にかかる係数 β_{1j} の添え字の 1 は説明変数の番号に対応しています。つまり，説明変数が複数ある場合，説明変数の番号に応じて，$\beta_{1j}, \beta_{2j}, \beta_{3j}, \cdots$ と表記します。さらに，マルチレベルモデルでは，異なるレベルにおける誤差を区別する必要があります。式 (1) では，個人レベルの誤差を e_{ij} と表記しています。

　次に，集団レベル（レベル 2）の説明変数を w_{j1} とすると，集団レベルの回帰モデルは式 (2), (3) のように表せます。これらの式は，集団レベルの単位に関わる母数（集団ごとの切片 β_{0j} と傾き β_{1j}）を目的変数とした回帰モデルと言えます。

$$\beta_{0j} = \gamma_{00} + \gamma_{01}w_{j1} + u_{0j} \tag{2}$$
$$\beta_{1j} = \gamma_{10} + \gamma_{11}w_{j1} + u_{1j} \tag{3}$$

式 (2) の右辺の γ_{00} と γ_{01}，u_{0j} の添え字の最初の 0 は，モデルの対象となっているのが切片 β_{0j} であることを表しています。また，γ_{00} の添え字の 2 つ目の 0 は集団レベルの回帰モデルにおける切片，γ_{01} の添え字の 1 は集団レベルの説明変数の番号に対応しています。同様に，式 (3) の右辺の γ_{10} と γ_{11}，u_{1j} の添え字の最初の 1 は，モデルの対象となっているのが傾き β_{1j} であることを表しています。また，γ_{10} の添え字の 0 は回帰モデルにおける切片，γ_{11} の添え字の 2 つ目の 1 は集団レベルの説明変数の番号に対応しています。

関数 lmer の第 1 引数の "テスト得点.cgm+テスト得点.cm+テスト得点.cgm*テスト得点.cm" の箇所の, "テスト得点.cgm" が生徒の学業水準, "テスト得点.cm" が学級の学業水準, "テスト得点.cgm*テスト得点.cm" がクロスレベルの交互作用項をそれぞれ表しています。

出力結果のうち, クロスレベルの交互作用効果は, "テスト得点.cgm:テスト得点.cm" の行で確認することができます。p 値が 0.86128 であることから, クロスレベルの交互作用効果は有意でないことがわかります。したがって, 学業的自己概念に対する生徒個人の学業水準の効果は, 所属学級の学業水準からは影響を受けないと言えます。

5.3 モデル比較

前節では, 複数のモデルでマルチレベル分析を行いました。では, これらのモデルのうち, どれが最も望ましいモデルなのでしょうか? こうした問題について検討するために, モデルの比較をすることがあります。本節ではモデル比較の方法として, 尤度比検定と情報量規準を利用します。

ただし, ここで注意する必要があるのは, 集団平均中心化を用いたモデルと全体平均中心化を用いたモデルは比較できないということです。全体平均中心化は, 一律に全体平均を引いているので, これ自体はモデルの評価に影響を与えません。一方で, 集団平均中心化では, 所属集団によって変換が異なるため, 変換前後で分析に使用するデータそのものが異なることになります（南風原, 2014）。

尤度比検定は, データに対する当てはまりの悪さの指標である逸脱度（10.7 節参照）に着目します。逸脱度が大きいほど, データに対する当てはまりが悪いことを意味し, 推定する母数が少ないモデルほど, 逸脱度は大きくなります。尤度比検定は, 逸脱度の減少が有意かという観点からモデル比較を行う検定です。逸脱度が有意に減少するのであれば, より複雑なモデルを採択する根拠になりますが, 逸脱度が有意に減少しないのであれば, モデルを複雑にすることに合理性はないと言えます。

尤度比検定によるモデル比較を行うためには, 片方のモデルがもう一方のモデルにネストしている必要があります。「モデルがネストしている」とは, どちらか一方のモデルの母数に制約を課すことで, もう一方のモデルが表現できる関係にあることです。言い換えれば, 片方のモデルがもう一方の部分モデルになっているということです。例えば, ランダム切片モデルとランダム傾きモデルの関係を考えてみると, ランダム切片モデルとは, ランダム傾きモデルにおいて傾きの学級間変動がない（$\tau_{11} = 0$）という制約を課したモデルと見なせるため, ランダム切片モデルはランダム傾きモデルの部分モデルになっていると言えます。

一方で, 情報量規準と呼ばれる指標である AIC と BIC は, ネストしていないモデ

ル間の比較にも利用できます。AIC と BIC は，値が小さいほど当てはまりが良いことを意味します（3.7.2 項参照）。

　R では，関数 anova とマルチレベル分析の結果を保存したオブジェクトを利用することでモデル比較が行えます。

モデル比較

```
> anova(model3.cgm, model4.cgm)
-出力の一部-
Models:
object: 学業的自己概念 ~ テスト得点.cgm + テスト得点.cm + (1 + テスト得点.cgm |
object:    学級)
..1: 学業的自己概念 ~ テスト得点.cgm + テスト得点.cm + テスト得点.cgm *
..1:    テスト得点.cm + (1 + テスト得点.cgm | 学級)
       Df   AIC    BIC  logLik deviance Chisq Chi Df Pr(>Chisq)
object  7 6935.1 6970.7 -3460.5   6921.1
..1     8 6937.0 6977.8 -3460.5   6921.0 0.0305      1      0.8614
```

　関数 anova の引数に，分析結果が保存されたオブジェクト名を指定します。ここでは，学級レベルの変数の効果を含んだモデル model3.cgm と，クロスレベルの交互作用効果を含んだモデル model4.cgm を指定しています。

　出力結果のうち，object の行が model3.cgm，"..1" の行が model4.cgm の結果を示します。このことは，Models: のところで確認することができます。また，Df はモデル中の母数の数，logLik は対数尤度，deviance は逸脱度，Chisq は χ^2 値，Chi Df は χ^2 値の自由度，Pr(>Chisq) は有意確率です。これらのうち，χ^2 値は逸脱度の差，χ^2 値の自由度はモデル中の母数の数の差になります。

　尤度比検定の結果から，2 つのモデル間で適合に差はないことがわかります。また，AIC と BIC を見ると，交互作用効果を含んだモデルの値のほうが大きくなっています。したがって，モデル比較の観点からは，クロスレベルの交互作用効果がないモデルのほうが良いモデルであることになります。

5.4　報告例

　最後に，マルチレベル分析の結果の報告例を紹介します。報告例では，クロスレベルの交互作用効果を含んだモデルから得られた推定値を表に示しています。

マルチレベル分析の報告例

　生徒個人の学業水準および学級の学業水準が，学業的自己概念とどのように関連しているかについて，マルチレベル分析によって検討した。推定結果を下表に示す。生徒の学業水準は学業的自己概念に対して有意な正の効果を示したことから

（$\hat{\gamma}_{10} = 0.232$, $p < .001$），数学のテスト得点が高い生徒ほど高い学業的自己概念を持つ傾向にある。一方で，学級の学業水準は有意な負の効果を示し（$\hat{\gamma}_{01} = -0.179$, $p < .01$），学業水準が同一の生徒に着目したとき，学業水準の高い学級に所属している生徒ほど学業的自己概念は低いと言える。また，生徒の学業水準と学級の学業水準との間にクロスレベルの交互作用効果は見られなかった（$\hat{\gamma}_{11} = 0.001$, $p = .86$）。

表：マルチレベル分析の結果

	推定値	標準誤差	95%CI
固定効果			
切片 (γ_{00})	17.471	0.311	[16.861, 18.081]
生徒の学業水準 (γ_{10})	0.232	0.019	[0.195, 0.268]
学級の学業水準 (γ_{01})	−0.179	0.057	[−0.290, −0.068]
生徒の学業水準 × 学級の学業水準 (γ_{11})	0.001	0.003	[−0.006, 0.007]
変量効果			
τ_{00}	2.306		
τ_{11}	0.006		
$\tau_{01}(= \tau_{10})$	−0.049		
σ^2	17.562		

なお，推定値の 95% 信頼区間は，関数 confint によって求めることができます。

```
信頼区間の推定
> confint(model4.cgm, method="Wald")
-出力の一部-
(Intercept)                   16.861490354 18.081151561
テスト得点.cgm                  0.195026864  0.268421783
テスト得点.cm                  -0.290419160 -0.067626018
テスト得点.cgm:テスト得点.cm -0.006017312  0.007205427
```

第 1 引数ではマルチレベル分析の結果を保存したオブジェクトを指定し，第 2 引数の method では信頼区間を求めるための方法（Wald 法）を指定しています[*9]。出力結果から，例えば切片の 95% 信頼区間は，$[16.861, 18.081]$ であることがわかります。

5.5 推定法

マルチレベル分析における母数推定では，最尤法（完全最尤法と呼ばれることもあります）と制限付き最尤法（restricted maximum likelihood method; REML 法）が用いられます。これら 2 種類の最尤法は，尤度関数をどう構成するかによって区別さ

[*9] Wald 法では，95% 信頼区間は推定値 ± 1.96 × 標準誤差で求められます。また，変量効果については標準誤差が出力されていなかったように，Wald 法では変量効果の信頼区間は算出されません。

れます。制限付き最尤法では，まず固定効果に関する推定を行い，そのあとに変量効果について推定を行います。一方，最尤法では，固定効果と変量効果の両方を同時に推定します。どちらの推定法が良いかについて，標本サイズが小さい場合には制限付き最尤法のほうがバイアスが小さいという知見もありますが，優劣に関して明確な結論は出ていません（詳細については，Kreft & De Leuw, 1998 など）。

　これら 2 つの最尤法の区別は，モデル比較において，より重要な問題になります。制限付き最尤法では，固定効果は同一で，変量効果のみが異なる形でネストしているモデル間の比較にしか，尤度比検定を適用できません。したがって，より柔軟にモデル選択をしたい場合には，最尤法を利用するほうがよいと言えます。

　なお，関数 lmer では，デフォルトのままで，あるいは引数に REML=TRUE を指定して分析した場合には制限付き最尤法によって，引数に REML=FALSE と指定した場合には最尤法によって推定が行われます。

5.6　複数のレベルを持つデータの例

　本章では，マルチレベルデータの例として，学級（学校）データを取り上げました。しかし，マルチレベルデータは学級（学校）と児童生徒との関係だけではありません。

コラム 10：生態学的誤謬

　日本では，「全国学力・学習状況調査」（全国学力テスト）や，「全国体力・運動能力，運動習慣等調査」（全国体力テスト）が実施されています。小学生を対象とした全国体力テストでは，握力，上体起こし，長座体前屈，反復横跳び，20m シャトルラン，50m 走，立ち幅とび，ソフトボール投げによって体力得点が求められます。学力と運動能力の関係について検討するために，平成 27 年度に実施された全国学力テストと全国体力テストの都道府県別の得点を用いて，相関係数を算出したところ，体力得点と国語 A の得点の相関は 0.62，体力得点と算数 A の得点の相関は 0.50 でした。

　しかし，結果の解釈には注意しなければなりません。ここでは，都道府県がデータの単位になっています（$N = 47$）。したがって，相関係数の値から言えることは，「体力得点の高い都道府県は学力テストの得点が高い傾向にある」ということであり，「体力得点の高い児童は学力テストの得点が高い傾向にある」とは言えません。このように，集団（都道府県）単位のデータによる分析からは，個人（児童）について何らかの解釈をすることはできません。

　集団レベルの変数間の相関関係をもとに個人レベルの変数の関係について解釈することの誤りや，個人レベルの変数間の相関関係をもとに集団レベルの変数の関係の解釈を行うことの誤りは，生態学的誤謬と呼ばれます（Robinson, 1950）。個人レベルの変数の相関と集団レベルの変数の相関は一致するとは限らないことから，データの単位には注意する必要があります。

例えば，企業と従業員，病院と患者の関係も，マルチレベルデータです。また，夫婦や恋人，双生児などのペアデータもマルチレベルデータと言えます。この場合は，夫婦や恋人などのペアがレベル2，個人がレベル1のデータとなります。さらに，個人に対して複数の時点にわたって収集したデータ（縦断データ）も測定時点がレベル1，個人がレベル2のマルチレベルデータになります。

また，マルチレベルモデルで扱えるものは，2つのレベルのデータに限定されず，さらに多くのレベルの階層構造からなるデータを考えることもできます。例えば，学習意欲の変化について検討する際に，複数の時点で調査に参加した児童生徒が学校にネストされると考えるとき，データは3つのレベルを持っていることになります。つまり，測定時点がレベル1，児童生徒がレベル2，学校がレベル3ということです。マルチレベルモデルは，このように3つ以上のレベルを持つデータにも適用することができます。

章末演習

大学生100人が受講している「心理統計法」の全15回の授業で，授業の終わりに毎回，授業内容が実生活でどのくらい役立つと思ったか（「価値」）と，授業内容にどれだけ興味を持ったか（「興味」）について調査を行いました。また，初回の授業でのみ，授業内容を理解できる自信についても調査しました（「期待」）。これは，測定時点をレベル1，大学生をレベル2とするマルチレベルデータであり，「価値」と「興味」はレベル1の変数，「期待」はレベル2の変数になります。これらの調査結果を「価値.csv」として外部ファイルに保存してあります。

問1 関数 ICCest を利用して，「興味」の級内相関係数とその信頼区間を求めてください。

問2 「価値」について，集団平均中心化を行ってください。また，「期待」について，全体平均中心化を行ってください。

問3 「興味」を目的変数，「価値」を説明変数とし，関数 lmer を利用して，ランダム切片モデルによるマルチレベル分析（最尤法）を行ってください。

問4 「興味」を目的変数，「価値」を説明変数とし，関数 lmer を利用して，ランダム傾きモデルによるマルチレベル分析（最尤法）を行ってください。

問5 関数 lmer を利用してマルチレベル分析（最尤法）を行い，「価値」と「期待」のクロスレベルの交互作用効果について検討してください。

問6 問3～5で分析した3つのモデルについて，モデル比較によって，どのモデルが最も望ましいかを検討してください。

第**6**章
複雑な仮説を統計モデルとして表したい (1) ——パス解析

重回帰分析では，変数は，説明変数と目的変数の 2 つに分類されるため，例えば「ある性格の人はストレスを抱えやすく，それらのストレスがバーンアウトに繋がる」など，「性格特性 → ストレス経験 → バーンアウト」といったプロセスを仮定したモデルについて検討することはできません。こうした複雑なモデルを検証し，適切なモデルを見出そうとする際に利用されるのがパス解析です。本章では，パス解析について解説します。

6.1　データと手法の概要

6.1.1　データの概要

　子供がテストで悪い点数を取ってしまったときに，子供に対して親がどのように関わるかは重要な問題と考えられます。おそらくは，頭ごなしに叱るよりも，励ましの言葉をかけるほうがよいでしょう。では，このような親の関わりは子供の学習にどのように影響を与えるのでしょうか？　このことを検討するために，小学生 500 人とその母親を対象に調査を行いました。母親が対象の調査では「叱責」と「励まし」の 2 側面について，また，子供が対象の調査では，失敗をすることに対する不安と学習意欲について，心理尺度を利用して測定しました。全て，各項目の値の合計を尺度得点としています。

　この調査によって得られたデータが，「失敗.csv」として保存されています。このファイルを Excel で開くと，図 6.1 のようなデータ行列が表示されます。変数名とその内容を以下にまとめます。

- 「叱責」：テストで失敗したときに親が叱責する程度を得点化
- 「励まし」：テストで失敗したときに親が励ます程度を得点化
- 「失敗不安」：子供の失敗不安の程度を得点化

	A	B	C	D	E
1	叱責	励まし	失敗不安	学習意欲	学業成績
2	9	12	16	17	66
3	6	6	30	16	68
4	7	9	22	19	44
5	4	12	23	16	56
6	3	3	17	18	83
7	4	11	22	19	61

図 6.1　「失敗.csv」(一部抜粋)

- 「学習意欲」：子供の学習意欲の程度を得点化
- 「学業成績」：子供の国語と算数のテストの平均点

6.1.2　分析の目的

　分析の目的は，子供の失敗に対する親の関わり方が子供の学業成績に与える影響のプロセスについて検討することです．私たちは経験的に，子供をあまり叱るべきではないことや，励ますことが大事であることを知っています．しかし，子供を叱ることによって学業成績が直接低下するとは考えにくく，同様に，励ますだけで学業成績が上がるとも考えにくいでしょう．言い換えると，叱責・励ましと学業成績の間には，直接の因果関係はないと考えられます．では，なぜ叱責はあまり効果的でなく，励ますことは重要なのでしょうか？

　1つの可能性として，親に叱られることによって，「また失敗してしまったらどうしよう」と，失敗不安が高まることで学習が阻害されてしまうことが考えられます．また，親から励ましの言葉をもらうことによって，「次は良い成績を取れるように頑張ろう」と，学習意欲が高まることで学業成績が向上する可能性が考えられます[*1]．こうした仮説をモデル化したものが，図 6.2 です．このような図をパス図と呼びます．パスとは，単方向または双方向の矢印のことで，変数間の関係をパスで表現した図がパス図です．パス解析は，図 6.2 に示したようなモデルを検討するための分析手法で

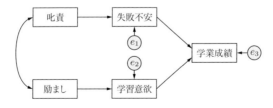

図 6.2　失敗に対する親の関わりが学業成績に与える影響に関する仮説モデル (1)

[*1] 例えば，「叱責」が「失敗不安」を経由して「学業成績」に間接的な影響を与える場合，これを間接効果と呼びます．間接効果の検討については，9.4.3 項と 9.8.1 項を参照してください．

あり，その手順は以下のとおりです。

1. 仮説に基づくモデルの表現
2. モデルの評価（必要であれば修正）
3. 結果の解釈

■ 6.1.3　パス図

　パス図では，説明変数から目的変数への影響を単方向の矢印で，2変数間の共変関係を双方向の矢印でそれぞれ表現します。また，図 6.2 のうち，e_1, e_2, e_3 は誤差変数と呼ばれ，回帰分析における誤差に相当します。例えば，e_1 は「失敗不安」の誤差変数であり，「叱責」では説明することができない「失敗不安」の部分を表します。なお，説明変数の影響の強さを表す回帰係数は，パス解析においては特にパス係数と呼ばれます。

　パス解析では，外生変数と内生変数の分類が重要になります[*2]。外生変数とは，単方向の矢印を1本も受けていない変数であり，何かの変数の目的変数になっていない変数です。図 6.2 では，「叱責」「励まし」と，3つの誤差変数が外生変数に該当します。一方，内生変数とは，1本以上の単方向の矢印を受けている変数であり，「学業成績」は内生変数になります。また，「失敗不安」や「学習意欲」のように，何かの変数の目的変数にも説明変数にもなっている変数も内生変数になります。

　ここで重要なのは，一般的には，外生変数の間には相関を仮定し，内生変数の誤差変数の間には相関を仮定しないことです。「外生変数の間には相関がない」というのは非常に強い仮定であるため，外生変数の変数間には双方向の矢印を引くのが一般的です。一方で，「内生変数間の相関は，外生変数の存在によって説明できる」と考えるのが，パス解析の考えの基礎であるため，内生変数の誤差変数間には基本的に双方向の矢印を引きません。

　ただし，こうしたモデル設定はあくまでも一般的な話であり，「そうでなくてはならない」というものではありません。実際，内生変数の誤差変数間に相関を仮定したモデルが利用されることも少なくありません。

6.2　パス解析

　まず，「失敗.csv」を読み込んで，その内容を確認しましょう。以下に，データ読み込みとデータフレームの確認を行うためのコードを示します。

[*2] より詳細な変数の分類については，9.2.1 項を参照してください。

6.2 パス解析　141

データの読み込み，データフレームの確認

```
> shp <- read.csv("失敗.csv")  #データの読み込み
> head(shp)
  叱責 励まし 失敗不安 学習意欲 学業成績
1   9    12      16      17     66
2   6     6      30      16     68
3   7     9      22      19     44
4   4    12      23      16     56
5   3     3      17      18     83
6   4    11      22      19     61
```

　パス解析では，まず，どのようなモデルについて検討するかを記述します。ここでは，図 6.2 について検討します。つまり，「失敗不安」は「叱責」から，「学習意欲」は「励まし」からパスを受けます。そして，「学業成績」は「失敗不安」と「学習意欲」の 2 つの変数からパスを受けることを仮定したモデルを記述します。

モデルの記述

```
> shp.model <- '
+   失敗不安~叱責
+   学習意欲~励まし
+   学業成績~失敗不安+学習意欲
+ '
```

　モデルを記述する部分は，"'"（クォーテーション）で囲みます。ここでは，"'"で囲んだ部分を shp.model というオブジェクトに文字列として代入しています。各変数がどの変数からパスを受けるかは，"~"を用いて表現します。具体的には，"~"の左側にパスを受ける変数，右側にパスを出す変数を記述します。つまり，失敗不安~叱責 は，「叱責 → 失敗不安」というパスを表現しています。

　また，学業成績~失敗不安+学習意欲 は，「学業成績」が「失敗不安」と「学習意欲」の 2 つの変数からパスを受けることを表現しています。つまり，「失敗不安 → 学業成績」と「学習意欲 → 学業成績」という 2 つのパスを仮定していることになります。このように，ある 1 つの変数が 2 つ以上の変数からパスを受けることを表現する場合には，"+"で変数を繋ぎます[3]。

　なお，図 6.2 を見ると，「叱責」と「励まし」の間に相関があることが示されていますが，本章で紹介するパッケージ lavaan[4]では，このことをモデル記述の際に明示しなくても，外生変数間に相関があることを自動的に指定してくれます。ただし，誤差変数の間に相関があることは自動的には指定されないため，6.3.2 項で説明するよ

---

[3] こうした "~" や "+" の使い方は，関数 lm などと共通しています。
[4] パッケージ lavaan については，8 章と 9 章も参照してください。

142　第 6 章　複雑な仮説を統計モデルとして表したい (1)

うに，分析者が指定する必要があります。

　モデルを記述したあとは，パッケージ lavaan の関数 sem[5]を利用して，母数を推定します[6]。

母数の推定

```
> library(lavaan)  #パッケージの読み込み
> shp.fit <- sem(shp.model, data=shp)  #母数の推定
```

　関数 sem では，第 1 引数に，先に記述したモデルを代入したオブジェクト shp.model を指定し，第 2 引数の data でデータを指定します。分析結果を shp.fit というオブジェクトに保存しています。結果の出力は，関数 summary を用いて行います。

パス解析の結果の出力

```
> summary(shp.fit, standardized=TRUE, rsquare=TRUE)
-出力の一部-
Regressions:
                   Estimate  Std.Err  z-value  P(>|z|)   Std.lv  Std.all
    失敗不安 ~
        叱責       1.628    0.234    6.948    0.000    1.628    0.297
    学習意欲 ~
        励まし     0.224    0.064    3.519    0.000    0.224    0.155
-略-

Variances:
                   Estimate  Std.Err  z-value  P(>|z|)   Std.lv  Std.all
    .失敗不安     146.580    9.271   15.811    0.000  146.580    0.912
    .学習意欲      12.865    0.814   15.811    0.000   12.865    0.976
    .学業成績     173.522   10.974   15.811    0.000  173.522    0.925

R-Square:
                   Estimate
    失敗不安       0.088
    学習意欲       0.024
    学業成績       0.075
```

　関数 summary では，第 1 引数に分析結果を代入したオブジェクト shp.fit を指定し，第 2 引数の standardized=TRUE で標準化推定値（6.6.2 項参照）の出力を指定しています。また，第 3 引数の rsquare=TRUE では，決定係数の出力を指定しています。

---

[5] "sem" は，"structural equation model"（構造方程式モデル）の頭文字を取ったものです。

[6] lavaan 以外に，パッケージ sem もよく利用されます。sem の使い方については，服部 (2011) や『R によるやさしい統計学』p.309〜319 などを参照してください。

出力結果のうち，Estimate は非標準化推定値，Std.Err は標準誤差，z-value は検定統計量の z 値，P(>|z|) は両側検定のための p 値であり，Std.lv は潜在的な構造変数（9.2.1 項参照）の分散のみを 1 にしたときの標準化推定値，Std.all は誤差変数以外の分散を 1 にしたときの標準化推定値を示します。このモデルには潜在的な構造変数がないため，Std.lv の値は Estimate の値と等しくなっています。

まず，Regressions: の部分には，パス係数に関する推定結果が出力されています。例えば 失敗不安~叱責 の行を見ると，「叱責 → 失敗不安」のパス係数の非標準化推定値は 1.628（標準化推定値は 0.297）で，p 値が 0.000[7] であることから有意だとわかります。したがって，テストで失敗したときに叱責されることが多い子供ほど失敗不安は高い傾向にあると言えます。

また，Variances: の部分は分散に関する推定結果です。ここで注意する必要があるのは，変数のラベルの前に "." がついたものは内生変数であり，その変数の誤差の結果であるということです。例えば ".失敗不安" の行は，「失敗不安」の誤差変数に関する結果を表します。「失敗不安」は「叱責」からのみパスを受けていますが，親から受ける叱責の程度では説明できない部分が誤差です。

最後に，R-Square: は決定係数を示します。「失敗不安」は「叱責」からパスを受けているので，「失敗不安」のうち「叱責」で説明できる部分が 8.8% と解釈できます。このことは，逆に「叱責」では説明できない部分が 91.2% あることを意味しますが，「叱責」で説明できない部分は誤差変数として表現されていました。実際に，91.2% というのは，「失敗不安」の誤差分散の標準化推定値（Std.all の値）と等しくなっています。

なお，関数 summary で結果を出力する際に，引数に ci=TRUE を加えることで，推定値の信頼区間を出力することができます。

信頼区間の出力

```
> summary(shp.fit, standardized=TRUE, rsquare=TRUE, ci=TRUE)
-出力の一部-
Regressions:
```

	Estimate	Std.Err	z-value	P(>|z|)	ci.lower	ci.upper	Std.lv
失敗不安 ~							
叱責	1.628	0.234	6.948	0.000	1.169	2.088	1.628
学習意欲 ~							
励まし	0.224	0.064	3.519	0.000	0.099	0.348	0.224
学業成績 ~							
失敗不安	-0.138	0.046	-2.964	0.003	-0.229	-0.047	-0.138
学習意欲	0.904	0.162	5.572	0.000	0.586	1.222	0.904

---

[7] これは，p 値が 0 なのではなく，p 値が極めて小さいことを表しています。

第 6 章　複雑な仮説を統計モデルとして表したい (1)

```
                  Std.all
 失敗不安 ~
    叱責        0.297
 学習意欲 ~
    励まし      0.155
 学業成績 ~
    失敗不安   -0.128
    学習意欲    0.240

Variances:
            Estimate Std.Err z-value P(>|z|) ci.lower ci.upper   Std.lv
 .失敗不安   146.580   9.271  15.811   0.000  128.410  164.749  146.580
 .学習意欲    12.865   0.814  15.811   0.000   11.270   14.460   12.865
 .学業成績   173.522  10.974  15.811   0.000  152.012  195.032  173.522

                  Std.all
 .失敗不安     0.912
 .学習意欲     0.976
 .学業成績     0.925
```

　出力結果に ci.lower と ci.upper が加わっています。ci.lower は 95% 信頼区間の下限，ci.upper は 95% 信頼区間の上限です。

6.3　モデルの評価とモデルの修正

6.3.1　モデルの評価——適合度指標

　パス解析では，変数間の関係を分析者が柔軟にモデル化できるため，モデルが適切であったかを評価することが重要になります。モデルがデータに適合しているかという観点からモデルを評価するための指標として，適合度指標があります。

　適合度指標は，関数 summary で結果を出力する際に，引数に fit.measures=TRUE を加えることで出力できます。

適合度指標の出力

```
> summary(shp.fit, standardized=TRUE, rsquare=TRUE, ci=TRUE,
+ fit.measures=TRUE)
-出力の一部-
  Number of observations                          500

  Estimator                                        ML
  Minimum Function Test Statistic             117.641
  Degrees of freedom                                5
  P-value (Chi-square)                          0.000
```

Comparative Fit Index (CFI)		0.485
Tucker-Lewis Index (TLI)		0.073
Akaike (AIC)		15129.396
Bayesian (BIC)		15158.898
RMSEA		0.212
90 Percent Confidence Interval	0.180	0.246
SRMR		0.115

　適合度指標に関する情報は，出力結果の前半に出力されます。"Minimum Function Test Statistic" はモデルの χ^2 値を表し，"Degrees of freedom" は自由度を表します。これらをもとにモデルに関する検定が行われ，その p 値が "P-value (Chi-square)" として示されます。p 値が 0.000 であることから，帰無仮説は棄却されます。この検定における帰無仮説は，「モデルはデータに適合している」であり，p 値が有意水準を下回り，帰無仮説が棄却されることは，「モデルはデータに適合していない」ことを意味します。ただし，調査研究では標本サイズが大きく検定力[*8]が高くなりがちであるため，ほとんどの場合この検定は有意になります。そのため，この検定結果に基づいてモデルの採否が決定されることはほとんどありません（山田ほか，2015）。

　また，CFI は 0.485，TLI は 0.073，RMSEA は 0.212（90%CI $[0.180, 0.246]$），SRMR は 0.115 となっています。Hu & Bentler (1998) では，CFI と TLI は 0.95 以上，RMSEA は 0.06 以下，SRMR は 0.08 以下であれば，十分に適合していると判断できるとされています。そのため，この基準に従えば，採用したモデルの当てはまりは悪く，モデルは適切ではなさそうです。なお，これらの指標が表すものについては，6.7.1 項で解説します。

　この方法で出力される適合度指標は一部であり，パッケージ lavaan で求められる全ての適合度指標を出力するためには，関数 fitmeasures を用います。このとき，引数には分析結果を代入したオブジェクト shp.fit を指定します。

全ての適合度指標の出力

```
> fitmeasures(shp.fit)
-出力は省略-
```

[*8] 検定力については，『R によるやさしい統計学』p.357〜358 に解説があります。

■ 6.3.2 モデルの修正 —— 修正指標

パス解析では，分析者の判断でモデルが設定できますが，これは，自由にモデルを設定してよいことを意味しません。やみくもにモデルを設定するのではなく，変数の関係性に関する実質科学的な理論に基づいてモデル設定することが重要です。しかし，理論に基づいていたとしても，初めに考えたモデルの当てはまりが常に良いとは限りません。このような場合に，モデルの修正を行うことがあります。

モデルの修正を行う際に参考になる指標として，修正指標（modification index; MI）というものがあります。これは，モデルにパスを加えることで，モデルがどの程度改善されるかを示す指標です。具体的には，新たにパスを追加した場合の χ^2 値の変化の期待値です。また，追加されたパスのパス係数の推定値がいくつになるかの予測値は，推定値の変化の期待値（expected parameter change; EPC）と呼ばれます。

ここでは，例として，修正指標を参考にモデルの修正を行います。修正指標は，あくまでも統計的な根拠に基づいて算出されるものであり，理論的な根拠に基づいて算出されるものではありません。そのため，修正指標を参考にしてパスを新たに追加する場合には，そのパスを加えることに理論的根拠があるかどうかを考える必要があります。パスをなぜ追加したのかについて論理的な説明が十分にできなければ，修正指標に基づいたモデルの修正には意味がないということに，十分注意してください。

修正指標と推定値の変化の期待値は，関数 modindices の引数に，分析結果を代入したオブジェクト shp.fit を指定することで出力できます。また，関数 summary で結果を出力する際に，引数に modindices=TRUE を加えることでも出力可能です。

修正指標の出力

```
> modindices(shp.fit)
Modification Indices:
-出力の一部-

      lhs op    rhs      mi     epc sepc.lv sepc.all sepc.nox
11 失敗不安 ~~ 学習意欲 101.086 -19.525 -19.525   -0.424   -0.424
12 失敗不安 ~~ 学業成績   2.206  35.765  35.765    0.206    0.206
13 学習意欲 ~~ 学業成績   0.012  -1.524  -1.524   -0.031   -0.031
14 失敗不安  ~ 学習意欲  95.372  -1.459  -1.459   -0.418   -0.418
15 失敗不安  ~ 学業成績  26.448  -0.547  -0.547   -0.590   -0.590
16 失敗不安  ~   励まし   1.718   0.308   0.308    0.061    0.024
```

出力結果のうち，mi の値は修正指標，epc の値は追加されたパスの推定値の変化の期待値（EPC），sepc.lv は潜在的な構造変数の分散のみを 1 にしたときの EPC，sepc.all は誤差変数以外の変数の分散を 1 にしたときの EPC，sepc.nox は外生的な観測変数以外の変数の分散を 1 にしたときの EPC です。また，"~~" は変数間の

共分散（相関）を表します。例えば，"11 失敗不安 ~~ 学習意欲" の行は，「失敗不安」の誤差変数と「学習意欲」の誤差変数の間に共分散（相関）を置くと，モデルの χ^2 値が 101.086 小さくなることを意味します。また，「失敗不安」と「学習意欲」の間の共分散の期待値（epc）は -19.525，相関係数の期待値（sepc.all）は -0.424 となっています。さらに，例えば "14 失敗不安 ~ 学習意欲" の行は，「学習意欲 → 失敗不安」というパスを追加したときの修正指標や，「学習意欲 → 失敗不安」のパス係数の EPC に関する情報を示しています。

修正指標を見ると，"11 失敗不安 ~~ 学習意欲" の行の mi の値が最も高いことから，「失敗不安」の誤差変数と「学習意欲」の誤差変数の間に共分散（相関）を置くことで，モデルの適合度が最も改善されることがわかります。誤差変数の間に相関を仮定するということは，ここで取り上げた変数（「叱責」と「励まし」）以外に，「失敗不安」と「学習意欲」に共通する変数（2 つの変数とそれぞれ相関を持つ変数）があることを仮定するということです。例えば，学業に対して自信のある学習者ほど失敗不安が低く，学習意欲は高いと考えられます。このように，（今は取り上げていない）本人の有能感といった要因が誤差間相関を生み出している可能性があるため，誤差間に相関を仮定することは合理的と言えそうです。

そこで，「失敗不安」の誤差変数と「学習意欲」の誤差変数の間に相関を仮定するという修正を加えて，再度分析を行います。修正後のモデルは，図 6.3 のように表すことができます。

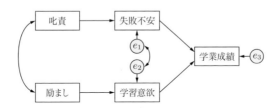

図 6.3　失敗に対する親の関わりが学業成績に与える影響に関する仮説モデル (2)

では，実際に推定してみます。「失敗不安」の誤差変数と「学習意欲」の誤差変数の間に相関を置くには，以下のようにモデルを記述します。

```
誤差変数の間に相関を仮定したモデルの記述
> shp.model2 <- '
+   失敗不安~叱責
+   学習意欲~励まし
+   学業成績~失敗不安+学習意欲
+   失敗不安~~学習意欲
+ '
```

148   第6章   複雑な仮説を統計モデルとして表したい(1)

　ここで，変数が内生変数である場合，実際にはその変数に関する誤差を意味することになります。つまり 失敗不安~~学習意欲 は，「失敗不安」と「学習意欲」そのものの間に相関を設定しているのではなく，「失敗不安」の誤差変数と「学習意欲」の誤差変数の間に相関を設定していることになります。

　母数の推定は関数 sem，結果の出力は関数 summary を用います。

誤差変数の間に相関を仮定したモデルでの母数推定

```
> shp.fit2 <- sem(shp.model2, data=shp)
> summary(shp.fit2, standardized=TRUE, rsquare=TRUE, ci=TRUE,
+ fit.measures=TRUE)
-出力の一部-
  Minimum Function Test Statistic            4.330
  Degrees of freedom                             4
  P-value (Chi-square)                       0.363

  Comparative Fit Index (CFI)                0.998
  Tucker-Lewis Index (TLI)                   0.997

  Akaike (AIC)                           15018.085
  Bayesian (BIC)                         15051.802

  RMSEA                                      0.013
  90 Percent Confidence Interval     0.000   0.070

  SRMR                                       0.022

Regressions:
          Estimate Std.Err z-value P(>|z|) ci.lower ci.upper  Std.lv
失敗不安 ~
  叱責       1.601   0.213   7.522   0.000    1.184    2.018   1.601
学習意欲 ~
  励まし     0.256   0.058   4.444   0.000    0.143    0.370   0.256
学業成績 ~
  失敗不安  -0.138   0.052  -2.650   0.008   -0.240   -0.036  -0.138
  学習意欲   0.904   0.180   5.009   0.000    0.550    1.258   0.904

          Std.all
失敗不安 ~
  叱責       0.292
学習意欲 ~
  励まし     0.178
学業成績 ~
  失敗不安  -0.126
  学習意欲   0.238
```

```
Covariances:
            Estimate Std.Err z-value P(>|z|) ci.lower ci.upper   Std.lv
.失敗不安 ~~
  .学習意欲  -19.582   2.131  -9.190   0.000  -23.758  -15.405  -19.582

            Std.all
.失敗不安 ~~
  .学習意欲   -0.451

Variances:
            Estimate Std.Err z-value P(>|z|) ci.lower ci.upper   Std.lv
  .失敗不安  146.583   9.271  15.811   0.000  128.413  164.754  146.583
  .学習意欲   12.872   0.814  15.811   0.000   11.276   14.467   12.872
  .学業成績  173.522  10.974  15.811   0.000  152.012  195.032  173.522

            Std.all
  .失敗不安    0.915
  .学習意欲    0.968
  .学業成績    0.901

R-Square:
            Estimate
   失敗不安    0.085
   学習意欲    0.032
   学業成績    0.099
```

　まず適合度指標を確認すると，χ^2 値は 4.330 で，p 値は 0.363 です。そのため，帰無仮説は棄却されません。この検定における帰無仮説は「モデルはデータに適合している」であることから，モデルの適切さを支持する結果と言えます。また，CFI = 0.998，TLI = 0.997，RMSEA = 0.013（90%CI [0.000, 0.070]），SRMR = 0.022であり，データに対するモデルの適合度は良好と言えます。さらに，AIC = 15018.085，BIC = 15051.802 であり，先ほどのモデルよりも AIC と BIC の値は小さくなっています。これらのことから，誤差変数の間に相関を仮定しなかったモデルと比較して，相関を仮定したモデルのほうが当てはまりが良いことが示されました。

　パスに関する推定値の見方は先ほどと同様ですが，共分散（相関係数）に関する推定値が出力されています。出力結果の Covariances: のうち，Estimate の値が共分散，Std.all の値が相関係数を表します。したがって，「失敗不安」の誤差変数と「学習意欲」の誤差変数の間の共分散は −19.582，相関係数は −0.451 となります。

6.4 結果の解釈とまとめ方

パス解析の結果の報告例を紹介します。パス解析の結果は，この報告例にあるように，パス図とともに報告する場合がよくあります[*9]。これには，分析モデルや結果をわかりやすく伝える効果がありますが，一方で，標準誤差や信頼区間まで示すのは難しいという問題があります。そのため，結果を表にまとめることも重要であり，この報告例でもそのようにしています。

> **パス解析の報告例**
>
> 子供がテストで失敗したときに，叱責するほど子供の失敗不安は高まり，励ましを与えるほど学習意欲は高まる。また，失敗不安は学業成績を低下させ，学習意欲は向上させると仮定し，パス解析を行った。その結果，適合度指標は，CFI = .485, TLI = .073, RMSEA = .212（90%CI [.180, .246]），SRMR = .115 であり，データに対する当てはまりは良くなかった。そこで，失敗不安の誤差変数と学習意欲の誤差変数の間に相関があることを仮定した。親からの叱責や励ましの程度を考慮しても，例えばテストで良い点数を取る自信があるなど，有能感が高いほど失敗不安は低く，学習意欲は高くなると考えられることから，失敗不安の誤差変数と学習意欲の誤差変数の間には相関があると考えられた。分析の結果，適合度指標は，CFI = .998, TLI = .997, RMSEA = .013（90%CI [.000, .070]），SRMR = .022 となり，データに対するモデルの当てはまりは十分であると判断された。
>
> 推定結果を下図および下表に示す。「失敗不安」から「学業成績」へのパスは 1% 水準で有意であり，それ以外のパスは 0.1% 水準で有意であった。したがって，テストで失敗したときに叱責されることが多い子供ほど失敗不安が高く，励まされることが多い子供ほど学習意欲は高いことが示された。また，（それ以外の変数の条件が同一ならば）失敗不安が高いほど学業成績は低く，学習意欲が高いほど学業成績は高いことが示された。
>
>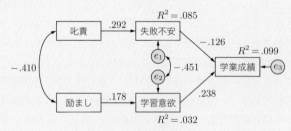
>
> 図：パス解析の結果（係数は標準化されたもの）

[*9] R で推定値を付したパス図を描画する方法については，9.4.4 項を参照してください。

表：パス解析の結果

	非標準化推定値	標準誤差	95%CI 下限	95%CI 上限	標準化推定値
叱責 → 失敗不安	1.601	0.213	1.184	2.018	.292
励まし → 学習意欲	0.256	0.058	0.143	0.370	.178
失敗不安 → 学業成績	−0.138	0.052	−0.240	−0.036	−.126
学習意欲 → 学業成績	0.904	0.180	0.550	1.258	.238

6.5 パス解析の理論

6.5.1 パス図のモデル式

　パス図を式でどう表現するかについて，図 6.2 を例に説明します。例えば「失敗不安」に着目すると，「失敗不安」は「叱責」と e_1 からパスを受けています。つまり，「失敗不安」を目的変数，「叱責」を説明変数，e_1 を誤差とした回帰モデルになっています。同様に，「学業成績」に着目した場合は，「学業成績」を目的変数，「失敗不安」と「学習意欲」を説明変数，e_3 を誤差とした重回帰モデルと見なせます。

　ここで，「叱責」から「失敗不安」への影響の強さを表す値（母集団における値）を β_1，「励まし」から「学習意欲」への値を β_2，「失敗不安」と「学習意欲」から「学業成績」への値をそれぞれ β_3, β_4 とすると，図 6.2 は式では以下のようになります。

$$失敗不安 = \beta_1 \times 叱責 + e_1 \tag{6.1}$$
$$学習意欲 = \beta_2 \times 励まし + e_2 \tag{6.2}$$
$$学業成績 = \beta_3 \times 失敗不安 + \beta_4 \times 学習意欲 + e_3 \tag{6.3}$$

なお，左辺の「失敗不安」「学習意欲」「学業成績」は，平均値で偏差化された変数を想定しています。平均偏差化してもしなくても，分散や共分散の値は変化しないことからもわかるように，分散と共分散に基づいて変数間の関係について検討する際には，平均値の違いは無視することができます。

6.5.2 母数の推定

　パス係数や誤差変数の分散などの母数の値は，変数間の共分散や変数の分散に着目して計算されます。より具体的には，データから計算される標本共分散行列と，パス解析のモデルに基づいて計算される共分散構造の相違度ができるだけ小さくなるように，母数の値を求めます。

　ここでは，説明を簡便にするために図 6.4 を例に説明します。

図 6.4 パス図

　標本共分散行列を求める方法は，1.5 節および 1.6 節で紹介したとおりであり，R で算出するためには関数 cov を用います．関数 cov を用いて，「励まし」と「学習意欲」「学業成績」の共分散行列を実際に求めると，表 6.1 のようになります．表の対角要素は，その変数の分散になります．また，この表では，上三角要素を空白にしています．

表 6.1 標本共分散行列（データから計算された共分散）

変　数	励まし	学習意欲	学業成績
励まし	6.39		
学習意欲	1.43	13.21	
学業成績	1.77	14.75	192.80

　一方の，モデルに基づいて計算される共分散構造というのは，モデル式から導かれる共分散の理論式です．図 6.4 に示したモデルの「学習意欲」と「学業成績」は，モデル式では以下のように表されます．

$$\text{学習意欲} = \beta_1 \times \text{励まし} + e_1 \tag{6.4}$$

$$\begin{aligned}\text{学業成績} &= \beta_2 \times \text{学習意欲} + e_2 \\ &= \beta_2 \times (\beta_1 \times \text{励まし} + e_1) + e_2 \\ &= \beta_1\beta_2 \times \text{励まし} + \beta_2 e_1 + e_2\end{aligned} \tag{6.5}$$

　このとき，「励まし」の分散を s_1^2，誤差変数 e_1 の分散を $s_{e_1}^2$，e_2 の分散を $s_{e_2}^2$ とし，分散 (variance) を Var，共分散 (covariance) を Cov で表すと（例えば「励まし」の分散は "Var(励まし)" と表記），モデルに基づく各変数の分散と変数間の共分散の理論式は，以下のようになります．

$$\text{Var}(\text{励まし}) = s_1^2 \tag{6.6}$$

$$\begin{aligned}\text{Var}(\text{学習意欲}) &= \text{Var}(\beta_1 \times \text{励まし} + e_1) \\ &= \beta_1^2 s_1^2 + s_{e_1}^2\end{aligned} \tag{6.7}$$

$$\begin{aligned}\text{Var}(\text{学業成績}) &= \text{Var}(\beta_1\beta_2 \times \text{励まし} + \beta_2 e_1 + e_2) \\ &= \beta_1^2\beta_2^2 s_1^2 + \beta_2^2 s_{e_1}^2 + s_{e_2}^2\end{aligned} \tag{6.8}$$

$$\text{Cov}(\text{励まし},\text{学習意欲}) = \text{Cov}(\text{励まし},\beta_1 \times \text{励まし} + e_1)$$
$$= \beta_1 s_1^2 \tag{6.9}$$
$$\text{Cov}(\text{励まし},\text{学業成績}) = \text{Cov}(\text{励まし},\beta_1\beta_2 \times \text{励まし} + \beta_2 e_1 + e_2)$$
$$= \beta_1\beta_2 s_1^2 \tag{6.10}$$
$$\text{Cov}(\text{学習意欲},\text{学業成績}) = \text{Cov}(\beta_1 \times \text{励まし} + e_1, \beta_1\beta_2 \times \text{励まし}$$
$$+ \beta_2 e_1 + e_2)$$
$$= \beta_1^2\beta_2 s_1^2 + \beta_2 s_{e_1}^2 \tag{6.11}$$

このように，分散・共分散をモデル母数で表現することを構造化といい，この行列を共分散構造と呼びます[*10]。

上式を導くにあたっては，「励まし」と e_1 および e_2 の間にはいずれも相関がないという仮定が反映されています[*11]。これらをまとめたものが表 6.2 です。

コラム 11：相関と因果

パス図のように変数間の関係に方向性があると，そこにはあたかも因果関係があるかのような印象を私たちは持ってしまいます。例えば，「励まし」から「学習意欲」へのパス係数が統計的に有意であったことは，「親が子供を励ますことで子供の学習意欲が高まる」という可能性を示唆するものです。しかし，こうした因果関係は本当に正しいのでしょうか？ 例えば，学習意欲の高い子供がテストで悪い点数を取ってしまったら，普段頑張っている姿を見ているだけに，親は子供を励ますかもしれません。つまり，実際には「学習意欲 → 励まし」という逆の因果が存在しているのかもしれません。このように，パス図に示されているものは，分析者が決めた因果の流れに過ぎないことに注意しなければなりません。パス解析によってわかることは，あくまでも変数間の相関関係であり，変数の間に規則的な関係があるということです。

ある変数 X と変数 Y の間に相関があるとき，相関が見られた理由としては，5 つのことが考えられます（高野, 2004）。それは，1) X が原因で Y が結果（$X{\to}Y$），2) Y が原因で X が結果（$Y{\to}X$），3) 双方向の因果関係（$X{\rightleftarrows}Y$），4) 第 3 の変数による疑似相関，5) 偶然，の 5 つです。3) の双方向の因果関係とは，例えば，興味と有能感の関係について，興味のあることには熱心に取り組むので得意になり，得意になることでますます好きになる，といったように，互いが原因でも結果でもあることです。5) の偶然というのは，母集団では相関がないにもかかわらず，検定結果が有意になる標本が偶然得られたということです。

このように，パス解析の結果，モデルの適合が良く，推定されたパス係数が統計的に有意であったとしても，分析者が仮説として導いた方向性が正しいことを意味するわけではないことに注意する必要があります。

[*10] 構造化については，9.7 節も参照してください。

[*11] こうした分散・共分散の導出に関する詳細は，南風原 (2002) などを参照してください。

154　第 6 章　複雑な仮説を統計モデルとして表したい (1)

表 6.2　共分散構造（モデルに基づく共分散の理論式）

変 数	励まし	学習意欲	学業成績
励まし	s_1^2		
学習意欲	$\beta_1 s_1^2$	$\beta_1^2 s_1^2 + s_{e_1}^2$	
学業成績	$\beta_1 \beta_2 s_1^2$	$\beta_1^2 \beta_2 s_1^2 + \beta_2 s_{e_1}^2$	$\beta_1^2 \beta_2^2 s_1^2 + \beta_2^2 s_{e_1}^2 + s_{e_2}^2$

　標本共分散行列と共分散構造の相違度を最小化する値を数式によって定義する方法
はいくつかあり，それらは最尤法に基づく定義と最小 2 乗法に基づく定義に大別され
ます。実際の研究では，最尤法が利用されることが多く，パッケージ lavaan の関数
sem のデフォルトでも最尤法が採用されています。標本共分散行列とモデルに基づく
共分散の理論式の相違度を F_{ML} とすると，最尤法に基づく方法では，次式によって
定義される F_{ML} を最小にする値を求めます。

$$F_{\mathrm{ML}} = \log|C| - \log|S| + \mathrm{tr}(C^{-1}S) - J \tag{6.12}$$

ここで，S はデータから計算される標本共分散行列，C はモデルに基づく共分散構造
を表す正方行列です。また，$\mathrm{tr}(C^{-1}S)$ は行列 $C^{-1}S$ の対角要素の総和であり，J は
観測変数の数を表します[*12]。

　このように，パス解析では共分散行列に着目して計算が行われることから，「失
敗.csv」のようなデータ行列がなくても，共分散行列と標本サイズがあればパス解析
を実行することができます。共分散行列を用いてパス解析を行う方法を例示します。

標本共分散行列の算出

```
> shp.cov <- cov(shp)
```

　共分散行列は，関数 cov によって求めることができます。ここでは，求めた共分散
行列を shp.cov というオブジェクトに保存しています。
　次に，6.3.2 項で記述したモデル（shp.model2）に基づいてパス解析を実行します。

標本共分散行列をもとにした母数の推定

```
> shp.cov.fit <- sem(shp.model2, sample.cov=shp.cov, sample.nobs=500)
> summary(shp.cov.fit, standardized=TRUE, rsquare=TRUE, ci=TRUE,
+ fit.measures=TRUE)
-出力は省略-
```

[*12] C^{-1} は行列 C の逆行列を意味します。逆行列は実数の逆数に相当するものであり，正方行列とそ
の逆行列の積（例えば，行列 C と行列 C^{-1} の積）は単位行列になります。単位行列とは，対角要
素が全て 1 で，その他の要素は全て 0 の正方行列のことです。行列については，『R によるやさし
い統計学』p.210〜221 に解説があります。

関数 sem によって分析を行うことと，第 1 引数に記述したモデルを指定することは同様です。データ行列をもとにパス解析を行ったときとの違いは，第 2 引数の sample.cov で標本共分散行列を代入したオブジェクトを指定していることと，第 3 引数の sample.nobs で標本サイズを指定していることです。標本サイズを指定しているのは，標本共分散行列の中には，標本サイズに関する情報が含まれていないためです。分析結果をオブジェクトに代入し，関数 summary によって結果の出力をすることは，これまでと同じです。このように，共分散行列からもパス解析を実行することができました。

6.6 　係数の解釈

■ 6.6.1 　パス係数が意味するもの

パス解析と回帰分析の対応関係について説明したことからもわかるように，パス係数は回帰係数と同様に解釈されます。つまり，「失敗不安」のように 1 つの変数からしか矢印を受けていない場合は，パス係数は単回帰係数と同様に解釈することができます。これに対して，「学業成績」のように複数の変数から矢印を受けている場合は，各変数のパス係数は偏回帰係数と同様に解釈されます。例えば「失敗不安 → 学業成績」のパス係数は，「学習意欲」を一定にしたうえで「失敗不安」の値を 1 増加させたときの，「学業成績」に期待される変化量と解釈できます[*13]。

また，重要なのは，パス解析におけるパスは因果関係を表すものではないということです。パス係数が有意であることは，回帰係数と同様に，ある変数の値を予測できる，あるいは変数の分散を説明できる，ということです。例えば，「叱責」から「失敗不安」へのパスが統計的に有意だとしても，それだけでは「叱責することで失敗不安が高まる」と解釈することはできず，「親の叱責が多いほど，子供の失敗不安は高い」と言えるに過ぎないことに注意しなければなりません。

■ 6.6.2 　非標準化推定値と標準化推定値

パス解析における非標準化推定値と標準化推定値の違いは，回帰分析と同様です。つまり，非標準化推定値は単位の影響を受けます。そのため，パス係数を比較したい場合には，標準化推定値を用いる必要があります。標準化推定値は，全ての変数を標準化し，分散を 1 に統一したときのパス係数です。また，分散が 1 の標準得点同士の共分散は相関係数に一致します。言い換えると，パス図における双方向の矢印は，非標準化推定値では共分散を表し，標準化推定値では相関係数を表します。

[*13] 偏回帰係数の解釈については，3.8 節を参照してください。

156　第 6 章　複雑な仮説を統計モデルとして表したい (1)

6.7　モデルの適合度

6.7.1　適合度指標

　パス解析では，同じデータに対してさまざまなモデルを当てはめて分析することができます。そのため，当てはめたモデルが適切であったことを確認する必要があります。このときに利用されるのが，適合度指標と呼ばれる指標です。本項では，代表的な適合度指標である SRMR，TLI，CFI，RMSEA を紹介します[14]。なお，適合度指標には，値がいくつ以上（以下）であれば，モデルの当てはまりが良いと見なせるかに関する判断基準が存在しますが，こうした基準はあくまでも経験的なものです。そのため，基準を満たせば正しいモデルであると機械的に判断できるわけではないことに，注意する必要があります。

♦ SRMR（standardized root mean-square residual）

　RMR（root mean-square residual）は回帰分析における誤差に相当するものであり，データから計算される標本共分散行列と，モデルから推定される共分散構造との，要素ごとの差異の大きさの平均です。実際の標本共分散行列と推定される共分散構造の差異に着目しているため，0 に近いほど当てはまりが良いことを示し，データとモデルが完全に一致していれば 0 になります。ただし，RMR は単位の影響を受けるため，これを標準化した指標である SRMR が一般的に利用されています。モデルの適合が十分と判断できる目安について，Hu & Bentler (1998) では 0.08 以下という基準が提案されています。

♦ TLI（Tucker-Lewis index），CFI（comparative fit index）

　TLI と CFI は，ベースラインとなるモデルと比較して，評価したいモデルの適合がどの程度良いのかを指標化したものです。ベースラインモデルとしては，全変数間の相関が 0 であることを仮定したモデル（独立モデル）が用いられるのが一般的です。TLI も CFI も，1 に近いほど適合が良いことを表し，Hu & Bentler (1998) では，値が 0.95 以上であることが適合が良いことの目安とされています。ただし，TLI は値が 1.0 を超える可能性があります。豊田 (2014) では，TLI が 1.0 を上回る可能性は低く，仮に上回ったとしても，適合度は値が 1.0 の場合と同等と考えて構わないとされています。

♦ RMSEA（root mean square error of approximation）

　一般に，推定する母数の多い（パスが多く引かれた）複雑なモデルほど，適合度は改善される傾向にあります。RMSEA は，標本共分散行列とモデルに基づく共分散構

---

[14] 適合度指標の詳細については，星野ほか (2005) や豊田 (2003) などを参照してください。

造の相違度を自由度で割った値であり，モデルの複雑さの影響を取り除いて相違度の
大きさを捉えようとする指標です。RMSEA の下限は 0 であり，0 に近いほど適合が
良いことを意味します。モデル適合の判断基準について，Hu & Bentler (1998) では
0.06 以下という基準が提案されています。一方で，RMSEA が 0.10 以上の場合は，
適合が悪いと判断されるのが一般的です。RMSEA については，信頼区間の求め方

コラム 12：因果関係を示すためには？

　コラム 11（p.153）では，相関があることは必ずしも因果の証明にはならないことを
説明しました。では，どうすれば因果関係があると判断できるのでしょうか？　イギリ
スの哲学者であるジョン・スチュアート・ミル（John Stuart Mill）によると，因果関係
を示すためには，1) 原因は結果よりも時間的に先行していること，2) 原因と結果の間
には関連があること，3) 他の因果的説明が排除されていることが必要になります（高
野，2004）。例えば，1 回の調査で得られたデータを用いてパス解析を行い，パス係数が
有意になったとしても，ミルの 3 原則のうち「関連があること」しか示せません。

　では，具体的にどのような方法で因果関係を実証することができるのでしょうか？
因果関係に迫るための強力な方法として，実験があります（高野, 2000）。しかし，実験
の実施が困難な場合も多くあります。例えば，喫煙が健康に与える影響について検討
する場合に，研究協力者を喫煙群と禁煙群にランダムに割り当てて，喫煙や禁煙を強制
することは倫理的に問題があります。このような場合に有効な方法として，縦断調査
があります。縦断調査とは，同一の調査対象者に，時間を置いて複数回のデータ収集を
行う調査のことです。

　例えば，ある小学生とその親を対象に，ある時点で学習意欲（「学習意欲 1」）と子供
に対する親の関わり（「関わり 1」）について測定を行い，その 1 年後に，改めて学習意
欲（「学習意欲 2」）について測定を行ったとします。そして，「学習意欲 1」と「関わり
1」で「学習意欲 2」を予測するモデルで分析します。このとき，「時間的に先行してい
ること」という原則は満たすことになります。また，「関わり 1」と「学習意欲 2」の間
に有意な相関があるならば，「関連があること」という原則も満たします。

　そして，「学習意欲 1」を一定にしてもなお「関わり 1 → 学習意欲 2」のパスが有意
であるならば，「他の因果的説明が排除されていること」という原則も，かなりの程度
満たせます。なぜなら，「学習意欲 1」は「関わり 1」とも「学習意欲 2」とも関連が強
いと考えられる変数だからです。言い換えると，「関わり 1」と「学習意欲 2」の間に有
意な相関があったとしても，それは「学習意欲 1」による疑似相関である可能性があり
ます。ただし，第 3 の変数が「関わり 1」と「学習意欲 2」に影響を与えている可能性
を 100% 排除することはできないため，縦断調査を利用しても，実験ほど因果関係に迫
ることはできません。それでも，縦断調査は因果関係に迫るためには効果的な方法と
言えます。縦断データの分析方法については，尾崎 (2015) や宇佐美・荘島 (2015) を参
照してください。

も知られており*15，パッケージ lavaan では，RMSEA の 90% 信頼区間も出力されます．

6.7.2 同値モデル

繰り返しになりますが，適合度指標によってモデルの当てはまりが良いと判断されたとしても，そのモデルが正しいという保証はありません．なぜなら，同程度に高い適合を示すモデルがほかに存在する可能性があるためです．特に，パスの引き方が異なるにもかかわらず，適合度の値が等しくなるモデルは，同値モデルと呼ばれます．同値モデルが存在する場合，適合度の観点からは，どのモデルが優れているかを判断することはできません．こうした適合度指標の限界から，どのようなモデルを採用するかの決定には，理論や先行研究の知見が重要になります．

例えば，「失敗.csv」のデータにおいても同値モデルは得られます．図 6.5 に，適合度指標の値が全く同じになるモデルを示します．同値モデル A は，「親からの叱責や励ましによって子供の失敗不安が変化し，失敗不安が高くなると学業成績と学習意欲は低下する．また，学習意欲が高くなると学業成績は高くなる」と考えたモデルです．これに対して，同値モデル B は「学業成績が高くなると学習意欲は高くなる」と考えたモデル，そして同値モデル C は「学習意欲と学業成績の関係に方向性を考えない」モデルです．

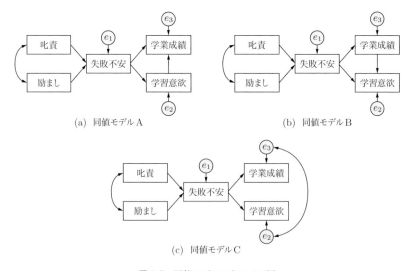

図 6.5　同値モデルになるパス図

---

*15 南風原 (2014) などを参照してください．

これら 3 つのモデルの背景にある考えはそれぞれ異なりますが，適合度は完全に一致します。つまり，「学習意欲が高いから学業成績は高くなるのか」「学業成績が高いから学習意欲は高くなるのか」という問題に対する答えは，パス解析を行って得られる適合度指標をもとに知ることはできません。このように，適合度指標は万能というわけではなく，限界があることに注意する必要があります。

章末演習

どのような大学生が高い成績を取っているかについて，図 6.6 のような仮説を立て，調査を行いました。

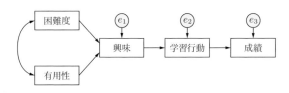

図 6.6　演習問題のモデル

まず，授業内容を身につけることは有用であると思った学生ほど学習内容に興味を持つ一方で，授業内容が難しいと思った学生は興味を持たなくなると考えました。また，授業内容に興味を示した学生ほど積極的に学習に取り組み，それによって高い成績を取ると予測しました。調査結果は，「授業評価.csv」として外部ファイルに保存してあります。データファイルに含まれている変数の内容は以下のとおりです。

- 「困難度」：授業内容の困難度の認知の程度
- 「有用性」：授業内容の有用性の認知の程度
- 「興味」：授業内容に対する興味の程度
- 「学習行動」：積極的に学習に取り組んだ程度
- 「成績」：学期末試験の成績

問1　データファイルを読み込み，図 6.6 のモデルを記述し，hyk.model というオブジェクトに保存してください。

問2　関数 sem を利用して，問 1 で記述したモデルに基づいて分析を行ってください。

問3　関数 summary を利用して，結果を出力してください。その際，標準化推定値と決定係数，適合度指標も出力し，モデルの当てはまりの良さを評価してください。

160   第 6 章　複雑な仮説を統計モデルとして表したい (1)

問4 関数 modindices を用いて修正指標を求めてください。また，修正指標から，どのような修正案が考えられるでしょうか？

問5 修正指標を参考にしてモデルを修正し，修正したモデルで再度分析を行い，適合度が改善されたかどうかを評価してください。

問6 問 5 で採用したモデルについて，パス係数の信頼区間を求めてください。

第 III 部

心理尺度の分析

第7章
心理尺度を開発したい (1)
——探索的因子分析

　　因子分析は，質問紙に含まれている項目の間の相関関係をもとに，ある項目群に共通している成分（因子）を見つけるための方法です。心理尺度を利用した調査研究では，この因子分析がよく用いられます。因子分析は，探索的因子分析と確認的因子分析とに分類され，本章では探索的因子分析について解説します。

7.1 　データと手法の概要

7.1.1　データの概要

　　人がある行為や活動をする理由には，大きく分けて，内発的動機づけと外発的動機づけの2つがあるとされています。内発的動機づけとは，例えば「面白いから勉強する」など，活動そのものに興味を持っている状態で，活動自体を目的とした動機づけです。一方，外発的動機づけとは，「ご褒美がもらえるから」「やらないと叱られるから」といったように，報酬の獲得や罰の回避など，活動とは直接関係のない目的を達成するための手段としての動機づけです。

　　中学生が学習をする理由について調査するために，内発的動機づけを測定するための項目を4項目，外発的動機づけを測定するための項目を4項目作成しました。この8項目に対して，自分が学習する理由としてどのくらい当てはまるかを，「1：全く当てはまらない」から「4：とても当てはまる」までの4つの選択肢から選ぶ4件法で回答してもらいました。500人の回答結果が「動機づけ.csv」として保存されています。内発的動機づけの測定項目は「I1」～「I4」，外発的動機づけの測定項目は「E1」～「E4」です。このファイルをExcelで開くと，図7.1のようなデータ行列が表示されます。変数名とその内容を以下にまとめます。

	A	B	C	D	E	F	G	H
1	I1	I2	I3	I4	E1	E2	E3	E4
2	4	3	2	3	3	2	1	2
3	2	3	2	2	3	3	3	2
4	4	3	4	3	1	2	1	2
5	3	4	3	3	2	1	2	3
6	2	3	3	2	3	3	3	3
7	3	3	3	3	3	3	3	1
8	2	2	2	3	3	3	3	3
9	3	2	3	3	2	3	3	3

図 7.1　「動機づけ.csv」（一部抜粋）

- 「I1」：問題を解くことは面白いから
- 「I2」：勉強すること自体が好きだから
- 「I3」：わかるようになるのがうれしいから
- 「I4」：好奇心が満たされるから
- 「E1」：成績が下がると怒られるから
- 「E2」：勉強することは規則のようなものだから
- 「E3」：みんなが勉強しているから
- 「E4」：周りの人がやりなさいと言うから

「動機づけ.csv」を読み込んで，その内容を確認しましょう。以下に，データの読み込みとデータフレームの確認を行うためのコードを示します。

データの読み込み，データフレームの確認

```
> dkk <- read.csv("動機づけ.csv")  #データの読み込み
> head(dkk)
  I1 I2 I3 I4 E1 E2 E3 E4
1  4  3  2  3  3  2  1  2
2  2  3  2  2  3  3  3  2
3  4  3  4  3  1  2  1  2
4  3  4  3  3  2  1  2  3
5  2  3  3  2  3  3  3  3
6  3  3  3  3  3  3  3  1
```

7.1.2　分析の目的と概要

社会科学などの研究分野では，購買意欲，ブランド価値，学力，知能，性格など，それ自体は見ることも触ることもできない構成概念[*1]を扱います。「学習に対する動機づけ」もまた，直接測定できない構成概念です。質問紙調査は，こうした構成概念

[*1] 学力や性格は，人の行動や反応など観測可能なものを抽象化して作られた概念です。これらは直接観測することはできませんが，その存在を認めることで，手もとの現象を効率良く説明することができます。このような概念を構成概念といいます（平井, 2006）。

164　**第 7 章　心理尺度を開発したい (1)**

を間接的に測定するための方法の 1 つです。つまり，「勉強すること自体が好きだから」や「勉強することは規則のようなものだから」などの質問項目に対して回答を求め，回答結果に得点を与えて，その合計点を「内発的動機づけ」得点や「外発的動機づけ」得点とすることで，動機づけの程度を表します。このように，対象に数値を割り当てる規則のことを，一般に尺度といいます（南風原, 2001）。

　ここで，「I1」〜「I4」は内発的動機づけを測定するための項目であり，「E1」〜「E4」は外発的動機づけを測定するための項目であることを，理論からだけでなくデータからも示すことは重要です。因子分析は，質問項目に対する回答結果をもとに，ある項目群がどのような構成概念を測定しているのかについて検討するための方法です。因子分析には，探索的因子分析と確認的因子分析とがあります。本章の目的は，学習に対する動機づけを測定するために作成した 8 項目が，内発的動機づけを測定するための項目群と，外発的動機づけを測定するための項目群とに分類されるかどうかを，探索的因子分析によって検討することです。探索的因子分析の手順は以下のとおりです。

1. 因子数の決定
2. 因子負荷の推定
3. （因子数が 2 つ以上の場合）因子軸の回転
4. 因子の解釈

　探索的因子分析では，初めに因子の数を決定します。これは，尺度に含まれる項目がいくつの構成概念を測定しているかについて検討するということです。因子数の決定後，因子負荷などの値を推定します。また，因子数が 2 つ以上ある場合は因子軸の回転を行います。そして，最終的に得られた因子負荷の値をもとに，各因子がどのような構成概念を反映したものであるかについて解釈を行います。以下では，それぞれの手順について説明します[*2]。

　また，本章では，信頼性係数の推定値である α 係数と ω 係数の算出方法と，順序カテゴリカル変数を扱った探索的因子分析の方法についても解説します。1.8 節で解説したように，テストの問題に対する正誤を「0 ＝ 誤答」「1 ＝ 正答」とコーディングした変数や，5 段階で評価された生徒の成績は，順序カテゴリカル変数と呼ばれます。したがって，「動機づけ.csv」に保存されている，学習動機づけを測定する項目得点のデータも，厳密にはカテゴリカル変数です。しかし，心理尺度はほとんどの場合間隔尺度として扱われることから，本章では，学習動機づけを測定している項目得点は，順序カテゴリカル変数ではなく連続変数として扱います。

　[*2] 実際の研究などでは，因子分析の結果をもとに尺度得点を算出し，その尺度得点を使用して，さらに回帰分析などを利用することが一般的です。15.2 節では，探索的因子分析によって尺度を構成し，その尺度得点を使用して別の変数を説明するという実践例を紹介しています。

7.2 因子数の決定

　探索的因子分析は主に，因子に関する明確な仮説がないときに利用されます[3]。そのため，まずは複数の観測変数（質問項目に対する回答結果）に共通する因子がいくつあるかを検討する（因子の数を決定する）必要があります。因子数を決定するうえでは，因子の解釈可能性や背景にある理論が重要になるとともに，データに基づいた分析によって，いくつの因子数が妥当であるかについて情報を得ることも重要です。そこで，本節では，因子数を決定する方法について，ガットマン基準，スクリーテスト，平行分析の３つの方法を紹介します[4]。因子数を決定するための明確な基準はなく，何か１つの基準のみで因子数を決定することは実際には多くありません。複数の基準を考慮して，総合的に因子数を決めることが重要です。

7.2.1　ガットマン基準

　ガットマン基準[5]とは，観測変数の相関行列の固有値（eigenvalue）[6]をもとに因子数を決定する方法です。具体的には，値が 1.0 以上の固有値の数を因子数とします。固有値を算出するためには，関数 eigen を利用します。

```
固有値の算出
> cor.dkk <- cor(dkk)   #相関行列の算出
> eigen(cor.dkk)   #固有値の算出
$values
[1] 3.7613999 1.4433708 0.7540046 0.5187218 0.4542219   -略-
```

　固有値を求めるためには，まず観測変数間の相関行列を算出する必要があります。そのため，関数 cor を利用して相関行列を求め，これを cor.dkk というオブジェクトに保存します。

　次に，関数 eigen の引数に相関行列を代入したオブジェクトを指定します。出力される結果のうち，参照名が values となっているものが固有値です。値が 1.0 以上の固有値の数は２つ（3.7613999 と 1.4433708）であることから，ガットマン基準では因子数は２であることが示唆されました。

---

[3] 探索的因子分析に対して８章で紹介する確認的因子分析は，事前に仮説があり，その仮説を検証するときに，主に利用されます。

[4] 因子数決定のその他の方法については，服部 (2011) などを参照してください。

[5] カイザー基準や，ガットマン＝カイザー基準とも呼ばれます。

[6] 固有値の詳細については，豊田 (2012) などを参照してください。

7.2.2 スクリーテスト

固有値を縦軸，因子の番号を横軸にとって，固有値の変化をプロットした折れ線グラフのことを，スクリープロットと呼びます．スクリーテストでは，固有値の推移がなだらかになる直前までの固有値の数を因子数とします．スクリープロットは，パッケージ psych に含まれている関数 VSS.scree を利用して出力できます．

スクリープロットの出力
| ```
> library(psych)    #パッケージの読み込み
> VSS.scree(dkk)    #スクリープロットの出力
``` |

ここでは，関数 VSS.scree の引数としてデータ行列 (dkk) を指定していますが，データ行列ではなく相関行列 (cor.dkk) でも構いません．出力されたスクリープロット（図 7.2）を見ると，第 3 因子以降でなだらかになっています．したがって，因子数を 2 とすることが示唆されました．

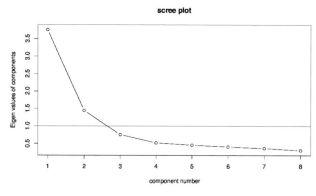

図 7.2　スクリープロット

7.2.3 平行分析

平行分析では，変数の数と標本サイズが実際のデータと同一の乱数データを n 個作成して，n 個の乱数データそれぞれで固有値を算出し，n 個の固有値の平均を求めます．そして，平均した固有値よりも大きい実データの固有値の数を因子数とします．

平行分析は，パッケージ psych に含まれている関数 fa.parallel を利用して実行できます．

平行分析
| ```
> fa.parallel(dkk, fm="ml", fa="pc", n.iter=100)
``` |

第 1 引数でデータを指定し，第 2 引数の fm="ml"で推定方法として最尤法（ML法）を指定しています．第 3 引数の fa="pc"は，相関行列の固有値を利用することを指定し，第 4 引数の n.iter は発生させる乱数データの個数を指定します．ここでは，乱数データを 100 個作成し，100 個の固有値の平均を求めています．

平行分析を実行すると，図 7.3 が出力されます．図中，"PC Actual Data"（実線と×）は実データの相関行列の固有値，"PC Simulated Data"（点線）は乱数データの固有値を表します．また，"PC Resampled Data"（破線）は，実データの数値からランダムに再抽出して作られたデータの固有値であり，これは "PC Simulated Data" とほぼ同様の結果になる傾向にあります．実際，図 7.3 でも両者は区別がつきません．平行分析の結果，実データの固有値が乱数データの固有値よりも大きくなっているのは 2 つであることから，2 因子解が示唆されたことになります．

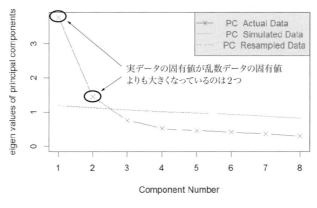

図 7.3　平行分析の結果

7.3　因子負荷の推定

因子負荷は，それぞれの観測変数が各因子をどの程度反映しているかを示します．探索的因子分析では，因子負荷は各観測変数につき因子の数だけ推定されます．例えば因子数が 2 つであれば，観測変数の数 × 2 の因子負荷が推定されます．7.5 節で説明するように，各因子がどのような構成概念を反映したものであるかは，推定された因子負荷の値を見て判断することになります．

探索的因子分析による因子負荷の推定は，パッケージ psych の関数 fa により行うことができます[7]．前節の結果を踏まえて，因子数を 2 として分析します．因子数が

---

[7] 『R によるやさしい統計学』p.299〜308 では，関数 factanal によって探索的因子分析を行う方法が解説されています．

168 第 7 章 心理尺度を開発したい (1)

2 つであるため，一般的には，因子軸の回転 (次節) を行いますが，ここではまず，回転をする前の因子負荷の値 (これを初期解と呼びます) を推定します。

因子負荷の推定 (初期解)

```
> fa.dkk1 <- fa(dkk, nfactors=2, fm="ml", rotate="none")  #母数の推定
> print(fa.dkk1, sort=TRUE, digits=3)  #結果の出力
-出力の一部-
   item   ML1   ML2    h2    u2   com
E3    7 -0.743 0.394 0.707 0.293 1.52
E2    6 -0.727 0.362 0.660 0.340 1.47
I1    1  0.701 0.270 0.565 0.435 1.29
I2    2  0.664 0.352 0.564 0.436 1.52
I4    4  0.630 0.437 0.588 0.412 1.78
I3    3  0.630 0.425 0.577 0.423 1.75
E1    5 -0.580 0.378 0.479 0.521 1.72
E4    8 -0.426 0.144 0.202 0.798 1.22


                      ML1   ML2
SS loadings         3.324 1.018
Proportion Var      0.416 0.127
Cumulative Var      0.416 0.543
```

因子分析の結果を fa.dkk1 というオブジェクトに保存します。関数 fa の第 1 引数でデータを指定し，第 2 引数の nfactors=2 で因子数が 2 であることを指定しています。第 3 引数では，因子負荷の推定法を指定しています。ここでは，心理学研究で最もよく利用されている最尤法によって推定します[8]。第 4 引数の rotate="none" では，因子軸の回転をせずに因子負荷を推定することを指定しています。

因子分析の結果を出力する際には，関数 print を利用すると便利です。第 1 引数に，因子分析の結果を代入したオブジェクトを指定します。第 2 引数の sort=TRUE は，変数を因子負荷が大きい順に並べ替えるための引数です。また，第 3 引数の digits=3 では，小数点以下第 3 位まで出力することを指定しています。デフォルトでは，小数点以下第 2 位までが出力されます。

出力結果のうち，ML1 の列は第 1 因子の因子負荷，ML2 の列は第 2 因子の因子負荷を表しています。例えば，観測変数「E3」の第 1 因子の因子負荷は −0.743，第 2 因子の因子負荷は 0.394 となっています。また，h2 の列は共通性，u2 の列は独自性を示します。共通性とは，観測変数の平方和のうち，共通因子で説明できる部分の割合であり，共通性と独自性の和は 1 になります (7.9.2 項参照)。

次に，SS loadings は因子寄与と呼ばれるものです。因子寄与は，因子ごとに観

---

*8 デフォルトでは，ミンレス法によって推定が行われます。推定法の種類やそれぞれの特徴については，豊田 (2012) を参照してください。

測変数の因子負荷を 2 乗して合計したもので[9]，各因子が説明できる観測変数の分散の大きさを表します。`Proportion Var` は，因子寄与を観測変数の数（ここでは 8）で割った値で，因子寄与率と呼ばれます。`Cumulative Var` は，各因子の寄与率を合計した値であり，累積寄与率と呼ばれます。具体的には，ML1 の値（0.416）は第 1 因子までの因子寄与率の合計，ML2 の値（0.543）は第 2 因子までの因子寄与率の合計（$0.416 + 0.127 = 0.543$）を示しています。

なお，関数 `fa` による因子分析は，データ行列ではなく相関行列を指定しても実行できます。その場合は，第 1 引数で相関行列を指定し，`n.obs` という引数によって標本サイズの指定を行います。このデータの標本サイズは 500 であることから，`n.obs=500` とします。

相関行列をもとにした因子負荷の推定（初期解）

```
> fa.dkk.cor <- fa(cor.dkk, nfactors=2, fm="ml", rotate="none",
+ n.obs=500)
> print(fa.dkk.cor, sort=TRUE, digits=3)
-出力は省略-
```

7.4 因子軸の回転

因子の解釈は，因子が単純構造であるほうが容易です。単純構造とは，各観測変数が 1 つの因子だけから高い因子負荷を受け，他の因子からの因子負荷は 0 に近い状況です。そして，因子を単純構造にするために利用されるのが，因子軸の回転です。

前節で推定された因子負荷にはメリハリがなく，単純構造とは言えません。例えば観測変数「I3」は，第 1 因子の因子負荷が 0.630，第 2 因子の因子負荷が 0.425 であり，いずれの因子からも高い因子負荷を受けているため，第 1 因子を反映した変数なのか第 2 因子を反映した変数なのかを判断することは困難です。このように単純構造でない場合，因子の解釈は容易ではありません。そこで，単純構造になるように因子軸の回転を行います。ここでは，斜交回転として最もよく利用されているプロマックス（promax）回転を使って探索的因子分析を行います[10]。因子軸の回転をするためには，パッケージ GParotation の読み込みが必要です。

---

[9] 斜交回転（7.9.3 項参照）を行った場合は，「因子寄与＝（因子ごとの）因子負荷の 2 乗和」という関係は成り立たなくなります。

[10] デフォルトでは，オブリミン回転が適用されます。回転法の種類やそれぞれの特徴については，豊田 (2012) を参照してください。

170　第 7 章　心理尺度を開発したい (1)

```
因子負荷の推定（プロマックス回転）

> library(GPArotation)  #パッケージの読み込み
> fa.dkk2 <- fa(dkk, nfactors=2, fm="ml", rotate="promax")  #母数の推定
> print(fa.dkk2, sort=TRUE, digits=3)  #結果の出力
-出力の一部-
   item    ML2    ML1    h2    u2   com
I4    4  0.803  0.073 0.588 0.412 1.02
I3    3  0.791  0.061 0.577 0.423 1.01
I2    2  0.732 -0.035 0.564 0.436 1.00
I1    1  0.666 -0.141 0.565 0.435 1.09
E3    7  0.013  0.848 0.707 0.293 1.00
E2    6 -0.011  0.806 0.660 0.340 1.00
E1    5  0.084  0.734 0.479 0.521 1.03
E4    8 -0.079  0.402 0.202 0.798 1.08


                    ML2   ML1
SS loadings       2.253 2.089
Proportion Var    0.282 0.261
Cumulative Var    0.282 0.543

 With factor correlations of
       ML2   ML1
ML2   1.00 -0.54
ML1  -0.54  1.00
```

　初期解を求めたときとの違いは，関数 fa の第 4 引数が rotate="none"ではなく
rotate="promax"になっていることです。これにより，プロマックス回転を行った
うえでの因子負荷が推定されます。

　回転後の因子負荷は，初期解（回転する前に推定された因子負荷）のときとは異な
り，単純構造に近づいていることがわかります。例えば観測変数「I3」は，第 1 因子の
因子負荷が 0.791，第 2 因子の因子負荷が 0.061 であり，メリハリがつきました。ま
た，出力結果の大きな違いとして，因子間相関（With factor correlations of）
が出力されていることがあります。第 1 因子と第 2 因子の間には，中程度の負の相関
があるとわかります（$r = -0.54$）。

7.5　因子の解釈

　因子負荷の推定が終わったら，因子の解釈を行います。因子の解釈とは，各因子を
強く反映する変数の内容から，その因子の内容を推測することです。具体的には，各
因子がどのような概念を表しているかについて，因子名をつけます。

　まず，第 1 因子を見ると，「I4」（好奇心が満たされるから）や「I3」（わかるように
なるのがうれしいから）などが高い因子負荷を示しています。これらは，学習するこ
と自体に興味を持っている人が高い得点を取ると考えられる変数であることから，第

1 因子は「内発的動機づけ」因子と命名できます。

次に，第 2 因子を見ると，「E3」（みんなが勉強しているから）や「E2」（勉強することは規則のようなものだから）などが高い因子負荷を示しています。これらは，学習自体が目的なのではなく，別の目的を達成するための手段として学習している人が高い得点を取ると考えられる変数であることから，第 2 因子は「外発的動機づけ」因子と命名できます。

7.6 報告例

探索的因子分析の結果の報告例は以下のとおりです。

因子分析の報告例

学習動機づけを測定するための 8 項目について，探索的因子分析を行った。まず固有値を求めたところ，3.761, 1.443, 0.754, 0.519, 0.454, ⋯ であり，値が 1 以上の固有値の数は 2 つであった。また，固有値の減衰状況からは，2 因子解が妥当と考えられた。次に平行分析を行ったところ，ここでも 2 因子解が示唆された。

以上の結果と，動機づけは外発的動機づけと内発的動機づけの 2 つに分けられることが多いことから，2 因子解を採用して探索的因子分析（最尤法・プロマックス回転）を行った。推定結果を下表に示す。

表：学習動機づけ尺度の探索的因子分析結果（最尤法・プロマックス回転）

	因子負荷		共通性
	因子 1	因子 2	
好奇心が満たされるから	.803	.073	.588
わかるようになるのがうれしいから	.791	.061	.577
勉強すること自体が好きだから	.732	−.035	.564
問題を解くことは面白いから	.666	−.141	.565
みんなが勉強しているから	.013	.848	.707
勉強することは規則のようなものだから	−.011	.806	.660
成績が下がると怒られるから	.084	.734	.479
周りの人がやりなさいと言うから	−.079	.402	.202
因子間相関	−.540		

第 1 因子は「好奇心が満たされるから」や「わかるようになるのがうれしいから」など 4 項目が高い因子負荷を示しており，学習自体を目的としていると考えられる項目が集まったことから，「内発的動機づけ」因子と命名した。第 2 因子は，「みんなが勉強しているから」や「勉強することは規則のようなものだから」など 4 項目が高い因子負荷を示しており，学習以外のことを目的に学習していることを表す項目が集まったことから，「外発的動機づけ」因子と命名した。また，2 つの因子の間の相関は −.540 であり，内発的動機づけが高い人ほど外発的動機づけは低い傾向にあった。累積因子寄与率は 54.3% であった。

172　第 7 章　心理尺度を開発したい (1)

7.7　信頼性の評価

本節では，信頼性係数の推定値として最もよく使用されている α 係数の算出方法を紹介します。また，近年，信頼性係数の推定値として ω 係数が報告されることも多くなってきたことから，その算出方法についても解説します。

7.10.2 項で説明するように，α 係数が，ある因子から各観測変数への因子負荷が等しいという仮定を満たす必要がある指標であるのに対して，ω 係数はこの仮定を必要としません。因子分析を行った際に，因子負荷の値が全て同一になることは現実的にはほとんどありませんので，ω 係数のほうがより正確な信頼性の推定値になります。ただし，これまでの心理学研究などでは，α 係数のみが報告されていることがほとんどですから，先行研究との比較という意味で，ω 係数と α 係数を併せて報告することには意味があると考えられます。

コラム 13：相関行列と因子分析

関数 fa では，データ行列だけでなく，相関行列を指定しても分析することができます。これは，因子分析が相関関係を説明するための分析であるためです。例えば，以下の表は，数学と物理，化学，英語のテスト成績に関する相関行列です。

相関行列

	数学	物理	化学	英語
数学	1.00			
物理	0.65	1.00		
化学	0.52	0.58	1.00	
英語	0.45	0.42	0.43	1.00

ここで，1 因子モデルにおける変数 j の因子負荷を a_j，変数 k の因子負荷を a_k，2 つの変数間の相関係数を r_{jk} とすると，因子負荷と相関係数の間には，以下の関係が近似的に成り立ちます。

$$r_{jk} \simeq a_j \times a_k$$

4 つのテストの成績について，1 因子解を当てはめて因子分析（最尤法）を行うと，数学と物理，化学，英語の因子負荷はそれぞれ 0.78, 0.82, 0.70, 0.56 となります。例えば数学と物理の間の相関係数は 0.65 であり，数学の因子負荷（0.78）と物理の因子負荷（0.82）の積は 0.64 になることから，相関係数と因子負荷の積は近い値になっています。このように，因子分析とは，変数間の相関に関する分析であると言えます。

■ 7.7.1 α 係数

α 係数は，パッケージ psych に含まれている関数 alpha を利用することで算出できます[11]。

```
α 係数の算出
> dkk.nht <- dkk[, c("I1", "I2", "I3", "I4")]
> alpha(dkk.nht)  #内発的動機づけ尺度のα係数
-出力の一部-
 raw_alpha std.alpha G6(smc) average_r S/N  ase mean   sd median_r
      0.84      0.84     0.8      0.57 5.2 0.012  2.5 0.62     0.56

 lower alpha upper   95% confidence boundaries
  0.82  0.84  0.86

 Reliability if an item is dropped:
    raw_alpha std.alpha G6(smc) average_r S/N alpha se   var.r med.r
 I1      0.80      0.80    0.73      0.57 4.0    0.015 0.00086  0.57
 I2      0.79      0.80    0.73      0.57 3.9    0.016 0.00152  0.57
 I3      0.79      0.80    0.72      0.57 3.9    0.016 0.00099  0.55
 I4      0.79      0.79    0.72      0.56 3.8    0.016 0.00165  0.55

> dkk.ght <- dkk[, c("E1", "E2", "E3", "E4")]
> alpha(dkk.ght)  #外発的動機づけ尺度のα係数
-出力の一部-
 raw_alpha std.alpha G6(smc) average_r S/N  ase mean   sd median_r
      0.79      0.79    0.76      0.48 3.7 0.015  2.2 0.62     0.47

 lower alpha upper   95% confidence boundaries
  0.76  0.79  0.82
```

　α 係数は下位尺度ごとに求めるのが一般的であるため，内発的動機づけ尺度と外発的動機づけ尺度のそれぞれについて，α 係数を算出します。オブジェクト dkk から内発的動機づけを測定するための 4 つの変数をオブジェクト dkk.nht に取り出し，関数 alpha の引数として指定します。同様に，外発的動機づけを測定するための 4 つの変数をオブジェクト dkk.ght に取り出します。

　出力結果のうち，raw_alpha の値が α 係数になります。内発的動機づけ尺度の α 係数は 0.84，外発的動機づけ尺度の α 係数は 0.79 でした。また，95% 信頼区間も算出されており，lower の値が 95% 信頼区間の下限，upper の値が 95% 信頼区間の上限になります。したがって，内発的動機づけ尺度の α 係数の 95% 信頼区間は [0.82, 0.86]，外発的動機づけ尺度の α 係数の 95% 信頼区間は [0.76, 0.82] であるとわ

---

[11] 『R によるやさしい統計学』p.289 では，パッケージ psy の関数 cronbach によって α 係数を算出する方法が解説されています。

かります。α 係数の値の解釈について明確な基準はありませんが，α 係数の最大値は 1 であり，一般に 0.8 以上であれば信頼性が高いと判断されています（尾崎・荘島，2014 など）。

さらに，"Reliability if an item is dropped:" には，当該変数を除外したときの α 係数の値などが示されています。例えば「I1」の行における raw_alpha の値は，「I1」を除く 3 つの変数で α 係数を算出すると 0.80 になることを意味します。もし，ある変数を除外したときに α 係数の値が大きくなるのであれば，その変数は除外したほうがよいと思われるかもしれません。しかし，それだけでは変数を除外する理由にはなりません。それは，変数を除外することで，尺度得点が意味するものが，目的とする構成概念よりも狭く偏ったものとなり，妥当性が低下する可能性があるためです（8.8.2 項参照）。"Reliability if an item is dropped:" の出力情報はあくまで 1 つの情報であり，項目内容なども踏まえて，最終的に除外するかどうかを判断することが重要です。

■ 7.7.2　ω 係数

ω 係数は，パッケージ psych の関数 omega によって算出できます。

```
ω 係数の算出

> omega(dkk.nht, nfactors=1)   #内発的動機づけ尺度のω係数
-出力の一部-
Omega Total    0.84

> omega(dkk.ght, nfactors=1)   #外発的動機づけ尺度のω係数
-出力の一部-
Omega Total    0.8
```

第 1 引数では，先ほどデータを抽出したオブジェクトを指定しています。また，第 2 引数の nfactors=1 は，群因子数が 1 であることを指定しています。群因子とは特定の観測変数のみに影響を与える因子のことであり，ここでは内発的動機づけ（外発的動機づけ）を測定する 4 変数のみを抽出しているので，その因子数 1 を指定しています。

ω 係数という名前で言及される指標は複数あり，関数 omega でも複数の指標が出力されます。岡田 (2011) のシミュレーションでは，α 係数や他の ω 係数と比較して，群因子数を 1 としたときの ω_t (omega total) のバイアスが小さいことが示されていることから，ここでは Omega Total の値を参照します。

7.8　順序カテゴリカル変数の探索的因子分析と信頼性の評価　　175

7.8 順序カテゴリカル変数の探索的因子分析と信頼性の評価

7.8.1 データの概要

　分析例を示すために，中学生 300 人を対象に行った数学のテストのデータを用います。数学のテストは 10 問で構成されており，「0 ＝誤答」「1 ＝正答」とコーディングしたデータが，「数学テスト.csv」に保存されています。「数学テスト.csv」を読み込んで，その内容を確認しましょう。以下に，データの読み込みとデータフレームの確認を行うコードを示します。

```
データの読み込み，データフレームの確認
> math <- read.csv("数学テスト.csv")  #データの読み込み
> head(math)
  math1 math2 math3 math4 math5 math6 math7 math8 math9 math10
1     1     0     1     1     1     0     0     0     0      0
2     1     0     0     1     0     1     0     1     0      1
3     1     1     0     1     1     0     0     0     0      0
4     1     1     1     1     1     1     0     1     1      1
5     0     0     0     0     0     0     0     1     0      0
6     0     0     0     0     0     0     0     1     1      0
```

7.8.2 順序カテゴリカル変数を扱った探索的因子分析

　通常の探索的因子分析のときと同様に，まず因子数を決定します。具体的には，ガットマン基準，スクリーテスト，平行分析の 3 つの方法によって因子数を決定します。データは全て順序カテゴリカル変数であるため，ポリコリック相関行列を算出します[*12]。相関係数を求めたい変数が全て順序カテゴリカル変数である場合には，パッケージ psych の関数 polychoric を利用できます。

```
因子数の決定
> cor.math <- polychoric(math)$rho  #ポリコリック相関行列の算出
> eigen(cor.math)  #固有値の算出
> VSS.scree(cor.math)  #スクリープロットの出力
> fa.parallel(cor.math, fm="ml", fa="pc", n.iter=100, n.obs=300)  #平行分析
-出力は省略-
```

　関数 polychoric の引数に，順序カテゴリカル変数が含まれたデータを指定し，結果を cor.math というオブジェクトに保存します。$rho を付しているのは，対称

[*12] データは全て 2 値順序カテゴリカル変数であることから，テトラコリック相関係数と言えますが，R で利用する関数の名称に合わせて，ここではポリコリック相関係数の名称を用います。これらの名称については 1.8 節を参照してください。

176　第 7 章　心理尺度を開発したい (1)

行列をオブジェクトに保存するためです（$rho がない場合は，三角行列が保存され
ます）。

　固有値の算出には，連続変数のときと同様に関数 eigen を利用します。また，関数
VSS.scree と関数 fa.parallel の第 1 引数には，データ行列だけでなく相関行列を
指定することができます。ただし，関数 fa.parallel については，データ行列では
なく相関行列を指定する場合，標本サイズを指定する必要があります。標本サイズは
300 であることから，n.obs=300 とします。

　出力結果は省略しますが，ガットマン基準からは 2 因子解，スクリーテストと平行
分析の結果からは 1 因子解が示唆されました。そこで，1 因子解を当てはめて探索的
因子分析（最尤法）を行います。データが全て順序カテゴリカル変数の場合は，関数
fa.poly を利用できます。関数 fa.poly の使い方は，関数 fa と同様です。また，因
子数を 1 に指定する場合，因子軸を回転することはできないため，回転法を指定する
必要はありません。

```
因子負荷の推定

> fa.math <- fa.poly(math, nfactors=1, fm="ml")   #母数の推定
> print(fa.math, sort=TRUE, digits=3)    #結果の出力
-出力の一部-
        V   ML1    h2    u2 com
math10 10 0.923 0.852 0.148   1
math7   7 0.921 0.849 0.151   1
math8   8 0.904 0.817 0.183   1
math9   9 0.831 0.690 0.310   1
math6   6 0.758 0.574 0.426   1
math3   3 0.746 0.556 0.444   1
math5   5 0.735 0.540 0.460   1
math2   2 0.689 0.474 0.526   1
math4   4 0.683 0.467 0.533   1
math1   1 0.675 0.455 0.545   1


                 ML1
SS loadings    6.275
Proportion Var 0.627
```

　出力結果の読み取りも関数 fa のときと同様であり，ML1 の列が因子負荷，h2 は共
通性，u2 は独自性を表します。因子負荷の値が最も小さいのは変数 math1 であり，
0.675 でした。したがって，全ての観測変数の因子負荷が高い値を示しており，この
結果からも 1 因子解が適切であることが示唆されます。また，SS loadings の値か
ら因子寄与は 6.275，Proportion Var の値から因子寄与率は 0.627 だとわかります。

■ 7.8.3　信頼性の評価

　順序カテゴリカル変数について α 係数や ω 係数を算出したい場合は，引数にデータ行列ではなくポリコリック相関行列を指定します。

α 係数と ω 係数の算出

```
> alpha(cor.math, n.obs=300)  #α係数の算出
-出力の一部-
 raw_alpha std.alpha G6(smc) average_r S/N    ase median_r
      0.95      0.95    0.96      0.63  17 0.0048    0.61

 lower alpha upper      95% confidence boundaries
  0.94  0.95  0.95

> omega(cor.math, nfactors=1, n.obs=300)  #ω係数の算出
-出力の一部-
Omega Total   0.95
```

　関数 alpha と関数 omega の第 1 引数には，ポリコリック相関行列を保存したオブジェクト cor.math を指定します。また，データ行列ではなく相関行列を指定する場合は，標本サイズを指定する必要があります。第 2 引数の n.obs=300 では，標本サイズが 300 であることを指定しています。

　推定の結果，α 係数は 0.95（95%CI [0.94, 0.95]），ω 係数は 0.95 であることがわかりました。

7.9　探索的因子分析の理論

■ 7.9.1　探索的因子分析のモデル

　因子分析では，観測変数（質問項目に対する回答結果）が，複数の観測変数に共通する成分と，各観測変数に独自の成分から構成されるというモデルを考えます。このうち，観測変数に共通の成分を共通因子（または，単に因子）と呼び，各変数に独自の成分を独自因子と呼びます。例えば，j 個の観測変数 $y_1, y_2, \cdots, y_j$ に対して 2 つの共通因子 f_1, f_2 があるとすると，探索的因子分析のモデルは図 7.4 に示すパス図として表すことができます[13]。共通因子と独自因子はいずれも観測変数を構成する成分ですが，それらは直接測定されているものではないため，潜在変数と呼ばれます。なお，図 7.4 では，共通因子の間に双方向のパスが引かれ，相関があることが仮定されていますが，回転をしない場合や，回転はしても直交回転を利用する場合には，双

---

[13] 探索的因子分析では，各因子から全ての観測変数にパスが引かれるのに対して，確認的因子分析（8章参照）では，各因子から関係が強いと考えられる観測変数にだけパスが引かれます。

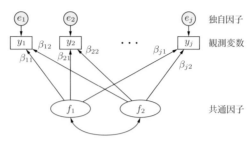

図 7.4 因子分析モデル

方向のパスは引かれません。

図 7.4 を一般的な式の形で表現すると,以下のようになります。

$$y_j = \beta_{j1}f_1 + \beta_{j2}f_2 + e_j \tag{7.1}$$

ここで,共通因子 f_1, f_2 にかかる係数 β_{j1}, β_{j2} は因子負荷で,共通因子が観測変数を説明(予測)できる程度(因子が観測変数に与える影響の大きさ)を表します。また,e_j は変数 j に含まれる独自因子であり,共通因子では説明(予測)できない観測変数の要素(誤差)に相当します。

7.9.2 共通性と独自性

共通因子と独自因子は無相関であることが仮定されます。そのため,探索的因子分析は,観測変数 y_j を目的変数,f_1 と f_2 を説明変数,独自因子 e_j を誤差とする重回帰分析と見なせます。したがって,因子負荷(β_{j1} と β_{j2})は偏回帰係数に相当することになります。ここで,独自因子以外の部分($\beta_{j1}f_1 + \beta_{j2}f_2$)を $\hat{y}_j$ に置き換えると,式 (7.1) は次式のように書き換えられます。

$$y_j = \hat{y}_j + e_j \tag{7.2}$$

この式は回帰モデルと同様の式であるため,y_j の平方和を SS_{y_j},$\hat{y}_j$ の平方和を $SS_{\hat{y}_j}$,e_j の平方和を SS_{e_j} とすると,以下の関係が成り立ちます(3.9 節参照)。

$$SS_{y_j} = SS_{\hat{y}_j} + SS_{e_j} \tag{7.3}$$

さらに,式 (7.3) の両辺を左辺の平方和(SS_{y_j})で割ると,次式が得られます。

$$1 = \frac{SS_{\hat{y}_j}}{SS_{y_j}} + \frac{SS_{e_j}}{SS_{y_j}} \tag{7.4}$$

この式の右辺の第 1 項は,観測変数の平方和のうち,共通因子で説明できる部分の割

合を表しており，共通性と呼ばれます。第 2 項は，観測変数の平方和のうち，共通因子では説明できない部分の割合であり，独自性と呼ばれます。共通因子を説明変数，観測変数を目的変数とする回帰分析の枠組みで考えれば，共通性は決定係数（分散説明率）に相当します。また，式 (7.4) から，共通性と独自性の間には「1 ＝ 共通性＋独自性」という関係が成り立ちます。

共通性と因子負荷の間には，観測変数ごとに因子負荷を 2 乗して合計すると共通性になる，という関係があります。例えば，因子数が 2 つのとき，観測変数 y_j の共通性を h_j^2 とすると，以下の関係が成り立ちます。

$$h_j^2 = \beta_{j1}^2 + \beta_{j2}^2 \tag{7.5}$$

ただし，因子軸の斜交回転を行った場合は，共通性の値自体は回転前と変わらないものの，「共通性＝（観測変数ごとの）因子負荷の 2 乗和」という関係性は失われます。

■ 7.9.3　因子軸の回転

探索的因子分析では，因子が単純構造になるように因子軸の回転を行います。単純構造とは，各観測変数が 1 つの因子だけから高い因子負荷を受け，他の因子からの因子負荷は 0 に近くなることです。因子軸の回転法は，直交回転と斜交回転の 2 つに分類されます。直交回転では因子間の相関が 0 であることを仮定するのに対し，斜交回転では因子間に相関がある（因子軸が斜交する）ことを仮定します。

直交回転と斜交回転の違いを，学習動機づけのデータを例に示します。表 7.1 は，回転をしなかった場合の因子負荷と，直交回転としてバリマックス回転を利用した場合の因子負荷，斜交回転としてプロマックス回転を利用した場合の因子負荷を示しています。回転をする前の因子負荷を見ると，あまりメリハリのない状態になっていることがわかります。一方で，回転を行ったあとの因子負荷にはメリハリがついており，特に斜交回転を行うことで，より単純構造に近づいています。

表 7.1　因子軸の回転による，因子負荷の推定値の違い

	回転なし		直交回転（バリマックス回転）		斜交回転（プロマックス回転）	
	因子 1	因子 2	因子 1	因子 2	因子 1	因子 2
I1	0.27	0.70	-0.32	0.68	-0.14	0.67
I2	0.35	0.66	-0.24	0.71	-0.04	0.73
I3	0.43	0.63	-0.16	0.74	0.06	0.79
I4	0.44	0.63	-0.15	0.75	0.07	0.80
E1	0.38	-0.58	0.68	-0.13	0.73	0.08
E2	0.36	-0.73	0.78	-0.24	0.81	-0.01
E3	0.40	-0.74	0.81	-0.23	0.85	0.01
E4	0.14	-0.43	0.41	-0.19	0.40	-0.08

次に、回転法の違いについて視覚的に説明します。図 7.5 は、表 7.1 に示した因子負荷の値を各変数の座標としてプロットしたものです。図 7.5 (a) を見ると、8 つの変数を 2 つのグループに分けることはできそうですが、2 つの因子軸がそれぞれ何を表しているかは明確ではありません。そこで、因子軸を回転させることで、各因子が表す内容が明確になるようにします。このとき、直交回転では、2 つの軸を直交させたまま回転が行われます。これに対して、斜交回転では、2 つの軸が斜交することを許容して回転が行われます。図 7.5 からも、斜交回転を行うほうが、各因子がどの観測変数を良く説明しているかが明確になっている、つまり単純構造になっていることがわかります。

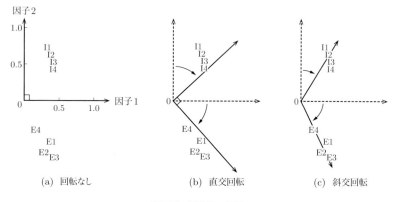

図 7.5 因子軸の回転

このように、一般的には斜交回転を行うほうが単純構造が得られやすく、因子の解釈が容易になることから、斜交回転が推奨されることが多いです。また、因子間に相関が全くないということが現実にはあまりないことや、直交回転を行うと因子間の相関係数について検討することができず、因子間の相関が 0 であることを示せないことからも、斜交回転に利点があると言えます。

なお、2 つの因子軸が直角に交わるとき、2 つの因子の間の相関が 0 になるのに対し、2 つの因子軸のなす角が鋭角なら正の相関、鈍角なら負の相関を持ちます。鋭角の場合、角度が小さいほど強い正の相関になり、鈍角の場合、角度が大きいほど強い負の相関になります[*14]。

[*14] 詳細な解説は、南風原 (2002) などを参照してください。

7.10 尺度の信頼性

尺度によって構成概念を測定する際には，尺度の妥当性と信頼性が重要になります（妥当性については8.8節参照）。信頼性には，複数の見方・考え方があります。例えば，性格を測定するための尺度を開発した場合，その日の気候や回答者の気分，体調などによって回答結果が大きく変わるようでは，性格を適切に測定できているとは言えません。ここで求められる信頼性は，測定時期によらない，測定結果の一貫性や安定性と言えます。また，同一の尺度に含まれる項目群が同じ概念を測定しているのであれば，それらの項目群に対する回答傾向はある程度類似（一貫）すると考えられます。つまり，ある項目に高い評点をつける人は，その他の項目にも高い評点をつける傾向にあることが想定され，回答結果がそのようになる尺度には信頼性があります。こうした信頼性は，尺度に含まれる項目に対する回答傾向の一貫性や内的整合性と言えます。

7.10.1 古典的テスト理論と信頼性

尺度の信頼性は，信頼性係数によって評価されます。信頼性係数を解説するにあたり，まず古典的テスト理論について説明します。古典的テスト理論では，尺度得点が次式のように表現されます。

$$尺度得点 = 真値 + 誤差 \tag{7.6}$$

ここで，真値とは，ある個人に対して同一の尺度による測定を無限回繰り返し行ったと仮定したときの「無限回の測定によって得られた尺度得点の平均」のことです（加藤ほか，2014）。例えば，抑うつ尺度を用いて，ある回答者の抑うつの程度を測定しようとしたときに，尺度得点（回答結果）と真値が一致するとは限りません。なぜなら，回答者のそのときの状態によって，回答結果は変わる可能性があるためです。また，回答する際に読み違いや回答ミスなどをした場合にも，回答結果は変わってしまいます。このように，回答結果に影響を与えるものが誤差です。

古典的テスト理論では，信頼性を数値化した指標である信頼性係数は，「尺度得点から得られる分散のうち，真値の分散の比率」と定義され，次式のようになります。

$$信頼性係数 = \frac{真値の分散}{尺度得点の分散} = \frac{真値の分散}{真値の分散 + 誤差の分散} \tag{7.7}$$

したがって，尺度得点が真値によって決定される程度（誤差によって左右されない程度）が信頼性ということになり，信頼性が高いことは誤差が小さいことを意味します。

■ 7.10.2 信頼性係数の推定

真値というのは理論上のものであり，実際に得ることはできないことから，信頼性係数を直接計算することはできません。そのため，信頼性係数は推定することになります。信頼性係数の推定方法には，再検査法や平行検査法，折半法など，さまざまなものがあります。

再検査法（再テスト法） 一定の期間を置いて，同じ尺度による測定を2回行い，得られた尺度得点の間の相関係数を信頼性係数の推定値とする方法。この方法による信頼性係数は，測定時期を越えた一貫性を表します。

平行検査法（平行テスト法） 同じ内容を測定するように作成された2つの尺度による測定を行い，2つの尺度得点間の相関係数を信頼性係数の推定値とする方法。この方法による信頼性係数は，尺度に含まれる項目に対する回答者の回答傾向の一貫性や内的整合性を表します。

折半法 1つの尺度を折半して2つの尺度と見なし，尺度得点間の相関係数を信頼性係数の推定値とする方法。この方法による信頼性係数は，尺度に含まれる項目に対する回答者の回答傾向の一貫性や内的整合性を表します。

これらの方法のうち，再検査法は2回の測定が独立に行われる必要があります。しかし，実際には1回目の測定を行ったことによる学習効果や順序効果が生じてしまうため，2回の測定が独立という条件を満たすことは困難です。また，平行検査法は真値と誤差分散が等しい尺度が2つ必要になりますが，真値と誤差分散が等しいことを示すのは非常に困難であるため，平行検査法を用いるための条件を満たすことも困難になります。こうした背景により古くから利用されてきたのが折半法です（岡田，2015）。しかし，折半法にも，尺度をどのように折半（分割）するかによって，信頼性係数の推定値が変わってしまうという問題があります。

そこで，折半法による信頼性係数の推定と関連のあるクロンバックの α 係数が特に利用されてきました。α 係数は次式で求めることができます。

$$\alpha = \frac{\text{項目数}}{\text{項目数} - 1}\left(1 - \frac{\text{項目得点の分散の和}}{\text{尺度得点の分散}}\right) \tag{7.8}$$

α 係数は，全ての折半法による信頼性係数の平均に等しくなるという性質を持っています。つまり，分割可能な全ての組み合わせから信頼性係数を求め，それらを平均すると α 係数と一致します。どのように尺度を折半するかによって信頼性係数の推定値が変わってしまうという，折半法の恣意性に対して，1つの尺度から算出される α 係数の値は一意に定まります。これが，α 係数が広く利用されてきた理由の1つと言えるでしょう。ただし，観測変数間の相関が高くない場合でも，観測変数の数が多ければ α 係数の値は大きくなることから，α 係数は純粋な内的整合性の指標ではない

という指摘もあります[*15]。

また，α 係数は，信頼性係数の下限であると言われることがある[*16]ように，信頼性係数を過小推定するバイアスがあります。一方の ω 係数は，よりバイアスの小さい指標であり，α 係数よりも大きな値になります。α 係数が信頼性係数と一致するためには，因子から各観測変数への因子負荷が全て等しい[*17]という条件を満たす必要があります。これに対して，ω 係数はこの制約を外した指標であり，全ての因子負荷が等しいという仮定は現実的ではないことから，ω 係数はより正確な信頼性の推定値と

コラム 14：知能と因子分析

　因子分析は，スピアマン（C. E. Spearman）によって初めて心理学研究に適用されました（柳井ほか, 1990）。スピアマンは，古典，英語，数学などのテスト結果の相関関係をもとに，これらのテスト結果を規定する「知能」因子の抽出を試みました。スピアマンは研究結果から，全ての成績に共通する一般因子（g 因子）と，それぞれの成績に固有の特殊因子（s 因子）があると考えました（知能の 2 因子説[*18]）。つまり，人は全ての能力に秀でるか秀でないかであり，能力は一元的なものであるということが，スピアマンの分析からは示唆されました。一方で，因子分析の多因子モデルを提唱したサーストン（L. L. Thurstone）は，57 種類の知能テストのデータについて分析を行い，知能が (1) 言語，(2) 語の流暢性，(3) 推理，(4) 空間，(5) 数，(6) 記憶，(7) 知覚の速さの 7 つの因子に分けられることを示しました（知能の多重因子説）。

　知能研究はその後も発展し，近年では CHC 理論（Cattell-Horn-Carroll theory）が多くの研究者に支持されています（三好・服部, 2010）。CHC 理論では，知能に階層的な構造を仮定します。この構造では，まず，話し声の弁別や一般的な音の弁別など，70 以上の狭い能力因子から構成される第 1 層を置き，その上位に，聴覚的処理などの広範な能力因子から構成される第 2 層を置きます。そして，最上位の第 3 層に一般因子 g を置くことで，知能は単一の因子なのか，複数の因子に分かれるのかという問題が統合されています[*19]。こうした階層的なモデルの妥当性については，8 章で紹介する確認的因子分析によって検討することができます。このように，因子分析は知能に関する理論的研究の発展に貢献してきました。

[*15] α 係数の性質に関する詳細な解説は，岡田 (2015) を参照してください。

[*16] α 係数を，信頼性の下限ではなく下界と呼ぶほうが望ましいという主張もあります（岡田, 2015）。下界は多数存在しうるのに対し，下限は下界のうちで最大のものを示し，ただ 1 つに決まることから，最大下界とも呼ばれます（岡田, 2015）。

[*17] この条件は，本質的タウ等価と言われます。詳細については，豊田 (2000) などを参照してください。

[*18] 名称は「2 因子説」ですが，一般因子は共通因子，特殊因子は独自因子に相当するもので，実質的には因子分析の 1 因子モデルと等価です。

[*19] ただし，三好・服部 (2010) によれば，一般因子 g を置くかどうかに関して合意は得られていません。

言えます。ただし，現実の分析では，α 係数と ω 係数はほぼ同じ値になります。これは，尺度を作成する過程で，因子分析によって因子負荷の小さな観測変数が削除され，一定の大きさの因子負荷を持つ観測変数のみが残されることが多いためです（尾崎・荘島, 2014）。それでも，より現実的な仮定を置くことで正確な値が得られる ω 係数を利用することは有用と言えるでしょう。

章末演習

500 人の大学生に対して，個人の性格を測定するための質問紙調査を行いました。その結果を「性格.csv」として外部ファイルに保存してあります。調査項目は，「温和」「陽気」「外向的」「親切」「社交的」「協力的」「積極的」「素直」の 8 項目で，これらの性格語が自分にどの程度当てはまると思うかを「1：当てはまらない」から「5：当てはまる」の 5 件法で回答してもらいました[20]。

問1 関数 eigen を利用して，固有値を算出してください。また，ガットマン基準では何因子解が示唆されるでしょうか？

問2 関数 VSS.scree を利用して，スクリープロットを出力してください。また，スクリーテストの結果からは何因子解が示唆されるでしょうか？

問3 関数 fa.parallel を利用して，平行分析を行ってください。また，平行分析の結果からは何因子解が示唆されるでしょうか？

問4 問 1〜3 の分析を総合して因子数を決定し，関数 fa を利用して最尤法による因子分析を行ってください。また，因子数が 2 つ以上の場合には，回転法としてプロマックス回転を指定してください。

問5 関数 alpha を利用して，下位尺度ごとに α 係数を算出してください。

問6 関数 omega を利用して，下位尺度ごとに ω 係数を算出してください。

---

[20] これは，南風原 (2002) の 10 章にある例をもとにしています。

第8章
心理尺度を開発したい (2)
——確認的因子分析

　7 章では，学習動機づけ尺度について探索的因子分析を行い，「内発的動機づけ」因子と「外発的動機づけ」因子の 2 つの因子に分かれることが示唆されました。しかし，内発的動機づけと外発的動機づけに分かれることが理論的に想定されているのであれば，探索的に分析するのではなく，仮説に基づいたモデルをデータに当てはめるという方法も考えられます。このように，因子に関する仮説が事前にある場合に利用されるのが確認的因子分析です。本章では，確認的因子分析について解説します。

8.1　確認的因子分析と本章の概要

8.1.1　探索的因子分析と確認的因子分析

　確認的因子分析では，探索的因子分析と同様に，複数の観測変数（質問項目に対する回答結果）に共通する成分である因子（共通因子）と，各観測変数に独自の成分（独自因子）から構成されるというモデルを考えます。探索的因子分析と確認的因子分析の違いは，前者では「各観測変数は全ての因子から影響を受ける」モデルを考えるのに対し，後者では「各観測変数は関係が強いと考えられる因子からのみ影響を受ける」モデルを考えるところにあります。

　こうした探索的因子分析と確認的因子分析の違いを，パス図を使って説明します。例えば，学習動機づけに関する 8 つの観測変数 $y_1, y_2, \cdots, y_8$ があるとき，2 因子解を当てはめた探索的因子分析モデルは，図 8.1 のように表されます。一方，8 つの観測変数について，y_1 から y_4 は内発的動機づけ，y_5 から y_8 は外発的動機づけに関係するという仮説がある場合，確認的因子分析モデルは図 8.2 のように表されます。このように，観測変数と因子の関係に関する明確な仮説が事前にある場合には，確認的因子分析が使われます（足立, 2006）。一方，因子に関して明確な仮説がない場合には探索的因子分析が使用されます。

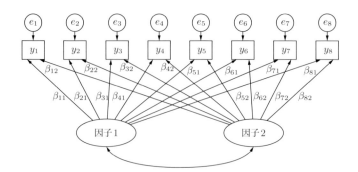

図 8.1 探索的因子分析モデル（2 因子モデル）

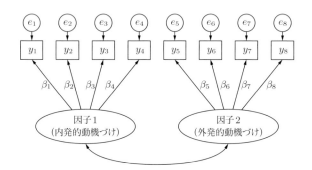

図 8.2 確認的因子分析モデル

　探索的因子分析では，まず因子数を探ります．したがって，図 8.1 には，因子の数が 2 つの場合のモデルを例示していますが，実際には，因子数がいくつであるかについては，探索的に決定します．因子数の決定後，分析によって推定された因子負荷の値をもとに，各因子がどのような構成概念を反映したものかを解釈します．そのため，図 8.1 では，各観測変数に対して全ての因子からパスが引かれ，因子名はつけられていません．一方の確認的因子分析では，どのような構成概念を反映した因子があるのかと，各観測変数がどの因子と強く関係するかについての仮説があります．そのため，図 8.2 では，各観測変数に対しては 1 つの因子からのみパスが引かれ，因子名もつけられています．なお，ここでは，いずれのモデルも，因子の間に相関があることを仮定しています．

　次に，観測変数 y_1 を例に，探索的因子分析モデルと確認的因子分析モデルを式で表すと，以下のようになります．

探索的因子分析モデル

$$y_1 = \beta_{11} \times 因子1 + \beta_{12} \times 因子2 + e_1 \tag{8.1}$$

8.2 確認的因子分析　187

確認的因子分析モデル

$$y_1 = \beta_1 \times 内発的動機づけ + e_1 \tag{8.2}$$

これらの式からも，探索的因子分析では観測変数が全ての因子から予測されるモデル，確認的因子分析では特定の因子からのみ予測されるモデルになっていることがわかります。また，確認的因子分析も探索的因子分析と同様に，回帰分析として捉えることができます。すなわち，観測変数 y_1 を目的変数，内発的動機づけ因子を説明変数，独自因子 e_1 を誤差とする回帰分析と見なせます。したがって，因子負荷 β_1 は回帰係数に相当することがわかります。

■ 8.1.2　確認的因子分析の手順と本章の概要

確認的因子分析の分析手順は，以下のようになります。

1. 仮説に基づくモデルの表現
2. モデルの評価（必要であれば修正）
3. 結果の解釈

　探索的因子分析とは異なり，確認的因子分析では，各観測変数がどの因子から影響を受けるかに関する仮説が事前にあるため，因子数を決定するなどの手順はなく，仮説に基づいたモデルを初めに表現します。続いて，仮説に基づいたモデルを手もとにあるデータに当てはめることが適切かどうかを，適合度指標などをもとに確認します。この際に，必要があればモデルの修正を行います[*1]。また，対立する仮説がある場合には，複数のモデルをデータに当てはめて，適合度指標をもとにどのモデルが適切かについて検討することもあります。そして最後に，結果の解釈を行います。

　本章では，これらの一連の手順を解説するとともに，モデルの識別性や不適解の問題について説明します。また，順序カテゴリカル変数を扱った確認的因子分析と高次因子分析の紹介も行います。

8.2　確認的因子分析

■ 8.2.1　データの概要

　7章と同様に，本章でも学習動機づけに関する調査結果をデータ例として利用します。このデータは，中学生 500 人を対象に質問紙調査を実施し，学習動機づけの測定を行ったものです。調査に用いた尺度は，内発的動機づけを測定するための項目（「I1」〜「I4」の 4 項目）と，外発的動機づけを測定するための項目（「E1」〜「E4」の

[*1] 適合度指標やモデルの修正については 6.3 節と 6.7 節を参照してください。

188　第 8 章　心理尺度を開発したい (2)

4 項目）から構成されています[*2]。

　「動機づけ.csv」を読み込んで，その内容を確認しましょう。以下に，データの読み込みとデータフレームの確認を行うコードを示します。

```
データの読み込み，データフレームの確認
> dkk <- read.csv("動機づけ.csv")   #データの読み込み
> head(dkk)
  I1 I2 I3 I4 E1 E2 E3 E4
1  4  3  2  3  3  2  1  2
2  2  3  2  2  3  3  3  2
3  4  3  4  3  1  2  1  2
4  3  4  3  3  2  1  2  3
5  2  3  2  3  3  3  3  3
6  3  3  3  3  3  3  3  1
```

■ 8.2.2　確認的因子分析の実行

　本章では，パッケージ lavaan[*3]を利用して確認的因子分析を実行する方法を説明します。まず，どのような因子分析モデルを仮定するかを記述します。ここでは，内発的動機づけに関する 4 つの変数「I1」〜「I4」が 1 つの因子，外発的動機づけに関する 4 つの変数「E1」〜「E4」が別の 1 つの因子からのみ影響を受けると仮定したモデル（図 8.2）を記述します。

```
モデルの記述
> dkk.model <- '
+   F1=~I1+I2+I3+I4
+   F2=~E1+E2+E3+E4
+ '
```

　モデルを記述している部分は "'" で囲みます。また，dkk.model というオブジェクトに文字列として記述内容を代入します。ここに登場する変数名のうち，データフレームの列名に含まれるものは観測変数として認識され，含まれないものは潜在変数として認識されます。ここでは，F1 は「内発的動機づけ」因子，F2 は「外発的動機づけ」因子を表す潜在変数になります[*4]。

　各変数がどの因子から影響を受けているかは，"=~" によって表現します。具体的には，"=~" の左側に因子の名前，右側にその因子から影響を受ける観測変数の名前を

[*2] 7 章でも述べたように，このデータは厳密には順序カテゴリカル変数になりますが，本章では連続変数として扱います。

[*3] パッケージ lavaan については，6 章と 9 章も参照してください。

[*4] 「F1」と「F2」という変数名は便宜的に設定したものです。

8.2 確認的因子分析 **189**

記述します[5]。また，観測変数は "+" を用いて繋ぎます。例えば F1=~I1+I2+I3+I4 の部分は，F1 という因子が「I1」～「I4」の 4 つの観測変数に影響を与えていることを表現しています。言い換えると，因子 F1 は「E1」～「E4」の 4 つの観測変数には影響を与えないことを仮定しています[6]。同様に，F2=~E1+E2+E3+E4 の部分は，F2 という因子が「E1」～「E4」の 4 つの変数に影響を与えていることを表現しています。言い換えると，因子 F2 は「I1」～「I4」の 4 つの変数には影響を与えないことを仮定しています。

なお，図 8.2 では因子の間に相関があることが表現されていますが，因子間の相関は自動的に指定されます。これは，外生変数間の相関は自動的に指定されるためです。図 8.2 のような確認的因子分析のモデルでは，「因子 1」と「因子 2」の 2 つの潜在変数は外生変数で，「I1」～「E4」の 8 つの観測変数は内生変数になります（9.2.1 項参照）。

モデルを記述したあとは，パッケージ lavaan の関数 cfa[7] によって母数の推定を行います。

母数の推定

```
> library(lavaan)    #パッケージの読み込み
> dkk.fit <- cfa(dkk.model, data=dkk, std.lv=TRUE)
```

関数 cfa では，第 1 引数に，先ほど記述したモデルを代入したオブジェクト dkk.model を指定し，第 2 引数の data でデータを指定します。第 3 引数の std.lv= TRUE では，因子の分散を 1 に固定して分析することを指定しています（この問題は 8.5.2 項で説明します）。また，分析結果を dkk.fit というオブジェクトに保存しています。結果の出力は関数 summary を用いて行います。

結果の出力

```
> summary(dkk.fit, fit.measures=TRUE, standardized=TRUE)
```

関数 summary では，第 1 引数に分析結果を代入したオブジェクト dkk.fit を指定し，第 2 引数の fit.measures=TRUE で適合度指標の出力，第 3 引数の standardized =TRUE で標準化推定値の出力を指定しています。出力は，前半にモデルの適合度指

---

[5] 因子は直接観測されるものではないので，"=~" の左に置かれた因子が，右に置かれた観測変数群から測定される関係にあると考えることもできます。

[6] 「内発的動機づけ」因子 F1 は「I1」～「I4」の 4 つの観測変数によって測定される関係にあると考えることもできます。

[7] cfa は confirmatory factor analysis（確認的因子分析）の頭文字をとったものです。また，基本的な使い方は，6.2 節と 6.3 節で紹介した関数 sem と同じです。

190　第 8 章　心理尺度を開発したい (2)

標，後半に母数の推定値が表示されます。まず，出力結果のうち適合度に関する結果
を以下に示します。

モデル適合に関する指標

```
-出力の一部-
  Estimator                                        ML
  Minimum Function Test Statistic              56.813
  Degrees of freedom                               19
  P-value (Chi-square)                          0.000

  Comparative Fit Index (CFI)                   0.976
  Tucker-Lewis Index (TLI)                      0.964

  RMSEA                                         0.063
  90 Percent Confidence Interval        0.045   0.082

  SRMR                                          0.041
```

　まず，$\chi^2 = 56.813$ であり，検定結果は有意でした。この結果からは「モデルは
データに適合していない」ことになりますが，標本サイズが大きい場合には，こ
の検定は有意になりやすいことから（6.3.1 項参照），ここでは別の適合度指標を
確認します。CFI $= 0.976$，TLI $= 0.964$，RMSEA $= 0.063$（90%CI $[0.045, 0.082]$），
SRMR $= 0.041$ であり，これらは Hu & Bentler (1998) の基準を満たしています
（6.7.1 項参照）。そのため，ここで採用した 2 因子モデルは当てはまりが良いと判
断でき，「I1」〜「I4」は内発的動機づけを測定するための項目，「E1」〜「E4」は外発
的動機づけを測定するための項目として区別することが妥当であると示唆されま
した。
　次に，母数の推定結果を示します。

母数の推定値

```
-出力の一部-
Latent Variables:
                Estimate   Std.Err   z-value   P(>|z|)   Std.lv   Std.all
  F1 =~
    I1            0.576     0.031    18.505     0.000     0.576     0.757
    I2            0.590     0.032    18.399     0.000     0.590     0.754
    I3            0.582     0.032    18.085     0.000     0.582     0.745
    I4            0.528     0.029    18.375     0.000     0.528     0.753
  F2 =~
    E1            0.559     0.035    16.073     0.000     0.559     0.679
    E2            0.653     0.032    20.418     0.000     0.653     0.819
    E3            0.670     0.032    21.100     0.000     0.670     0.839
    E4            0.341     0.035     9.741     0.000     0.341     0.446
```

8.3 報告例　　191

```
Covariances:
                 Estimate  Std.Err  z-value  P(>|z|)   Std.lv   Std.all
   F1 ~~
     F2           -0.543    0.040  -13.485    0.000   -0.543   -0.543

Variances:
                 Estimate  Std.Err  z-value  P(>|z|)   Std.lv   Std.all
    .I1            0.247    0.021   11.836    0.000    0.247    0.426
    .I2            0.264    0.022   11.916    0.000    0.264    0.431
   -略-
     F1            1.000                              1.000    1.000
     F2            1.000                              1.000    1.000
```

　Estimate は非標準化推定値，Std.Err はその標準誤差，z-value は検定統計量の z 値，P(>|z|) は両側検定のための p 値，Std.lv は潜在的な構造変数（9.2.1 項参照）の分散のみを 1 にしたときの標準化推定値，Std.all は誤差変数以外の分散を 1 にしたときの標準化推定値です。因子負荷の推定に関する結果は，Latent Variables: の「I1」や「I2」などの変数名の書かれた行のうち，Std.all の値を見ることで確認できます。例えば，観測変数「I1」の因子負荷は 0.757，観測変数「E1」の因子負荷は 0.679 になります。

　また，Covariances:の F1~~F2 は，因子 F1 と因子 F2 の共分散と相関係数に関する出力結果で，Estimate の値が共分散，Std.all の値が相関係数を示します。したがって，2 つの因子の間の相関係数は -0.543 です。

　Variances:は分散に関する推定値です。ただし，変数のラベルの前に“.”がついたものは内生変数であり，その変数の誤差の結果であることを表すため，.I1 〜 .E4 の各行は，それぞれの誤差変数（独自因子）の分散（誤差分散）を示しています。一方で，F1 と F2 の行は当該因子の分散です。分散に関する推定値に関して，2 つの因子の分散はともに 1 になっており，標準誤差などが出力されていません。これは，関数 cfa の第 3 引数で，因子の分散を 1 に固定して分析することを指定したためです。因子の分散の標準誤差などを算出する方法については，8.5.2 項で説明します。

8.3　報告例

　確認的因子分析の結果は以下のように報告します。

確認的因子分析の報告例

　先行研究の知見に基づき，「外発的動機づけ」と「内発的動機づけ」の 2 つの因子を想定し，各観測変数が，関わりが強いと考えられる一方の因子からのみ影響を受けるモデルのもとで，確認的因子分析を行った。また，2 つの因子の間には相関があるこ

とを仮定した。分析の結果，適合度指標は，CFI = .976, TLI = .964, RMSEA = .063 (90%CI [.045, .082])，SRMR = .041 であり，データに対するモデルの当てはまりは十分であると判断された。したがって，学習動機づけには，外発的動機づけと内発的動機づけの大きく 2 つの側面があることが示唆された。また，因子の間の相関係数は −.543 であった。

8.4 順序カテゴリカル変数を扱った確認的因子分析

7.8 節で使用した数学のテストのデータを用いて，順序カテゴリカル変数を扱った確認的因子分析を実行する方法について解説します。

8.4.1 データの概要

このデータは，中学生 300 人を対象に行った数学のテストのデータです。「数学テスト.csv」を読み込んで，その内容を確認しましょう。以下に，データの読み込みとデータフレームの確認を行うコードを示します。

```
データの読み込み, データフレームの確認
> math <- read.csv("数学テスト.csv")  #データの読み込み
> head(math)
  math1 math2 math3 math4 math5 math6 math7 math8 math9 math10
1     1     0     1     1     1     0     0     0     0      0
2     1     0     0     1     0     1     0     1     0      1
3     1     1     0     1     1     0     0     0     0      0
4     1     1     1     1     1     1     0     1     1      1
5     0     0     0     0     0     0     0     1     0      0
6     0     0     0     0     0     0     0     1     1      0
```

8.4.2 確認的因子分析の実行

まず，仮定した因子分析モデルについて記述します。ここでは，10 問で構成された数学テストが「数学力」という 1 つの構成概念を測定していると仮定し，1 因子モデルについて記述します。

```
モデルの記述
> math.model <- '
+   F1=~math1+math2+math3+math4+math5+math6+math7+math8+math9+math10
+ '
```

因子の名前を F1 とし，“ ' ”で囲んだ部分 (モデルを記述した部分) を math.model というオブジェクトに文字列として代入しています。モデルの記述方法は，連続変数

8.4 順序カテゴリカル変数を扱った確認的因子分析　　**193**

も順序カテゴリカル変数も同一です。

　モデルを記述したあとは，関数 cfa によって母数の推定を行います。

母数の推定

```
> math.fit <- cfa(math.model, data=math,
+   ordered=c("math1","math2","math3","math4","math5",
+   "math6","math7","math8","math9","math10"), std.lv=TRUE)
```

　連続変数のときと同様に，記述したモデルを代入したオブジェクト math.model を
第 1 引数で指定し，第 2 引数の data でデータの指定をします。連続変数のときとの違
いは，第 3 引数の ordered で順序カテゴリカル変数を指定していることです。ここで
の分析対象になっている変数は全て順序カテゴリカル変数であるため，全ての変数を
指定しています。また，分析結果を math.fit というオブジェクトに保存しています。

　これらが完了したら，関数 summary で結果を出力します。関数 summary の引数
は，連続変数のときと同一です。

結果の出力

```
> summary(math.fit, fit.measures=TRUE, standardized=TRUE)
-出力の一部-
  Estimator                                     DWLS        Robust
  Minimum Function Test Statistic              60.906       103.089
  Degrees of freedom                               35            35
  P-value (Chi-square)                          0.004         0.000

  Comparative Fit Index (CFI)                   0.995         0.973
  Tucker-Lewis Index (TLI)                      0.993         0.966

  RMSEA                                         0.050         0.081
  90 Percent Confidence Interval      0.028     0.070         0.063   0.099

  SRMR                                          0.081         0.081

Parameter Estimates:
  Information                               Expected
  Standard Errors                          Robust.sem

Latent Variables:
            Estimate  Std.Err  z-value  P(>|z|)   Std.lv   Std.all
  F1 =~
    math1      0.733    0.082    8.903    0.000    0.733    0.733
    math2      0.762    0.058   13.063    0.000    0.762    0.762
-略-
```

8

194　第 8 章　心理尺度を開発したい (2)

```
Variances:
                   Estimate  Std.Err  z-value  P(>|z|)   Std.lv  Std.all
    .math1           0.463                                0.463    0.463
    .math2           0.420                                0.420    0.420
-略-
     F1              1.000                                1.000    1.000
```

　出力結果の見方も，基本的に連続変数の場合と同様です。違いとしては，まず，出力結果の上部にある Estimator が先ほどは ML（最尤法）でしたが，今度は DWLS と Robust の 2 つになっており，適合度指標も 2 つずつ値が推定されています。DWLS は対角重み付き最小 2 乗法（diagonal weighted least squares）の略称であり，WLS（weighted least squares; 重み付き最小 2 乗法）の一種です。DWLS は，連続変数ではない観測変数がデータに含まれている場合などに選択することが推奨されています。また，Robust と，Parameter Estimates:の Standard Errors に示されている Robust.sem の表記は，正規分布に従わないデータを分析する場合の対処として，標準誤差の推定や有意性検定に関する補正を行ったことを示しています。これらの詳細については，豊田 (2014) などを参照してください。

　補正後の適合度指標を見ると，CFI $= 0.973$，TLI $= 0.966$，RMSEA $= 0.081$（90%CI $[0.063, 0.099]$），SRMR $= 0.081$ であり，概ね良好な結果と言えます。したがって，10 問から構成される数学のテストには 1 因子性があると言えそうです。

8.5　モデルの識別性

8.5.1　モデルの識別性と等値制約

　確認的因子分析では，仮説に基づいてモデルを設定することができますが，どんなモデルでも分析できるわけではありません。例えば，因子が 1 つで観測変数が 2 つの確認的因子分析を実行することは，通常できません。例として，前節で使用した数学テストのデータについて，テストが「math1」と「math2」の 2 問で構成されていたとし，因子数を 1 つとして確認的因子分析を行ってみます。

因子が 1 つで観測変数が 2 つの確認的因子分析

```
> math.model2 <- '   #モデルの記述
+  F1=~math1+math2
+ '
> math.fit2 <- cfa(math.model2, data=math,
+  ordered=c("math1", "math2"), std.lv=TRUE)   #母数の推定
警告メッセージ:
lav_model_vcov(lavmodel = lavmodel, lavsamplestats = lavsamplestats,  で:
 lavaan WARNING: could not compute standard errors!
 lavaan NOTE: this may be a symptom that the model is not identified.
```

警告メッセージとして，"could not compute standard errors!"（標準誤差が計算できない）とあり，標準誤差を求めることができず，確認的因子分析が実行できなかったことがわかります。このように，分析を実行できないときに「モデルが識別できない」といいます。実際に，警告メッセージの中には，"the model is not identified"（モデルが識別されない）とあります。

では，どのようなときにモデルが識別でき，どのようなときに識別できないのでしょうか？　モデルが識別されるためには，自由度が0以上である必要があります。言い換えると，自由度が負になるときにはモデルは識別されません[8]。自由度は，次式で求めることができます。

$$自由度 = \frac{観測変数の個数 \times (観測変数の個数 + 1)}{2} - 自由母数の個数 \quad (8.3)$$

自由母数とは，データから実際に推定される母数のことです。例えば因子が1つで観測変数が2つの確認的因子分析において，因子の分散を1に固定して推定する場合，推定する母数（自由母数）は4つです（因子負荷が2つ，誤差分散が2つ）。したがって，自由度は -1（$= (2 \times 3)/2 - 4$）になります。一方，因子が1つで観測変数が3つの場合，自由母数は6であり（因子負荷が3つ，誤差分散が3つ），自由度は0（$= (3 \times 4)/2 - 6$）になるため，モデルが識別でき，分析を実行することができます。また，因子が2つで観測変数が8つの確認的因子分析で，因子の間に相関があることを仮定する場合，自由母数は17であり（因子負荷が8つ，誤差分散が8つ，因子間相関が1つ），自由度は19（$= (8 \times 9)/2 - 17$）になります。なお，自由度が0のモデルを飽和モデルといいます。飽和モデルでは，適合度指標は必ず，完全な適合のときに得られる値を示すため，モデルの当てはまりの良さを評価することはできません。

ただし，因子が1つで観測変数が2つのような場合でも，母数に制約を課して推定する母数を減らすことで，モデルが識別できるようになります。制約とは，因子負荷が1であると固定するなど，母数をある値に固定したり，ある母数と別の母数の値が等しいとしたりすることです。後者のような制約は，特に等値制約と呼ばれます。例えば，因子が1つで観測変数が2つの確認的因子分析では，2つの因子負荷を推定することになりますが，この2つの因子負荷が等しいという仮定を置くことは，等値制約の1つの例になります[9]。

では，等値制約を置いて，因子が1つで観測変数が2つの確認的因子分析を実行してみます。

---

[8] 自由度の値が負になるときにモデルが識別できない理由については，尾崎・荘島 (2014) などを参照してください。

[9] 制約については，9.6.2項も参照してください。

196 第 8 章 心理尺度を開発したい (2)

等値制約

```
> math.model3 <- ’   #モデルの記述
+   F1=~b*math1+b*math2
+ ’
> math.fit3 <- cfa(math.model3, data=math,
+ ordered=c("math1", "math2"), std.lv=TRUE)   #母数の推定
> summary(math.fit3, fit.measures=TRUE, standardized=TRUE)   #結果の出力
-出力の一部-
  Estimator                                  DWLS       Robust
  Minimum Function Test Statistic            0.000      0.000
  Degrees of freedom                             0          0

  Comparative Fit Index (CFI)                1.000      1.000
  Tucker-Lewis Index (TLI)                   1.000      1.000

  RMSEA                                      0.000      0.000
  90 Percent Confidence Interval   0.000     0.000      0.000   0.000

  SRMR                                       0.000      0.000

Latent Variables:
            Estimate   Std.Err   z-value   P(>|z|)   Std.lv   Std.all
  F1 =~
    math1 (b)   0.833     0.051    16.293     0.000    0.833     0.833
    math2 (b)   0.833     0.051    16.293     0.000    0.833     0.833

Variances:
            Estimate   Std.Err   z-value   P(>|z|)   Std.lv   Std.all
    .math1      0.307                                 0.307     0.307
    .math2      0.307                                 0.307     0.307
    F1          1.000                                 1.000     1.000
```

　先ほどの分析との違いは，モデルを記述する際に，F1=~b*math1+b*math2 とし
ていることです。b*math1 や b*math2 のように，観測変数の前に "b*" と記述す
ると，2 つの観測変数の因子負荷に "b" というラベルが付与されます。出力結果の
Latent Variables:の部分を見ると，math1 (b) や math2 (b) となっており，ラベ
ルがついていることが確認できます。2 つ以上の因子負荷に同じラベルをつけること
で，それらの因子負荷が等しいと見なしているということです。実際に，math1 (b)
と math2 (b) の因子負荷を見ると，ともに 0.833 であり，値が等しくなっています。
このように，2 つの因子負荷が等しいという等値制約を課すことで，因子が 1 つで観
測変数が 2 つの場合でもモデルが識別されました。
　では，なぜ等値制約を課すことでモデルが識別され，分析が実行できたのでしょう
か？　因子が 1 つで観測変数が 2 つの確認的因子分析では，推定する母数は 4 つでし
た（因子負荷が 2 つ，誤差分散が 2 つ）。しかし，2 つの因子負荷の値が等しいとい

う制約を課すことで，推定する因子負荷の値は1つになります。そのため，推定する母数が3つ，自由度は0になり，モデルが識別されるようになりました。

また，自由度が0で飽和モデルであるため，各適合度指標は完全な適合のときに得られる値を示しています。CFIとTLIは上限の1.000，RMSEAとSRMRは下限の0.000になっています。

■ 8.5.2　モデルの識別性と母数の制約

確認的因子分析では，全ての母数を自由母数とすると解が無数に存在してしまうため，解が1つに定まるように対処します。これには通常，各因子の分散を1に固定する方法と，同じ因子から影響を受けている観測変数の中から1つを任意に選び，その観測変数の因子負荷を1に固定する方法の2つがあります。これら2つの方法は数学的に同値であり，標準化推定値は一致しますが，目的に応じて制約の置き方は使い分けられます。因子ごとの分散の違いに関心がある場合には因子負荷を1に固定し，全ての因子負荷について有意性検定を行いたい場合には，因子の分散を1に固定します。

関数 cfa のデフォルトでは（あるいは，関数 cfa の引数で std.lv=FALSE とした場合は），各因子を構成する観測変数のうち，最初に記述された観測変数の因子負荷が1に固定されて推定が行われます。このことを，8.2.2項で記述したモデルを例に示します。

因子負荷を1に固定した確認的因子分析

```
> dkk.model <- '
+   F1=~I1+I2+I3+I4
+   F2=~E1+E2+E3+E4
+ '
> dkk.fit2 <- cfa(dkk.model, data=dkk)   #母数の推定
> summary(dkk.fit2, fit.measures=TRUE, standardized=TRUE)   #結果の出力
-出力の一部-
Latent Variables:
            Estimate  Std.Err  z-value  P(>|z|)   Std.lv   Std.all
  F1 =~
    I1         1.000                               0.576    0.757
    I2         1.024    0.065   15.727    0.000    0.590    0.754
    I3         1.010    0.065   15.546    0.000    0.582    0.745
    I4         0.917    0.058   15.714    0.000    0.528    0.753
  F2 =~
    E1         1.000                               0.559    0.679
    E2         1.168    0.077   15.100    0.000    0.653    0.819
    E3         1.199    0.079   15.234    0.000    0.670    0.839
    E4         0.609    0.068    8.962    0.000    0.341    0.446
-略-
```

198　第 8 章　心理尺度を開発したい (2)

```
Variances:
                   Estimate  Std.Err  z-value  P(>|z|)   Std.lv  Std.all
       .I1            0.247    0.021   11.836    0.000    0.247    0.426
       .I2            0.264    0.022   11.916    0.000    0.264    0.431
  -略-
        F1            0.332    0.036    9.252    0.000    1.000    1.000
        F2            0.313    0.039    8.036    0.000    1.000    1.000
```

　出力結果のうち，「I1」と「E1」の Estimate の値（非標準化推定値）が 1.000 になっており，標準誤差などが推定されていません。これは，モデルを記述する際に，F1=~I1+…+I4, F2=~E1+…+E4 としており，因子 F1 を構成する観測変数として初めに「I1」，因子 F2 を構成する観測変数として初めに「E1」を記述しているためです。一方，因子の分散の非標準化推定値（Estimate の値）を確認すると，因子 F1 の分散は 0.332，因子 F2 の分散は 0.313 となっています。また，標準誤差も推定され，検定が行われています。

　因子負荷を 1 に固定するのではなく，因子の分散を 1 に固定して分析をするには，8.2.2 項で説明したように，関数 cfa の引数に std.lv=TRUE を追加します。以下に，8.2.2 項で行った分析の結果の一部を再掲します。

因子の分散を 1 に固定した確認的因子分析

```
> dkk.fit <- cfa(dkk.model, data=dkk, std.lv=TRUE)   #母数の推定
> summary(dkk.fit, fit.measures=TRUE, standardized=TRUE)   #結果の出力
-出力の一部-
Latent Variables:
                   Estimate  Std.Err  z-value  P(>|z|)   Std.lv  Std.all
  F1 =~
     I1             0.576    0.031   18.505    0.000    0.576    0.757
     I2             0.590    0.032   18.399    0.000    0.590    0.754
  -略-
  F2 =~
     E1             0.559    0.035   16.073    0.000    0.559    0.679
     E2             0.653    0.032   20.418    0.000    0.653    0.819
  -略-

Variances:
                   Estimate  Std.Err  z-value  P(>|z|)   Std.lv  Std.all
       .I1            0.247    0.021   11.836    0.000    0.247    0.426
       .I2            0.264    0.022   11.916    0.000    0.264    0.431
  -略-
        F1            1.000                             1.000    1.000
        F2            1.000                             1.000    1.000
```

　出力結果を見ると，「I1」と「E1」の非標準化推定値（Estimate の値）はそれぞれ 0.576，0.559 であり，値が推定されているほか，標準誤差なども推定され，検定が行

われています。一方，因子の分散の値を見ると，因子 F1 も因子 F2 も 1.000 となっています。ただし，因子負荷を 1 に固定した場合と，因子の分散を 1 に固定した場合とで，因子負荷も因子の分散も，標準化推定値（Std.all の値）は同一になっています。

8.6 不適解の問題

　分散の値が負である，相関係数が 1 を超えているなど，理論的にあり得ない値を推定値がとるとき，不適解であるといいます。不適解になってしまう理由の 1 つは，モデルが適切でないことです。そのため，仮に適合度指標がモデルの適合が十分であると示していたとしても，不適解になったモデルは採用すべきではありません。

　例として，学習動機づけのデータを使って，不適解が生じるケースを示します。「I1」から「I4」の 4 項目は内発的動機づけという 1 つの構成概念を測定するための項目でした。ここで，仮に「I1」と「I2」で 1 つの因子，「I3」と「I4」で別の 1 つの因子を構成すると仮定した 2 因子モデルを当てはめて，確認的因子分析を行ってみます。

```
不適解
> dkk.model3 <- '   #モデルの記述
+  F1=~I1+I2
+  F2=~I3+I4
+ '
> dkk.fit3 <- cfa(dkk.model3, data=dkk, std.lv=TRUE)   #母数の推定
 警告メッセージ:
 lav_object_post_check(lavobject) で:
  lavaan WARNING: covariance matrix of latent variables
               is not positive definite;
               use inspect(fit, "cov.lv") to investigate.
> summary(dkk.fit3, fit.measures=TRUE, standardized=TRUE)   #結果の出力
-出力の一部-
Covariances:
            Estimate  Std.Err  z-value  P(>|z|)   Std.lv  Std.all
  F1 ~~
    F2         1.013    0.030   33.885    0.000    1.013    1.013
```

　出力結果の Covariances: の Std.all の値を見ると，相関係数が 1.013 となっていることがわかります。相関係数は，理論的に 1 を超えることはないため，これは不適解と言えます。実際に，関数 cfa を利用した際に，"covariance matrix of latent variables is not positive definite"（潜在変数の共分散行列が正定値*10でない）という警告メッセージが出されています。この不適解は，モデルが適切

---

*10 行列の固有値が全て正であるとき，正定値であるといいます。また，固有値が負のものを含むときは負値，固有値に負はないが 0 が含まれるときは半正定値といいます。

でないために生じました。実際，2因子モデルでなく，1因子モデルを当てはめた場合には不適解になりません。

8.7 高次因子分析

コラム 14（p.183）で紹介したように，複数の因子の間の相関関係を説明するための，より高次の因子の存在を仮定するモデルを考えることもできます。このとき，観測変数の背後に想定される因子のことを1次因子，1次因子の背後に想定される因子を2次因子と呼びます。また，2次因子の背後に3次因子といったように，より高次のモデルを考えることも可能であり，2次因子以降をまとめて高次因子といいます。高次因子を扱う因子分析が高次因子分析であり，2次因子までを扱う高次因子分析は特に2次因子分析と呼ばれます。

8.7.1 データの概要

大学生 1000 人を対象に質問紙調査を行い，達成関連感情の測定を行いました。達成関連感情とは，学業場面における達成活動・達成結果と関連する感情のことです。例えば，達成活動に関するポジティブな感情として「楽しさ」，達成結果に関するネガティブな感情として「恥」や「悲しみ」などがあります。また，達成関連感情を測定するための尺度である AEQ（achievement emotions questionnaire）では，達成関連感情には，感情的（affective）側面と認知的（cognitive）側面，動機づけ的（motivational）側面，生理的（physiological）側面の4つの側面があると考えられています（Pekrun et al., 2011）。

達成関連感情のうちの「楽しさ」を測定するための 12 項目に対する 1000 人の回答結果が，「感情.csv」に保存されています。12 項目のうち，「A1」〜「A3」の3項目は感情的側面，「C1」〜「C3」の3項目は認知的側面，「M1」〜「M3」の3項目は動機づけ的側面，「P1」〜「P3」の3項目は生理的側面に相当する項目です。質問項目の例を以下に示します[11]。

- 「A1」〜「A3」：感情的側面に関する項目（「今度の試験が楽しみだ」など3項目）
- 「C1」〜「C3」：認知的側面に関する項目（「自分にとって，試験は楽しめる課題である」など3項目）
- 「M1」〜「M3」：動機づけ的側面に関する項目（「うまくいくのが楽しみなので一生懸命勉強する」など3項目）
- 「P1」〜「P3」：生理的側面に関する項目（「試験の後は喜びで胸がドキドキする」など3項目）

---

[11] 項目例は，池田 (2015) を参照したものです。

8.7.2 分析の目的

分析の目的は，達成関連感情の構造について検討することです。先行研究では，観測変数を第1層，感情的・認知的・動機づけ的・生理的因子を第2層，達成関連感情因子を最上位の第3層に位置づけた2次因子モデル（図8.3）のほうが，第3層を設定せず，感情的・認知的・動機づけ的・生理的因子の間に相関関係があることを仮定したモデル（図8.4）よりも優れていることが示されています。そこで，本節では確認的因子分析を利用し，モデル適合度の観点から，2次因子モデルのほうが4因子モデルよりも適したモデルであるかを検討します。なお，図8.3における d は因子の誤差変数を表しています。

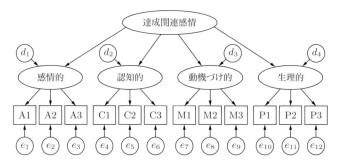

図 8.3 「楽しさ」の2次因子モデル

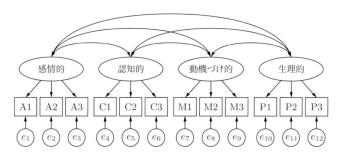

図 8.4 「楽しさ」の4因子モデル

「感情.csv」を読み込んで，その内容を確認しましょう。以下に，データの読み込みとデータフレームの確認を行うためのコードを示します。

データの読み込み，データフレームの確認

```
> knj <- read.csv("感情.csv") #データの読み込み
> head(knj)
```

202　第 8 章　心理尺度を開発したい (2)

```
   A1 A2 A3 C1 C2 C3 M1 M2 M3 P1 P2 P3
 1  3  3  4  4  4  4  4  4  3  3  4  3
 2  5  4  4  4  4  5  3  4  3  5  4  4
 3  4  4  4  3  3  4  4  4  4  4  3  3
 4  3  2  3  3  2  3  3  3  3  4  3  3
 5  4  3  4  2  2  4  3  4  3  2  4  3
 6  4  3  3  4  3  3  4  3  3  4  3  3
```

8.7.3　確認的因子分析の実行

　まず，12 個の観測変数の背後に，感情的因子，認知的因子，動機づけ的因子，生理的因子の 4 つの因子を仮定し，因子間に相関があることを設定した 4 因子モデル（図 8.4）による確認的因子分析を行います。次に，4 つの因子の背後に 2 次因子が存在することを仮定した 2 次因子モデル（図 8.3）を当てはめた確認的因子分析を行います。そして，適合度の観点から，どちらのモデルが適切であるかを検討します。

　初めに，4 因子モデルを記述します。ここでは，達成関連感情の感情的側面に関する変数「A1」～「A3」が因子 F1，認知的側面に関する変数「C1」～「C3」が因子 F2，動機づけ的側面に関する変数「M1」～「M3」が因子 F3，生理的側面に関する変数「P1」～「P3」が因子 F4 からのみ影響を受けると仮定したモデルを記述します。モデルを記述したあとは，関数 cfa によって母数の推定を行い，関数 summary を用いて結果を出力します。

---

4 因子モデル

```
> knj.model1 <- '  #モデルの記述
+   F1=~A1+A2+A3
+   F2=~C1+C2+C3
+   F3=~M1+M2+M3
+   F4=~P1+P2+P3
+ '
> knj.fit1 <- cfa(knj.model1, data=knj, std.lv=TRUE)  #母数の推定
> summary(knj.fit1, fit.measures=TRUE, standardized=TRUE)  #結果の出力
-出力の一部-
  Comparative Fit Index (CFI)                    0.980
  Tucker-Lewis Index (TLI)                       0.973

  Akaike (AIC)                               23239.794
  Bayesian (BIC)                             23387.027

  RMSEA                                          0.033
  90 Percent Confidence Interval     0.024    0.042

  SRMR                                           0.030
-略-
```

```
Covariances:
                Estimate  Std.Err  z-value  P(>|z|)   Std.lv   Std.all
  F1 ~~
    F2           0.562    0.037    15.217    0.000    0.562    0.562
    F3           0.599    0.037    16.060    0.000    0.599    0.599
    F4           0.621    0.034    18.056    0.000    0.621    0.621
  F2 ~~
    F3           0.481    0.041    11.605    0.000    0.481    0.481
    F4           0.586    0.036    16.085    0.000    0.586    0.586
  F3 ~~
    F4           0.556    0.039    14.332    0.000    0.556    0.556
```

　次に，2 次因子モデルを記述します。先ほどとの違いは，H=~F1+F2+F3+F4 のように，4 つの 1 次因子を説明する 2 次因子 H を記述している点です。

高次因子モデル

```
> knj.model2 <- '   #モデルの記述
+   F1=~A1+A2+A3
+   F2=~C1+C2+C3
+   F3=~M1+M2+M3
+   F4=~P1+P2+P3
+   H=~F1+F2+F3+F4
+ '
> knj.fit2 <- cfa(knj.model2, data=knj, std.lv=TRUE)   #母数の推定
> summary(knj.fit2, fit.measures=TRUE, standardized=TRUE)   #結果の出力
-出力の一部-
  Comparative Fit Index (CFI)                    0.980
  Tucker-Lewis Index (TLI)                       0.974

  Akaike (AIC)                               23238.430
  Bayesian (BIC)                             23375.847

  RMSEA                                          0.032
  90 Percent Confidence Interval      0.023   0.041

  SRMR                                           0.031

Latent Variables:
                Estimate  Std.Err  z-value  P(>|z|)   Std.lv   Std.all
-略-
  H =~
    F1           1.342    0.145    9.272     0.000    0.802    0.802
    F2           1.008    0.095    10.566    0.000    0.710    0.710
    F3           1.023    0.101    10.091    0.000    0.715    0.715
    F4           1.292    0.136    9.489     0.000    0.791    0.791
```

204　第8章　心理尺度を開発したい (2)

```
Variances:
               Estimate  Std.Err  z-value  P(>|z|)   Std.lv  Std.all
-略-
     H           1.000                                1.000   1.000
```

　4因子モデルでは，出力結果の Covariances: のところに，因子の間の共分散
（Estimate の値）と相関係数（Std.all の値）が表示されています。一方，2次因子
モデルでは，1次因子の間の共分散と相関係数は推定されず，1次因子が2次因子か
ら受ける因子負荷が推定されています。なお，関数 cfa の引数で std.lv=TRUE とし
たため，2次因子 H についても因子の分散が1に固定されていることが確認できます。
　2つの分析で得られた適合度指標の値を表 8.1 にまとめました。CFI や TLI，
RMSEA，SRMR の値はほとんど変わりませんが，情報量規準である AIC と BIC の
値は2次因子モデルのほうが小さく，当てはまりが良いことが示されました。

表 8.1　適合度指標

	CFI	TLI	RMSEA	SRMR	AIC	BIC
4因子モデル	0.980	0.973	0.033	0.030	23239.794	23387.027
2次因子モデル	0.980	0.974	0.032	0.031	23238.430	23375.847

コラム 15：探索的因子分析と確認的因子分析

　探索的因子分析と確認的因子分析の違いは，分析の目的にあると言えます。では，具
体的にどのような場面で確認的因子分析は利用されるのでしょうか？

　例えば，1次因子に共通する2次因子を想定した2次因子分析モデルのほうが，2次
因子を想定しない因子分析モデルよりもデータに対する当てはまりが良い「優れた」モ
デルと言えるかどうかを検討することは，確認的因子分析を利用することの1つの例
と言えます。そのほかにも，日本人と欧米人とで性格が異なるかどうかを検討したい
ときなど，尺度得点について文化比較を行うためには，集団の間で因子モデルや因子負
荷の値が等しいかどうかを確認する必要があります（池原，2009）。こうした因子負荷
の等質性の検討は，確認的因子分析において母数に制約を置くことで可能です。

　なお，心理学研究では，既存の尺度を利用して調査を行った際に，探索的因子分析が
利用されることが少なくありません。しかし，探索的因子分析を行って得られた結果
が先行研究のものと一致しないことも，しばしばあります。このとき，データに合わせ
てその都度因子数を変更したりすると，先行研究との比較ができなくなるなどの問題
が生じます。このため，谷 (2017) は，妥当性や信頼性が確認されている尺度を用いる
場合，確認的因子分析によって先行研究と同じモデルを当てはめ，ある程度モデルが適
合すればモデルを変更しないほうが望ましいと指摘しています。

8.8 尺度の妥当性

8.8.1 妥当性

構成概念は見ることも触ることもできないため，尺度が構成概念を適切に測定できているかどうかについては評価をする必要があります。このように，尺度が目的とする構成概念を適切に反映できている程度のことを妥当性といいます。因子分析は尺度を作成する際に用いられることが多い分析手法ですが，後述するように，因子分析の結果が仮説どおりであることは尺度が妥当であることを示す証拠の一側面に過ぎず，多様な側面から妥当性の検証をする必要があります。そこで，本節では妥当性について説明します。

妥当性の概念は時代によって変化していますが，妥当性は構成概念妥当性と内容的妥当性，基準連関妥当性の3つの妥当性によって成立するという考えが，よく知られています[*12]。構成概念妥当性は，尺度得点の高低が目的とする構成概念をどの程度適切に反映しているかに関する妥当性の側面です。また，内容的妥当性は，尺度に含まれる項目が構成概念を網羅できている程度に関する側面です。そして，基準連関妥当性は，目的としている構成概念と関連があると考えられる変数との間に実際に相関があるかに関する側面です。

しかし，近年は，妥当性には種類があるのではなく，構成概念妥当性こそが妥当性そのものであると考えられています（Messick, 1995）。より具体的には，尺度得点を用いて構成概念を解釈することの適切さの程度が構成概念妥当性であり，尺度作成の際には，尺度得点によって構成概念を解釈することがどの程度適切であるかについて，証拠を示す必要があると考えられています。Messick (1995) は，この適切さを示すための証拠は6つあるとしています。それらは，「内容的側面の証拠」「本質的側面の証拠」「構造的側面の証拠」「一般化可能性の側面の証拠」「外的側面の証拠」「結果的側面の証拠」です。ただし，尺度作成の際に，6つ全ての証拠を示す必要があるわけではありません。構成概念妥当性がどのような証拠に支えられているかを示すと同時に，どのような側面の証拠に課題が残されているかを明確にすることが重要だと言えます。

内容的側面の証拠　内容的妥当性の概念と近いものです。測定したい構成概念を十分に網羅できているかに関する証拠です。

本質的側面の証拠　尺度に対する回答プロセスが心理学的に説明できるかに関する証拠です。

[*12] 妥当性に関するより詳しい解説については，平井 (2006) や村山 (2012)，尾崎・荘島 (2014) などを参照してください。

構造的側面の証拠 尺度の構造が理論や仮説と一致しているかに関する証拠です。仮説と合致しているかは，多くの場合，因子分析によって判断されます。

一般化可能性の側面の証拠 他の測定時期やサンプルに対して結果を一般化できるかに関する側面です。信頼性（7.10 節参照）の概念はここに含まれます。

外的側面の証拠 基準連関妥当性の概念と近く，外的変数との相関関係が，理論的に予測されるものと一致しているかに関する証拠です。

結果的側面の証拠 尺度使用の適切さに関するもので，尺度を使用したことで悪影響が生じない，あるいは悪影響が予見されないという証拠です。

■ 8.8.2　妥当性と信頼性の関係

　信頼性が高いことは，構成概念妥当性の証拠の1つ（一般化可能性の側面の証拠）として位置づけられているように，信頼性は妥当性の必要条件と考えられています。つまり，「妥当性は低いが，信頼性は高い」尺度は存在する可能性があるのに対し，「妥当性は高いが，信頼性は低い」尺度は存在しないということです。

　ただし，1つ注意すべきことがあります。それは，信頼性と妥当性のいずれか一方を高めようとすると，もう一方が低くなりがちであるということです。これは，帯域幅と忠実度のジレンマと呼ばれます。例えば，似たような項目ばかり集めれば，尺度の信頼性は高くなります。しかし，ほとんど同じ内容の項目ばかり集めても，項目の内容が偏り，尺度は構成概念の一部しかカバーできなくなります。その一方で，構成概念全体をカバーするために幅広い内容の項目を集めようとすると，類似度の高くない項目が含まれるために，結果として信頼性が低くなる可能性があります。したがって，妥当性と信頼性は別々に考えるのではなく，双方の関係に注意しながら尺度を作成していくことが重要です。

コラム 16：多特性多方法行列

　外的側面の証拠に関して，関連が高いと考えられる変数との関連が実際に強いことを収束的証拠，関連がないと考えられる変数との関連が実際に弱いことを弁別的証拠といいます。この収束的証拠と弁別的証拠を検討するために利用されるものとして，多特性多方法行列があります。

　多特性多方法行列は，複数の特性（構成概念）を複数の方法によって測定したデータから求められる相関行列あるいは共分散行列のことです。例えば，自己評定と他者評定の2つの方法で，ある3つの特性の測定を行った場合，多特性多方法行列は下表のようになります。方法が異なっていても，同じ特性を測定している変数間（同一特性・異方法）で相関が高ければ，収束的証拠となります。一方，測定方法が同一であるかに関係なく，異なる特性を測定している変数間で相関が低ければ，弁別的証拠となります。

多特性多方法行列の例

		方法1（自己評定）			方法2（他者評定）		
		特性A	特性B	特性C	特性A	特性B	特性C
方法1	特性A						
	特性B	0.25					
	特性C	0.18	0.20				
方法2	特性A	0.62	0.01	0.16			
	特性B	0.08	0.70	0.11	0.19		
	特性C	0.12	0.10	0.59	0.23	0.27	

　多特性多方法行列は，確認的因子分析の枠組みで検討することができます。多特性多方法行列に対する確認的因子分析モデルで，最も基本的なものを下図に示します（図中，誤差変数は省略しています）。確認的因子分析を利用することで，特性因子と方法因子それぞれが各観測変数をどの程度説明するかを検討することができ，特性因子からの因子負荷が大きく，方法因子からの因子負荷が小さければ，収束的証拠と弁別的証拠になります。詳細については，久保・豊田 (2013) や豊田 (2000) などを参照してください。

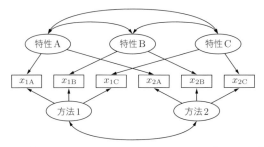

多特性多方法行列のための確認的因子分析モデル（加法モデル）

208　第 8 章　心理尺度を開発したい (2)

章末演習

　500 人の大学生に対して，個人の性格を測定するための質問紙調査を行いました。その結果を「性格.csv」として外部ファイルに保存してあります。調査項目は，「温和」「陽気」「外向的」「親切」「社交的」「協力的」「積極的」「素直」の 8 項目で，これらの性格語が自分にどの程度当てはまると思うかを「1：当てはまらない」から「5：当てはまる」の 5 件法で回答してもらいました[13]。

問1　関数 cfa を利用して，1 因子モデルを当てはめた確認的因子分析を行ってください。

問2　関数 cfa を利用して，「陽気」と「外向的」「社交的」「積極的」の 4 つの観測変数が 1 つの因子 (F1)，「温和」と「親切」「協力的」「素直」の 4 つの観測変数が別の 1 つの因子 (F2) によって影響を受けるという 2 因子モデルを当てはめた確認的因子分析を行ってください。また，問 1 の結果をもとに，適合度の観点からは，1 因子モデルと 2 因子モデルのどちらが適切かを判断してください。

---

[13] これは，南風原 (2002) の 10 章にある例をもとにしています。

第 **9** 章

複雑な仮説を統計モデルとして表したい (2)
── 潜在変数を伴うパス解析

　　心理学では，直接的に観測が可能な対象に加えて不可能な対象も扱い，それらの関係に関心が寄せられることがしばしばあります。データ解析の文脈では，観測可能な対象は観測変数，不可能な対象は潜在変数と呼ばれ，それらの間に仮定されるモデルの分析を通して仮説が検討されます。本章では，そのような分析で利用される潜在変数を伴うパス解析について解説します。

9.1　データと手法の概要

9.1.1　データの概要

　大学生の A 君は，就職活動を控えたころ，将来に対する漠然とした不安を抱きながら「幸せって何だろう」と考えていました。4 年生になり，A 君は幸せをテーマにして卒業論文研究をすることにし，「経済状況への肯定感」「人間関係の良好さ」「心の健康」が「幸福感」に影響を与えるという関係を想定して，検討を行うことにしました。A 君は研究活動を進めるにあたって，まず上記の 4 つの概念を以下のように定めました。

- 「経済状況への肯定感」（E）：自分の経済状況に対する不平の少なさ，納得感，安心感
- 「人間関係の良好さ」（R）：周囲の人々との間での意思疎通の流暢さ，受容感，信頼感
- 「心の健康」（M）：生活を送るうえでの活動性の高さや心の落ち着き
- 「幸福感」（H）：自分自身が自由で，恵まれ，自分にとって重要な事柄が満たされているという感覚

210　第 9 章　複雑な仮説を統計モデルとして表したい (2)

　4 つの概念はどれも直接的に観測することが難しい対象であり，定めた内容を測定するための質問項目を，1 つの概念につき 3 つずつ用意することにしました。質問文は表 9.1 に示すとおりです[1]。

表 9.1　質問文

記号	内　　容
E1	日常生活を送るうえで，金銭面で大きな不自由はない
E2*	買いたい物の金額が高く，泣く泣くあきらめることが多い
E3	将来の生活に対して，経済的な不安はあまりない
R1	自分の周囲には話の合う人がいる
R2	自分の周囲には自分のことを理解してくれる人がいる
R3	自分の周囲には信頼できる人がいる
M1	やる気を出して物事に取り組めている
M2	穏やかな気分で生活をしている
M3*	落ち込んでしまうことが多い
H1	総合的に判断して，自分は恵まれている
H2	人生で重視していることの多くは満たされている
H3*	抑圧や制限をされていると感じることが多い

＊：逆転項目

　A 君はこれらを 5 件法（「全く当てはまらない」「あまり当てはまらない」「どちらでもない」「やや当てはまる」「完全に当てはまる」）の回答形式の質問項目としてまとめて質問紙調査を行い，250 人分の回答を得ました。コンピュータに入力し，逆転項目の処理[2]を終えたデータが「幸せ調査.csv」（以下，幸せデータ）です。このファイルを Excel で開くと，図 9.1 のように中身を確認することができます。変数名は 12

図 9.1　「幸せ調査.csv」（一部抜粋）

---

[1] 表 9.1 において，記号の右に "＊" がついた項目は逆転項目です。逆転項目とは，肯定的な回答を示すほど，関連する概念の程度が低いと見なされる項目のことです。例えば，E2 は，これに対して肯定的な回答を示すほど，経済状況への肯定感が低いと見なせる項目です。

[2] 逆転項目の数値の割り当ては，そうでない通常項目の数値の割り当ての逆順とするのが一般的です。具体的な方法については，『R によるやさしい統計学』p.287 に解説があります。

個の質問項目に対して，その概念ごとに「E1」〜「E3」，「R1」〜「R3」，「M1」〜「M3」，「H1」〜「H3」とつけられています．

9.1.2 分析の目的と手法の位置づけ

分析の目的は，A 君があらかじめ考えていた 4 つの概念間の関係（仮説）の確からしさをデータから確認し，関係の強さを解釈することです．パス解析（6 章参照）と似ていますが，直接観測できない事柄を組み込んだ仮説を扱う点が異なります．分析の手順は以下のとおりです．

1. （仮説の設定）
2. 仮説に基づくモデルの表現
3. モデルの評価（必要であればモデルを修正）
4. モデルの指標の解釈，結果の考察

最初の手順として括弧内に示した「仮説の設定」は，分析に先んじて行われているべき作業です．この仮説に基づいたモデルを分析ツールの記法に従って表現することが，分析場面で最初に行うことです．続いて，データからモデルの推定値を得て，当該モデルを手もとのデータに当てはめることの適切さを確認します．その際，適宜，モデルの修正を行います．最後に，最終的なモデルの各種の指標を確認し，仮説に関して考察を行います．

それでは，A 君の仮説を確認しましょう．仮説を図 9.2 のパス図（6.1.3 項を参照）に示します．まず，「E1」〜「E3」の背後に「経済状況への肯定感」，「R1」〜「R3」の背後に「人間関係の良好さ」，「M1」〜「M3」の背後に「心の健康」，「H1」〜「H3」の背

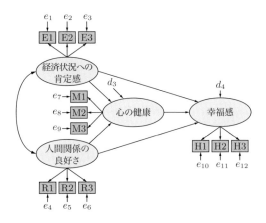

図 9.2　A 君が考えた概念間の関係

212 第 9 章 複雑な仮説を統計モデルとして表したい (2)

後に「幸福感」が存在することが仮定されています[3]。また，背後に仮定された変数間には，「経済状況への肯定感」と「人間関係の良好さ」が「心の健康」に影響を及ぼし，それら 3 つの変数が「幸福感」に影響を及ぼすという関係が表されています。それ以外に，"e" や "d" で始まる誤差の変数も組み込まれています。例えば d_4 は，「幸福感」を「経済状況への肯定感」「人間関係の良好さ」「心の健康」で説明した場合に，それらでは説明できない「幸福感」の部分を意味します。

図 9.2 のような変数間の関係について分析するためには，共分散構造分析[4]という分析枠組みを利用するのが一般的です。

■ 9.1.3 データの内容の確認

それでは，A 君が収集したデータの内容を実際に確認してみましょう。「幸せ調査.csv」の読み込みとデータフレームの確認を行うコードを示します。

```
データの読み込み，データフレームの確認

> sws <- read.csv("幸せ調査.csv")  #データの読み込み
> head(sws)
  E1 E2 E3 R1 R2 R3 M1 M2 M3 H1 H2 H3
1  2  3  3  2  2  2  4  3  3  3  3  3
2  2  3  3  2  2  3  2  2  3  2  2  3
3  2  3  3  3  3  3  2  2  3  3  3  3
4  2  2  2  2  2  2  3  2  2  3  2  2
5  2  2  2  2  2  2  3  2  2  3  2  3
6  2  3  2  3  4  4  4  3  3  3  4
```

9.2 モデル表現

潜在変数を伴うパス解析を R で実行するには，パッケージ lavaan の関数 lavaan や sem を利用することができます。ここでは，柔軟なモデル設定が可能な関数 lavaan を取り上げ，分析に必要なモデルの表現の仕方について順を追って説明します。

---

[3] 例えば「経済状況への肯定感」の値として「E1」～「E3」の和を用いることに考えが及んだ読者がいるかもしれません。そのことについては，15 章のコラム 28 (p.392) を参照してください。

[4] 共分散構造分析は，その名のとおり，観測変数の共分散（や分散）を推定における核とする方法です。平均も同様に扱う枠組みは，平均・共分散構造分析と呼ばれ，それらの枠組みを含むさらに大きなものとして，構造方程式モデリングという枠組みもあります。共分散構造分析の枠組みのもとでは，観測変数のみのパス解析や因子分析など，さまざまな統計分析や統計モデルの推定が可能です。

9.2.1 モデルで扱う変数およびそれらの関係

モデルを柔軟に表現するには，変数の分類について知っていることが大切です。ここでは，以下の 3 つの観点での分類について，A 君のモデルを例に説明します。なお，2. は 7.9.1 項，3. は 6.1.3 項ですでに説明されていますが，より広範な分析を扱う本章で，それらも含めて整理します。

1. 構造変数/誤差変数
2. 観測変数/潜在変数
3. 外生変数/内生変数

1 つ目の観点は，誤差（ある変数における，別の変数（群）から説明されない部分）を表す変数とそれ以外の変数（構造変数）との区別です。誤差変数は $e_1, \cdots, e_{12}, d_3, d_4$ の 14 個，構造変数はそれ以外の 16 個です（図 9.3）。

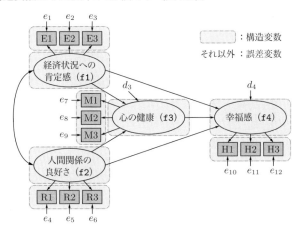

図 9.3 構造変数と誤差変数

2 つ目の観点の観測変数/潜在変数のうち，観測変数は調査などを通して観測値が得られる変数のことで，潜在変数は観測値が得られない変数のことです。「E1」〜「E3」，「R1」〜「R3」，「M1」〜「M3」，「H1」〜「H3」の 12 個が観測変数で，残り 18 個が潜在変数です（図 9.4）。

3 つ目の観点は，モデルの外部で生成される外生変数と，外生変数からの影響を受けてモデルの内部で生成される内生変数の分類です。外生変数は単方向の矢印を 1 本も受けていない変数（双方向の矢印は関係ありません），内生変数は単方向の矢印を 1 本でも受けている変数とも言えます。14 個の誤差変数と「経済状況への肯定感」「人間関係の良好さ」の合計 16 個の変数が外生変数で，それ以外の 14 個の変数が内生変数です（図 9.5）。

214 第 9 章 複雑な仮説を統計モデルとして表したい (2)

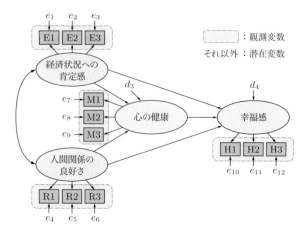

図 9.4 観測変数と潜在変数

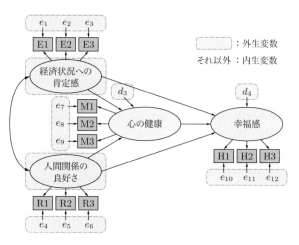

図 9.5 外生変数と内生変数

　変数間の関係については，6.1.3 項で示されたとおり，影響関係と相関関係の 2 つがあります．ある変数の値が別の変数の値によって説明されるのが影響関係で，ある変数の値と別の変数の値がともに変化するのが相関関係です．それぞれ，単方向と双方向の矢印として図示されます．A 君の仮説では，4 つの潜在的な構造変数の間には 5 つの影響関係が仮定されています．また，「経済状況への肯定感」と「人間関係の良好さ」の間に相関関係が仮定されています．

9.2.2 モデル表現の約束事

モデルを表現する際の重要な約束事として，8.5 節の内容と同様，

> 潜在的な構造変数について，観測変数へ与える影響のうちの 1 つを 1 に固定すること（潜在的な構造変数が外生的な場合には，その分散を 1 に固定する方法でもよい）

というものがあります。例えば，「人間関係の良好さ」は「R1」～「R3」の 3 つの観測変数へ影響を与えています。この部分に関して，「R1」～「R3」への影響の強さのうちどれか 1 つを 1 に固定すること（「人間関係の良好さ」は外生的なので，その分散を 1 に固定する方法でもよい）が必要になります。「人間関係の良好さ」は潜在的な変数であり，原点（値 0 に相当する「幸福感」の程度）や単位（値 1 に相当する「幸福感」の程度）が定まっていないからです。原点はその変数の母平均が 0 になるようにして定めます。分散は，そのものを 1 とするか，係数を 1 にした観測変数（例えば「R1」）の分散を利用して定めることになります。

これ以外に「自由度が 0 以上であること」という重要な約束事がありますが，それについては 9.6.2 項で説明します。

また，約束事というほどではありませんが，潜在的な構造変数については，それが影響を与える観測変数が 3 つ以上あると，モデルに問題があって推定ができないという状況が生じにくくなります。

9.2.3 モデル記述

ここまで，モデルを記述するための前提知識について説明をしました。ここからはパッケージ lavaan の関数を使って分析する際の，モデルの記法（シンタックス）について解説します[5]。図 9.1 のモデルは以下のように記述します。

モデルの記述（係数の固定）

```
> sws.model1 <- "
> f1=~1*E1+E2+E3
> f2=~1*R1+R2+R3
> f3=~1*M1+M2+M3
> f4=~1*H1+H2+H3
> f3~f1+f2
> f4~f1+f2+f3
> f1~~f2
> "
```

---

[5] ここでの解説には，6 章と 8 章で示された内容が一部含まれます。それらの章も参考にしてください。

216　第 9 章　複雑な仮説を統計モデルとして表したい (2)

モデルの記述（分散の固定）

```
> sws.model2 <- "
> f1=~E1+E2+E3
> f2=~R1+R2+R3
> f3=~1*M1+M2+M3
> f4=~1*H1+H2+H3
> f3~f1+f2
> f4~f1+f2+f3
> f1~~1*f1+f2
> f2~~1*f2
> "
```

上記の 2 種類のモデル記述は，先述したモデル表現の約束事において触れた，潜在的な構造変数に関する 2 通りの固定の仕方に対応しています。

　sws.model1 もしくは sws.model2 というオブジェクトに，文字列として変数間の関係を示す記述内容を代入します。この中に登場する変数名のうち，データフレームの列名に含まれるものは観測変数として，含まれないものは潜在変数として認識され，処理されます。ここで，

- f1 は「経済状況への肯定感」の変数
- f2 は「人間関係の良好さ」の変数
- f3 は「心の健康」の変数
- f4 は「幸福感」の変数

を表すものとして使用しています。そして，以下の記号を用いて，変数間の関係を表します。

- =~　左に置かれた 1 つの潜在的な構造変数が，右に置かれた観測変数群から測定される[6]（変数群は "+" で繋いで表現します。以下も同様）。
- ~　　左に置かれた 1 つの構造変数が，右に置かれた構造変数群から影響を受ける。
- ~~　左に置かれた 1 つの変数と右に置かれた観測変数群が相関関係を持つ（左右に同一変数が置かれた場合は，分散を意味します。また，変数が内生的なものの場合，実際にはその変数に関する誤差を意味します）。

　1 つ目のコードの 2〜5 行目は，「経済状況への肯定感」「人間関係の良好さ」「心の健康」「幸福感」が，各概念に関する観測変数から測定される関係を表します。f1

---

[6] 表現に違和感があるかもしれません。しかし，例えば「経済状況への肯定感」（f1）は直接観測されるものではないので，「E1」〜「E3」の 3 つの観測変数から把握される（＝測定される）と考えるのが自然です。

から「E1」への係数を1に固定するために，f1に関する記述において，E1の直前に"1*"をつけます[7]。6行目と7行目は「心の健康」が「経済状況への肯定感」「人間関係の良好さ」から，「幸福感」が「経済状況への肯定感」「人間関係の良好さ」「心の健康」から影響を受けているという関係を表します。そして，8行目は「経済状況への肯定感」と「人間関係の良好さ」の相関関係を表します。

　2つ目のコードでは，外生的な「経済状況への肯定感」「人間関係の良好さ」について，その分散を1に固定するため，2行目と3行目から"1*"が消え，相関や分散を表す8行目と9行目に"1*"がついています。なお，8行目では"+"を用いて「経済状況への肯定感」に関する分散と相関を同時に表現しています。

　どちらのコードにおいても，固定値としない外生変数の分散は，記述から省略しています。関数lavaanの引数を使うことで，省略してもモデルの推定が可能です。

9.3　モデルの推定および評価

　続いて，sws.model1を用いてモデル評価の方法を示します。モデルの評価を行うには，モデルを推定する必要がありますので，まずはそれについて解説します。

■ 9.3.1　推定値の算出

モデルの推定値を得るためには，以下のようなコードを記述します[8]。

```
モデルの推定
> library(lavaan)
> sws.fit <- lavaan(model=sws.model1, data=sws, auto.var=TRUE)
```

　関数lavaanの引数modelに，シンタックスに従って記述した内容を収めたsws.model1を指定し，引数dataにデータフレームのオブジェクトswsを指定します。そして，引数auto.varで外生変数の分散を推定対象とする（TRUE）か否か（FALSE）を指定します。この引数を利用することで，モデル記述のところで，外生変数についての記述を省略できます。先述のモデル記述（係数の固定）においては，E1~~E1，E2~~E2，…，f4~~f4の全16個の分散に関する記述を省略しています。

　モデルの推定値をはじめとして，オブジェクトsws.fitに収められた結果は，関数summaryを使うことで確認できます。以下のコードのように各種引数を指定して，出力内容を制御します。

---

[7] "*"の前の数字を変更すれば，1以外の任意の値に固定できます。
[8] パス解析と同様に，標本共分散行列と標本サイズからの推定も可能ですが，ここでは省略します。

218 第 9 章 複雑な仮説を統計モデルとして表したい (2)

結果の出力

```
> summary(sws.fit, fit.measures=TRUE, standardized=TRUE, ci=TRUE)
```

引数の `fit.measures`, `standardized`, `ci` はそれぞれ，モデルの適合度指標，標準化推定値，モデル母数に関する 95% 信頼区間の出力を制御します．出力は

1. モデルの適合度指標
2. 母数の推定値（信頼区間，標準化推定値を含む）

に大別されて表示されます．

■ 9.3.2　モデル適合に関する全体的評価

まず，先のコードによって得られた出力の前半部分を参照して，モデルの当てはまりの評価を行います．モデルの当てはまりとは，手もとのデータに認められる観測変数間の関係が，モデルとして表現された変数間の関係を通してどれだけうまく表現されるかを意味します．

モデル適合に関する全体的評価の指標

```
-出力の一部-
  Minimum Function Test Statistic            69.232
  Degrees of freedom                             48
  P-value (Chi-square)                        0.024
-略-

User model versus baseline model:

  Comparative Fit Index (CFI)                 0.988
  Tucker-Lewis Index (TLI)                    0.983
-略-

Root Mean Square Error of Approximation:

  RMSEA                                       0.042
  90 Percent Confidence Interval      0.016   0.063
  P-value RMSEA <= 0.05                       0.712

Standardized Root Mean Square Residual:

  SRMR                                        0.035
```

ここでの推定結果については，5% 水準で有意となり，「モデルはデータに適合していない」ことになります．しかし，標本サイズが大きい場合にはこの検定は有意になりやすいので，ここではこの結果に固執せず，別の適合度指標の値を確認しま

9.3 モデルの推定および評価　219

しょう[*9]。

　CFI, TLI, RMSEA, SRMR の値はそれぞれ 0.988, 0.983, 0.042 (90%CI [0.016, 0.063])，0.035 ですので，CFI と TLI は 0.95 以上，RMSEA は 0.06 以下，SRMR は 0.08 以下という Hu & Bentler (1998) で示された適合の良さの基準を満たしています。このモデルはデータに適合していると考えてよいでしょう。なお，これら以外の適合度指標の値を得るためには，以下のコードを実行します。

全ての適合度指標を出力

```
> fitmeasures(sws.fit)
-出力は省略-
```

■ 9.3.3　適合の悪さの詳細と修正の可能性の追究

　全体的評価において適合の悪さが認められた場合，モデルにおけるどの変数に関する部分が問題になっているかを確認しておくと，モデル修正の際に参考になります。この分析例では全体的評価に問題はありませんが，説明のために，部分的評価を行ってみましょう。以下のコードを実行することで，各観測変数間の関係について，相関係数の尺度でデータとモデルの乖離の程度を確認できます[*10]。

モデル適合に関する部分的評価の指標（残差行列）

```
> residuals(sws.fit, type="cor")
-出力の一部-
$cor
        E1     E2     E3     R1     R2     R3   -略-     H1     H2     H3
E1   0.000
E2  -0.001  0.000
E3   0.000  0.000  0.000
R1  -0.050 -0.042 -0.013  0.000
R2   0.016 -0.001  0.000  0.002  0.000
R3   0.072  0.064  0.069 -0.013  0.010  0.000
-略-
H1   0.028  0.048  0.061  0.007 -0.040  0.015          0.000
H2  -0.031 -0.048 -0.035  0.034  0.006  0.027         -0.004  0.000
H3   0.026 -0.066 -0.045 -0.040 -0.030  0.056          0.000  0.008  0.000
```

　出力には type, cor, mean のオブジェクトが含まれます[*11]。符号は無視してよい

[*9] 出力内容の詳細については，6.7.1 項を参照してください。

[*10] 引数 type="raw"を指定すると，乖離の程度が分散・共分散の尺度で示されます。その場合，各変数の測定単位の影響が残ります。

[*11] mean は外生変数の平均や切片を母数として考え，観測変数の母平均も構造化した場合に参照します。この例のように母共分散行列のみを構造化したときには，mean の値は全ての観測変数に関して 0 になります。構造化については，9.7.1 項を参照してください。

220　第 9 章　複雑な仮説を統計モデルとして表したい (2)

ので絶対値をとって評価します。相対的に大きい値が特定の観測変数に集中している
場合には，その変数をモデルから取り除いたり，その変数に関する係数や共分散をモ
デルに組み込んだりすると，モデルの適合が良くなる可能性があります。

　モデルの修正には，文字どおり修正指標も利用できます。修正指標は，分析したモ
デルでは想定されていない変数の関係性を新たに組み込んだ場合に，どのような結果
が期待されるかを表すものです[*12]。修正指標を確認するには，関数 modindices に
計算結果オブジェクト sws.fit を指定して，以下のように記述します。

```
モデル適合に関する部分的評価の指標（修正指標）

> modindices(sws.fit)
     lhs op rhs    mi    epc sepc.lv sepc.all sepc.nox
35   f1 =~ R1  1.747 -0.084  -0.031   -0.055   -0.055
-略-
41   f1 =~ H1  7.410  0.293   0.106    0.128    0.128
-略-
136  H2 ~~ H3  0.854  0.016   0.016    0.049    0.049
```

　出力を見ると，「経済状況への肯定感」（f1）が「H1」（「心の健康」のための第 1 項
目）から測定されるという関係を組み込むことにより，モデルの適合の改善を期待で
きますが，この分析で新たにこれを組み込むのは間違いでしょう。それは，定義した
「経済状況への肯定感」（f1）を測定するための項目として「E1」〜「E3」を用意した
にもかかわらず，内容的に異なる「H1」を加えることで，「経済状況への肯定感」の
もともとの意味に変容をきたしてしまうからです。モデルの修正は，適合度の改善だ
けを考えて行うものではありません。指標の値はあくまで目安であり，それをもとに
実質科学的もしくは学術的な知見に基づいて説明が可能か，研究目的を損なうことが
ないかといった観点から検討したうえで，修正を行うようにしてください。

9.4　最終モデルの推定結果の確認

　モデルの適合を確認し（場合によってはモデルを修正し），大きな問題がなければ，
「母数の推定値」を中心に，変数間の関係や説明の程度について考察します。この分
析例に関してはモデルの修正はありませんので，最初に得られた出力の内容を確認し
ます。

[*12] 詳細については，6.3.2 項を参照してください。

9.4 最終モデルの推定結果の確認　221

■ 9.4.1　変数から変数への影響の強さの確認

モデル母数（係数）の推定値の確認

```
Latent Variables:

          Estimate Std.Err Z-value P(>|z|) ci.lower ci.upper Std.lv Std.all
  f1 =~
    E1     1.000                            1.000    1.000    0.363  0.705
    E2     1.567   0.116   13.486  0.000    1.339    1.794    0.569  0.909
    E3     1.743   0.129   13.538  0.000    1.491    1.995    0.633  0.942
  f2 =~
    R1     1.000                            1.000    1.000    0.498  0.890
    R2     0.976   0.061   16.053  0.000    0.857    1.096    0.486  0.871
    R3     1.024   0.077   13.375  0.000    0.874    1.174    0.510  0.739
  f3 =~
    M1     1.000                            1.000    1.000    0.464  0.805
    M2     1.255   0.089   14.178  0.000    1.081    1.428    0.582  0.845
    M3     1.207   0.084   14.347  0.000    1.042    1.371    0.559  0.860
  f4 =~
    H1     1.000                            1.000    1.000    0.726  0.875
    H2     0.658   0.043   15.169  0.000    0.573    0.742    0.477  0.850
    H3     0.618   0.046   13.305  0.000    0.527    0.709    0.448  0.753

Regressions:

          Estimate Std.Err Z-value P(>|z|) ci.lower ci.upper Std.lv Std.all
  f3 ~
    f1     0.263   0.086   3.066   0.002    0.095    0.431    0.206  0.206
    f2     0.324   0.065   4.996   0.000    0.197    0.451    0.348  0.348
  f4 ~
    f1     0.469   0.129   3.637   0.000    0.216    0.721    0.234  0.234
    f2     0.478   0.101   4.746   0.000    0.280    0.675    0.328  0.328
    f3     0.385   0.111   3.455   0.001    0.167    0.603    0.246  0.246
```

まず，パスの係数に関する結果について説明します。

- Latent Variables：潜在的な構造変数から観測変数への影響の強さを表す係数の結果
- Regressions：それ以外の変数間の影響関係における強さを表す係数の結果

の 2 項目がそれに該当します。各列の指標の意味については，6.2 節を参照してください。

　測定単位に依存した推定値において，各潜在的構造変数に関する 1 つ目の観測変数とのパスは，識別のために 1 に固定されたものであり，データからの推定値ではありません（標準誤差の値なども表示されません）。それ以外のパスについて，p 値はどれ

222　第9章　複雑な仮説を統計モデルとして表したい (2)

も 0.01 を下回っており，母集団での値は 0 ではないと推測されます。そして，全構造変数を標準化したときの推定値を見ると，各潜在的構造変数は用意した観測変数によってうまく測定されていると考えられます。また，幸せデータに関して言えば，潜在変数間の関係について，「心の健康」(f3) には「経済状況への肯定感」(f1) よりも「人間関係の良好さ」(f2) が強く影響し，「幸福感」(f4) にも「経済状況への肯定感」(f1) や「心の健康」(f3) よりも「人間関係の良好さ」(f2) が強く影響することがわかります[13]。

■ 9.4.2　個人差や測定における誤差の大きさ，相関関係の強さの確認

```
モデル母数（分散・共分散）の推定値の確認

Covariances:

          Estimate Std.Err z-value P(>|z|) ci.lower ci.upper Std.lv Std.all
   f1 ~~
     f2     0.018   0.013   1.406   0.160   -0.007    0.043   0.099   0.099

Variances:

          Estimate Std.Err z-value P(>|z|) ci.lower ci.upper Std.lv Std.all
   .E1     0.134   0.013  10.306   0.000    0.108    0.159   0.134   0.503
   .E2     0.068   0.013   5.152   0.000    0.042    0.094   0.068   0.174
   .E3     0.051   0.015   3.345   0.001    0.021    0.081   0.051   0.113
   .R1     0.065   0.012   5.323   0.000    0.041    0.089   0.065   0.208
   .R2     0.075   0.012   6.102   0.000    0.051    0.099   0.075   0.241
   .R3     0.216   0.023   9.486   0.000    0.171    0.260   0.216   0.453
   .M1     0.117   0.014   8.194   0.000    0.089    0.144   0.117   0.352
   .M2     0.135   0.019   7.025   0.000    0.098    0.173   0.135   0.286
   .M3     0.110   0.017   6.497   0.000    0.077    0.143   0.110   0.260
   .H1     0.162   0.028   5.829   0.000    0.107    0.216   0.162   0.235
   .H2     0.087   0.013   6.750   0.000    0.062    0.113   0.087   0.277
   .H3     0.154   0.017   9.135   0.000    0.121    0.187   0.154   0.434
    f1     0.132   0.021   6.242   0.000    0.091    0.173   1.000   1.000
    f2     0.248   0.029   8.427   0.000    0.190    0.306   1.000   1.000
   .f3     0.177   0.025   7.129   0.000    0.128    0.225   0.822   0.822
   .f4     0.356   0.047   7.627   0.000    0.264    0.447   0.675   0.675
```

続いて共分散と分散に関する結果について説明します。

- Covariances：2 変数間の相関関係の強さに関する結果
- Variances：各変数の散らばりの大きさに関する結果

---

[13] 信頼区間を見ると区間が重なっていますので，標本データが違えば，今回の結果とは影響の強さの大小関係が異なる可能性が十分あります。

の 2 項目がそれに該当します。列は係数に関する結果と同様です。共分散と分散に関する結果を参照する場合に注意しなければならないことは，変数のラベルの前に". "がついたものは内生変数であり，その誤差の結果を表すということです。例えば，Variances: の.f3 の行の結果は f3 の分散ではなく，f3 に関する誤差（図 9.2 では d_3）の分散を意味します。

「経済状況への肯定感」（f1）と「人間関係の良好さ」（f2）の相関関係については，共分散の値が 0.018（95％CI $[-0.007, 0.043]$）と推定され（標準化された値である相関係数は 0.099），p 値が 0.05 を大きく上回っていますので，相関関係があるとは言えません。

そして，全構造変数を標準化したときの分散の推定値を見ると，観測変数が対応する潜在的構造変数以外によって説明される割合は 10％ から 30％ のものが多く，潜在的構造変数の測定が精度良くできていると考えられます。一方，「心の健康」（f3）や「幸福感」（f4）の説明においては，誤差の分散の割合が大きく，各変数を説明するとして考えた変数群以外の影響も比較的大きいものと推察されます。

■ 9.4.3　内生変数に対する影響や内生変数の説明率の確認

内生変数が他の変数からどの程度説明されるか，あるいは，他の変数から直接的，間接的，また全体として，どの程度影響を受けるかという視点で結果を考察することがあります。その場合に，前者については決定係数（分散説明率）を，後者については直接効果，間接効果，総合効果といった指標を参照します。ここでは，内生変数である「幸福感」（f4）に注目し，それらを説明します。まず，決定係数は以下のようなコードで確認します。

```
分散説明率の出力
> lavInspect(sws.fit, "rsquare")
   E1    E2    E3    R1    R2    R3 -略-   H1    H2    H3    f3    f4
0.497 0.826 0.887 0.792 0.759 0.547       0.765 0.723 0.566 0.178 0.325
```

上記から，「幸福感」（f4）は「経済状況への肯定感」（f1），「人間関係の良好さ」（f2），「心の健康」（f3）によって 32.5％ 説明される（それ以外のものから 67.5％ 説明される）ということが読み取れます。

続いて，直接効果，間接効果，総合効果を確認します。「幸福感」（f4）は「人間関係の良好さ」（f2）から影響を受けていますが，その経路は 2 つあります。1 つは f2 から f4 への直接的な影響で，もう 1 つは「心の健康」（f3）を経由する f2 から f4 への間接的な影響です。前者を直接効果，後者を間接効果，それらの和を総合効果と呼びます。f4 と f2 の関係における直接効果は，すでに説明した係数の推定値で確認できます（標準化した場合には 0.328）。間接効果はそれぞれの係数の推定値の積で求

224 第 9 章 複雑な仮説を統計モデルとして表したい (2)

められます（標準化した場合には $0.348 \times 0.246 = 0.085$）。総合効果は 0.413 となります。幸せデータの分析では、「人間関係の良好さ」から「幸福感」への直接的な効果のほうが、「心の健康」を経由する間接的な効果より大きいことがわかります。なお、これらの効果について標準誤差や信頼区間の出力を得ることも可能です。それについては 9.8.1 項で触れます。

■ 9.4.4　パス図による変数間の関係の視覚的な確認

パス係数や分散・共分散に関する推定結果をモデル全体にわたって見渡すために、しばしばパス図上に推定値を付したものが利用されます。そのような図は、パッケージ semPlot の関数 semPaths を使うと作成できます。幸せデータの分析結果の図を描くには、以下のようなコードを記述します。

```
推定値付きパス図の描画
> library(semPlot)
> semPaths(sws.fit, whatLabels="std", layout="tree2", curve=1.2,
+ optimizeLatRes=TRUE, edge.color="black", nCharNodes=0,
+ edge.label.position=c(rep(0.4, 17), rep(0.5, 18)), edge.label.cex=0.8)
```

まず、第 1 引数に分析結果のオブジェクト sws.fit を指定します。引数 whatLabels には、"path"（パスのみを表示して値は非表示）、"est"（測定単位に依存した推定値を表示）、"std"（全構造変数を標準化したときの推定値を表示）などから選択したものを指定します。また、引数 nCharNodes は、各構造変数を表す図形内に表示させる変数名を何文字で切るかを指定するものです。さらに、引数 edge.label.position は、単方向もしくは双方向矢印のどの位置に値を表示するかを指定します。rep(0.4, 17) は単方向の矢印に関する指定、rep(0.5, 18) は双方向の矢印に関する指定です[14]。semPaths には、ここに示せていない多くの引数があります。それらについては豊田 (2014) を参照してください。

図 9.6 は幸せデータの標準化推定値付きパス図です。破線の矢印はその部分を固定してモデルを推定したことを意味します。また、同一構造変数に始点と終点がある双方向矢印は、当該構造変数に関する誤差の分散を表します。

---

[14] 実際には、パス図の中に双方向の矢印は 17 個しかありませんが、共分散に関する双方向矢印は 2 つとしてカウントする仕様になっています。

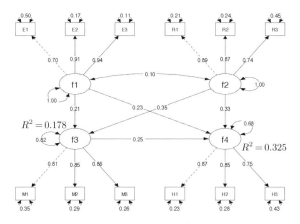

図 9.6　標準化推定値付きパス図（決定係数 R^2 の値は出力に加筆したもの）

9.5　報告例

まとめとして，幸せデータの潜在変数を伴うパス解析の報告例を以下に示します。

潜在変数を伴うパス解析の報告例

「経済状況への肯定感」（f1），「人間関係の良好さ」（f2），「心の健康」（f3），「幸福感」（f4）という4つの潜在変数を想定して，「経済状況への肯定感や人間関係の良好さが心の健康に対して影響を与える。また，それらはいずれも幸福感に対して影響を与える」と仮定し，共分散構造分析を利用して潜在変数を伴うパス解析を行った。その結果，適合度は良好であった（CFI = .988，TLI = .983，RMSEA = .042（90%CI [.016, .063]），SRMR = .035）。

推定結果を下図 [本書の図 9.6] および下表に示す。潜在的な構造変数間の関係に関する係数については，.1% もしくは 1% で全て有意であり，仮定を支持する結果であった。「幸福感」に注目すると，これは「経済状況への肯定感」「人間関係の良好さ」「心の健康」から 32.5% 説明され，各変数の値が大きくなると，それ以外の変数の条件が同一ならば「幸福感」も大きくなることが示唆された。

表：潜在変数を伴うパス解析の結果（潜在的な構造変数に関する部分）

	非標準化係数	標準誤差	95%CI	標準化係数
経済状況への肯定感 → 心の健康	0.263	0.086	[0.095, 0.431]	.206
人間関係の良好さ → 心の健康	0.324	0.065	[0.197, 0.451]	.348
経済状況への肯定感 → 幸福感	0.469	0.129	[0.216, 0.721]	.234
人間関係の良好さ → 幸福感	0.478	0.101	[0.280, 0.675]	.328
心の健康 → 幸福感	0.385	0.111	[0.167, 0.603]	.246

226　第 9 章　複雑な仮説を統計モデルとして表したい (2)

9.6　モデルの数式表現

本節と次節を通して，図 9.2 のモデルを数式で表現し，共分散構造分析の枠組みからモデル母数の推定値を得るための考え方を説明します。

■ 9.6.1　測定方程式と構造方程式

潜在変数を伴うパス解析では，大別して以下の 2 種類の方程式を扱います。

測定方程式　潜在的な構造変数が観測可能な構造変数によって測定される関係を表す方程式（図 9.7）

構造方程式　測定方程式で表される関係以外で構造変数が別の構造変数へ影響を与える関係を表す方程式（図 9.8）

コラム 17：フィットよければ全てよし？

　共分散構造分析を利用したパス解析では，フィット（適合度）の値を参照して標本データに対してモデルが当てはまっているかどうかを確認し，当てはまりの良さを示すのが一般的です。確かに当てはまりの良さは大切なことですが，それだけを目指してモデルを修正してしまうのは危険です。

　本来の目的は，自分が考えた仮説について検討し，データ解析による客観的根拠からその有効性を示すことのはずです。したがって，まずは実質科学的な知見や理論的根拠に基づいた仮説を立ててモデル化し，モデルの修正の可能性もあらかじめ想定しておきましょう。そのうえで，必要があれば想定内容から離れない範囲で修正を行うという対応をとります。そして，その結果として得られた適合について評価をするというのが正しい手順です。明確な仮説がない状況で分析を行うと，適合の良さだけを目的として，根拠のないモデル修正が行われる可能性が高くなります。

　また，仮説やモデルの有効性という意味では，決定係数の確認もしっかりと行うべきです。適合度は，変数間の構造（変数間の影響関係や相関関係の有無）によって変数に関して要約された値（共分散行列など）が表現される度合いを表すのに対し，決定係数は，その構造のもとでの変数間の関係（影響関係や相関関係）の強さに基づいて目的変数が説明される度合いを表します。

　適合度と決定係数は異なる観点からの評価指標ですので，当然，それらが表す良さの程度に齟齬が生じる場合があります。適合度は良くても決定係数が悪いモデルは，構造的には観測変数の分散・共分散の値をうまく表せるものの，モデルに含まれる目的変数が他の変数からうまく説明できていないモデルです。これでは，説明モデルとしてはあまり有効なものとは言えないでしょう。もちろん，これとは反対のケースもあります（具体的には，尾崎・荘島, 2014）。豊田 (2002) では，適合度が許容範囲でなくても実質科学的に実りの多いモデルであるならば，そのことを文章で主張し，納得・了解させるべきであると述べられています。

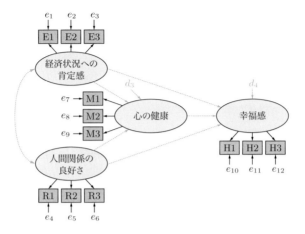

図 9.7 測定方程式の該当部分

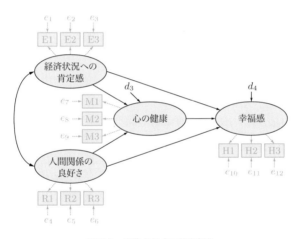

図 9.8 構造方程式の該当部分

例えば，測定方程式における「経済状況への肯定感」（f1）に関する部分は，以下のような式で表せます。

$$\mathrm{E1} = \beta_{\mathrm{E1f1}} \mathrm{f1} + e_1 \tag{9.1}$$
$$\mathrm{E2} = \beta_{\mathrm{E2f1}} \mathrm{f1} + e_2 \tag{9.2}$$
$$\mathrm{E3} = \beta_{\mathrm{E3f1}} \mathrm{f1} + e_3 \tag{9.3}$$

ここで，β_{E1f1} は f1 から「E1」への影響の強さを表す値（母集団における値）です。

228　第 9 章　複雑な仮説を統計モデルとして表したい (2)

左辺の「E1」～「E3」は平均偏差化された変数を想定しています[*15]。同様に,「人間関係の良好さ」(f2) から「幸福感」(f4) に関する方程式は 9 つあります。

$$R1 = \beta_{R1f2}f2 + e_4 \qquad (9.4)$$
$$\vdots$$
$$H3 = \beta_{H3f4}f4 + e_{12} \qquad (9.5)$$

次に,構造方程式では,f1 から f4 の間の関係が表現されます。内生変数は「心の健康」(f3) と f4 の 2 つですので,以下の 2 つがこのモデルに関する構造方程式です。

$$f3 = \gamma_{f3f1}f1 + \gamma_{f3f2}f2 + d_3 \qquad (9.6)$$
$$f4 = \gamma_{f4f1}f1 + \gamma_{f4f2}f2 + \gamma_{f4f3}f3 + d_4 \qquad (9.7)$$

ここで,γ_{f3f1} は,f1 から f3 への影響の強さを表す値 (母集団における値) です。

■ 9.6.2　母数の同定と自由度

潜在変数を含んだパス解析のモデルを共分散構造分析で推定する場合,モデルの母数は以下の 2 種類に大別されます。

- パス係数
- 外生変数に関する分散・共分散

まず,パス係数は,母集団における変数間の関係の強さを表すために導入されたもので,先の方程式を見ると 17 個あることがわかります (測定方程式で 12 個,構造方程式で 5 個)。続いて,外生変数の分散・共分散は文字どおりの意味です。外生変数は内生変数に影響を与える形でモデルに存在しています。分散や共分散を中心とした枠組みである共分散構造分析では,内生変数の分散が外生変数の分散や共分散に基づいて表現されるものとしており,外生変数の分散や共分散も推定の対象となります。本モデルの外生変数は誤差 14 個 ($e_1, \cdots, e_{12}, d_3, d_4$) と構造変数 2 個 (f1, f2) で,各外生変数の分散 16 個と f1, f2 間の共分散 1 個の合計 17 個が,外生変数に関する分散・共分散です。

モデル母数について整理しましたが,これら全てを推定するとは限らず,適宜モデルに制約を課すのが一般的です。制約の課し方は,

固定　　母数の値を特定の値とする
等値　　ある母数の値を別の母数の値と等しいとする
不等式　ある母数の値を別の母数の値より大きい (もしくは小さい) とする

[*15] 平均偏差化しても平均偏差化しなくても分散や共分散の値が変化しないことからわかるように,分散と共分散に基づいて変数間の関係を検討するうえでは,平均の違いは無視できます。

が代表的です[*16]。各制約を用いる事例として，潜在的構造変数の測定におけるパス係数などの固定制約，影響力の強さが等しいという研究仮説を表現するための等値制約，理論的に成り立つ限界を表現するための不等式制約[*17]があります。

　母数に対して固定制約や等値制約を課すと，当該母数は推定の対象から除かれます。これは，特定の値に固定されたり，別の母数で表現されたりするからです。そのような点を考慮して，モデル母数のうち実際にデータから推定される母数を自由母数と呼びます。実は，自由母数の個数がモデル自由度の計算では重要で，共分散構造分析で推定する場合のモデル自由度は，以下のとおりに定義されます（8.5.1 項も参照）。

$$\text{自由度} = \frac{\text{観測変数の個数} \times (\text{観測変数の個数} + 1)}{2} - \text{自由母数の個数} \quad (9.8)$$

幸せデータの分析においては，モデル母数は 34 個ありましたが，測定方程式に関して β_{E1f1}, β_{R1f2}, β_{M1f3}, β_{H1f4} が 1 であるという等値制約が必要ですので，自由母数は 30 個ということになります。そして，観測変数は 12 個ですから，モデル自由度は 48（$= 78 - 30$）と算出されます。

9.7　モデルの推定

9.7.1　共分散の構造化

　共分散構造分析の本質的な考え方は，観測変数の分散・共分散をモデル母数で表現することです。これを構造化と呼びます（構造化については 6.5.2 項も参照）。ここでは，観測変数「H1」の分散の構造を導いてみましょう。まず，「H1」について表現されている測定方程式を示します。

$$H1 = \beta_{H1f4}f4 + e_{10} \quad (9.9)$$

右辺に含まれる f4 は内生変数で，これは以下の構造方程式で表されます。

$$f4 = \gamma_{f4f1}f1 + \gamma_{f4f2}f2 + \gamma_{f4f3}f3 + d_4 \quad (9.10)$$

再び，右辺に含まれる f3 は内生変数で，これは以下の構造方程式で記述されます。

$$f3 = \gamma_{f3f1}f1 + \gamma_{f3f2}f2 + d_3 \quad (9.11)$$

ここまで辿ると，右辺に登場するのは外生変数のみになります。ここで，「H1」に関する測定方程式にそれぞれを代入してみましょう。

[*16] 等値制約や不等式制約は，別の母数に関する関数として表現されることもあります。

[*17] 具体的には，ある変数の分散に対して「0 以上」を仮定する場合が挙げられます（豊田, 2003）。

$$H1 = \beta_{\text{H1f4}}\{\gamma_{\text{f4f1}}\text{f1} + \gamma_{\text{f4f2}}\text{f2} + \gamma_{\text{f4f3}}(\gamma_{\text{f3f1}}\text{f1} + \gamma_{\text{f3f2}}\text{f2} + d_3) + d_4\} + e_{10}$$
$$= \beta_{\text{H1f4}}\{(\gamma_{\text{f4f1}} + \gamma_{\text{f4f3}}\gamma_{\text{f3f1}})\text{f1} + (\gamma_{\text{f4f2}} + \gamma_{\text{f4f3}}\gamma_{\text{f3f2}})\text{f2} + \gamma_{\text{f4f3}}d_3 + d_4\}$$
$$+ e_{10}$$
$$= \beta_{\text{H1f4}}(\gamma_{\text{f4f1}} + \gamma_{\text{f4f3}}\gamma_{\text{f3f1}})\text{f1} + \beta_{\text{H1f4}}(\gamma_{\text{f4f2}} + \gamma_{\text{f4f3}}\gamma_{\text{f3f2}})\text{f2}$$
$$+ \beta_{\text{H1f4}}\gamma_{\text{f4f3}}d_3 + \beta_{\text{H1f4}}d_4 + e_{10} \tag{9.12}$$

簡単のために，$\eta_{\text{H1f1}} = \beta_{\text{H1f4}}(\gamma_{\text{f4f1}} + \gamma_{\text{f4f3}}\gamma_{\text{f3f1}})$，$\eta_{\text{H1f2}} = \beta_{\text{H1f4}}(\gamma_{\text{f4f2}} + \gamma_{\text{f4f3}}\gamma_{\text{f3f2}})$ と置くと，「H1」の分散 Var(H1) は以下のように表されます。

$$\text{Var(H1)} = \eta_{\text{H1f1}}^2\text{Var(f1)} + \eta_{\text{H1f2}}^2\text{Var(f2)} + 2\eta_{\text{H1f1}}\eta_{\text{H1f2}}\text{Cov(f1, f2)}$$
$$+ \beta_{\text{H1f4}}^2\gamma_{\text{f4f3}}^2\text{Var}(d_3) + \beta_{\text{H1f4}}^2\text{Var}(d_4) + \text{Var}(e_{10}) \tag{9.13}$$

上式を導くにあたっては，f1 と f2 の間には相関があること，f1 と d_3, d_4, e_{10} それぞれ，f2 と d_3, d_4, e_{10} それぞれの間には相関がないこと，d_3, d_4, e_{10} の間には相互に相関がないこと，という 3 つの仮定[*18]が反映されています。また，右辺における $\text{Var(\ )}$ と $\text{Cov(\ ,\ )}$ は，外生変数の分散および共分散の母集団値です。

なお，f4 における最初の観測変数に対する係数を 1 に固定することは，$\beta_{\text{H1f4}} = 1$ とすることになりますから，その場合には $\eta_{\text{H1f1}} = \gamma_{\text{f4f1}} + \gamma_{\text{f4f3}}\gamma_{\text{f3f1}}$，$\eta_{\text{H1f2}} = \gamma_{\text{f4f2}} + \gamma_{\text{f4f3}}\gamma_{\text{f3f2}}$ などと簡略化されます。

このようにして，全ての観測変数の分散，観測変数間の共分散を構造化したものを共分散構造と呼びます。分散と共分散の個数は，共分散における重複分を除いて以下のとおり計算されます。

$$\underbrace{観測変数の個数^2}_{分散・共分散の全数} - \underbrace{\frac{観測変数の個数^2 - \overbrace{観測変数の個数}^{分散の個数}}{2}}_{重複する共分散の個数}$$
$$= \frac{観測変数の個数 \times (観測変数の個数 + 1)}{2} \tag{9.14}$$

モデルの自由母数を用いて構造化された理論的な分散・共分散がある一方で，標本データから分散・共分散を実際に算出することも可能です。標本データから得られた分散・共分散の値に対して，構造化された分散・共分散が全体的に近づくように，自由母数の値を求めようというのが，共分散構造分析における母数推定の骨子です。見方を少し変えると，

$$分散・共分散の値 = 分散・共分散の構造 \tag{9.15}$$

[*18] パス図における双方向の矢印の有無が相関の有無に対応します。

という形式の方程式が，観測変数の個数×(観測変数の個数+1)/2個あり，方程式の解として自由母数の推定値が得られる，ということになります．数学的に考えて，一意な解を得るには方程式の個数が解の個数以上である必要があります．つまり，モデル自由度が0以上でなくては推定値が得られないということです．

9.7.2 最尤法の考え方

共分散構造分析によるモデル推定で最もよく利用されるのが，最尤法です．推定値を得るための関数 F_{ML} はすでに6.5.2項で示されていますので，ここではその背景にある考え方を説明します．より詳細は豊田 (1998) などを参照してください．

多変数のデータ行列を扱う共分散構造分析における最尤推定では，多変量正規分布を利用します．一般に，多変量の正規分布は平均ベクトル $\boldsymbol{\mu}$（各変数の平均を並べたもの）と共分散行列 Σ（各変数の分散，変数間の共分散を2次元配列として並べたもの）によってその形状が決まります．この共分散行列を，モデルを反映した共分散構造 C で置き換え[*19]，各対象の観測値ベクトルはその多変量正規分布からの実現値と考えます．そして，その多変量正規分布と標本データとの確率的な近さである全体尤度（各観測値ベクトルとの確率的近さである個別尤度をまとめたもの）が最大になるように，自由母数を推定するのが，共分散構造分析における最尤法です[*20]（図9.9）．

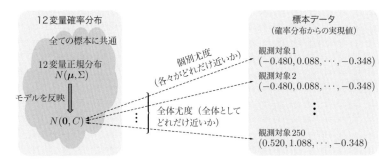

図9.9 共分散構造分析における最尤推定の概念図

12個の観測変数からなる幸せデータを例にとれば，平均ベクトル $\mathbf{0}$，共分散行列 $C(\boldsymbol{\theta})$[*21]の多変量正規分布の確率密度関数を用いると，観測対象1の（平均からの偏差化データとしての）観測値ベクトル $\boldsymbol{x}_1 = (-0.480, 0.088, \cdots, -0.348)'$ が得られ

[*19] 平均ベクトルは，各観測変数が平均偏差化されていると仮定すると，$\mathbf{0}$ になります．
[*20] ウィッシャート分布という確率分布を用いて直接的に C と S の確率的な近さを定める最尤推定もありますが，ここでは理解のしやすさを優先し，個別尤度をまとめる方法からの説明を採用しました．どちらでも得られる結果は同じです．
[*21] 自由母数を並べたベクトル $\boldsymbol{\theta}$ で構造化されているという意味合いを明示するため，C を $C(\boldsymbol{\theta})$ と表し直しています．

たもとで，個別尤度は以下のとおり表されます。

$$L(\boldsymbol{\theta}|\boldsymbol{x}_1) = (2\pi)^{-12/2}|C(\boldsymbol{\theta})|^{-1/2}\exp\left[-\frac{1}{2}\boldsymbol{x}_1'C(\boldsymbol{\theta})^{-1}\boldsymbol{x}_1\right] \tag{9.16}$$

また，全体尤度は，標本の独立性を仮定し，個別尤度の観測対象数分の積として以下のとおり得られます。

$$L(\boldsymbol{\theta}|\boldsymbol{x}_1, \boldsymbol{x}_2, \cdots, \boldsymbol{x}_N) = \prod_{i=1}^{N}(2\pi)^{-12/2}|C(\boldsymbol{\theta})|^{-1/2}\exp\left[-\frac{1}{2}\boldsymbol{x}_i'C(\boldsymbol{\theta})^{-1}\boldsymbol{x}_i\right]$$

上式の対数をとって $\boldsymbol{\theta}$ とは関係ない項を省いたうえで，統計的に望ましい性質を有するように考慮すると，6章に示された F_{ML} が導かれます。そして，F_{ML} を最大化するような母数の値として推定値が得られます。

■ 9.7.3　母数の検定と信頼区間

　最尤法を利用した場合，標本サイズが大きければ，モデルの自由母数の推定値は正規分布からの実現値と見なすことができ，それを利用して母数の検定を行ったり，信頼区間を求めたりすることができます。母数の検定に関しては，帰無仮説「母数 = 0」を真としたうえで推定値を標準化した値である

$$z\,\text{値} = \frac{\text{推定値}}{\text{標準誤差の値}} \tag{9.17}$$

を標準正規分布上で評価することで，帰無仮説について検討できます。また，95% 信頼区間に関しては，

$$\text{推定値} \pm 1.96 \times \text{標準誤差の値} \tag{9.18}$$

のようにして得ることができます。

■ 9.7.4　パス係数の標準化推定値

　多くの変数を同時に扱うパス解析では，それぞれの変数の測定単位の違いが生じます。そして，パス係数には変数間の影響関係の強さだけではなく，単位の影響も含まれてしまいます。単位の影響を取り除いてパス係数の比較を行うためには，標準化推定値を参照する必要があります。

　例えば，平均からの偏差化された「H3」については，非標準化推定値を利用して

$$\text{H3} = \beta_{\text{H3f4}}\text{f4} + e_{12} \tag{9.19}$$

という関係が仮定されています。一方，全構造変数を標準化した（各変数を標準偏差で除した）場合には

$$\frac{\text{H3}}{\sigma_{\text{H3}}} = \beta^*_{\text{H3f4}} \frac{\text{f4}}{\sigma_{\text{f4}}} + e^*_{12} \tag{9.20}$$

という関係が仮定されます。ここで，"*"のついた係数と変数は標準化後のものです。式 (9.20) を整理すると，以下が導かれます。

$$\text{H3} = \beta^*_{\text{H3f4}} \frac{\sigma_{\text{H3}}}{\sigma_{\text{f4}}} \text{f4} + \sigma_{\text{H3}} e^*_{12} \tag{9.21}$$

これと式 (9.19) の係数部分を比較することで，

$$\beta^*_{\text{H3f4}} = \frac{\sigma_{\text{f4}}}{\sigma_{\text{H3}}} \beta_{\text{H3f4}} \tag{9.22}$$

のように変換して，全構造変数を標準化したときのパス係数が導かれることがわかります。また，潜在的な構造変数のみを標準化した場合には

$$\text{H3} = \beta^{**}_{\text{H3f4}} \frac{\text{f4}}{\sigma_{\text{f4}}} + e^{**}_{12} \tag{9.23}$$

の関係から，以下の変換式が導かれます。

$$\beta^{**}_{\text{H3f4}} = \sigma_{\text{f4}} \beta_{\text{H3f4}} \tag{9.24}$$

なお，実際に標準化推定値を算出するには，式中の各母数を推定値で置き換えます。

9.7.5 非正規データの扱い

　共分散構造分析における最尤法では，外生変数が正規分布に従うことを仮定し，同様に，その線形結合などの形で観測変数が正規分布に従うことを仮定しています。そして，観測変数が正規分布に従うものと見なせない場合には，注意が必要になります。現実的な対応としては，最尤法は利用しつつ，問題が生じる部分について補正を施す方法が挙げられます。これは，たとえ正規性が成り立たなくても，変数間の関係を正しく特定し，推定値を求める繰り返し計算が適切に行われた場合，標本サイズが大きければ，得られる推定値は真の母数値に限りなく近い可能性が高いことが理論上言えるからです。ただし，χ^2 値や標準誤差の値についてはバイアスが生じてしまうため，補正した値を利用することが勧められます。代表的な方法として，Sattra-Bentler による補正があります。関数 lavaan では，引数 estimator に MLR を指定することで，このような対応による推定値や標準誤差の値が得られます。

9.8　発展的な分析に向けて

　共分散構造分析を用いた分析は柔軟性に富み，さまざまな目的で用いられます。この節では，より発展的な内容について，その概要を示します。詳しくは豊田 (2007)，豊田 (2014) などを参照してください。

234　第 9 章　複雑な仮説を統計モデルとして表したい (2)

■ 9.8.1　母数の関数として表現される量の定義と推定

　共分散構造分析を用いた分析においては，間接効果や総合効果のようなモデル母数の関数として表される量に興味がある場合があります。パッケージ lavaan による分析では，そのような量をモデル記述の一部で定義することで，推定値や標準誤差などが簡単に得られます。例えば，幸せデータの分析においては，モデルオブジェクトを以下のように記述します。

```
モデルの記述（母数の関数の定義を含む）
> f1=~1*E1+E2+E3
> f2=~1*R1+R2+R3
> f3=~1*M1+M2+M3
> f4=~1*H1+H2+H3
> f3~f1+a*f2
> f4~f1+b*f2+c*f3
> f1~~f2
> DRE:=b
> IDRE:=a*c
> TTE:=b+a*c
```

　最後の 3 行が母数の関数を定義している部分です。":=" という記号を用いて，その左に新たな量の名前[22]を，右に母数の関数を置きます。母数の関数については，母数に関するラベルを用いて記述します。変数の前に文字と "*" を記述することで，当該母数にラベルをつけることができます。例えば，"a" は変数 f2 から変数 f3 への係数に与えられたラベル名です。関連部分に関する出力を以下に示します。

```
定義箇所の推定値の確認
Defined Parameters:

          Estimate Std.Err Z-value P(>|z|) ci.lower ci.upper Std.lv Std.all
    DRE      0.478   0.101   4.746   0.000    0.280    0.675  0.328   0.328
    IDRE     0.125   0.042   2.945   0.003    0.042    0.208  0.085   0.085
    TTE      0.602   0.097   6.208   0.000    0.412    0.792  0.413   0.413
```

　推定値に関しては，母数の関数において各母数の推定値を代入した結果と一致します。標準誤差の値はデルタ法（関数 lavaan のデフォルトの方法）を用いて算出されています。なお，パッケージ lavaan には，ブートストラップ法（標本データからリサンプリングを行って標準誤差を推測する統計的な手続き）を実行する関数も用意されており，それを利用することも可能です。

---

[22] DRE, IDRE, TTE はそれぞれ直接効果，間接効果，総合効果に対して与えた名前です。

9.8.2　平均や切片をモデルに組み込んだパス解析

　幸せデータの分析例のように，変数間の相関関係に主な興味がある場合は，各変数の平均を 0 になるように調整してしまうため，共分散構造分析においても平均は扱われません。一方で，外生的な潜在変数の平均や内生変数の切片に興味がある場合などは，それらをモデル母数として扱います。モデルに含まれる分散・共分散によって観測変数に関する共分散が構造化されたのと同様に，モデルに含まれる平均・切片によって観測変数に関する平均が構造化されることになります。平均に関する構造は，平均構造と呼ばれます。平均と共分散の両方の構造を利用した分析枠組みには，平均・共分散構造分析という名称が与えられています。本書では扱いませんが，パッケージ lavaan では，平均・共分散構造分析による母数の推定を行うこともできます。

9.8.3　複数の母集団を想定したパス解析

　1 つの母集団に留まらず，複数の母集団（例えば，異なる世代）について，仮説に関するパス解析モデルを当てはめて分析を行う場面もあります。そのような場合には，各母集団における平均構造や共分散構造を統合してモデル母数を推定する多母集団分析を利用します。特に，分析の目的が同一母数に関する母集団間の比較にある場合には，比較を行うための前提条件についての検討も含めた多母集団同時分析という手続きがとられます。本書では扱いませんが，パッケージ lavaan では，多母集団分析を行うこともできます。

コラム 18：共分散構造分析と共分散分析の違いと手法の深い理解

　統計学・統計解析に関する授業を担当していて，筆者は「共分散構造分析と共分散分析は何が違うんですか？」という質問を受けたことが何回かありました。統計用語に馴染みが薄い学習者にとっては，似た名前で違いが認識しづらいかもしれません。もし読者が質問されたら，どのように答えるでしょうか？

　統計学・統計解析をある程度学ぶと，「共分散構造分析は観測変数や潜在変数による多変数間の関係を分析する手法で，共分散分析は共変量（分析のために用意した量的な統制変数）を導入したうえで，要因の特性値への効果を検討する手法」といった形の回答ができるようになると思われます。

　確かに間違ってはいません。しかし，さらに学習を進めた読者なら，「共分散構造分析（厳密には平均・共分散構造分析）はさまざまな統計解析モデルを表現できる分析枠組みで，共分散分析のモデルもその中に含まれている」という理解もできているのではないでしょうか？

　この例のように，統計解析手法同士に何らかの関係があることがよくあります。個々の手法に留まらず，手法間の関係の理解までを意識しながら学習することが，手法のさらなる理解と，応用的な利用へ繋がっていきます。

章末演習

幸せデータを用いて，図 9.10 のモデルを推定します．

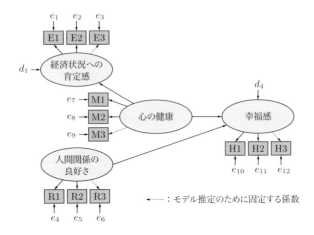

図 9.10　演習用のモデル

| 問 1 | モデルについて，外生的な構造変数を全て挙げてください．
| 問 2 | (R の出力を見ないで) モデルの自由度を計算してください．
| 問 3 | モデルオブジェクトを作成し，モデルを推定してください．
| 問 4 | モデルの適合を評価してください．
| 問 5 | 「人間関係の良好さ」と「心の健康」が「幸福感」に与える影響の強さを比較してください．

第 IV 部

質的変数の説明・予測

第**10**章
クロス集計表をもっとていねいに分析したい——対数線形モデル

　1.5.2 項で学んだように，「性別」と「所属学部」といった質的変数間の連関について検討したい場合には，クロス集計表に対する χ^2 検定が利用できます。この検定をさらに発展させ，質的変数のカテゴリの組み合わせ（例えば男性と経済学部）の効果の観点から変数間の連関を詳細に分析するのが，本章で解説する対数線形モデルです。このモデルを利用することで，3 変数以上の連関について一度の分析で検討できるほか，カテゴリの組み合わせの効果（交互作用効果）の有無について分析者の仮説を反映させたモデルを複数作成し，データへの適合を比較検討することができます。

10.1　データと手法の概要

　最初に，実習で利用するデータと手法に関する概要について説明します。

■ 10.1.1　データの概要

　あるスポーツ自転車雑誌が，イタリアの老舗自転車メーカー"コレナゴ"，"デロンザ"，"ピロリロ"の 3 社について，利用ユーザーに関する調査を行いました。この調査では，メインに利用している自転車メーカーを 1 つ回答させています。また，年代（20 代，30 代，40 代）と性別の情報も同時に得ています。最終的な回答者数は 23166 人となりました。

　図 10.1 にこの調査の集計結果を収めた「自転車データ.csv」の一部を掲載します。「自転車データ.csv」に含まれる変数名とその内容を以下にまとめます。

- 「年代」：20 代，30 代，40 代
- 「性別」：M = 男性，F = 女性
- 「メーカー」：コレナゴ，デロンザ，ピロリロ
- 「度数」：回答者数

	A	B	C	D
1	年代	性別	メーカー	度数
2	20代	M	コレナゴ	510
3	30代	M	コレナゴ	649
4	40代	M	コレナゴ	1598
5	20代	M	デロンザ	554
6	30代	M	デロンザ	645
7	40代	M	デロンザ	1658
8	20代	M	ピロリロ	744
9	30代	M	ピロリロ	1623
10	40代	M	ピロリロ	2433

図 10.1 「自転車データ.csv」(一部抜粋)

このデータを利用して，「年代」「性別」「メーカー」の 3 変数間にどのような連関が見られるかを考察しましょう。

1.5.2 項で解説したように，連関を考察するためには，クロス集計表を作成するのが効果的です。データからクロス集計表を作成するために，次のコードを実行します。

男女別のクロス集計表の作成

```
> bdat <- read.csv("自転車データ.csv")  #データの読み込み

> #年代とメーカーのクロス集計表
> tmpm <- table(bdat$年代, bdat$メーカー)

> #男性におけるクロス集計表の作成
> mm <- matrix(bdat$度数[1:9], ncol=3, nrow=3)
> colnames(mm) <- colnames(tmpm)
> rownames(mm) <- rownames(tmpm)

> #女性におけるクロス集計表の作成
> fm <- matrix(bdat$度数[10:18], ncol=3, nrow=3)
> colnames(fm) <- colnames(tmpm)
> rownames(fm) <- rownames(tmpm)

> mm  #男性におけるクロス集計表
     コレナゴ デロンザ ピロリロ
20代      510      554      744
30代      649      645     1623
40代     1598     1658     2433

> fm  #女性におけるクロス集計表
     コレナゴ デロンザ ピロリロ
20代      794      804     1243
30代      987     1055     2517
40代     1528     1519     2255
```

240 第 10 章 クロス集計表をもっとていねいに分析したい

これら 2 つのクロス集計表について，1.5.2 項で解説した χ^2 検定をそれぞれ行い，男性と女性でその結果を比較すれば，当初の目的は達成されるかもしれません。ただし，分析を繰り返し行うので，手続きが煩雑になります。また，このクロス集計表の分析では，「男性に限って言えば，40 代はコレナゴを有意に多く所有している」といった「年代」と「メーカー」の 2 つの水準の組み合わせの効果，すなわち 1 次の交互作用効果（有意な連関を生じさせている原因）については言及できますが，分析が別ですから，女性との比較において，その交互作用効果がどの程度のものであったかの考察は，容易ではありません。クロス集計表を性別ごとに分析しても，「年代」「性別」「メーカー」の 2 次の交互作用効果について言及しにくいのです。

本章で解説する対数線形モデルを用いれば，3 変数以上で構成される多重クロス集計表（多元分割表）によって，その変数間の連関についてきめ細やかに考察することが可能となります。本章では，3 重クロス集計表に対する分析を例に解説します[*1]。

■ 10.1.2　分析の概要

「自転車データ.csv」を例に対数線形モデルの概要を説明します。40 代男性で "ピロリロ" と回答した人は 2433 人いますが，対数線形モデルでは，この度数の期待値 $m_{40\text{M}ピロ}$ の対数を，例えば次のような予測式によって説明します。

$$
\begin{aligned}
\log(m_{40\text{M}ピロ}) =& \mu + \alpha_{40} + \beta_\text{M} + \delta_ピロ + (\alpha\beta)_{40\text{M}} + (\alpha\delta)_{40ピロ} \\
& + (\beta\delta)_{\text{M}ピロ} + (\alpha\beta\delta)_{40\text{M}ピロ}
\end{aligned}
\tag{10.1}
$$

ここで，μ は切片，α_{40} は変数「年代」が "40 代" であるときの主効果，β_M は「性別」が "M" であるときの主効果，$\delta_ピロ$ は「メーカー」が "ピロリロ" であるときの主効果をそれぞれ表現しています[*2]。一方，$(\alpha\beta)_{40\text{M}}$ は "40 代" と "M" の 1 次の交互作用効果，$(\alpha\delta)_{40ピロ}$ は "40 代" と "ピロリロ" の 1 次の交互作用効果，$(\beta\delta)_{\text{M}ピロ}$ は "M" と "ピロリロ" の 1 次の交互作用効果，$(\alpha\beta\delta)_{40\text{M}ピロ}$ は "40 代" と "M" と "ピロリロ" による 2 次の交互作用効果をそれぞれ表しています。また，$(\alpha\beta)$ は 1 つの母数を表しており，α と β の積ではないことに注意してください。$(\alpha\delta)$，$(\alpha\beta\delta)$ なども同様です。

これらの効果が対数線形モデルで推定される母数となります。ここでは 40 代男性のピロリロ所有数に関する予測式を説明しましたが，他の 17 個[*3]の度数の期待値についても，分析者の仮定に応じた予測式が当てはめられます。

2 重クロス集計表に対する χ^2 検定では，1 次の交互作用効果に興味があります。こ

[*1] 10.12.6 項で解説するように，4 変数以上で定義される多重クロス集計表に対して対数線形モデルを適用した場合，オッズ比に基づく交互作用効果の解釈が非常に困難になります。

[*2] このように，本章ではある要因の特定の水準の効果を主効果，複数の水準の組み合わせ効果を交互作用効果と呼ぶ場合があります。

[*3] クロス集計表のセルは全部で 18 個であることに対応しています。

の交互作用効果が有意であるセルが 1 つでも存在するならば，2 変数間に連関がある
と推測します。一方，3 重クロス集計表に対して対数線形モデルを適用することで，1
次の交互作用効果だけでなく，$(\alpha\beta\delta)_{40\text{M}ピロ}$ という 2 次の交互作用効果についても考
察できることが，この予測式から理解できます。つまり，3 重クロス集計表における
連関について，一度の分析で検討できるということです。

さて，式 (10.1) は 2433 人という度数の対数を完全に説明できるものであり，飽和
モデルと呼びます。飽和モデルには全ての効果が含まれており，観測された度数と予
測式で表現される期待度数の差は，セルによらず 0 になります。

次に，式 (10.1) から全ての交互作用効果を取り払うと，

$$\log(m_{40\text{M}ピロ}) = \mu + \alpha_{40} + \beta_{\text{M}} + \delta_{ピロ} \tag{10.2}$$

という各水準の主効果と切片のみのモデルとなります。これを独立モデルと呼びま
す。独立モデルは交互作用効果が存在しないモデルですから，このモデルがデータに
適合している場合には，「年代」「性別」「メーカー」の 3 変数間に，いかなる連関も
ないことが示唆されます。

もし飽和モデルと独立モデルを比較して独立モデルが棄却されるのであれば，飽和
モデルから母数を減らしていき，度数の説明において特に重要な交互作用項のみを含
んだ最良モデルを探索します。

以上から，対数線形モデルの具体的な手順をまとめると，次のようになります。

1. 飽和モデルに基づく分析と解釈
2. 独立モデルに基づく分析と飽和モデルとの結果比較・解釈
3. 最良モデルの探索と解釈

10.2 飽和モデルの分析

まず，式 (10.1) で示した飽和モデルに基づく分析を行います。R で対数線形モデ
ルの分析を実行する際には，関数 glm が利用できます。対応する R のコードは次の
ようになります。

飽和モデルの分析
```
> fullmodel <- glm(度数~年代*性別*メーカー, data=bdat, family="poisson")
```

glm では関数 lm と同様に，目的変数と説明変数を "~" で繋いで回帰式を指定し
ます。年代*性別*メーカー とすることで，3 つの主効果と全ての交互作用効果が求
められます。また，family="poisson"とすることで，度数である（下限値が 0 であ
る）目的変数に対応するポアソン分布（10.6 節を参照）を指定します。

242　第 10 章　クロス集計表をもっとていねいに分析したい

　分析結果を fullmodel として保存し，関数 summary で内容を表示させると，次の出力が得られます。

飽和モデルの出力

```
> summary(fullmodel)
-出力の一部-
Coefficients:
                             Estimate Std. Error z value Pr(>|z|)
(Intercept)                   6.67708    0.03549 188.147  < 2e-16 ***
年代30代                       0.21759    0.04767   4.564 5.01e-06 ***
年代40代                       0.65463    0.04375  14.964  < 2e-16 ***
性別M                         -0.44267    0.05675  -7.801 6.15e-15 ***
メーカーデロンザ                0.01252    0.05003   0.250   0.802
メーカーピロリロ                0.44820    0.04543   9.866  < 2e-16 ***
年代30代:性別M                 0.02344    0.07599   0.308   0.758
年代40代:性別M                 0.48747    0.06709   7.266 3.69e-13 ***
年代30代:メーカーデロンザ        0.05411    0.06682   0.810   0.418
年代40代:メーカーデロンザ       -0.01842    0.06177  -0.298   0.766
年代30代:メーカーピロリロ        0.48795    0.05894   8.278  < 2e-16 ***
年代40代:メーカーピロリロ       -0.05901    0.05623  -1.049   0.294
性別M:メーカーデロンザ          0.07024    0.07918   0.887   0.375
性別M:メーカーピロリロ         -0.07057    0.07327  -0.963   0.335
年代30代:性別M:メーカーデロンザ -0.14305    0.10640  -1.344   0.179
年代40代:性別M:メーカーデロンザ -0.02747    0.09387  -0.293   0.770
年代30代:性別M:メーカーピロリロ  0.05102    0.09453   0.540   0.589
年代40代:性別M:メーカーピロリロ  0.10175    0.08662   1.175   0.240
---
Signif. codes:  0 '***' 0.001 '**' 0.01 '*' 0.05 '.' 0.1 ' ' 1

(Dispersion parameter for poisson family taken to be 1)

    Null deviance:  5.3906e+03  on 17  degrees of freedom
Residual deviance: -1.9051e-13  on  0  degrees of freedom
AIC: 195.73
```

　Estimate には，モデル中の母数の推定値が記載されています。"(Intercept)" は切片 μ を示しています。その推定値は 6.67708 です。その他の項目は，説明変数の主効果や交互作用効果（"："で繋がれている項目）を表現しています。

　例えば，メーカーデロンザ の箇所には，デロンザの主効果である $\delta_{\vec{\gamma}\square}$ の推定値が記載されており，その値は 0.01252 です。また，年代 30 代:性別 M には，年代が 30 代で性別が M の場合の交互作用効果の推定値 0.02344 が，年代 40 代:性別 M:メーカーピロリロには，年代が 40 代で性別が M，そしてメーカーがピロリロの場合の交互作用効果 $(\alpha\beta\delta)_{40M\text{ピロ}}$ の推定値 0.10175 が記載されています。

　この出力には，女性の主効果 β_F や，メーカーの１つであるコレナゴの主効果 $\delta_{\text{コレ}}$

に関する値は記載されていません。これは，母数推定の過程で基準となるセル（基準セル）を決めて，それを定義する各変数の水準の効果を 0 に固定することで，他の水準の効果を相対的に求めているためです。交互作用効果についても同様の処理を行っています。基準セルや母数の固定法については，10.10 節で解説します。

Std. Error には推定値の標準誤差が，z value には「母集団における切片，係数は 0」を帰無仮説とする z 検定のための z 値が，Pr(>|z|) には z 値に対応する両側検定の p 値 が記載されています。切片以外で，検定結果が有意であるのは，「年代」に含まれる 年代 30 代，年代 40 代，「性別」に含まれる 性別 M，「メーカー」に含まれる メーカーピロリロ，「年代」と「性別」の組み合わせに含まれる 年代 40 代:性別 M，「年代」と「メーカー」の組み合わせに含まれる 年代 30 代:メーカーピロリロ となります。「性別」と「メーカー」に関する交互作用効果，および「年代」と「性別」と「メーカー」の交互作用効果は有意ではありませんでした。

さて，上記の出力中に "Residual deviance: -1.9051e-13" という結果があります。これはデータに対するモデルの逸脱度を表現しています（詳しくは 10.7 節を参照）。先に述べたように，飽和モデルはデータを完全に説明しますから，出力のように，逸脱度は限りなく 0 に近くなります。また，"Null deviance: 5.3906e+03" は，切片のみしか含まないモデルの逸脱度を表しています。飽和モデルと比較すると，逸脱度は大きな値になっており，相対的に適合が悪いことが示唆されています。

10.3 独立モデルの分析

次に，式 (10.2) の独立モデルについて母数推定を行います。対応する R のコードは次のようになります。

独立モデルの分析

```
> idmodel <- glm(度数~年代+性別+メーカー, data=bdat, family="poisson")
```

分析結果を idmodel として保存し，関数 summary で内容を表示させると，次の出力が得られます。

独立モデルの出力

```
> summary(idmodel)
Coefficients:
                Estimate Std. Error z value Pr(>|z|)
(Intercept)      6.50782    0.01929 337.342   <2e-16 ***
年代30代          0.47505    0.01868  25.434   <2e-16 ***
年代40代          0.86042    0.01750  49.180   <2e-16 ***
性別M            -0.19861    0.01322 -15.024   <2e-16 ***
メーカーデロンザ   0.02748    0.01803   1.524    0.128
メーカーピロリロ   0.57823    0.01604  36.047   <2e-16 ***
```

244　第 10 章　クロス集計表をもっとていねいに分析したい

```
---
Signif. codes:  0 '***' 0.001 '**' 0.01 '*' 0.05 '.' 0.1 ' ' 1

(Dispersion parameter for poisson family taken to be 1)

    Null deviance: 5390.57  on 17  degrees of freedom
Residual deviance:  715.64  on 12  degrees of freedom
AIC: 887.37
```

　飽和モデルと同じく、「年代」「性別」「メーカー」に関する水準の主効果がそれぞ
れ有意であることがうかがえます。

　次に、関数 anova を用いて、飽和モデルと独立モデルの適合度を比較します。逸脱
度に基づく尤度比検定（10.9 節を参照）を実行すると、以下の出力が得られました。

飽和モデルと独立モデルの尤度比検定

```
> anova(idmodel, fullmodel, test="Chisq")
Analysis of Deviance Table

Model 1: 度数 ~ 年代 + 性別 + メーカー
Model 2: 度数 ~ 年代 * 性別 * メーカー
  Resid. Df Resid. Dev Df Deviance  Pr(>Chi)
1        12     715.64
2         0       0.00 12   715.64 < 2.2e-16 ***
```

---

　anova の引数 test に"Chisq"を指定することで尤度比検定を実行しています。
Model 2 が飽和モデルであり、有意に適合が高いことが示されています。全ての交互
作用項を認めない独立モデルは、制約が強すぎるかもしれません。

　さらに、飽和モデルと独立モデルの AIC と BIC[*4]を求めたところ、次の出力が得
られました。

飽和モデルと独立モデルの AIC と BIC

```
> extractAIC(fullmodel)  #飽和モデルAIC
[1]  18.000 195.729  #母数の数(18)とAIC(195.729)

> extractAIC(idmodel)  #独立モデルAIC
[1]   6.0000 887.3656

> extractAIC(fullmodel, k=log(sum(bdat$度数)))  #飽和モデルBIC
[1]  18.0000 340.5981

> extractAIC(idmodel, k=log(sum(bdat$度数)))  #独立モデルBIC
[1]   6.0000 935.6552
```

---

　*4 AIC と BIC については、3.6 節を参照してください。

出力の第1要素はモデル中の母数の個数，第2要素は適合度の指標（AIC もしくは BIC）となっています。また，引数 k には全セルの総度数の対数を指定しています。出力から，AIC と BIC の両指標において飽和モデルの相対的な適合の良さがわかります。

10.4 最良モデルの探索

上述の結果から，主効果のみで構成される独立モデルは，飽和モデルから乖離しており，いくつかの交互作用効果を認めたほうがデータに対してより自然に当てはまることがうかがえます。そこで，最良モデルを探索する必要性が生じますが，この探索の過程で注意すべきことが2つあります。

1つ目は，主効果は必ずモデルに含むということです。つまり，探索するモデルのうち，独立モデルを最も制約が強いモデルにするということです。2つ目は，交互作用効果を含める場合には，その交互作用効果に関わる下位の交互作用効果を必ず含めるということです。例えば，「年代」と「性別」と「メーカー」の2次の交互作用効果を含めるのならば，同一モデルに「年代」と「性別」と「メーカー」の3変数のうちの2変数で定義される1次の交互作用効果を全て（この場合3つ）含める必要があります。

以上の前提のもと，最良モデルを探索していきましょう。飽和モデルでは有意でない効果がいくつかありました。それは「性別」と「メーカー」の1次の交互作用効果，そして，「年代」と「性別」と「メーカー」の2次の交互作用効果です。これらの効果を削除したモデルを最良モデルとして提案してみましょう[5]。対応する R のコードは次のようになります。

提案モデルの分析

```
> bestmodel <- glm(度数~年代+性別+メーカー+(年代:性別)
+ +(年代:メーカー), data=bdat, family="poisson")
```

年代:性別 や 年代:メーカー のように "：" を利用して，交互作用効果を表現します。このモデルでは「年代」「性別」「メーカー」の主効果に加えて，「年代」と「性別」の交互作用効果，「年代」と「メーカー」の交互作用効果を含めています。

関数 summary によって，出力は次のようになります。

---

[5] 仮に飽和モデルにおいて2次の交互作用効果が有意であったのなら，モデル探索は終了となることにも注意してください。

246　第10章　クロス集計表をもっとていねいに分析したい

提案モデルの出力

```
> summary(bestmodel)
-出力の一部-
Coefficients:
                         Estimate Std. Error z value Pr(>|z|)
(Intercept)              6.680696   0.030063 222.226  < 2e-16 ***
年代30代                  0.224719   0.040007   5.617 1.94e-08 ***
年代40代                  0.637821   0.036349  17.547  < 2e-16 ***
性別M                    -0.451935   0.030085 -15.022  < 2e-16 ***
メーカーデロンザ           0.040577   0.038772   1.047    0.295
メーカーピロリロ           0.421190   0.035639  11.818  < 2e-16 ***
年代30代:性別M            0.005387   0.038305   0.141    0.888
年代40代:性別M            0.522385   0.035630  14.662  < 2e-16 ***
年代30代:メーカーデロンザ  -0.002203   0.051988  -0.042    0.966
年代40代:メーカーデロンザ  -0.024393   0.046238  -0.528    0.598
年代30代:メーカーピロリロ   0.507252   0.046075  11.009  < 2e-16 ***
年代40代:メーカーピロリロ  -0.015938   0.042466  -0.375    0.707
---
Signif. codes:  0 `***' 0.001 `**' 0.01 `*' 0.05 `.' 0.1 ` ' 1

(Dispersion parameter for poisson family taken to be 1)

    Null deviance: 5390.5727  on 17  degrees of freedom
Residual deviance:    5.8114  on  6  degrees of freedom
AIC: 189.54
```

　この提案モデルと飽和モデルの適合を比較しましょう。尤度比検定を行ったところ，次のような結果になりました。

飽和モデルと提案モデルの尤度比検定

```
> anova(bestmodel, fullmodel, test="Chisq")
Analysis of Deviance Table

Model 1: 度数 ~ 年代 + 性別 + メーカー + (年代:性別) + (年代:メーカー)
Model 2: 度数 ~ 年代 * 性別 * メーカー
  Resid. Df Resid. Dev Df Deviance Pr(>Chi)
1         6     5.8114
2         0     0.0000  6   5.8114   0.4446
```

　Model 2が飽和モデルを表しており，提案モデルと比較して，その適合が有意に高いとは言えない（$p > 0.05$）結果になっています。

　AICとBICを求めると，AIC $= 189.5405$，BIC $= 286.1198$であり，飽和モデルよりも相対的に適合が良いことが示されています。以上の結果から，本章では，提案モデルを最良モデルとして採択します。

　分析の結果から，年代40代:性別Mの組み合わせにおいて，有意な交互作用効果

（0.522385）が得られました。また 年代 30 代：メーカーピロリロの組み合わせにおいても，有意な交互作用効果（0.507252）が得られています。両者ともに交互作用効果が正であり，当該セルの度数を増加させる方向に寄与していることがうかがえます。

　最良モデルの他の探索法として，交互作用効果のパターンが異なる全てのモデルを作成し，AIC や BIC の観点からモデル選択する方法も利用できます。表 10.1 に，先に求めた独立モデルと飽和モデルを含めた全 9 モデルの情報量規準を示します。m4 の AIC と BIC がともに最小になっています。このモデルは前節で求められた最良モデルです。

表 10.1　情報量規準による最良モデルの探索

モデル名	交互作用効果のパターン	AIC	BIC
idmodel	独立モデル（主効果のみ）	887.366	935.655
m1	主効果 + (年代・性別)*	509.514	573.900
m2	主効果 + (年代・メーカー)	567.392	647.875
m3	主効果 + (性別・メーカー)	887.528	951.914
m4	主効果 + (年代・性別) + (年代・メーカー)	189.541	286.120
m5	主効果 + (年代・性別) + (性別・メーカー)	509.676	590.159
m6	主効果 + (年代・メーカー) + (性別・メーカー)	567.554	664.133
m7	主効果 + (年代・性別) + (性別・メーカー) + (年代・メーカー)	193.135	305.811
fullmodel	飽和モデル	195.729	340.598

＊　(A・B) で A と B の交互作用効果を表す

　AIC や BIC などの基準によって機械的に求めた最良モデルが，常に解釈可能なモデルであるとは限りません。分析者は事前に主効果や交互作用効果に関する仮説を立てるべきでしょう。

10.5　報告例

　以上で対数線形モデルの基本的な分析は終了です。この分析結果の報告例は次のようになります。なお，母数の解釈をさらにていねいに行いたい場合には，10.11 節を参照してください。

対数線形モデルの報告例

　「年代」「性別」「メーカー」の 3 変数間の連関構造を検討するために，対数線形モデルによる分析を行った。基準セルを "20 代女性のコレナゴユーザー" としたうえで，主効果と交互作用効果の推定を行った。
　飽和モデルと独立モデルを算出し，両モデルの適合度について逸脱度の差に基づく尤度比検定を行ったところ，飽和モデルの相対的な適合の高さが示された（$\chi^2(12) = 715.64$, $p < 0.001$）。また，飽和モデルにおいては AIC $= 195.729$，

248　第 10 章　クロス集計表をもっとていねいに分析したい

$BIC = 340.598$，独立モデルにおいては $AIC = 887.366$，$BIC = 935.655$ であり，情報量規準の観点からも飽和モデルの相対的な適合の高さが示された。

上述の分析結果から，独立モデルでは制約が強すぎる可能性が示唆されたので，次に，飽和モデルに含まれる主効果と交互作用効果の検定結果に基づいて，「年代」「性別」「メーカー」の主効果，「年代」「性別」の交互作用効果，「年代」「メーカー」の交互作用効果を含むモデルを提案モデルとした。

尤度比検定を用いて飽和モデルと提案モデルとの適合度の比較を行ったところ，有意差は見られなかった（$\chi^2(6) = 5.811$, n.s.）。また，提案モデルにおいて $AIC = 189.541$，$BIC = 286.120$ であり，情報量規準の観点からは提案モデルの相対的適合の高さが示された。この分析結果から，提案モデルを最良モデルとして採択した。下表に母数の推定結果を報告する。

表：最良モデルの母数推定値

母数	推定値	標準誤差	母数	推定値	標準誤差
μ	6.681***	0.030	$(\alpha\beta)_{30\mathrm{M}}$	0.005	0.038
α_{30}	0.225***	0.040	$(\alpha\beta)_{40\mathrm{M}}$	0.522***	0.036
α_{40}	0.638***	0.036	$(\alpha\delta)_{30デロ}$	-0.002	0.052
β_{M}	-0.452***	0.030	$(\alpha\delta)_{40デロ}$	-0.024	0.046
$\delta_{デロ}$	0.041	0.039	$(\alpha\delta)_{30ピロ}$	0.507***	0.046
$\delta_{ピロ}$	0.421***	0.036	$(\alpha\delta)_{40ピロ}$	-0.016	0.042

* : $p < 0.05$, ** : $p < 0.01$, *** : $p < 0.001$

「年代」の主効果については，$\alpha_{30} = 0.225$，$\alpha_{40} = 0.638$ であり，それぞれ 0.1% 水準で有意であった。20 代を基準とすると，30 代，40 代と年齢が上昇するとともに，主効果が増加する傾向が見られた。

「性別」の主効果については $\beta_{\mathrm{M}} = -0.452$ であり，0.1% 水準で有意であった。女性に比較して男性の主効果が小さい傾向がうかがえた。また，「メーカー」の主効果については $\delta_{ピロ}$（$= 0.421$）のみが 0.1% 水準で有意であり，コレナゴに比べてピロリロの主効果が大きい傾向が示された。

「年代」と「性別」の 1 次の交互作用効果と，「年代」と「メーカー」の 1 次の交互作用効果もそれぞれ有意であった。「年代」と「性別」については，40 代の男性の交互作用効果が $(\alpha\beta)_{40\mathrm{M}} = 0.522$ であり，0.1% 水準で有意であった。40 代で男性という属性のセルの度数は，この正の交互作用効果によってある程度説明されることが明らかになった。また，「年代」と「メーカー」については，30 代のピロリロユーザーの交互作用効果が $(\alpha\delta)_{30ピロ} = 0.507$ であり，0.1% 水準で有意であった。性別を問わず，30 代のユーザーにはピロリロの人気が高いことが示唆される結果となった。

以降では，対数線形モデルの理論と，各種指標，母数の解釈法についてより詳細に説明します。

10.6 対数線形モデルとポアソン分布

今，任意の行を $i\ (=1,2,\cdots,I)$，任意の列を $j\ (=1,2,\cdots,J)$，任意のセルの観測度数を n_{ij} で表す2重クロス集計表を考えます．対数線形モデルでは，このセルの度数 n_{ij} がポアソン分布に従うものと仮定しています．ポアソン分布とは度数に関する離散型の確率分布であり，その確率関数は次のようになります．

$$f(n_{ij}) = \frac{m_{ij}^{n_{ij}} \exp(-m_{ij})}{n_{ij}!} \tag{10.3}$$

式中の m_{ij} はポアソン分布の形状を決定する母数であり，

$$E[n_{ij}] = m_{ij} \tag{10.4}$$

のように，観測度数の期待値となることが知られています．飽和モデルでは，この期待値の対数を，切片と全ての効果を用いて次のように構造化します．

$$\log E[n_{ij}] = \log(m_{ij}) = \mu + \alpha_i + \beta_j + (\alpha\beta)_{ij} \tag{10.5}$$

データの総数（n_{ij} の総和）をあらかじめ定めないでサンプリングした場合には，各セルの度数は互いに独立になるため，全セルの度数の同時分布は式 (10.3) の全セル分の総積となります．全セルの度数が含められたベクトルを $\boldsymbol{n}(=n_{11},\cdots,n_{IJ})'$ とするならば，この同時分布は

$$f(\boldsymbol{n}) = \prod_{i=1}^{I}\prod_{j=1}^{J} \frac{m_{ij}^{n_{ij}} \exp(-m_{ij})}{n_{ij}!} \tag{10.6}$$

と表現されます．母数推定の際には，この同時分布の式を尤度関数と見なしますが，階乗計算や総積の計算が含まれており，数値計算上の問題が生じる可能性が高いので，尤度関数の対数（対数尤度関数と呼びます）を計算して，それを母数推定に用います．対数尤度関数は，

$$\log L(\boldsymbol{n}) = \sum_{i=1}^{I}\sum_{j=1}^{J} \{n_{ij}\log m_{ij} - m_{ij} - \log(n_{ij}!)\} \tag{10.7}$$

となります．ここで，$L(\boldsymbol{n})$ は $f(\boldsymbol{n})$ に対応する尤度であり，その対数が上述の $\log L(\boldsymbol{n})$ になっていることに注意してください．

10.7 逸脱度

関数 glm を実行すると，出力に deviance（逸脱度）が含まれます．この値は，データに対するモデルの適合度を示すものです．飽和モデルはデータに対して完全に適合します．逸脱度はそのときの対数尤度と，分析者が提案するモデルの対数尤度との差

250 第 10 章 クロス集計表をもっとていねいに分析したい

によって構成される指標です。2 重クロス集計表に対して，対数線形モデルを利用した場合の逸脱度は，

$$提案モデルの逸脱度 = 2\sum_{i=1}^{I}\sum_{j=1}^{J} n_{ij} \log\left(\frac{n_{ij}}{m_{ij}}\right) \tag{10.8}$$

で計算されます。

提案モデルが飽和モデルである場合には，観測度数と期待度数は一致する（$n_{ij} = m_{ij}$）ので，逸脱度は式 (10.8) から 0 になることが理解できます[*6]。

10.8 モデルの自由度

対数線形モデルの自由度は

$$自由度 = セルの個数 - 推定する母数の個数 \tag{10.9}$$

で定義されます。「自転車データ.csv」の場合，セルは 18 個あります。10.2 節の飽和モデルの R の出力を確認すると，母数の数は 18 ですから，自由度は 0 になります。飽和モデルの R の出力における Residual deviance では，自由度は 0 になっています。

一方，最良モデルの母数の個数は，R の出力から 12 個です。したがって，自由度は 6 になります。10.4 節の最良モデルの R の出力における Residual deviance では，自由度は 6 になっています。

10.9 逸脱度を用いた尤度比検定

標本サイズが十分大きいとき，モデル A の逸脱度とモデル B の逸脱度の差は，自由度が自由度 A − 自由度 B の χ^2 分布に近似することが知られています。逸脱度の差の尤度比検定とは，この分布を利用した χ^2 検定で，モデル A とモデル B に逸脱度（すなわち適合度）の差はないという帰無仮説を検定します。

10.4 節では，飽和モデルと提案モデルの尤度比検定を行いました。その出力中に Deviance という出力があり，5.8114 となっています。これは提案モデルの逸脱度 5.8114 から飽和モデルの逸脱度 0 を引いた値です。この逸脱度の差は，2 つの自由度の差 6（= 6 − 0）を自由度として持つ χ^2 分布に従います。この分布において，逸脱度の差 5.8114 の有意確率は（R の出力より）0.4446 であり，検定結果は有意ではありません。より少数の母数で構成される提案モデルは，飽和モデルと比較して，適合のうえで遜色がないことが示されています。

[*6] $\log(1) = 0$ から。

10.10 母数の制約

関数 glm を用いて対数線形モデルを実行すると，基準となるセル（基準セル）が 1 つ決められます。10.2 節に掲載した飽和モデルの R の出力を参照すると，"20 代"，"F"，"コレナゴ" の効果は出力に登場していませんので，「20 代の女性でコレナゴユーザー」というセルが基準セルになっていることがわかります。対数線形モデルでは，この基準セルの設定のもとで，関連する主効果と交互作用効果を 0 に制約します。この制約を置かないと，1 つの母数に対して推定値の候補が無数に生じてしまい，解が一意に定まりません[7]。

主効果については

$$\alpha_{20} = \beta_{\mathrm{F}} = \delta_{\mathrm{コレ}} = 0 \tag{10.10}$$

のように，基準セルを構成する水準の主効果を 0 に固定します。交互作用効果については，以下のように，一部の母数だけを推定対象とし，他は全て 0 に固定します[8]。

- 「年代」と「性別」による 1 次の交互作用効果

$$\begin{array}{c} \\ \mathrm{F} \\ \mathrm{M} \end{array} \begin{array}{ccc} \text{20代} & \text{30代} & \text{40代} \\ \left[\begin{array}{ccc} 0 & 0 & 0 \\ 0 & (\alpha\beta)_{30\mathrm{M}} & (\alpha\beta)_{40\mathrm{M}} \end{array} \right] \end{array}$$

- 「性別」と「メーカー」による 1 次の交互作用効果

$$\begin{array}{c} \\ \mathrm{F} \\ \mathrm{M} \end{array} \begin{array}{ccc} \text{コレナゴ} & \text{デロンザ} & \text{ピロリロ} \\ \left[\begin{array}{ccc} 0 & 0 & 0 \\ 0 & (\beta\delta)_{\mathrm{Mデロ}} & (\beta\delta)_{\mathrm{Mピロ}} \end{array} \right] \end{array}$$

- 「年代」と「メーカー」による 1 次の交互作用効果

$$\begin{array}{c} \\ \text{20代} \\ \text{30代} \\ \text{40代} \end{array} \begin{array}{ccc} \text{コレナゴ} & \text{デロンザ} & \text{ピロリロ} \\ \left[\begin{array}{ccc} 0 & 0 & 0 \\ 0 & (\alpha\delta)_{30\mathrm{デロ}} & (\alpha\delta)_{30\mathrm{ピロ}} \\ 0 & (\alpha\delta)_{40\mathrm{デロ}} & (\alpha\delta)_{40\mathrm{ピロ}} \end{array} \right] \end{array}$$

---

[7] 本節で解説する母数の制約方法を端点制約といいます。この制約法には，(1) 推定すべき母数を減らすことができる，(2) 期待度数のオッズと関連づけて母数を解釈しやすい，という 2 つの特徴があります。そのほかに，零和制約という方法もあります。これは，母数の和が 0 という制約を設けて推定する方法です。零和制約の詳細については，村瀬・高田・廣瀬 (2007) を参考にしてください。

[8] 主効果では 0 に固定する母数を表示していますが，ここでは推定すべき母数のみを表示していることに注意してください。

252　第10章　クロス集計表をもっとていねいに分析したい

- 「年代」と「性別」と「メーカー」による2次の交互作用効果

$$
\begin{array}{c}
\text{F} \quad\ \text{コレナゴ} \quad\ \text{デロンザ} \quad\ \text{ピロリロ} \\
\begin{array}{c}
\text{20代} \\
\text{30代} \\
\text{40代}
\end{array}
\left[\begin{array}{ccc}
0 & 0 & 0 \\
0 & 0 & 0 \\
0 & 0 & 0
\end{array}\right]
\end{array}
$$

$$
\begin{array}{c}
\text{M} \quad\ \text{コレナゴ} \qquad\ \text{デロンザ} \qquad\ \text{ピロリロ} \\
\begin{array}{c}
\text{20代} \\
\text{30代} \\
\text{40代}
\end{array}
\left[\begin{array}{ccc}
0 & 0 & 0 \\
0 & (\alpha\beta\delta)_{30\text{M}デロ} & (\alpha\beta\delta)_{30\text{M}ピロ} \\
0 & (\alpha\beta\delta)_{40\text{M}デロ} & (\alpha\beta\delta)_{40\text{M}ピロ}
\end{array}\right]
\end{array}
$$

　交互作用効果について0に固定されている要素を眺めると，それぞれ基準セルを構成する，"20代"，"F"，"コレナゴ"に関連する部分の交互作用効果が0になっており，実際に推定される交互作用効果は12個であることがわかります。10.2節の出力における交互作用効果が12個になっているのは，上記の制約が反映されているためです。

10.11　母数と期待度数

　ここでは，10.4節で求めた最良モデルのもとで，各セルの期待度数がどのように母数で構造化されているかを確認します。期待度数を m で表記し，その行列を次のように定義します。

- "F"における期待度数行列

$$
\begin{array}{c}
\text{F} \qquad\ \text{コレナゴ} \qquad\ \text{デロンザ} \qquad\ \text{ピロリロ} \\
\begin{array}{c}
\text{20代} \\
\text{30代} \\
\text{40代}
\end{array}
\left[\begin{array}{ccc}
m_{20\text{F}コレ} & m_{20\text{F}デロ} & m_{20\text{F}ピロ} \\
m_{30\text{F}コレ} & m_{30\text{F}デロ} & m_{30\text{F}ピロ} \\
m_{40\text{F}コレ} & m_{40\text{F}デロ} & m_{40\text{F}ピロ}
\end{array}\right]
\end{array}
$$

- "M"における期待度数行列

$$
\begin{array}{c}
\text{M} \qquad\ \text{コレナゴ} \qquad\ \text{デロンザ} \qquad\ \text{ピロリロ} \\
\begin{array}{c}
\text{20代} \\
\text{30代} \\
\text{40代}
\end{array}
\left[\begin{array}{ccc}
m_{20\text{M}コレ} & m_{20\text{M}デロ} & m_{20\text{M}ピロ} \\
m_{30\text{M}コレ} & m_{30\text{M}デロ} & m_{30\text{M}ピロ} \\
m_{40\text{M}コレ} & m_{40\text{M}デロ} & m_{40\text{M}ピロ}
\end{array}\right]
\end{array}
$$

この表記のもとで，モデルの構造は次のようになります。

- "F"における「年代」と「メーカー」のモデル構造

$$\log(m_{20\text{F}コレ}) = \mu \tag{10.11}$$

$$\log(m_{30\text{F}コレ}) = \mu + \alpha_{30} \tag{10.12}$$

$$\log(m_{40\text{F}コレ}) = \mu + \alpha_{40} \tag{10.13}$$

$$\log(m_{20\text{F}\vec{\tau}\text{ロ}}) = \mu + \delta_{\vec{\tau}\text{ロ}} \tag{10.14}$$

$$\log(m_{30\text{F}\vec{\tau}\text{ロ}}) = \mu + \alpha_{30} + \delta_{\vec{\tau}\text{ロ}} + (\alpha\delta)_{30\vec{\tau}\text{ロ}} \tag{10.15}$$

$$\log(m_{40\text{F}\vec{\tau}\text{ロ}}) = \mu + \alpha_{40} + \delta_{\vec{\tau}\text{ロ}} + (\alpha\delta)_{40\vec{\tau}\text{ロ}} \tag{10.16}$$

$$\log(m_{20\text{F}\text{ピロ}}) = \mu + \delta_{\text{ピロ}} \tag{10.17}$$

$$\log(m_{30\text{F}\text{ピロ}}) = \mu + \alpha_{30} + \delta_{\text{ピロ}} + (\alpha\delta)_{30\text{ピロ}} \tag{10.18}$$

$$\log(m_{40\text{F}\text{ピロ}}) = \mu + \alpha_{40} + \delta_{\text{ピロ}} + (\alpha\delta)_{40\text{ピロ}} \tag{10.19}$$

- "M" における「年代」と「メーカー」のモデル構造

$$\log(m_{20\text{M}\text{コレ}}) = \mu + \beta_{\text{M}} \tag{10.20}$$

$$\log(m_{30\text{M}\text{コレ}}) = \mu + \alpha_{30} + \beta_{\text{M}} + (\alpha\beta)_{30\text{M}} \tag{10.21}$$

$$\log(m_{40\text{M}\text{コレ}}) = \mu + \alpha_{40} + \beta_{\text{M}} + (\alpha\beta)_{40\text{M}} \tag{10.22}$$

$$\log(m_{20\text{M}\vec{\tau}\text{ロ}}) = \mu + \beta_{\text{M}} + \delta_{\vec{\tau}\text{ロ}} \tag{10.23}$$

$$\log(m_{30\text{M}\vec{\tau}\text{ロ}}) = \mu + \alpha_{30} + \beta_{\text{M}} + \delta_{\vec{\tau}\text{ロ}} + (\alpha\beta)_{30\text{M}} + (\alpha\delta)_{30\vec{\tau}\text{ロ}} \tag{10.24}$$

$$\log(m_{40\text{M}\vec{\tau}\text{ロ}}) = \mu + \alpha_{40} + \beta_{\text{M}} + \delta_{\vec{\tau}\text{ロ}} + (\alpha\beta)_{40\text{M}} + (\alpha\delta)_{40\vec{\tau}\text{ロ}} \tag{10.25}$$

$$\log(m_{20\text{M}\text{ピロ}}) = \mu + \beta_{\text{M}} + \delta_{\text{ピロ}} \tag{10.26}$$

$$\log(m_{30\text{M}\text{ピロ}}) = \mu + \alpha_{30} + \beta_{\text{M}} + \delta_{\text{ピロ}} + (\alpha\beta)_{30\text{M}} + (\alpha\delta)_{30\text{ピロ}} \tag{10.27}$$

$$\log(m_{40\text{M}\text{ピロ}}) = \mu + \alpha_{40} + \beta_{\text{M}} + \delta_{\text{ピロ}} + (\alpha\beta)_{40\text{M}} + (\alpha\delta)_{40\text{ピロ}} \tag{10.28}$$

基準セルの期待度数 $\log(m_{20\text{コレ}})$ のモデルは，主効果と交互作用効果が全て 0 であり，切片 μ のみが含まれることがわかります。

関数 glm の出力を用いて，最良モデルの期待度数を算出するには，次のコードを利用します。

最良モデルの期待度数行列

```
> xtabs(bestmodel$fitted.values~bdat$年代+bdat$メーカー+bdat$性別)
, , bdat$性別 = F

        bdat$メーカー
bdat$年代  コレナゴ   デロンザ   ピロリロ
   20代   796.8733   829.8727 1214.2540
   30代   997.6624 1036.6907 2524.6469
   40代  1507.9658 1532.5679 2261.4663

, , bdat$性別 = M

        bdat$メーカー
bdat$年代  コレナゴ   デロンザ   ピロリロ
   20代   507.1267   528.1273   772.7460
   30代   638.3376   663.3093 1615.3531
   40代  1618.0342 1644.4321 2426.5337
```

254 第 10 章 クロス集計表をもっとていねいに分析したい

10.12 期待度数と関連づけた母数の解釈

　母数の解釈において，期待度数は非常に重要な役割を持っています。なぜなら，期待度数を x として，これを対数変換して $\log(x)$ とし，さらに指数変換すると，$\exp(\log(x)) = x$ のように元の期待度数が得られるからです。この性質を利用することで，母数を期待度数に対応づけて解釈できるようになります。ここでは，切片，主効果，そして交互作用効果を，期待度数と関連づけて解釈する方法を解説します。

■ 10.12.1 切片の解釈

　10.4 節の出力から，最良モデルの切片 μ の推定値は 6.680696 でした。この値を指数変換すると，$\exp(6.680696) = 796.8735$ となります。この値は R による $m_{20\text{F}コレ}$ の期待度数の出力と誤差の範囲内で一致しています。全ての効果が 0 であるときの期待度数は，基準セルの期待度数であることが理解できます。

■ 10.12.2 主効果の解釈

　基準セルの期待度数 $m_{20\text{F}コレ}$ と $m_{30\text{F}コレ}$ に注目します。式 (10.12) から，$\log(m_{30\text{F}コレ})$ は，切片 μ のほかに "30 代" の主効果 α_{30} で構成されていることがわかります。ここで，基準セルの期待度数 $m_{20\text{F}コレ}$ を分母，$m_{30\text{F}コレ}$ を分子に置いた比 $m_{30\text{F}コレ}/m_{20\text{F}コレ}$ を考えます。この比をオッズと呼びます[*9]。このオッズの対数を求めると，次のように "30 代" の主効果 α_{30} が得られます。

$$\text{"30 代" の主効果} = \log\left(\frac{m_{30\text{F}コレ}}{m_{20\text{F}コレ}}\right) = \log(m_{30\text{F}コレ}) - \log(m_{20\text{F}コレ})$$
$$= \mu + \alpha_{30} - \mu = \alpha_{30} \qquad (10.29)$$

　最良モデルの R の出力では，α_{30} の推定値は 0.224719 となっています。この値を指数変換すると，$\exp(0.224719) = 1.251971$ となります。一方，先のオッズは期待度数の行列から $m_{30\text{F}コレ}/m_{20\text{F}コレ} = 997.6624/796.8733 = 1.251971$ であり，α_{30} の指数変換後の値に一致します。したがって，$\exp(\alpha_{30})$ とは，基準セルを分母とした場合の $m_{30\text{F}コレ}$ のオッズとして解釈できます。

　他の主効果も，基準セルを分母とした期待度数のオッズの対数として表現されます。したがって，各主効果を指数変換することで，基準セルと当該セルの期待度数のオッズが得られます。

[*9] ロジスティック回帰分析の枠組みでは，オッズとは

$$\frac{\text{事象 A の確率}}{\text{事象 A でない確率}}$$

です。対数線形モデルの文脈のオッズとは意味が異なることに注意してください。

$$
\begin{aligned}
\text{“40 代” の主効果} &= \log\left(\frac{m_{40\text{F}\text{コレ}}}{m_{20\text{F}\text{コレ}}}\right) = \log(m_{40\text{F}\text{コレ}}) - \log(m_{20\text{F}\text{コレ}}) \\
&= \mu + \alpha_{40} - \mu = \alpha_{40}
\end{aligned}
\tag{10.30}
$$

$$
\begin{aligned}
\text{“M” の主効果} &= \log\left(\frac{m_{20\text{M}\text{コレ}}}{m_{20\text{F}\text{コレ}}}\right) = \log(m_{20\text{M}\text{コレ}}) - \log(m_{20\text{F}\text{コレ}}) \\
&= \mu + \beta_{\text{M}} - \mu = \beta_{\text{M}}
\end{aligned}
\tag{10.31}
$$

$$
\begin{aligned}
\text{“デロンザ” の主効果} &= \log\left(\frac{m_{20\text{F}\text{デロ}}}{m_{20\text{F}\text{コレ}}}\right) = \log(m_{20\text{F}\text{デロ}}) - \log(m_{20\text{F}\text{コレ}}) \\
&= \mu + \delta_{\text{デロ}} - \mu = \delta_{\text{デロ}}
\end{aligned}
\tag{10.32}
$$

$$
\begin{aligned}
\text{“ピロリロ” の主効果} &= \log\left(\frac{m_{20\text{F}\text{ピロ}}}{m_{20\text{F}\text{コレ}}}\right) = \log(m_{20\text{F}\text{ピロ}}) - \log(m_{20\text{F}\text{コレ}}) \\
&= \mu + \delta_{\text{ピロ}} - \mu = \delta_{\text{ピロ}}
\end{aligned}
\tag{10.33}
$$

10.12.3　1 次の交互作用効果の解釈

　次に，交互作用効果の解釈を行います。最良モデルの出力では，“30 代” と “ピロリロ” の交互作用効果が 0.507252 で有意でした。この交互作用効果と期待度数には，次のような関係が成り立っています。

$$
\begin{aligned}
&\text{“30 代” と “ピロリロ” の交互作用効果} \\
&= \log\left(\frac{m_{30\text{F}\text{ピロ}}/m_{20\text{F}\text{ピロ}}}{m_{30\text{F}\text{コレ}}/m_{20\text{F}\text{コレ}}}\right) \\
&= \log(m_{30\text{F}\text{ピロ}}) - \log(m_{20\text{F}\text{ピロ}}) - (\log(m_{30\text{F}\text{コレ}}) - \log(m_{20\text{F}\text{コレ}})) \\
&= \mu + \alpha_{30} + \delta_{\text{ピロ}} + (\alpha\delta)_{30\text{ピロ}} - \mu - \delta_{\text{ピロ}} - \mu - \alpha_{30} + \mu \\
&= (\alpha\delta)_{30\text{ピロ}}
\end{aligned}
\tag{10.34}
$$

　上記の関係から，“30 代” と “ピロリロ” の交互作用効果を指数変換した値は，2 つのオッズの比，すなわちオッズ比に対応していることがわかります。具体的には，$\exp(0.507252) = 1.660721$ となります。

　R による期待度数の予測値からオッズ比を求めてみると，

$$
\frac{(2524.6469/1214.2540)}{(997.6624/796.8733)} = 1.660721
\tag{10.35}
$$

となり，交互作用効果を指数変換した値に一致します。

　さて，オッズ比の式をもう一度観察してみましょう。

$$
\frac{m_{30\text{F}\text{ピロ}}/m_{20\text{F}\text{ピロ}}}{m_{30\text{F}\text{コレ}}/m_{20\text{F}\text{コレ}}}
$$

これは，基準セルを分母に置いたときの $m_{30\text{F}\text{コレ}}$ のオッズと，$m_{20\text{F}\text{ピロ}}$ を分母に置いたときの $m_{30\text{F}\text{ピロ}}$ のオッズの比になっています。図 10.2 の ① に，このオッズ比

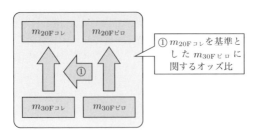

図 10.2 1 次の交互作用効果と関連するオッズ比（矢印の受け手が分母に配置される）

が表現されています[*10]。この図では，矢印の受け手がオッズを求める際に分母に配置される期待度数となります。2 つのオッズの比 ① がオッズ比となっていることが理解できます。より高次の交互作用効果を解釈するためには，まずこの図でオッズ比の考え方に慣れておくことをお勧めします。

交互作用効果がないクロス集計表では，このオッズ比は必ず 1 になります。例えば，性別と趣味の有無についてのクロス集計表で，交互作用効果がない（連関がない）場合には，趣味ありの度数と趣味なしの度数の比（オッズ）は，性別によって変化しません。ですから，そのオッズの比も 1 になります。このデータ例の場合には，メーカー（コレナゴとピロリロ）によって，20 代と 30 代の度数のオッズが変化しないのであれば（つまり連関がないのであれば），オッズ比は 1 になります。

指数変換の結果，$\exp(0.507252) = 1.660721$ であり，オッズ比は 1 より大きいことがわかりました。母数の検定結果も有意であったので，このオッズ比も有意なものとなります。

この値から，基準セルを分母に置いたときの $m_{30Fコレ}$ のオッズに対して，$m_{20Fピロ}$ を分母に置いたときの $m_{30Fピロ}$ のオッズが大きい，すなわち，交互作用効果について興味が持たれているセルにおいて，有意な正の効果があり，それは，基準セルをもとにした期待度数のオッズ比で表すならば，約 1.66 倍の偏りであったと解釈することができます。

対数線形モデルは多変数の連関に関する分析ですから，交互作用効果の指数変換がオッズ比として解釈できるのは有益です。

■ 10.12.4　1 次の交互作用効果の別の求め方

"30 代" と "ピロリロ" の交互作用効果は，次のような対数オッズによっても算出できます。

[*10] この図は松田 (1988) の 78 ページに掲載されている図を参考にしています。

"30代" と "ピロリロ" の交互作用効果

$$= \log\left(\frac{m_{30\text{F}ピロ}/m_{30\text{F}コレ}}{m_{20\text{F}ピロ}/m_{20\text{F}コレ}}\right)$$
$$= \log(m_{30\text{F}ピロ}) - \log(m_{30\text{F}コレ}) - (\log(m_{20\text{F}ピロ}) - \log(m_{20\text{F}コレ}))$$
$$= \mu + \alpha_{30} + \delta_{ピロ} + (\alpha\delta)_{30ピロ} - \mu - \alpha_{30} - \mu - \delta_{ピロ} + \mu$$
$$= (\alpha\delta)_{30ピロ} \tag{10.36}$$

式 (10.34) と式 (10.36) の違いは，前者がオッズをメーカー別で計算しているのに対して，後者は年代別で計算している点です。どちらの方向からでも，$(\alpha\delta)_{30ピロ}$ を定義することができます。

■ 10.12.5　2 次の交互作用効果の解釈

飽和モデルにおいて，"40代" と "M" と "ピロリロ" の交互作用効果は 0.10175 と推定されていました（10.2 節の R の出力を参照）。この値を指数変換すると，$\exp(0.10175) = 1.107107$ となりますが，期待度数とどのような関係性があるのでしょうか？　まず，2 次の交互作用効果を求める手続きを理解し，この指標の意味を把握しましょう。

R によって飽和モデルの期待度数を求めると，次のようになります。

```
飽和モデルのもとでの期待度数行列
> xtabs(fullmodel$fitted.values~bdat$年代+bdat$メーカー+bdat$性別)
, , bdat$性別 = F

        bdat$メーカー
bdat$年代 コレナゴ デロンザ ピロリロ
    20代      794      804     1243
    30代      987     1055     2517
    40代     1528     1519     2255

, , bdat$性別 = M

        bdat$メーカー
bdat$年代 コレナゴ デロンザ ピロリロ
    20代      510      554      744
    30代      649      645     1623
    40代     1598     1658     2433
```

この期待度数行列は，10.1 節に示したクロス集計表の数値と完全に一致しています。1 次の交互作用効果に関する解説から，女性における 40 代ピロリロユーザーのオッズ比は，期待度数のクロス集計表を用いて，

$$\frac{(m_{40\text{F}ピロ}/m_{20\text{F}ピロ})}{(m_{40\text{F}コレ}/m_{20\text{F}コレ})} = \frac{(2255/1243)}{(1528/794)} = 0.942698 \tag{10.37}$$

であることがわかります.図 10.3 の ① が該当するオッズ比になります.次に,男性における 40 代ピロリロユーザーのオッズ比は

$$\frac{(m_{40\text{M}ピロ}/m_{20\text{M}ピロ})}{(m_{40\text{M}コレ}/m_{20\text{M}コレ})} = \frac{(2433/744)}{(1598/510)} = 1.043668 \tag{10.38}$$

となります.図 10.3 の ② が該当するオッズ比になります.式 (10.37) とは性別の添え字が異なるのみで,参照されているセルは同一であることを確認してください.式 (10.37) と式 (10.38) から女性を基準としたオッズ比の比を求めると,1.107107 ($=1.043668/0.942698$) となります.これは,女性における "40 代" と "ピロリロ" の基準セルに対するオッズに比べて,男性におけるオッズは 1.107 倍であることを意味しています.

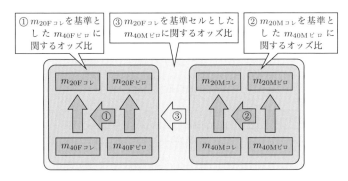

図 10.3 2 次の交互作用効果と関連するオッズ比の比(矢印の受け手が分母に配置される)

図 10.3 に上述のオッズ比の比の関係について図示しています.2 つのオッズ比について,さらに両者の比を求めた ③ の部分がオッズ比の比になります.そして,その対数が $m_{40\text{M}ピロ}$ の交互作用効果になります.この例では $\log(1.107107) = 0.1017513$ であり,関数 glm の出力と一致しています.

さて,ここまで 2 次の交互作用効果の意味について,数値例を用いて手続き的に説明してきました.次に,より理論的にこの 2 次の交互作用効果を導出します.やはり,"40 代" と "M" と "ピロリロ" の交互作用効果を例に解説します.式 (10.37),(10.38) から,メーカー別にオッズを定義したときの交互作用効果は次式で求められます.

"40 代" と "M" と "ピロリロ" の交互作用効果

$$= \log\left[\frac{(m_{40\text{M}ピロ}/m_{20\text{M}ピロ})}{(m_{40\text{M}コレ}/m_{20\text{M}コレ})} \div \frac{(m_{40\text{F}ピロ}/m_{20\text{F}ピロ})}{(m_{40\text{F}コレ}/m_{20\text{F}コレ})}\right] \tag{10.39}$$

10.12　期待度数と関連づけた母数の解釈　　**259**

　この例では飽和モデルを想定しているので，式 (10.39) に含まれる期待度数の対数は次のようになります。

$$
\begin{aligned}
\log(m_{40\text{M}ピロ}) =& \mu + \alpha_{40} + \beta_\text{M} + \delta_ピロ + (\alpha\beta)_{40\text{M}} + (\alpha\delta)_{40ピロ} \\
& + (\beta\delta)_{\text{M}ピロ} + (\alpha\beta\delta)_{40\text{M}ピロ}
\end{aligned}
\tag{10.40}
$$

$$
\log(m_{20\text{M}ピロ}) = \mu + \beta_\text{M} + \delta_ピロ + (\beta\delta)_{\text{M}ピロ}
\tag{10.41}
$$

$$
\log(m_{40\text{M}コレ}) = \mu + \alpha_{40} + \beta_\text{M} + (\alpha\beta)_{40\text{M}}
\tag{10.42}
$$

$$
\log(m_{20\text{M}コレ}) = \mu + \beta_\text{M}
\tag{10.43}
$$

$$
\log(m_{40\text{F}ピロ}) = \mu + \alpha_{40} + \delta_ピロ + (\alpha\delta)_{40ピロ}
\tag{10.44}
$$

$$
\log(m_{20\text{F}ピロ}) = \mu + \delta_ピロ
\tag{10.45}
$$

$$
\log(m_{40\text{F}コレ}) = \mu + \alpha_{40}
\tag{10.46}
$$

$$
\log(m_{20\text{F}コレ}) = \mu
\tag{10.47}
$$

　上述の関係から式 (10.39) を整理すると，次のように交互作用効果が得られます。

　　"40 代" と "M" と "ピロリロ" の交互作用効果

$$
\begin{aligned}
=& \log\left[\frac{(m_{40\text{M}ピロ}/m_{20\text{M}ピロ})}{(m_{40\text{M}コレ}/m_{20\text{M}コレ})} \div \frac{(m_{40\text{F}ピロ}/m_{20\text{F}ピロ})}{(m_{40\text{F}コレ}/m_{20\text{F}コレ})}\right] \\
=& \log(m_{40\text{M}ピロ}) - \log(m_{20\text{M}ピロ}) - \log(m_{40\text{M}コレ}) + \log(m_{20\text{M}コレ}) \\
& - \log(m_{40\text{F}ピロ}) + \log(m_{20\text{F}ピロ}) + \log(m_{40\text{F}コレ}) - \log(m_{20\text{F}コレ}) \\
=& \mu + \alpha_{40} + \beta_\text{M} + \delta_ピロ + (\alpha\beta)_{40\text{M}} + (\alpha\delta)_{40ピロ} + (\beta\delta)_{\text{M}ピロ} \\
& + (\alpha\beta\delta)_{40\text{M}ピロ} - \mu - \beta_\text{M} - \delta_ピロ - (\beta\delta)_{\text{M}ピロ} - \mu - \alpha_{40} - \beta_\text{M} \\
& - (\alpha\beta)_{40\text{M}} + \mu + \beta_\text{M} - \mu - \alpha_{40} - \delta_ピロ - (\alpha\delta)_{40ピロ} + \mu + \delta_ピロ \\
& + \mu + \alpha_{40} - \mu \\
=& (\alpha\beta\delta)_{40\text{M}ピロ}
\end{aligned}
\tag{10.48}
$$

　オッズをメーカー別で求めるか，年代別で求めるかによらず，1 次の交互作用効果は同じ値になりました。この性質は，2 次以上の交互作用効果でも成り立ちます。つまり，年代別にオッズを求めても

　　"40 代" と "M" と "ピロリロ" の交互作用効果

$$
\begin{aligned}
=& \log\left[\frac{(m_{40\text{M}ピロ}/m_{40\text{M}コレ})}{(m_{20\text{M}ピロ}/m_{20\text{M}コレ})} \div \frac{(m_{40\text{F}ピロ}/m_{40\text{F}コレ})}{(m_{20\text{F}ピロ}/m_{20\text{F}コレ})}\right] \\
=& (\alpha\beta\delta)_{40\text{M}ピロ}
\end{aligned}
\tag{10.49}
$$

と，式 (10.48) と同じ交互作用効果が得られます。

260　第 10 章　クロス集計表をもっとていねいに分析したい

■ 10.12.6　より高次の交互作用効果

4 重クロス集計表の分析では 3 次の，また，5 重クロス集計表の分析では 4 次の交互作用効果がモデルに含まれるようになります。

このような高次の交互作用効果も，期待度数のオッズ比と関連づけて解釈することができます。例えば，4 重クロス集計表における 3 次の交互作用効果は，3 変数で定義されるオッズ比の比（2 次の交互作用効果の算出過程を参照）を，4 つ目の変数の 2 つの水準で求めて比較し，その対数を求めることで計算できます。つまり，クロス集計表を定義する変数が増えるにつれ，比較するオッズ比が増えていくことになります。

しかし，変数が 4 つ以上になるとオッズに基づく解釈がたいへん複雑になり，直観的に理解しにくくなります。オッズ比による交互作用効果の解釈にこだわらないのであれば，13 章で紹介するコレスポンデンス分析の利用も検討してください。

10.13　基準セルの設定

以上の解説からもわかるように，期待度数のオッズを用いて母数を解釈するためには，基準セルをどこに設定するかが重要です。関数 glm によって対数線形モデルを実行する場合には，説明変数を Factor 型に変換したあとで，引数 levels で，基準にしたい水準の文字列をベクトルの第 1 要素として与えます。以下の R コードでは，30 代男性のピロリユーザーが基準セルとなります。

コラム 19：対数線形モデルと変数の個数

対数線形モデルで扱える変数の個数に制限はありません。100 重クロス集計表に対して対数線形モデルを構築することも，原理的には可能です。しかし，変数が増えるということは，検討すべき交互作用効果が爆発的に増えることを意味しています。交互作用効果は，ただでさえ解釈が難しいのですから，やみくもに変数を増やすと，推定値は算出されたとしても，解釈できないものになるでしょう。

また，高次元で定義されるセルでは，度数が観測されない可能性も高くなります。例えば，「男性」の該当者よりも，「男性」かつ「デロンザユーザー」かつ「20 代」の該当者のほうが少なくなります。変数をさらに増やせば，積集合を定義する条件がますます厳しくなるので，該当者はより少なくなります。100 重クロス集計表を仮に作れたとしても，ほとんどのセルの観測度数は 0 になります。そして，セル度数が観測されなければ，対数線形モデルの母数推定はできません。

以上からも明らかなように，対数線形モデルを効果的に利用するためには，母数の解釈可能性と全セルの観測度数に配慮し，なるべく低次元のクロス集計表を分析対象にする必要があります。

章末演習　261

基準セルの設定

```
> bdat$年代 <- factor(bdat$年代, levels=c("30代", "20代", "40代"))
> bdat$性別 <- factor(bdat$性別, levels=c("M", "F"))
> bdat$メーカー <- factor(bdat$メーカー, levels=c("ピロリロ", "コレナゴ",
+ "デロンザ"))
```

章末演習

　データファイル「自転車データ練習 1.csv」には，イタリアの老舗自転車メーカーに関する別の調査結果が収められています。この調査は "チネッロ"，"カレッラ"，"クォーク" の 3 メーカーが対象です。他の変数は本章の例と同じで，「年代」(20 代，30 代，40 代)，「性別」(M，F)，「度数」が収められています。

問1　データファイル「自転車データ練習 1.csv」を bdat2 というオブジェクトに代入してください。また，関数 factor を利用して，基準セルを 30 代男性のチネッロユーザーと設定してください。年代は 30 代，20 代，40 代の順，メーカーはチネッロ，カレッラ，クォークの順とします。

問2　「度数」を目的変数として，対数線形モデルを実行します。独立モデルを indmodel2，飽和モデルを fullmodel2 というオブジェクト名で保存してください。

問3　独立モデルと飽和モデルについて，関数 anova を利用して逸脱度に基づく尤度比検定を行い，適合度の比較を行ってください。

問4　飽和モデルにおいて，有意な 2 次の交互作用効果は存在するでしょうか？　関数 summary を用いて結果を確認してください。

問5　fullmodel2 における期待度数を求めてください。ただし，行が「年代」，列が「メーカー」の 2 重クロス集計表を，「性別」ごとに算出します。

問6　fullmodel2 における期待度数を用いて，年代 20 代:性別 F:メーカーカレッラ の交互作用効果 −0.250061 を算出してください。

問7　問 6 の交互作用効果を，オッズ比の比を算出したうえで解釈してください。

第**11**章

カテゴリに所属する確率を説明・予測したい
——ロジスティック回帰分析

性別や賛否などの質的な変数の説明・予測において，重回帰分析を用いるのは適切ではありません。重回帰分析は量的な変数を説明・予測するための分析手法であり，説明変数としてのみ質的変数を扱えるに過ぎません。本章では，2つのカテゴリを表現する質的変数を説明・予測するための手法であるロジスティック回帰分析について解説します。

11.1 データと手法の概要

11.1.1 データの概要

毎年，空き巣が多数発生しています。空き巣被害調査研究所では，空き巣被害の多い A 地区の一軒家 800 戸を対象に，空き巣被害の有無，空き巣対策，暮らしの様子について聞き取り調査を行いました。調査によって得られたデータの一部が「空き巣調査.csv」として保存されています。このファイルを Excel で開くと，図 11.1 のように中身を確認することができます。

	A	B	C	D	E	F
1	空き巣	不在時間	会話	築年数	セキュリティ	飼い犬
2	あり	2.92	1	21	加入	なし
3	なし	1.19	1	18	非加入	なし
4	あり	5.2	1	6	非加入	なし
5	あり	6.06	1	17	非加入	なし
6	あり	5.24	1	24	加入	あり
7	あり	2.3	1	9	加入	なし

図 11.1 「空き巣調査.csv」（一部抜粋）

変数は全部で 6 個あります。各変数の名前と内容は以下のとおりです。

- 「空き巣」：空き巣被害のあり・なし
- 「不在時間」：平日 9 時から 18 時の不在時間（20 日間の平均）

- 「会話」：近隣住民との会話の回数（1週間の合計）
- 「築年数」：住居の築年数
- 「セキュリティ」：ホームセキュリティ会社のサービスへの加入・非加入
- 「飼い犬」：飼い犬のあり・なし

6個の変数のうち、「空き巣」「セキュリティ」「飼い犬」は2値のカテゴリカル変数です。また、「不在時間」「会話」「築年数」は量的変数です。

11.1.2 分析の目的

分析の目的は、「空き巣調査.csv」のデータ（以下、空き巣データ）を用い、空き巣被害に対して不在時間などがどう影響するかを明らかにすることです。目的を達成するために、以下の手順で空き巣データを分析します。

1. データの整形
2. ロジスティック回帰モデルにおける指標の算出
3. モデルの評価
4. モデルの指標の解釈、結果の考察

「データの整形」では、モデルの考え方に合わせて各変数の値を変換します。「指標の算出」では、ロジスティック回帰モデルにおいて、変数間の関係を端的に表す指標の値を、データを使って求めます。「モデルの評価」では、ロジスティック回帰モデルを手もとのデータに当てはめて変数間の関係を検討することが適切かどうかを確認します。「モデルの評価」で大きな問題がなければ、各種指標から変数間の関係を考察します。

11.1.3 ロジスティック回帰分析の概要とデータの整形

本章の分析の目的は、2値カテゴリカル変数である「空き巣」に対して、他の変数がどのように影響を与えるかを検討し、明らかにすることです。変数間の関係のイメージを図11.2に示します。「空き巣」に対する影響というと曖昧でわかりにくく感じま

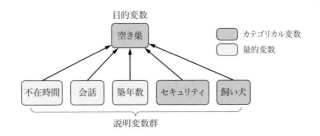

図11.2　分析における変数間の関係

264 第 11 章 カテゴリに所属する確率を説明・予測したい

すが，これは「空き巣被害がある（生じる）確率」に対する影響と考えてください。
つまり，回帰分析は連続的な目的変数について目的変数の値自体を説明・予測するの
に対し，ロジスティック回帰分析は，2 値カテゴリカルな目的変数について目的変数
が一方のカテゴリとなる確率を説明・予測します。なお，目的変数は 2 つのカテゴリ
をとりうるので，一方を着目するカテゴリ（参照カテゴリ），もう一方を基準とする
カテゴリ（基準カテゴリ）と設定します。ここでは「空き巣」の 2 つのカテゴリのう
ち，"あり" を参照カテゴリとして分析します[*1]。

　通常，カテゴリカル変数は「空き巣調査.csv」にあるような文字データのままでは，
分析に使用することができません。そこで，参照カテゴリに 1，基準カテゴリに 0 を
割り当てて 01 データに変換しておきます。データの読み込み，カテゴリカル変数
（「空き巣」「セキュリティ」「飼い犬」）の変換，データフレームの確認を行うコード
を示します。

データの読み込み，カテゴリカル変数の変換，データフレームの確認

```
> aks <- read.csv("空き巣調査.csv")  #データの読み込み
> aks$空き巣01 <- ifelse(aks$空き巣=="あり", 1, 0)
> aks$セキュリティ01 <- ifelse(aks$セキュリティ=="加入", 1, 0)
> aks$飼い犬01 <- ifelse(aks$飼い犬=="あり", 1, 0)
> head(aks)
  空き巣 不在時間 -略- セキュリティ 飼い犬 空き巣01 セキュリティ01 飼い犬01
1  あり    2.92          加入       なし      1          1            0
2  なし    1.19          非加入     なし      0          0            0
3  あり    5.20          非加入     なし      1          0            0
4  あり    6.06          非加入     なし      1          0            0
5  あり    5.24          加入       あり      1          1            1
6  あり    2.30          加入       なし      1          1            0
```

---

　01 データへの変換に，関数 ifelse を利用しています。第 1 引数に設定されたベク
トルに関する条件文 aks$空き巣=="あり" について，その要素が TRUE になる場合に
は第 2 引数（1），FALSE になる場合には第 3 引数（0）で各要素が置き換えられます。
　ロジスティック回帰分析では，各説明変数が目的変数に与える影響の強さを示す係
数の値が説明変数の個数だけ得られます。また，全ての説明変数の値が 0 であった場
合の目的変数に関する特徴を示す切片の値も得られます。さらに，ロジスティック回
帰分析においては，係数や切片を指数変換した値が出力されることもあります。それ
らを用いると，係数や切片の値の解釈がしやすくなります。

[*1] 異なる設定をした場合，もう一方のカテゴリとなる確率を説明・予測することになりますが，分析
の結果は元の設定のそれと表裏の関係になるだけで，本質的な違いはありません。

11.2 係数・切片の推定と解釈　265

11.2 係数・切片の推定と解釈

■ 11.2.1 係数・切片の出力と解釈

ロジスティック回帰分析を行うには，関数 glm を利用します。

ロジスティック回帰分析の実行

```
> aks.out <- glm(空き巣01~不在時間+会話+築年数+セキュリティ01
+ +飼い犬01, family="binomial", data=aks)
```

引数 data に分析対象のデータフレームを指定します。第 1 引数には，データフレームに含まれる変数について，専用の記法を用いて変数の関係を記述します。“~”の左側に目的変数，右側に説明変数とする変数名を置きます。説明変数が複数ある場合には“+”でそれらを繋いでください。そして，引数 family に"binomial"と指定します[*2]。出力は関数 summary で確認します。

ロジスティック回帰分析の出力表示

```
> summary(aks.out)
-出力の一部-
Coefficients:
               Estimate Std.Error z value Pr(>|z|)
(Intercept)   -0.941239  0.278842  -3.376  0.000737 ***
不在時間        0.393992  0.041904   9.402   <2e-16 ***
会話           -0.550249  0.130741  -4.209  2.57e-05 ***
築年数          0.005839  0.010774   0.542  0.587818
セキュリティ01  -0.548210  0.157485  -3.481  0.000499 ***
飼い犬01        -0.480529  0.214167  -2.244  0.024851 *
---
Signif. codes:  0 '***' 0.001 '**' 0.01 '*' 0.05 '.' 0.1 ' ' 1
```

Coefficients: に続く部分に係数と切片（Intercept）に関する結果が示されます。統計指標は，Estimate（推定値），Std. Error（標準誤差），z value（z 値），Pr(>|z|)（p 値）の 4 つです。係数の推定値が正の場合，目的変数の値が 1 になる確率を，当該説明変数が上げる影響を意味します。例えば，「不在時間」に関しては，他の説明変数の値を固定したもとで不在時間が増えると，「空き巣被害が生じる」確率が高くなるということです。反対に負の場合，目的変数の値が 1 になる確率を，当該説明変数が下げる影響を意味します。標準誤差の値は，異なる標本において推定値が平均的にどのくらい変動するかを示します。

[*2] "binomial" は "binomial distribution"（2 項分布）に由来します。ロジスティック回帰分布と 2 項分布の関係については 11.7 節で説明します。

z 値は帰無仮説「各係数の母集団値 = 0」の統計的仮説検定における検定統計量の値であり，p 値は z 値に対応した値です。0.05, 0.01, 0.001 を基準として p 値がそれを下回れば，それぞれ 5%，1%，0.1% 水準で有意となり，帰無仮説が棄却されます（「各係数の母集団値 ≠ 0」）。出力から，「不在時間」「会話」「セキュリティ」は 0.1%，「飼い犬」は 5% 水準でそれぞれ有意であり，母集団において「空き巣」に影響を与えていると考えられます。

切片は「全説明変数の値が 0 であるときに，目的変数の値が 1 になる確率」を示す値です。切片が 0 のとき，その確率は 0.5 であり，0 より小さいと 0.5 を下回り，0 より大きいと 0.5 を上回ります。切片の値と確率の関係を図 11.3 に示します。

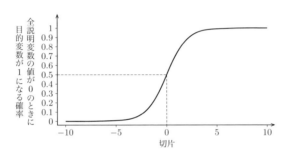

図 11.3　切片の値と目的変数が 1 になる確率の関係

11.2.2　係数・切片の指数変換値の算出と解釈

ロジスティック回帰分析では，解釈の容易さから，先に示した係数や切片の値を指数変換[*3]することがよくあります。先の出力を利用して指数変換値を算出するコードを以下に示します。

```
係数・切片の指数変換値の算出
> exp(aks.out$coefficients)
(Intercept)    不在時間       会話       築年数  セキュリティ01   飼い犬01
  0.3901441   1.4828885  0.5768062  1.0058564     0.5779834   0.6184561
```

指数変換値は，以下のように解釈できます。

- 切片：全説明変数の値が 0 のとき，「目的変数が 1 となる」オッズはいくつか
- 係数：他の説明変数の値を固定したもとで当該説明変数が 1 増加したとき，「目的変数が 1 となる」オッズは何倍になるか

[*3] 値 x の指数変換値とは $\exp(x)$ のことです。$\exp(x)$ はネイピア数（およそ 2.718）の x 乗を意味します。$\exp(2)$ はおよそ 7.39（= 2.718^2）です。

なお，ある確率的な試行について起こりうる結果が複数あるとき（例えば A, B, C），「結果が A となるオッズ」は

$$\frac{A\ が生じる確率}{A\ 以外（つまり B もしくは C）が生じる確率}$$

と定められます。例えば，不正のないサイコロを 1 回投げる試行において 1 が出るオッズは 1/5（＝ (1/6)/(5/6)）になります。

分析結果について，切片の指数変換値からは「全説明変数の値が 0 のとき，空き巣被害が生じるオッズは 0.39 である」と解釈できます。また，係数の変換値からは，例えば「他の説明変数の値を固定したもとで，不在時間が 1 増加したとき，空き巣被害が生じるオッズは 1.48 倍になる」と解釈できます。

■ 11.2.3　係数・切片に関する信頼区間の算出

重回帰分析と同様，ロジスティック回帰分析でも，係数や切片がどの程度の幅を持って推定されるのかが興味の対象となることが少なくありません。関数 confint の引数に分析結果のオブジェクトを指定することで，係数・切片に関する信頼区間を算出することができます。

```
係数・切片に関する信頼区間の算出

> confint(aks.out, level=0.95)
                    2.5 %        97.5 %
(Intercept)     -1.49300752  -0.39857705
不在時間          0.31356566   0.47801144
会話             -0.80963933  -0.29647263
築年数           -0.01526572   0.02700569
セキュリティ01    -0.85880279  -0.24101294
飼い犬01          -0.90438019  -0.06341113

> exp(confint(aks.out, level=0.95))
                  2.5 %      97.5 %
(Intercept)     0.2246959  0.6712746
不在時間          1.3682953  1.6128639
会話             0.4450185  0.7434360
築年数           0.9848502  1.0273736
セキュリティ01    0.4236690  0.7858315
飼い犬01          0.4047927  0.9385575
```

上半分は係数・切片の信頼区間です。ここでは level=0.95 の指定により 95% の信頼区間を算出していますので，95% の確率で母集団の値を含むような区間として，その下限（"2.5 %" の列）と上限（"97.5 %" の列）を推測していることになります。下半分は，それに対して exp で指数変換を施すことで得られる切片に関するオッズもしくは係数に関するオッズの倍率（オッズ比）の 95% 信頼区間です。

■ 11.2.4　標準化係数の算出と解釈

　これまで見てきた結果において，各説明変数の単位はそれぞれが測定されたままの状態で扱われていました。意味的な解釈においては，その単位に応じて解釈すればよく，それで不都合は生じません[*4]。しかし，目的変数に対する影響の強さを説明変数間で比較したい場合，単位が不揃いだとそれが難しくなります。その場合，全ての量的な説明変数をそれぞれ標準化（一般には z 得点化）した結果を利用しなくてはなりません[*5]。そうして得られるロジスティック回帰分析の係数を標準化係数と呼びます。先の出力を利用して標準化係数を算出するコードを以下に示します。関数 LRAstdcoef は自作関数ですので，関数を定義するコードをあらかじめ実行してください。

```
標準化係数の算出

> LRAstdcoef(aks.out, c("不在時間", "会話", "築年数"))
    不在時間          会話        築年数
 0.83370372 -0.34049454  0.04224783
```

　LRAstdcoef において，第 1 引数に分析結果のオブジェクトを，第 2 引数に標準化係数を算出する説明変数名のベクトルを指定します。空き巣データについて算出された標準化係数の値を見ると，不在時間が空き巣被害に与える影響が大きいことがわかります。なお，標準化係数を指数変換した値は，量的な説明変数が全て z 得点化された状況において，他の説明変数の値を固定したもとで当該説明変数が 1 増加したとき「目的変数が 1 となる」オッズが何倍になるかを表します。このとき，z 得点は観測集団における標準偏差が 1 になるように変換された値なので，「1 増加」は集団における平均的なばらつき分の増加を意味します。

11.3　モデルの良さの評価

　統計のモデルは，あらかじめ用意した枠組みのもとで，変数間の関係を大まかに把握するために利用されるものです。あるモデルはどんなデータに対しても有効というわけではありません。観測データ（の背後）に存在するはずの変数間の関係が，モデルで想定された変数間の関係とかけ離れていた場合，そのモデルでデータを分析することは適切とは言えません。他のモデルを使ったほうがよいでしょう。観測データを当該モデルで分析するのが適切かどうかを判断することをモデル評価といい，そのときに参照するのがモデル評価指標です。ここでのモデルは当然，ロジスティック回帰モデルです。

[*4] 不在時間の係数の解釈において，「不在時間が 1 増加した」は，正確に表現すれば「不在時間が 1 時間増加した」ということです。（分ではなく）時間という単位で解釈をしています。

[*5] 変数の標準化については，1.4.3 項を参照してください。

11.3　モデルの良さの評価　　269

　モデル評価は通常，複数の指標の値に基づいて行われます。本節では当てはまりの
良さの評価として，Hosmer-Lemeshow の適合度検定，予測の良さの評価として AIC
および BIC を取り上げます。

■ 11.3.1　当てはまりの良さの評価指標の出力と解釈

　ロジスティック回帰分析において当てはまりの良さ（データ上に認められる変数間
の関係が，モデルで想定される変数間の関係でどれくらいうまく表現されるか）を評
価する方法として，Hosmer-Lemeshow の適合度検定があります。この検定では，帰
無仮説として「モデルが適合している」が設定されます。検定の結果が有意になれ
ば，帰無仮説が棄却されてモデルの不適合が示されます。有意でなければ，消極的な
意味合いで（モデルが不適合である根拠がないとして）モデルが当てはまっていると
評価します。この検定を R で実行するには，パッケージ ResourceSelection の関
数 hoslem.test を利用します。空き巣データの分析においては，以下のように検定
を実行します。

```
Hosmer-Lemeshow の適合度検定
> library(ResourceSelection)
> hoslem.test(x=aks.out$y, y=fitted(aks.out))

        Hosmer and Lemeshow goodness of fit (GOF) test

data:  aks.out$y, fitted(aks.out)
X-squared = 12.121, df = 8, p-value = 0.1459
```

　hoslem.test においては，引数 x に目的変数の観測値の変数を，引数 y に目的変
数の予測値の変数を指定します。出力の結果，p 値は 0.1459 であり，有意ではないの
で，モデルが当てはまっていると解釈します。

■ 11.3.2　予測の良さの評価指標の出力と解釈

　ロジスティック回帰分析でも，AIC や BIC を利用して予測の良さ（データ分析を
経て得られたモデルが今後得られるであろうデータに対してどれくらい有効か）を相
対的に評価することができます（AIC，BIC については 3.7 節も参照）。AIC も BIC
も，値が小さいほど予測の良さの点でより有効であることを意味します。空き巣デー
タの分析における AIC と BIC は，以下のようにして得られます。

```
AIC と BIC の算出
> extractAIC(aks.out)   #AIC
[1]   6.0000 968.8111
```

270 第11章 カテゴリに所属する確率を説明・予測したい

```
> extractAIC(aks.out, k=log(nrow(aks.out$data)))  #BIC
[1]   6.0000 996.9187
```

　AIC の算出には，関数 extractAIC において，第1引数に分析結果のオブジェクト
を指定します。BIC の算出には，さらに第2引数 k に対象の個数を自然対数変換した
値を指定します。出力には，切片・係数の数と AIC もしくは BIC の値が示されます。
分析例における AIC と BIC は，それぞれ 968.8111 と 996.9187 です。相対的指標で
すので，この値だけから予測の良さを判断することはできませんが，候補となる別の
モデルがある場合には複数のモデルについて得られた AIC や BIC 同士を比較し，総
合的に予測の良さについて評価を下します。11.4.2 項に比較の一例を示します。

11.4　その他の有益な指標

　ここでは，これまで扱ってこなかった話題のうち，説明変数群の有効性の評価指
標，変数選択，多重共線性の確認の3つの事柄について簡潔に説明します。これらは
重回帰分析でも同様に扱われるものです。説明変数群の有効性の評価指標は，目的変
数の説明・予測に関して，分析において取り上げた説明変数群が全体として有効であ
るかどうかを判断するために用います。変数選択は，説明変数が複数ある場合に目的
変数の説明・予測に有効な説明変数を統計的な指標から決定する手続きです。多重共
線性の確認は，説明変数間に認められる関係（3.2.2 項を参照）によって分析で得られ
た値が不適切なものになっていないかをチェックする手続きです。

■ 11.4.1　説明変数群の有効性の確認

　まず，ここで説明する説明変数群の有効性というのは，説明変数全体による目的変
数の説明・予測についてのものです。説明変数全体を利用して目的変数を説明・予測
することが，母集団において意味があることなのかどうかが，興味の対象です。個々
の説明変数の有効性について 11.2.1 項で扱いましたが，その検討をする前提として，
この説明変数群の有効性が位置づけられます。有効性確認のためのコードと出力の一
部を以下に示します。

```
説明変数群の有効性の確認
> aks.out_null <- glm(空き巣01~1, family="binomial", data=aks)
> anova(aks.out_null, aks.out, test="Chisq")
-出力の一部-
Model 1: 空き巣01 ~ 1
Model 2: 空き巣01 ~ 不在時間 + 会話 + 築年数 + セキュリティ01 + 飼い犬01
  Resid. Df Resid. Dev Df Deviance  Pr(>Chi)
1       799    1107.91
2       794     956.81  5    151.1 < 2.2e-16 ***
```

1行目の `aks.out_null` には説明変数を1つも想定しない切片だけのモデルの分析結果が収められます。そのモデルによる分析結果と説明変数群を想定した `aks.out` のモデルを比較する形で，説明変数群の有効性を確認します。そのために関数 `anova` を利用しています。第1引数と第2引数にそれぞれのモデルの出力結果のオブジェクトを指定し，引数 `test` で検定の種類として`"Chisq"`（χ^2 検定）を指定します。

出力のうち，p 値を意味する `Pr(>Chi)` の数値によって有意性を判断します。値が有意水準を下回れば，取り上げた説明変数群による目的変数の説明・予測が有効であることになります。この分析結果では高度に有意ですので，「不在時間」「会話」「築年数」「セキュリティ」「飼い犬」の説明変数群によって「空き巣被害」を説明・予測することが有効であると言えます。

■ 11.4.2 変数選択

ロジスティック回帰分析においても，統計指標を用いた説明変数の選択を行うことが可能です。ここでは先述の AIC を用いた変数増減法による変数選択の方法を示します。変数選択の実行については，4.6.2 項も参照してください。

変数選択の実行

```
> step(aks.out_null, direction="both",
+ scope=(~不在時間+会話+築年数+セキュリティ01+飼い犬01))
```

関数 `step` を利用し，第1引数に変数選択を進めるうえでスタートとなるモデルの分析結果を指定し，引数 `direction` には`"forward"`（変数増加法），`"backward"`（変数減少法），`"both"`（変数増減法）のいずれかを指定します。また，引数 `scope` には増減を行う対象とすべき説明変数を "~" の後に "+" で繋いで指定します。出力は以下のように得られます。

変数選択の結果

```
Start:  AIC=1109.91
空き巣01 ~ 1

                 Df Deviance     AIC
    + 不在時間    1   992.86  996.86
      + 会話      1  1073.07 1077.07
+ セキュリティ01  1  1099.64 1103.64
       <none>        1107.91 1109.91
  + 飼い犬01      1  1105.96 1109.96
    + 築年数      1  1107.69 1111.69
-略-


Step:  AIC=967.11
空き巣01 ~ 不在時間 + 会話 + セキュリティ01 + 飼い犬01
```

272　第 11 章　カテゴリに所属する確率を説明・予測したい

```
                Df Deviance     AIC
       <none>        957.11  967.11
   + 築年数    1    956.81  968.81
   - 飼い犬01   1    962.22  970.22
- セキュリティ01 1    969.46  977.46
     - 会話     1    975.47  983.47
   - 不在時間   1   1062.46 1070.46
```

　切片だけのモデル 空き巣 01~1 からスタートし，各説明変数をモデルに加えたり
モデルから除いたりした場合の AIC を比較して，各ステップで値が小さいものを採
用します。切片だけのモデルに各説明変数を加えると，「不在時間」を加えた場合の
AIC が最も小さくなる（996.86）ので，このステップでは「不在時間」を加えること
にします。そして，引き続きこのモデルに対する説明変数の加除を検討していきま
す。その結果，最終的に「不在時間」「会話」「セキュリティ」「飼い犬」の 4 つを説明
変数として採用することが推奨されました。

■ 11.4.3　多重共線性の確認

　重回帰分析と同様に，ロジスティック回帰分析でも多重共線性を気にかけておく
必要があります。重回帰分析とロジスティック回帰分析の違いは目的変数にありま
した。多重共線性は説明変数群のみが関係する事柄ですので，確認の仕方は重回帰
分析の場合と同様です。パッケージ car の関数 vif を使った確認方法を以下に示し
ます。

```
多重共線性の確認
> library(car)
> vif(aks.out)
 不在時間      会話     築年数 セキュリティ01 飼い犬01
1.032676  1.005094  1.001457    1.018138  1.013356
```

　vif の値については，10 を基準としてそれを超えた場合に多重共線性の可能性が
高いと判断します（3.12 節を参照）。上記の出力結果を参照すると，どの説明変数に
ついても 10 は超えておらず，多重共線性の可能性は低いと考えられます。

11.5　報告例

　これまでのまとめとして，報告例（モデルの評価および結果の解釈）を以下に示し
ます[6]。

---

[6] 報告例の表内のオッズ比の詳細については，11.6.2 項を参照してください。

> **ロジスティック回帰分析の報告例**
>
> 「空き巣」（参照カテゴリ：あり）を目的変数，「不在時間」，「会話」，「築年数」，「セキュリティ」（参照カテゴリ：加入），「飼い犬」（参照カテゴリ：あり）を説明変数として，強制投入法を用いたロジスティック回帰分析を行った。Hosmer-Lemeshow の適合度検定の結果，モデルの当てはまりの良さが示唆された（$\chi^2(8) = 0.146$, n.s.）。説明変数について，「築年数」以外の変数の係数は有意であり，「空き巣」に影響を与えることがわかった。特に「不在時間」の影響が大きく，不在時間が 1 時間増加すると，空き巣に遭うオッズは増加前の 1.483 倍になると言える（下表参照）。
>
> 表：ロジスティック回帰分析の結果
>
> | | 非標準化推定値 | 標準誤差 | オッズ/オッズ比 | 95%CI | 標準化係数 |
> |---|---|---|---|---|---|
> | 切片 | −0.941 | 0.279 | 0.390 | [0.225, 0.671] | |
> | 不在時間 | 0.394 | 0.042 | 1.483 | [1.368, 1.613] | .834 |
> | 会話 | −0.550 | 0.131 | 0.577 | [0.445, 0.743] | −.340 |
> | 築年数 | 0.006 | 0.011 | 1.006 | [0.985, 1.027] | .042 |
> | セキュリティ | −0.548 | 0.157 | 0.578 | [0.424, 0.786] | |
> | 飼い犬 | −0.481 | 0.214 | 0.618 | [0.405, 0.939] | |

11.6 モデルの意味

11.6.1 ロジスティック回帰モデルとは

観測対象 i に関する説明変数群の観測値が $x_{i1}, x_{i2}, \cdots, x_{im}$ であるとき，ロジスティック回帰分析では，目的変数の値 y_i が 1 として観測される確率 $P_{y_i}(1)$ が以下のように表されると仮定します。

$$P_{y_i}(1) = \frac{1}{1 + \exp\{-(\beta_0 + \beta_1 x_{i1} + \beta_2 x_{i2} + \cdots + \beta_m x_{im})\}} \tag{11.1}$$

式 (11.1) において，β_0 は母集団における切片を，$\beta_1, \cdots, \beta_m$ は母集団における係数を表しています。このモデルのもとでは，これらの値によって，興味の対象となる母集団における目的変数と説明変数群の関係が決まることになります。そして，通常は母集団の一部として得られた標本からこれらの値が推定され，その推定値から母集団について推測します。

ここで，切片や係数の値が，変数間の関係の特徴づけにおいてどのような役割を果たしているのかを考えましょう。

$$P_{y_i}(1) = \frac{1}{1 + \exp\{-(\beta_0 + \beta_1 x_1)\}} \tag{11.2}$$

という単純化されたモデルから考察してみます。まずは，β_1 の値を 1 に固定し，β_0 の値を $-1, 0, 1$ に場合分けして変数間の関係を描いてみましょう。このとき，仮に

x_1 は $-4 \sim 4$ の値をとりうると置きます。図 11.4 を見ると，β_0 が大きくなるほど曲線は左に移動することがわかります。係数を（正の値として）固定して考えれば，切片が大きい曲線のほうが，説明変数の値が小さいうちに確率 1 に近づくことを意味します[*7]。

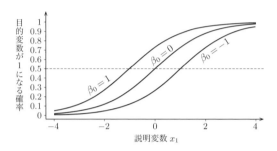

図 11.4　切片で場合分けしたときの変数間の関係

続いて，β_0 の値を 0 に固定し，β_1 の値を -1, -0.5, 0, 0.5, 1 に場合分けして変数間の関係を描いてみましょう。図 11.5 を見ると，まず，β_1 が負，0，正の場合で曲線の上がり下がりに大きな違いがあります。負の場合は右下がりの曲線，0 の場合は水平の直線，正の場合は右上がりの曲線となります。このことは以下のように説明できます。

- 係数が負：説明変数の値が大きくなるほど目的変数が 1 になる確率が下がる
- 係数が 0：説明変数の値が大きくなっても目的変数が 1 になる確率は変わらず 0.5
- 係数が正：説明変数の値が大きくなるほど目的変数が 1 になる確率が上がる

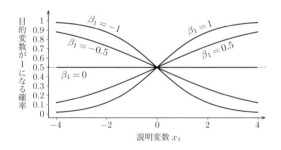

図 11.5　係数で場合分けしたときの変数間の関係

[*7] 係数が負の場合には，説明変数の値が小さいうちに確率 0 に近づくことを意味します。

11.6 モデルの意味　275

　係数が 0 の場合は，説明変数の値に関係なく目的変数の値は 0.5 なので，説明変数が目的変数の結果を説明・予測するのに役立っていないことになります。これは，コインを投げて表が出たら目的変数が 1 になると予測しているようなものと考えられます。

　係数が 0 ではないとき，その絶対値が大きいほど，その曲線が確率 0.5 の水平線と交差する付近での傾きが急になります。つまり，説明変数の値の違いが，目的変数が 1 になる確率に大きく反映されることになります。したがって，係数の絶対値が大きいほど，説明変数が目的変数の結果を説明・予測するのに役立ちます。

11.6.2　切片と係数の指数変換

　ここでは，切片と係数の指数変換値の意味を順に説明します。話を具体的にするため，以下では空き巣データの分析の文脈に沿って，ロジスティック回帰モデルを次の

コラム 20：オッズと言えばギャンブル？

　11.2.2 項で定義を示したとおり，ある事象 A が生じるオッズ Odds（事象 A）は

$$\text{Odds（事象 A）} = \frac{P(\text{事象 A})}{1 - P(\text{事象 A})}$$

です。つまり，事象 A が生じる確率が生じない確率の何倍かということです。当然，事象 A が生じる確率が高ければ，事象 A が生じるオッズも高くなります。

　統計以外に，競馬などギャンブルにおいてもオッズという用語が使われます。競馬におけるオッズは，勝馬投票券（馬券）が的中したときの払戻し金が掛け金の何倍になるかを意味します。オッズが 5 であれば，的中した場合に 100 円の掛け金が 500 円として払い戻されます。いろいろな種類がある馬券のうち，1 着となる馬を的中させる馬券を単勝式と呼びます。この単勝式馬券のオッズは

$$\text{オッズ（馬 A）} = \left\{ 1 + \left(\frac{\text{馬 A への投票数}}{\text{馬 A 以外への投票数}} \right)^{-1} \right\} \times 0.8$$

$$= \left\{ 1 + \left(\frac{\text{馬 A への投票数/全投票数}}{1 - \text{馬 A への投票数/全投票数}} \right)^{-1} \right\} \times 0.8$$

と定められます（ただし，実際には小数第 3 位で切り捨てられます）。上の式で最後に掛けられた 0.8 は，設定払戻し率と呼ばれる値です（20% 分は胴元である中央競馬会に収められます）。

　馬 A のオッズの 2 番目の式において −1 乗されている部分は，最初に示した Odds の式において，「事象 A」を「馬 A に賭ける」として考えたときのものと見なせます。ある馬が他の馬に比べてどれくらい賭けられるかという Odds の考えをもとに，単勝式馬券のオッズは単純に定められているということです。

ように表します[8]。

$$P_{空き_i}(1) = \cfrac{1}{1 + \exp\left\{-\left(\begin{array}{c}\beta_0 + \beta_1 \times 不在_i + \beta_2 \times 会話_i + \beta_3 \times 築年_i \\ +\beta_4 \times セキ01_i + \beta_5 \times 飼い01_i\end{array}\right)\right\}} \tag{11.3}$$

また，準備のため，空き巣が 0 になる確率を導きます。

$$P_{空き_i}(0) = 1 - P_{空き_i}(1) \tag{11.4}$$

$$= \cfrac{\exp\left\{-\left(\begin{array}{c}\beta_0 + \beta_1 \times 不在_i + \beta_2 \times 会話_i + \beta_3 \times 築年_i \\ +\beta_4 \times セキ01_i + \beta_5 \times 飼い01_i\end{array}\right)\right\}}{1 + \exp\left\{-\left(\begin{array}{c}\beta_0 + \beta_1 \times 不在_i + \beta_2 \times 会話_i + \beta_3 \times 築年_i \\ +\beta_4 \times セキ01_i + \beta_5 \times 飼い01_i\end{array}\right)\right\}} \tag{11.5}$$

これらを利用して，空き巣が 1 になるオッズが以下のように導けます。

$$\mathrm{Odds}_{空き_i}(1) = \frac{P_{空き_i}(1)}{P_{空き_i}(0)} \tag{11.6}$$

$$= \exp\left(\begin{array}{c}\beta_0 + \beta_1 \times 不在_i + \beta_2 \times 会話_i + \beta_3 \times 築年_i \\ +\beta_4 \times セキ01_i + \beta_5 \times 飼い01_i\end{array}\right) \tag{11.7}$$

ここで，5 つの説明変数の値が全て 0 であるとすると，最右辺の括弧内の多項式における β_0 以外の部分は全て消えるので

$$\exp(\beta_0) = \mathrm{Odds}_{空き_i}(1) \tag{11.8}$$

の等式が成り立ちます。前述のとおり，切片の指数変換値は「全説明変数の値が 0 のとき，目的変数が 1 となるオッズがいくつか」を表します。

続いて，"不在" を例にとり，係数の指数変換値の意味を説明します。式 (11.7) に示した $\mathrm{Odds}_{空き_i}(1)$ に対する，不在を 1 増やした（すなわち "不在$_i$ + 1" とした）場合の $\mathrm{Odds}^*_{空き_i}(1)$ の比を考えます。このとき，他の説明変数の値は不変とします。すると，

$$\frac{\mathrm{Odds}^*_{空き_i}(1)}{\mathrm{Odds}_{空き_i}(1)} = \cfrac{\exp\left(\begin{array}{c}\beta_0 + \beta_1 \times (不在_i + 1) + \beta_2 \times 会話_i + \beta_3 \times 築年_i \\ +\beta_4 \times セキ01_i + \beta_5 \times 飼い01_i\end{array}\right)}{\exp\left(\begin{array}{c}\beta_0 + \beta_1 \times 不在_i + \beta_2 \times 会話_i + \beta_3 \times 築年_i \\ +\beta_4 \times セキ01_i + \beta_5 \times 飼い01_i\end{array}\right)} \tag{11.9}$$

$$= \exp(\beta_1) \tag{11.10}$$

---

[8] 数式中の "空き" は空き巣，"セキ" はセキュリティ，"飼い" は飼い犬を縮めたものです。

の等式が成り立つので，係数の指数変換値は「他の説明変数の値を固定したもとで，当該説明変数が1増加したとき，目的変数が1となるオッズが何倍になるか」を表します。これはオッズに関する比なので，オッズ比とも表現されます。

11.7 母数の推定の考え方

本節では，係数や切片をデータから推定する仕組みについて説明します。まず，仕組みの基本となる確率分布について説明します。

■ 11.7.1 ベルヌーイ分布と2項分布

結果が確率的に決まるような実験を確率実験と呼びます。例えば，表か裏かを観測するコイン投げは，確率実験の1つです。コイン投げを1回行ったときの結果として，表 (1) と裏 (0) が観測される確率は，表を観測する確率を p とすると，それぞれ以下のような式で表現できます[*9]。

$$P_{コイン}(1) = p \tag{11.11}$$
$$P_{コイン}(0) = 1 - p \tag{11.12}$$

これは

$$P_{コイン}(y) = p^y (1-p)^{1-y}, \quad y = 1, 0 \tag{11.13}$$

とまとめて表せます。そして，式 (11.13) はベルヌーイ分布の確率関数と一致します。つまり，コイン投げの結果は p によって特徴づけられるベルヌーイ分布に従うということです。

続いて，先のコイン投げの実験を同条件で n 回続けることを考えます。このとき，表の出る回数が z として観測される確率は

$$P_{表回数}(z) = {}_n C_z \times p^z (1-p)^{n-z} \tag{11.14}$$

で表現されます。これが2項分布の確率関数です。つまり，p によって特徴づけられるベルヌーイ分布に従う結果を伴うコイン投げを n 回行ったとき，表が出る回数は n と p によって特徴づけられる2項分布に従うということです。例えば，$n = 10$，$p = 1/2$ としたとき，2項分布は図 11.6 のように表されます。各コイン投げで表が出る確率が $1/2$ なので，10回コイン投げを行うと表が出るのは5回くらいの可能性が高いということです。

[*9] いかさまコインでなければ，$p = 1/2$ と考えるのが妥当です。

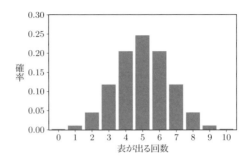

図 11.6 $n = 10$, $p = 1/2$ の 2 項分布

11.7.2 ロジスティック回帰分析における尤度関数

ロジスティック回帰分析では，最尤法で切片と係数の推定値を得るのが一般的です[*10]。推定値を算出するためには，尤度関数を構成する必要があります。ロジスティック回帰分析では，ベルヌーイ分布と 2 項分布の各確率分布に基づいた 2 通りの尤度関数があるので，その両者を説明します。より単純な，ベルヌーイ分布に基づく考え方から順に説明しましょう。

ロジスティック回帰分析において，目的変数の結果は p_i によって特徴づけられるベルヌーイ分布に従うと考えられます。すなわち，

$$P(y_i) = p_i^{y_i}(1-p_i)^{1-y_i}, \quad y_i = 1, 0 \tag{11.15}$$

と表せます。ただし，

$$p_i = P_{y_i}(1) = \frac{1}{1 + \exp\{-(\beta_0 + \beta_1 x_{i1} + \beta_2 x_{i2} + \cdots + \beta_m x_{im})\}} \tag{11.16}$$

です。観測対象が N 個ある場合，それぞれの結果が独立であるとすれば，N 個の結果が全体として観測される確率は

$$P(y_1, \cdots, y_N) = \prod_{i=1}^{N} p_i^{y_i}(1-p_i)^{1-y_i} \tag{11.17}$$

と表されます。式 (11.17) については，p_i（より正確にはその具体的な中身に含まれる $\beta_0, \cdots, \beta_m$）が既知であることを前提としていて，もし観測値 $y_1, \cdots, y_N$ が得られれば，その値が算出できます。

一方，データ解析をする状況では，$\beta_0, \cdots, \beta_m$ は未知で，観測値のほうが得られています。そこで，観測値があるもとで尤度関数

[*10] 最尤法については 3.7.2 項も参照してください。

$$L(\beta_0, \cdots, \beta_m) = \prod_{i=1}^{N} p_i^{y_i}(1-p_i)^{1-y_i} \tag{11.18}$$

が最大になるように $\beta_0, \cdots, \beta_m$ を推定します。尤度関数を「空き巣調査.csv」のデータについて書き下すと，以下のようになります。

$$L(\beta_0, \cdots, \beta_5) = \prod_{i=1}^{800} p_i^{\text{空き}_i}(1-p_i)^{1-\text{空き}_i} \tag{11.19}$$

$$= p_1^{\text{空き}_1}(1-p_1)^{1-\text{空き}_1} \times p_2^{\text{空き}_2}(1-p_2)^{1-\text{空き}_2} \times \cdots \times p_{800}^{\text{空き}_{800}}(1-p_{800})^{1-\text{空き}_{800}} \tag{11.20}$$

$$= p_1^{1}(1-p_1)^{1-1} \times p_2^{0}(1-p_2)^{1-0} \times \cdots \times p_{800}^{1}(1-p_{800})^{1-1} \tag{11.21}$$

$$= \frac{1}{1+\exp\{-(\beta_0 + \beta_1 \times \text{不在}_1 + \beta_2 \times \text{会話}_1 + \cdots + \beta_5 \times \text{飼い}01_1)\}}$$
$$\times \left[1 - \frac{1}{1+\exp\left\{-\left(\begin{array}{c}\beta_0 + \beta_1 \times \text{不在}_2 + \beta_2 \times \text{会話}_2 + \\ \cdots + \beta_5 \times \text{飼い}01_2\end{array}\right)\right\}} \right]$$
$$\times \cdots \times \frac{1}{1+\exp\left\{-\left(\begin{array}{c}\beta_0 + \beta_1 \times \text{不在}_{800} + \beta_2 \times \text{会話}_{800} + \\ \cdots + \beta_5 \times \text{飼い}01_{800}\end{array}\right)\right\}} \tag{11.22}$$

$$= \frac{1}{1+\exp\{-(\beta_0 + \beta_1 \times 2.92 + \beta_2 \times 1 + \cdots + \beta_5 \times 0)\}}$$
$$\times \left[1 - \frac{1}{1+\exp\{-(\beta_0 + \beta_1 \times 1.19 + \beta_2 \times 1 + \cdots + \beta_5 \times 0)\}} \right]$$
$$\times \cdots \times \frac{1}{1+\exp\{-(\beta_0 + \beta_1 \times 6.99 + \beta_2 \times 2 + \cdots + \beta_5 \times 0)\}} \tag{11.23}$$

次に2項分布に基づく尤度関数も紹介しておきましょう。説明変数群 $x_{i1}, \cdots, x_{im}$ の全てが等しい対象を集める[*11]ことにより，N 個の観測対象を R 個にグループ分けできるものとします。

グループ r $(=1, \cdots, R)$ の観測対象数を n_r としたとき，n_r 個のうち，目的変数が1の観測対象の数が z_r として観測される確率は

$$P(z_r) = {}_{n_r}\mathrm{C}_{z_r} \times p_r^{z_r}(1-p_r)^{n_r-z_r} \tag{11.24}$$

のように2項分布の確率関数の形で表せます。ただし，p_r はグループ r において共通な p_i を意味します。グループが R 個ある場合，それぞれの結果が独立であるとすれば，R 個の結果が全体として観測される確率は

[*11] 例えば，「不在時間」が 2.92，「会話」が 1，「築年数」が 21，「セキュリティ 01」が 1，「飼い犬 01」が 0 である全観測対象を集めることを意味します。

280　第 11 章　カテゴリに所属する確率を説明・予測したい

$$P(z_1, \cdots, z_R) = \prod_{r=1}^{R} \left\{ {}_{n_r}\mathrm{C}_{z_r} \times p_r^{z_r} (1 - p_r)^{n_r - z_r} \right\} \tag{11.25}$$

と表されます。この場合には，グループごとに得られる $z_1, \cdots, z_R$ を用いて，以下の尤度関数から $\beta_0, \cdots, \beta_m$ を推定します。

$$L(\beta_0, \cdots, \beta_m) = \prod_{r=1}^{R} \left\{ {}_{n_r}\mathrm{C}_{z_r} \times p_r^{z_r} (1 - p_r)^{n_r - z_r} \right\} \tag{11.26}$$

なお，式 (11.18) と式 (11.26) のどちらの尤度関数によっても，得られる推定値は同じです。

　最尤法によって得られる各母数の推定値については，標本サイズが大きい場合に

$$z \, 値 = \frac{推定値}{標準誤差の値} \tag{11.27}$$

の検定統計量の値を使って，「母数＝0」の帰無仮説についての検定が行えます。また，95% 信頼区間に関しては，

$$推定値 \pm 1.96 \times 標準誤差の値 \tag{11.28}$$

のようにして得ることができます。

11.8　Hosmer-Lemeshow の適合度検定

　ここでは，Hosmer-Lemeshow の適合度検定の考え方について説明します。検定統計量の値は，目的変数の予測値と観測値を利用して，以下のような手順に従って計算されます。

1. 目的変数の予測値（目的変数が 1 になる確率の予測値）を観測対象ごとに算出する
2. 目的変数の予測値が降順になるように，観測対象を並べる
3. あらかじめ定めた群数 G になるように，並べた観測対象を群分けする
4. 群 $g \ (= 1, \cdots, G)$ について，目的変数の値が 0 の観測対象の数 $O_0^{(g)}$ と，目的変数の値が 0 の観測対象に関する予測値の和 $E_0^{(g)}$ を算出する
5. 群 $g \ (= 1, \cdots, G)$ について，目的変数の値が 1 の観測対象の数 $O_1^{(g)}$ と，目的変数の値が 1 の観測対象に関する予測値の和 $E_1^{(g)}$ を算出する
6. 手順 4 および手順 5 を利用して，例えば群数が 10 $(G = 10)$ であれば，以下のように検定統計量の値を求める

$$\chi_{\mathrm{HL}}^2 \, 値 = \sum_{g=1}^{10} \left\{ \frac{(O_0^{(g)} - E_0^{(g)})^2}{E_0^{(g)}} + \frac{(O_1^{(g)} - E_1^{(g)})^2}{E_1^{(g)}} \right\} \tag{11.29}$$

$$
= \left\{ \frac{(O_0^{(1)} - E_0^{(1)})^2}{E_0^{(1)}} + \frac{(O_1^{(1)} - E_1^{(1)})^2}{E_1^{(1)}} \right\}
$$

$$
+ \left\{ \frac{(O_0^{(2)} - E_0^{(2)})^2}{E_0^{(2)}} + \frac{(O_1^{(2)} - E_1^{(2)})^2}{E_1^{(2)}} \right\}
$$

$$
+ \cdots + \left\{ \frac{(O_0^{(10)} - E_0^{(10)})^2}{E_0^{(10)}} + \frac{(O_1^{(10)} - E_1^{(10)})^2}{E_1^{(10)}} \right\} \tag{11.30}
$$

この χ_{HL}^2 値は，母集団においてモデルが適合しているという帰無仮説が正しいときに，自由度 $G-2$ の χ^2 分布からの実現値と見なせます。自由度 $G-2$ の χ^2 分布上で，この値に対する p 値と有意水準を比較して帰無仮説の棄却・採択を判断します。なお，11.3.1 項で触れたように，この検定では帰無仮説が棄却されないことが分析者から望まれますので，解釈の際に注意が必要です。

この検定はロジスティック回帰分析の適合度検定としてよく知られていますが，どのような状況でも有効というわけではありません。群数は恣意的で，たいてい 10 程度に設定されます（Dobson, 2002）が，各群での $E_0^{(g)}$ や $E_1^{(g)}$ が小さい場合には，検定統計量 χ_{HL}^2 が χ^2 分布に従うと見なすことは難しくなります。群数の恣意性を避けるために，異なる群数での結果から総合的に判断することも考えられます。

11.9 AIC と BIC

3.7.2 項で，重回帰分析の文脈における AIC と BIC について解説しました。ここでは，それらを一般的な形で示します。

11.9.1 モデル逸脱度とヌル逸脱度

まずは AIC や BIC の考え方を理解するために必要ないくつかの概念を説明します。尤度関数（式 (11.18)）を変換した対数尤度関数

$$
LL(\beta_0, \cdots, \beta_m) = \log L(\beta_0, \cdots, \beta_m) \tag{11.31}
$$

を最大化して得られた関数の値は最大対数尤度と呼ばれ，これを LL^* と表します。このとき，分析の対象とするモデル[*12]（以下，分析モデル）について，逸脱度の値が以下のように定められます。

$$
モデル逸脱度 = 2(LL_1^* - LL^*) \tag{11.32}
$$

[*12] 空き巣データの分析では，「空き巣」を目的変数，「不在時間」「会話」「築年数」「セキュリティ」「飼い犬」を説明変数群とするロジスティック回帰モデルです。

282 第 11 章 カテゴリに所属する確率を説明・予測したい

ここで，LL_1^* は目的変数の変動を全て説明できる飽和モデル[13]の最大対数尤度を表します。最大対数尤度は，値が大きいほど手もとのデータに対するモデルの当てはまりが良いことを意味し，それが最大となる飽和モデルの場合から分析モデルの場合を引き，統計的に望ましい性質を有するように 2 倍にした値が逸脱度です。R の出力では，これは Residual deviance として示されます。

　最大対数尤度の値が最大になるモデルが飽和モデルと呼ばれるのに対して，最小になるモデルはヌルモデル[14]と呼ばれます。モデルの形としては，説明変数群を全て除いて切片だけを組み込んだものです。このヌルモデルの逸脱度は，ヌル逸脱度として以下のように定められます。

コラム 21：GLM って何？

　ロジスティック回帰分析を R によって実行する関数は glm でした。これは一般化線形モデル（generalized linear model）の略語としてよく知られています。一般化線形モデルは，以下の部分で成り立っています（Dobson, 2002）。
- 指数分布族に属している単一の確率分布に独立に従う目的変数
- 切片や係数に代表される母数（$\beta_0, \beta_1, \cdots$）と説明変数（$x_{i1}, x_{i2}, \cdots$）
- 目的変数の期待値と，母数と説明変数との積和（$\beta_0 + \beta_1 x_{i1} + \cdots$）を結びつける関数 g

これらを満たす統計モデルには，重回帰モデル，ロジスティック回帰モデル，ポアソン回帰モデルなどが含まれており，一般化線形モデルという枠組みで統一的に扱われます。

　ちなみに，本章で扱ったロジスティック回帰モデルにおける連結関数は

$$g(v) = \log\left(\frac{v}{1-v}\right)$$

で，これは一般にロジット関数と呼ばれるものです。指数分布族の一種であるベルヌーイ分布に従う目的変数においてその期待値が π_i となることを考慮すると，先に示したロジスティック回帰モデルは，

$$\log\left(\frac{\pi_i}{1-\pi_i}\right) = \beta_0 + \beta_1 x_{i1} + \beta_2 x_{i2} + \cdots + \beta_m x_{im}$$

と別の形で表すこともできます。興味のある読者は相互に変換できることを確かめてみましょう。

---

[13] ロジスティック回帰分析（ベルヌーイ分布に基づく最尤推定）では，切片に加えて，$i(=1, \cdots, N-1)$ 番目の値を 1，それ以外を全て 0 とした，各観測対象を区別するための $N-1$ 個のダミー変数を組み込んだモデルです。フルモデルとも呼ばれます。

[14] ヌルは null（無価値の）に由来します。

$$\text{ヌル逸脱度} = 2(LL_1^* - LL_0^*) \tag{11.33}$$

ここで，LL_0^* はヌルモデルの最大対数尤度の値です。R の出力では，これは Null deviance として示されます。

■ 11.9.2　AIC と BIC の表現

モデル逸脱度を利用して，ロジスティック回帰分析における AIC と BIC を以下のように表現することができます。

$$\text{AIC} = \text{モデル逸脱度} + 2 \times (\text{母数の個数}) \tag{11.34}$$
$$\text{BIC} = \text{モデル逸脱度} + (\text{母数の個数}) \times \log(\text{観測対象の個数}) \tag{11.35}$$

AIC，BIC とも，値が小さいほうが予測の良さ（データ分析を経て得られたモデルが今後得られるであろうデータに対してどれくらい有効か）の点で優れていることを意味します。どちらも相対的な指標なので，候補となる複数のモデルのうちどれがより良いかという観点で使用すべきであることに，注意が必要です。

■ 11.9.3　説明変数群の有効性評価のための検定統計量

モデル逸脱度とヌル逸脱度の 2 つを利用すると，説明変数群の有効性の評価で参照する検定統計量の値を導くことができます。

$$\chi^2 \text{値} = \text{ヌル逸脱度} - \text{モデル逸脱度} \tag{11.36}$$

この χ^2値は，母集団における係数が全て 0 である（$\beta_1 = \cdots = \beta_m = 0$）という帰無仮説が正しいときに，自由度 m の χ^2 分布からの実現値と見なせます。この値を自由度 m の χ^2 分布上で評価することで，帰無仮説の棄却・採択を判断します。

章末演習

「資格試験.csv」はある資格試験受験者に関するデータファイルです。このデータファイルには以下の 4 つの変数が含まれます。

- 「試験結果」：資格試験の結果（合格・不合格）
- 「勉強時間」：試験直前 3 か月の 1 日当たりの平均勉強時間（単位：時間）
- 「祈願」：合格祈願の有無（あり・なし）
- 「年齢」：受験時の年齢（単位：歳）

問1　「資格試験.csv」を読み込んで sks というオブジェクトに代入し，「試験結果」については "合格" が 1，「祈願」については "あり" が 1 になるように変換して（変数名は「試験結果 01」と「祈願 01」），分析用のデータフレームを作成してください。

284 第 11 章 カテゴリに所属する確率を説明・予測したい

問2 データフレームにロジスティック回帰モデルを当てはめ，切片と係数を算出してください。どの変数の係数が 5% 以下の水準で有意であるかを判断してください。

問3 切片と係数の指数変換値を算出し，切片と勉強時間の係数を，オッズとオッズ比の点から解釈してください。

問4 勉強時間に関する標準化係数の値とその指数変換値を求め，変換値をオッズ比の点から解釈してください。

問5 Hosmer-Lemeshow 検定の結果から，モデルの当てはまりを評価してください。

問6 多重共線性の疑いについて検討してください。

第 V 部

個体と変数の分類

第 **12** 章

似たもの同士にグループ分けしたい
──クラスター分析

　　　対象の分類はよく行われる行為です。1 つの質的変数（例えば，血液型）から
　　人間を分類するのは容易ですが，複数の量的変数（例えば，身長，体重，足の大
　　きさ，耳の大きさ）から違いが際立つように人間を分類することは，そう簡単で
　　はありません。本章では，そのような場面でしばしば利用されるクラスター分
　　析について，階層的・非階層的という 2 つの異なるアプローチに分けて説明し
　　ます。

12.1　データと手法の概要

12.1.1　データの概要

　主婦の A さんは料理が得意です。日ごろから夫の健康を気遣っており，バランス
の良い食事を提供するように心がけていました。ある日，栄養素に基づいて野菜を似
たものにグループ分けし，各グループからバランス良く食材を選んで調理できたら効
率が良いだろうと思い，60 種類の野菜について，食物繊維，カリウム，ベータカロテ
ン，ビタミン K，葉酸，ビタミン C の含有量を調べることにしました。

　調べて得られたデータの一部が「野菜の栄養.csv」として保存されています[*1]。こ
のファイルを Excel で開くと，図 12.1 のように中身を確認することができます。

　変数は全部で 6 個あります。各変数の名前と内容は以下のとおりです。

- 「食物繊維」：食材 100g 当たりの食物繊維総量（水溶性，不溶性食物繊維の和）〔g〕
- 「カリウム」：食材 100g 当たりのカリウム量〔mg〕
- 「ベータカロテン」：食材 100g 当たりのベータカロテン量〔μg〕
- 「ビタミン K」：食材 100g 当たりのビタミン K 量〔μg〕

[*1] 『日本食品標準成分表 2015 年版（七訂）』より抜粋。

12.1 データと手法の概要

	A	B	C	D	E	F	G
1		食物繊維	カリウム	ベータカロテン	ビタミンK	葉酸	ビタミンC
2	青ピーマン	2.3	190	400	20	26	76
3	赤たまねぎ	1.7	150	0	0	23	7
4	赤ピーマン	1.6	210	940	7	68	170
5	アスパラガス	1.8	270	370	43	190	15
6	アロエ	0.4	43	1	0	4	1
7	うど	1.4	220	0	2	19	4
8	えだまめ	5	590	240	30	320	27
9	オクラ	5	260	670	71	110	11
10	かいわれだいこん	1.9	99	1900	200	96	47

図 12.1　「野菜の栄養.csv」（一部抜粋）

- 「葉酸」：食材 100g 当たりの葉酸量〔µg〕
- 「ビタミン C」：食材 100g 当たりのビタミン C 量〔mg〕

12.1.2　分析の目的と概要

　分析の目的は，「野菜の栄養.csv」のデータ（以下，野菜データ）を用いて，60 種類の野菜を，6 つの栄養素が似たもの同士のグループに分け，各グループがどのような特徴を持っているかを考察することです。

　グループ分けに利用される代表的な多変量解析手法に，クラスター分析があります。「クラスター」は同種類のものや人の集合を表す言葉であり，クラスターを形成するための手法ということで，そう呼ばれています。クラスターを表すような変数，つまり外的基準としての変数を利用しないのが特徴です。観測対象に関するクラスター形成だけでなく，変数に関するクラスター形成にも利用可能ですが，本章では前者を想定して解説します。

　クラスター分析を大別すると，階層的，非階層的の 2 つがあります[*2]（図 12.2）。対象数がそれほど多くない場合や，クラスター形成の過程にまで興味がある場合には

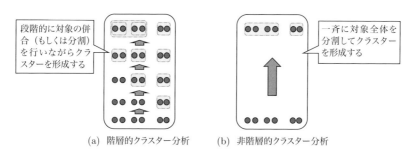

図 12.2　階層的および非階層的なクラスター分析のイメージ

[*2] 混合分布モデルをクラスター分析に含めて議論する場合もありますが，ここでは扱いません。

階層的な方法が使われ，対象数が多い場合や，クラスター形成の過程には興味がない場合には非階層的な方法が使われます。本章では両方を扱います。

それぞれの分析の流れは以下のとおりです。

階層的クラスター分析

1. 非類似度行列の算出
2. デンドログラムの作成
3. クラスター数の決定
4. クラスター数の妥当性の確認
5. クラスターの特徴の考察

非階層的クラスター分析

1. クラスター数の決定
2. クラスターの形成
3. クラスター数の妥当性の確認
4. クラスターの特徴の考察

階層的クラスター分析では，段階的なクラスター形成の基礎として，まず対象間の距離，すなわち似ていない程度を求めます。それらを2次元の配列の形にまとめたのが非類似度行列です。続いて，デンドログラム（段階的な併合（もしくは分割）の様子を表す図）を作成します。そして，それに基づいて考察に用いるクラスター数を定めます。定めたクラスター数が妥当であるかの確認を経て，各クラスターの特徴を考察します。

非階層的クラスター分析では，最初にクラスター数を定めます。そして，ひと続きの計算後，その数のクラスターが一気に形成されます。その後は，階層的クラスター分析の場合と同様です。

なお，どちらにおいてもクラスター数の決定に用いることができる絶対的な基準があるわけではありません。結果をうまく考察できるかどうかを考慮して決定することがあります。その場合には，分析の流れに挙げた事柄を行ったり来たりします。

■ 12.1.3 データの読み込みと確認

「野菜の栄養.csv」の読み込みとデータフレームの確認を行うコードを示します。

```
データの読み込み，データフレームの確認
> ysi <- read.csv("野菜の栄養.csv", row.names=1)   #データの読み込み
> head(ysi)
            食物繊維 カリウム ベータカロテン ビタミンK 葉酸 ビタミンC
青ピーマン       2.3      190           400         20   26        76
赤たまねぎ       1.7      150             0          0   23         7
```

赤ピーマン	1.6	210	940	7	68	170
アスパラガス	1.8	270	370	43	190	15
アロエ	0.4	43	1	0	4	1
うど	1.4	220	0	2	19	4

関数 read.csv で csv ファイルを読み込む際，引数 row.names に "1" を指定することによって，元の csv ファイルの第 1 列目をデータフレーム（ysi）の行名に設定します。

12.2 　階層的クラスター分析の実行

本節では，ウォード法（詳細については 12.6.1 項を参照）に基づいた階層的クラスター分析の実践例を示します。

■ 12.2.1 　クラスター形成の実行

非類似度行列の算出

```
> D0 <- dist(ysi, method="euclidean")
> D <- (1/2)*D0^2
```

上記のコードにおいては，関数 dist の結果を利用して，データフレームから非類似度行列を算出しています。dist において，第 1 引数に指定されたデータフレーム（ysi）から，第 2 引数 method に指定した距離（この例では"euclidean"（ユークリッド距離））に基づいた行列を計算し，それを 2 乗した平方ユークリッド距離を 1/2 倍[3]して非類似度行列のオブジェクト D を作成します。

非類似度行列（一部）

```
> D
            青ピーマン   赤たまねぎ   赤ピーマン  -略-
赤たまねぎ    83385.180
赤ピーマン   151384.745  457921.505
アスパラガス  19223.125   90551.005  184352.520
アロエ       93661.305    5924.345  471158.720
-略-
```

この出力は，例えば，データフレームに含まれる 6 つの変数から求められる "青ピーマン" と "赤たまねぎ" の非類似度は 83385.18 であることを示しています。続いて，D に基づいてデンドログラムを作成するための下処理を行うコードを示します。

---

[3] 1/2 倍する理由については 12.6.1 項を参照してください。

デンドログラム作成のための下処理

```
> ysi.out <- hclust(d=D, method="ward.D")
```

関数 hclust で，デンドログラムを描くのに必要な計算を行います．第2引数の method はどのような方法に基づいてクラスターを形成するかを指定するためのものです[*4]．これによって得られたオブジェクトを用いて，以下のようにデンドログラムを作成します．

デンドログラムの作成

```
> plot(as.dendrogram(ysi.out), xlim=c(300000000, 0), xlab="非類似度",
+ horiz=TRUE)
```

関数 as.dendrogram によって，ysi.out を，デンドログラムを作成するための形式に変換し，関数 plot の引数にそれを指定します．最後の引数 horiz は，非類似度を横軸に設定したデンドログラムを描くか否かを指定するものです．

12.2.2 デンドログラムの見方

階層的クラスター分析では，図 12.3 のようなデンドログラムでクラスターの形成の様子を確認するのが一般的です．スポーツのトーナメント戦の組み合わせを表す図

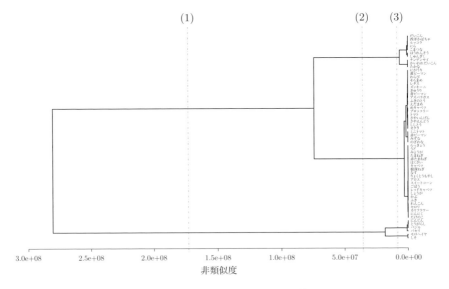

図 12.3 デンドログラム（ウォード法）

[*4] ウォード法の実行には，ward.D と ward.D2 の選択肢があります．これらの違いについては，本章のコラム 23（p.313）を参照してください．

に似た形式をしており，垂直線（実線）は併合を意味します．また，横軸における 0 から垂直線までの値は，併合されたもの同士の非類似度を表します．したがって，右側に位置すればするほど，併合が初期に行われたことになります．

図 12.3 と非類似度が小さい範囲を拡大した図 12.4 を参照すると，"赤たまねぎ" と "たまねぎ" の併合（非類似度 25.51）から始まり，"うど" と "らっきょう"，"たけのこ" と "にんにく" と続いていき，最終的には "しそ" から "にんじん" までを含んだクラスターと "たけのこ" から "だいこん" までを含んだクラスターの併合（非類似度 2.81×10^8）が行われることがわかります．

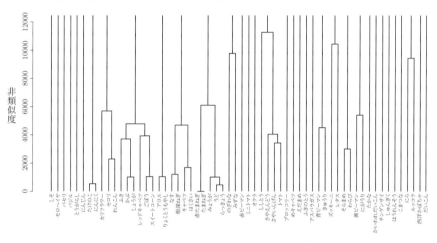

図 12.4 拡大されたデンドログラム

12.2.3 解釈のためのクラスター数の決定と妥当性の評価

階層的クラスター分析では，先のデンドログラムに基づいて少数のクラスターを定め，それに従って各クラスターの特徴を把握することが試みられます．クラスター数を 2 とすることは，図 12.3 における一点鎖線 (1) で切断された 2 本の水平直線に繋がった対象群で構成される 2 つのクラスターを形成することを意味します．同様に，クラスター数を 3（もしくは 4）とすることは，一点鎖線 (2)（もしくは (3)）で切断して構成される 3 つ（もしくは 4 つ）のクラスターを形成することを意味します．

一般的にクラスター数の決定は分析者に委ねられます．決定には，デンドログラムにおいて非類似度の幅が相対的に大きいかどうかや，グループの特徴の把握において解釈がうまくできるかどうか，といった視点が利用されます．クラスター数 3 に対応する非類似度の幅はそれ以前の併合に比べて大きいので，ここではひとまずクラスター数を 3 とすることにします．

クラスター数の検討には数値指標も利用されます．それによってクラスター数が

妄当かどうかを確認することができます。ここでは，Caliński & Harabasz (1974)，Hartigan (1975)，Krzanowski & Lai (1988) の指標を紹介します。

指標の算出には自作関数 CNvalidity を用いますので，CNvalidity を定義するコードを読み込んでおいてください。

```
クラスター数の妥当性の確認
> from <- 1; to <- 11
> clabel <- function(x){factor(cutree(ysi.out, k=x))}
> clusters <- data.frame(lapply(from:to, clabel))
> names(clusters) <- from:to
> head(clusters)
  1 2 3 4 5 6 7 8 9 10 11
1 1 1 1 1 1 1 1 1 1  1  1
2 1 1 1 1 1 2 2 2 2  2  2
3 1 1 1 1 1 1 3 3 3  3  3
4 1 1 1 1 1 1 1 1 1  1  1
5 1 1 1 1 1 2 2 2 2  2  2
6 1 1 1 1 1 2 2 2 2  2  2

> CNvalidity(dat=ysi, clusters=clusters)
  cluster.n       CH          H       diffH         KL
1         2 149.3221 120.942048  28.3800902  2.9007660
2         3 289.5287  62.501502  58.4405462  3.5991594
3         4 422.1155  36.519541  25.9819607  2.6163440
4         5 526.5203  23.219396  13.3001451  2.1205265
5         6 596.0268  15.400473   7.8189234  1.8756250
6         7 631.7105  12.703326   2.6971466  1.4142876
7         8 662.8461  12.320348   0.3829785  1.1712922
8         9 707.7937   8.630589   3.6897591  1.6601605
9        10 724.2420  10.202760  -1.5721711  0.9074668
```

指標を算出する前に，所属クラスターのデータフレームを作成します。データフレームは，行が対象を，列が各クラスター数で分類した場合の所属クラスターとなるように形成し，列名をクラスター数にしておく必要があります。クラスター数は必ず連続するようにしてください。その作成のために，上記のコードでは引数で指定されたクラスター数に応じて各対象の所属クラスター番号を返す関数 cutree を利用しています（12.2.4 項を参照）。クラスター数の始まり（from）と終わり（to），出力オブジェクト ysi.out をもとに，各クラスター数に応じた所属クラスターのベクトルを要素とするリストを得てから，それをデータフレームへと変換しています。作成されたオブジェクト clusters は 60 行 11 列のデータフレームで，列名として 1〜11 がつけられています。例えば，2 行 11 列にある "2" は，11 個のクラスターに分類した場合に対象 2 はクラスター 2 に分類されたことを表します。

CNvalidity による指標の算出では，関数の第 1 引数にデータフレームを，第 2 引

数に所属クラスターのデータフレームを指定します。出力は5つの列で構成されます。cluster.n はクラスター数を表し，引数 clusters で指定したデータフレームの左から2番目の列から右から2番目の列に対応するクラスター数が示されます[*5]。CH, H, KL には，クラスター数に対応した各指標の値が示されます。なお，diffH はクラスター数が K の場合と $K-1$ の場合のHの値の差です。各指標は以下のような視点で確認します（指標の定義は12.8.2項を参照）。

- CH：値が大きいと，そのクラスター数が妥当であることを示唆する
- H：値が小さいと，そのクラスター数が妥当であることを示唆し，また，diffH が大きいと，そのクラスター数が妥当であることを示唆する
- KL：値が大きいと，そのクラスター数が妥当であることを示唆する

　野菜データの分析では，検討したクラスター数の範囲内について，diffH と KL がクラスター数3のとき最大であり，このクラスター数に対して解釈を行うことに問題はないと考えられます。

■ 12.2.4　各クラスターの特徴の把握

　クラスター数を定めたら，クラスターごとの特徴を把握します。まずは，各対象がどのクラスターに割り当てられるかを確認します。

```
割り当てられたクラスターの確認
> (cluster <- factor(cutree(ysi.out, k=3)))
   青ピーマン      赤たまねぎ      赤ピーマン    アスパラガス
          1              1              1              1
     アロエ          うど        えだめ        オクラ
          1              1              1              1
-略-
   モロヘイヤ    らっきょう りょくとうもやし      ルッコラ
          3              1              1              2
     レタス  レッドキャベツ        れんこん        わらび
          1              1              1              1
```

　関数 cutree の第1引数と第2引数にそれぞれ出力オブジェクトとクラスター数を指定すると，分析結果をもとにして当該クラスター数における各対象の所属クラスター番号が返されます。なお，ここでは次なる処理のために，それを因子に変換したオブジェクト cluster を作成しています。

　続いて，関数 by（使い方は1.4.2項を参照）を利用して，各クラスターの変数に関する平均を求めます。

[*5] 一番左と一番右の列は，それぞれ右，左に隣接するクラスター数についての指標を計算するためだけに利用されます。

294　第 12 章　似たもの同士にグループ分けしたい

各クラスターの平均

```
> by(ysi, INDICES=cluster, FUN=function(x){apply(x,2,mean)})
cluster: 1
食物繊維    カリウム ベータカロテン ビタミンK      葉酸 ビタミンC
2.972727 304.363636    280.113636 31.477273 74.522727 35.250000
---------------------------------------------------------------
cluster: 2
食物繊維 カリウム ベータカロテン ビタミンK    葉酸 ビタミンC
2.63      414.90      3290.00    181.90 130.40    41.40
---------------------------------------------------------------
cluster: 3
食物繊維    カリウム ベータカロテン  ビタミンK      葉酸 ビタミンC
6.183333 585.000000   8033.333333 444.000000 118.500000 58.833333
```

　結果を見ると，クラスター 1 はどの栄養素もあまり多く含まれない野菜のクラスターであり，クラスター 2 は「食物繊維」が少なく「葉酸」が多く含まれる野菜のクラスター，クラスター 3 は全栄養素が多く含まれる野菜のクラスターであるという特徴を把握することができます。

■ 12.2.5　z 得点化データによる分析

　ここまで示した結果は，元の測定単位を維持した分析によって得られたものです。その場合，変数ごとに分散が異なり，分散の大きい変数が分析結果に強く影響します。全ての変数を同等に扱う場合には，変数ごとに標準化（ここでは z 得点化）したデータを分析するのが適切です。z 得点化データからデンドログラムを作成するコードを以下に示します。

---

z 得点化データの分析（デンドログラムの作成まで）

```
> ysi.stdz <- scale(ysi)
> D0.stdz <- dist(ysi.stdz, method="euclidean")
> D.stdz <- (1/2)*D0.stdz^2
> ysi.stdz.out <- hclust(d=D.stdz, method="ward.D")
> plot(as.dendrogram(ysi.stdz.out), xlim=c(120,0), xlab="非類似度",
+ horiz=TRUE)
```

12.3　非階層的クラスター分析の実行 ── k 平均法

■ 12.3.1　クラスター形成の実行

　関数 kmeans を利用すると，代表的な非階層的手法である k 平均法による分析を実行できます。コードの記述例を以下に示します。なお，関数 INTP.KM は自作関数ですので，関数を定義するコードをあらかじめ実行しておく必要があります。

12.3 非階層的クラスター分析の実行 —— k 平均法　295

```
クラスターの形成と結果の確認

> INTP <- INTP.KM(dat=ysi, ncluster=3)
> (ysi.out2 <- kmeans(x=ysi, centers=INTP))
K-means clustering with 3 clusters of sizes 6, 10, 44

Cluster means:
  食物繊維 カリウム ベータカロテン ビタミンK       葉酸 ビタミンC
1 6.183333 585.0000    8033.3333 444.00000 118.50000  58.83333
2 2.630000 414.9000    3290.0000 181.90000 130.40000  41.40000
3 2.972727 304.3636     280.1136  31.47727  74.52273  35.25000

Clustering vector:
  青ピーマン       赤たまねぎ      赤ピーマン     アスパラガス
      3              3              3              3
    アロエ          うど          えだまめ         オクラ
      3              3              3              3
-略-
```

　1行目のコードでは，初期クラスター中心（クラスター形成のために利用される初期値のこと。詳細は 12.7.2 項を参照）を INTP.KM によって生成してオブジェクト INTP に代入しています。この関数では，引数 dat にデータフレームを，引数 ncluster にクラスター数を指定します。非階層的クラスター分析では，分析の実行の前に，いったんクラスター数を決める必要があります。最終的にいくつのクラスター数の結果を考察するかは，階層的クラスター分析と同様に，解釈可能性，クラスター数の妥当性などから総合的に判断します。

　2行目のコードの kmeans が，k 平均法による非階層的クラスター分析を実行するメインの関数です。引数 x にデータフレームを，引数 centers に先の INTP を指定して[6]，クラスター形成と結果の表示を行います。

　出力には，クラスターに所属する対象数，クラスターごとの各変数の平均，各対象の所属クラスターが示されます。具体的には，野菜データの分析において，3つのクラスターに所属する対象数は順に 6, 10, 44 となり，各クラスターについて所属対象から求められた各変数の平均は Cluster means: 以下に示される値になりました。

■ 12.3.2　クラスター数の妥当性の確認

　クラスター数の妥当性の確認は，階層的クラスター分析の場合と基本的に同じです。ただし，オブジェクト clusters の作成にあたって関数 kmeans や INTP.KM を利用しており，それに伴いデータフレーム ysi も必要になります。実行用のコードを以下に示します。

---

[6] centers=3 のように，クラスター数を指定するだけでも出力が得られます。その場合には，初期クラスター中心がランダムに決定されるので，出力が実行のたびに変わり得る。

296　第 12 章　似たもの同士にグループ分けしたい

```
クラスター数の妥当性の確認
> from <- 1; to <- 11
> clabel <- function(x){factor(kmeans(x=ysi,
          centers=INTP.KM(dat=ysi, ncluster=x))$cluster)}
> clusters <- data.frame(lapply(from:to, clabel))
> names(clusters) <- from:to
> CNvalidity(dat=ysi, clusters=clusters)
  cluster.n        CH          H      diffH        KL
1         2 180.91234 97.4136495 83.4986880 3.9300807
2         3 289.52867 16.4241953 80.9894542 9.1739433
3         4 250.72480  5.8244104 10.5997849 6.7489475
4         5 205.69970  1.1635423  4.6608682 0.6615863
5         6 165.28178  1.7552231 -0.5916808 2.0382603
6         7 139.95366  0.5873720  1.1678511 0.5504758
7         8 119.11025  0.1630888  0.4242832 0.8911933
8         9 102.56447  0.2973253 -0.1342365 1.1959409
9        10  89.94534  0.1425166  0.1548087 0.9823431
```

　検討したクラスター数の範囲内について，CH, KL がクラスター数 3 の妥当性を支持しており，このクラスター数に対して解釈を行うことに問題はないと考えられます。

■ 12.3.3　z 得点化データによる分析

　z 得点化データの分析も階層的クラスター分析の場合と同様です。クラスターの形成と結果の確認を行うコードを以下に示します。

```
z 得点化データの分析（クラスターの形成と結果の確認）
> INTP.stdz <- INTP.KM(dat=ysi.stdz, ncluster=3)
> (ysi.stdz.out2 <- kmeans(x=ysi.stdz, centers=INTP.stdz))
```

12.4　報告例

　これまでのまとめとして，野菜データの階層的クラスター分析の報告例を以下に示します。

> **クラスター分析の報告例**
>
> 　60 種類の野菜を「食物繊維」「カリウム」「ベータカロテン」「ビタミン K」「葉酸」「ビタミン C」の栄養素の点から分類した。分類には階層的クラスター分析（ウォード法，対象間の非類似度は平方ユークリッド距離の 1/2 倍）を用いた。デンドログラムを観察したところ，3 クラスターでの解釈可能性の高さが示唆され，Caliński & Harabasz (1974), Hartigan (1975), Krzanowski & Lai (1988) の指標からも 3 クラスターの妥当性が支持された。

> 各クラスターのクラスター平均から考察すると，クラスター 3 は全ての栄養素を多く含む "スーパー野菜"，クラスター 2 は他の栄養素に比べて葉酸を多く含む "葉酸野菜" のクラスターと言える。また，クラスター 1 は栄養素について特徴的なことはない "平凡野菜" のクラスターであった。

12.5　非類似度の考え方

クラスター分析では，非類似度からクラスターを形成します。本節では，非類似度の測度としてしばしば利用される「距離」の考え方について説明します。

12.5.1　ユークリッド距離と平方ユークリッド距離

まずは，ユークリッド距離と平方ユークリッド距離です。平方ユークリッド距離は 12.2 節の分析例で選択され，12.3 節の k 平均法の計算過程でも利用されています。

図 12.5 (a) は x_1, x_2 を軸とした 2 次元平面上にある 2 点 A, B 間のユークリッド距離を表しています。ユークリッド距離はいわゆる三平方の定理に基づいて計算される直線的な距離です。同一次元の値同士の差の 2 乗を 2 次元分足し合わせ，その正の平方根をとったものです。図 (b) は，多変量データを想定して，多次元空間上にある 2 点 A, B 間のユークリッド距離を表しています[*7]。この場合の距離は，同一次元の値同士の差の 2 乗を次元数分足し合わせるという形で，2 次元のものが拡張されます。そして，平方ユークリッド距離は，ユークリッド距離を 2 乗（平方）したものとして定められます。すなわち，ユークリッド距離で正の平方根をとる前のものです。

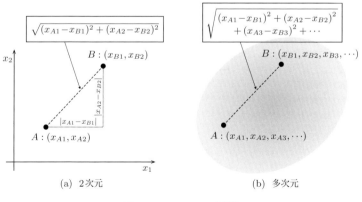

図 12.5　ユークリッド距離

[*7] 野菜データは 6 変数からなるので，6 次元空間上の点の距離を計算することになります。

次元数を P とした場合の両距離の定義は，以下のとおりです．

$$\text{平方ユークリッド距離}\,(A, B) = \sum_{p=1}^{P}(x_{Ap} - x_{Bp})^2 \tag{12.1}$$

$$\text{ユークリッド距離}\,(A, B) = \sqrt{\sum_{p=1}^{P}(x_{Ap} - x_{Bp})^2} \tag{12.2}$$

具体的に，野菜データの最初の 2 対象である "青ピーマン" と "赤たまねぎ" の観測値（表 12.1）を使って計算してみましょう．

コラム 22：マハラノビス距離

マハラノビスというのは，インド出身の統計学者の名前です．統計学が盛んな国としてはアメリカ，イギリスが有名ですが，かつてイギリスの統治下にあったインドからも著名な統計学者が多く出ています．マハラノビスはそのような学者たちの多くが所属していた Indian Statistical Institute の設立者として有名です．彼の名前がついたこの距離は，さまざまな統計手法で利用されています．

マハラノビス距離は確率分布上における 2 点間の距離です．各変数の散らばりの大小と変数間の相関関係の強さを考慮している点が特徴的です．ここでは，2 つの確率変数 x と y の同時確率分布上の 2 点 A, B 間のマハラノビス距離に話を単純化して，図を使って直観的な説明をします．

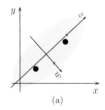 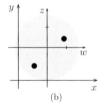

図 (a) は 2 変数間に相関がある状況を示しています．このとき，x, y を軸とする元の座標上で 2 点間の直線距離を求めてしまうと，それらは考慮されないことになります．

そこで，マハラノビス距離を求めるにあたっては，まず 2 変数間の相関関係に基づいて新たな軸 (w, z) を定めます．それらの軸上では値の違いがより明確になり，散らばりの状況に応じて単位（1 に対応する量．図内 w, z 軸上の短い線分までの大きさ）が決められます．その座標上での 2 点間のユークリッド距離がマハラノビス距離です．

なお，図 (b) のように，もともと 2 変数間に相関がない場合は，散らばりの状況によって単位だけが調整されることになります．

表 12.1 "青ピーマン" と "赤たまねぎ" の観測値

	食物繊維	カリウム	ベータカロテン	ビタミン K	葉酸	ビタミン C
青ピーマン	2.3	190	400	20	26	76
赤たまねぎ	1.7	150	0	0	23	7

平方ユークリッド距離 (青ピーマン, 赤たまねぎ)

$$= (2.3 - 1.7)^2 + (190 - 150)^2 + (400 - 0)^2 + (20 - 0)^2$$
$$+ (26 - 23)^2 + (76 - 7)^2 = 166770.36 \tag{12.3}$$

ユークリッド距離 (青ピーマン, 赤たまねぎ)

$$= \sqrt{166770.36} = 408.38 \tag{12.4}$$

平方ユークリッド距離はユークリッド距離に比べて，対象間で違いが大きい次元（変数）が強く反映されます．

12.5.2 その他の距離

ユークリッド距離や平方ユークリッド距離はよく知られる距離ですが，クラスター分析ではそれ以外の距離を利用することもできます．ここでは，市街地距離，チェビシェフ距離，ミンコフスキー距離を紹介します[*8]．図 12.6 は 2 次元の場合の市街地距離とチェビシェフ距離の概念図です．

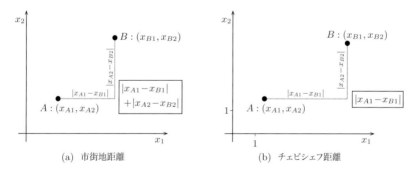

図 12.6　市街地距離とチェビシェフ距離

市街地距離は，同一次元の値同士の差の絶対値を次元分足し合わせたもので，以下のとおり定義されます．

[*8] 各距離は，関数 dist で引数 method において，"manhattan"，"maximum"，"minkowski" を指定することで利用できます．

$$\text{市街地距離}\,(A, B) = \sum_{p=1}^{P} |x_{Ap} - x_{Bp}| \tag{12.5}$$

また，チェビシェフ距離は同一次元の値同士の差の絶対値を全次元について比較したときの最大のもので，定義は以下のとおりです。

$$\text{チェビシェフ距離}\,(A, B) = \max_{p \in \{1, \cdots, P\}} |x_{Ap} - x_{Bp}| \tag{12.6}$$

先ほどと同様に，"青ピーマン"と"赤たまねぎ"の観測値を使うと，各距離は以下のように計算されます。

$$\begin{aligned}
\text{市街地距離}\,&(\text{青ピーマン，赤たまねぎ}) \\
&= |2.3 - 1.7| + |190 - 150| + |400 - 0| \\
&\quad + |20 - 0| + |26 - 23| + |76 - 7| = 532.60
\end{aligned} \tag{12.7}$$

$$\text{チェビシェフ距離}\,(\text{青ピーマン，赤たまねぎ}) = 400 \tag{12.8}$$

チェビシェフ距離は，市街地距離の計算式において足し合わされる 6 つの絶対値のうち最大のものに相当し，400 となります。

市街地距離は，元の測定単位を活かした極めて単純な考え方に基づいています。チェビシェフ距離は，複数次元，すなわち複数ある変数のうち，いずれか 1 つだけが距離を考えるうえでの評価対象となります。他の 3 つの距離が各変数の総合的な評価に基づくものだとすれば，チェビシェフ距離は部分的な評価に基づくものと捉えられます。

最後に，これまで紹介した距離を含む一般的な形式の距離であるミンコフスキー距離を紹介します。この距離は以下のように定められます。

$$\text{ミンコフスキー距離}\,(A, B) = \left(\sum_{p=1}^{P} |x_{Ap} - x_{Bp}|^q \right)^{1/q} \tag{12.9}$$

次数を意味する q があり，これを変えることでさまざまな特徴の距離が得られます。例えば，$q = 1$ のとき市街地距離を，$q = 2$ のときユークリッド距離を表します。また，q を限りなく大きくするとチェビシェフ距離を表すことが，数学的に示されています。

12.6 　階層的クラスター分析におけるクラスター形成の考え方

階層的クラスター分析では，非類似度が小さいものを順々にまとめ上げていきます[9]。クラスターの形成方法，すなわちクラスターに関する非類似度の考え方（図

---

[9] この方法を凝集型と呼びます。分割型の方法もありますが，ここでは扱いません。

12.7) を定めてそれに基づいて併合する方法には，いくつかの種類があります．12.6.1 項では代表的なウォード法を説明し，12.6.2 項ではそれ以外の方法について説明します．

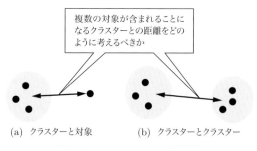

図 12.7　クラスターとの非類似度

▌12.6.1　ウォード法

　ウォード法では，あるクラスターと別のクラスターの非類似度を考えるにあたって，それらを併合したクラスターを想定します．クラスター間の非類似度が高い場合には，併合クラスターに含まれる対象はクラスターの中心から離れたところに散らばります（図 12.8 (a)）．反対に，非類似度が低い場合には，クラスター中心に近いところに散らばります（図 12.8 (b)）．

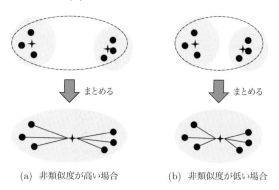

図 12.8　ウォード法におけるクラスター間の非類似度の違い

　クラスターに関する散らばりの大きさの測度として，Ward (1963) で ESS（error sum of squares）が示されました．クラスター k の ESS は

$$\text{ESS}_k = \sum_{i=1}^{n_k} 平方ユークリッド距離 (対象\ i, クラスター\ k\ 平均) \tag{12.10}$$

302　第 12 章　似たもの同士にグループ分けしたい

と表せます[*10]。図 12.8 で説明するならば，併合後のクラスターにおける各丸点（対象）と十字点（クラスター平均）との間の平方ユークリッド距離を全て足し合わせたものになります。ここで，クラスター k 平均とは，クラスター k に含まれる n_k 個の対象に関して，各変数の平均を求めたものを表します。

　そして，併合前のクラスターの散らばりの大きさも考慮に入れて，併合クラスターにおける散らばりの大きさから，まとめる前の各クラスターにおける散らばりの合計を引いた量を，非類似度として定めます。

$$\text{非類似度 (クラスター 1, クラスター 2)} = \text{ESS}_{\text{併合}} - (\text{ESS}_1 + \text{ESS}_2) \quad (12.11)$$

併合前の各クラスターの散らばりが小さく，併合後のクラスターの散らばりが大きいと，非類似度が大きくなります。

　野菜データのクラスター形成過程の 5 段階目では[*11]，{ うど，らっきょう }（クラスター 1 とします）と { みょうが }（クラスター 2 とします）が併合されます。このときの両クラスター間の非類似度を例示しましょう。まず，表 12.2 の観測値と併合クラスター平均から併合クラスターの ESS は

$$\begin{aligned}
\text{ESS}_{\text{併合}} &= \{(1.40 - 8.07)^2 + \cdots + (4.00 - 9.67)^2\} \\
&\quad + \{(20.70 - 8.07)^2 + \cdots + (23.00 - 9.67)^2\} \\
&\quad + \{(2.10 - 8.07)^2 + \cdots + (2.00 - 9.67)^2\} = 1473.65 \quad (12.12)
\end{aligned}$$

と算出されます。同様に，クラスター 1 とクラスター 2 の ESS は

表 12.2　"うど"，"らっきょう"，"みょうが" の観測値と併合クラスター平均

	食物繊維	カリウム	ベータカロテン	ビタミン K	葉酸	ビタミン C
うど	1.4	220	0	2	19	4
らっきょう	20.7	230	0	1	29	23
みょうが	2.1	210	27	20	25	2
併合クラスター平均	8.07	220.00	9.00	7.67	24.33	9.67

[*10] Ward (1963) では，単変量の x_i $(i = 1, \cdots, n)$ について

$$\text{ESS} = \sum_{i=1}^{n} x_i^2 - \frac{1}{n} \left(\sum_{i=1}^{n} x_i \right)^2$$

と定義されています。これを多変量の x_{ij} $(i = 1, \cdots, n,\ j = 1, \cdots, J)$ に拡張した

$$\sum_{j=1}^{J} \left\{ \sum_{i=1}^{n} x_{ij}^2 - \frac{1}{n} \left(\sum_{i=1}^{n} x_{ij} \right)^2 \right\}$$

と式 (12.10) が等価になります。

[*11] 形成過程は `ysi.out$merge` に収められています。

$$\mathrm{ESS}_1 = 467.25 \tag{12.13}$$

$$\mathrm{ESS}_2 = 0 \tag{12.14}$$

と算出されますので，クラスター 1 とクラスター 2 の間の非類似度は

$$\mathrm{ESS}_{併合} - (\mathrm{ESS}_1 + \mathrm{ESS}_2) = 1006.40 \tag{12.15}$$

となります。

ところで，実際の計算場面では，これまでの説明と同様の結果を別の手続きで得る簡便な方法がよく利用されます。これは，あるクラスターと別のクラスターを併合したクラスターと第 3 のクラスターの非類似度について成立する Lance-Williams の更新式というものを利用する方法です。ウォード法の場合の更新式は，n_q 個の対象が含まれるクラスター q，および，n_r 個の対象が含まれるクラスター r による併合クラスターとそれ以外の任意のクラスター s（対象数は n_s）について，以下のとおりです。

$$非類似度\,(併合クラスター, クラスター\,s)$$
$$= \frac{n_q + n_s}{n_q + n_r + n_s}非類似度\,(クラスター\,q,\ クラスター\,s)$$
$$+ \frac{n_r + n_s}{n_q + n_r + n_s}非類似度\,(クラスター\,r,\ クラスター\,s)$$
$$- \frac{n_s}{n_q + n_r + n_s}非類似度\,(クラスター\,q,\ クラスター\,r) \tag{12.16}$$

なお，クラスター q とクラスター r のどちらに含まれる対象数も 1 のときの非類似度は，クラスター間の平方ユークリッド距離の 1/2 倍と定められます[*12]。

野菜データの分析における 5 段階目までの併合（表 12.3）から，式を利用して非類似度を更新する様子を具体的に見ていきましょう。

表 12.3　野菜データの併合の様子（5 段階目まで）

段階	対象 1／クラスター 1	対象 2／クラスター 2	非類似度
1	{ 赤たまねぎ }	{ たまねぎ }	25.51
2	{ うど }	{ らっきょう }	467.25
3	{ たけのこ }	{ にんにく }	550.28
4	{ かぶ }	{ しょうが }	1002.68
5	{ みょうが }	{ うど, らっきょう }	1006.40

[*12] これに合わせて，平方ユークリッド距離を 1/2 倍して D を作成しています。

304　第 12 章　似たもの同士にグループ分けしたい

　初めは対象間の非類似度行列から併合するものが決められます。対象間の全ての組み合わせのうち最小となるのは "赤たまねぎ" と "たまねぎ" の組で，値は 25.51 です。この併合 { 赤たまねぎ, たまねぎ } と他の対象との非類似度を，更新式に従って計算します。例えば，1 番目の対象である { 青ピーマン } との非類似度は，"赤たまねぎ" と "青ピーマン" の非類似度 83385.18 と "たまねぎ" と "青ピーマン" の非類似度 82962.75 を利用して，

$$
\begin{aligned}
& 非類似度(\{ \text{赤たまねぎ, たまねぎ} \}, \{ \text{青ピーマン} \}) \\
& = \frac{1+1}{1+1+1} 83385.18 + \frac{1+1}{1+1+1} 82962.75 \\
& \quad - \frac{1}{1+1+1} 25.51 = 110890.10
\end{aligned} \tag{12.17}
$$

と算出されます。"青ピーマン" 以外の全ての対象についてこの値を算出し，それらおよび対象間の平方ユークリッド距離の中で値が最小となるものを見つけます。それは { うど, らっきょう } の組で，値は 467.25 です。"うど" と "らっきょう" の併合が決まったので，続いて { うど, らっきょう } と { 赤たまねぎ, たまねぎ } および単一対象との非類似度を，更新式に従って計算します。事前に得られている，非類似度 ({ 赤たまねぎ, たまねぎ }, { うど }) = 3277.88 と非類似度 ({ 赤たまねぎ, たまねぎ }, { らっきょう }) = 4729.77 を用いることで

$$
\begin{aligned}
& 非類似度 (\{ \text{うど, らっきょう} \}, \{ \text{赤たまねぎ, たまねぎ} \}) \\
& = \frac{3}{4} 3277.88 + \frac{3}{4} 4729.77 - \frac{2}{4} 467.25 = 6239.36
\end{aligned} \tag{12.18}
$$

などと求められます。3 段階，4 段階では，"たけのこ" と "にんにく"，"かぶ" と "しょうが" と対象間の併合が続きますが，5 段階では { うど, らっきょう } と { みょうが } が併合されます。この値は "うど" と "らっきょう" の併合後に計算される

$$
\begin{aligned}
& 非類似度 (\{ \text{うど, らっきょう} \}, \{ \text{みょうが} \}) \\
& = \frac{2}{3} 596.75 + \frac{2}{3} 1146.48 - \frac{1}{3} 467.25 = 1006.40
\end{aligned} \tag{12.19}
$$

に相当します。なお，更新式を利用して得られたこの値は，ESS の考え方に基づいて算出した値と一致していることが確認できます。R での実行用コードにおいて，平方ユークリッド距離を 1/2 倍して D を作成したのは，非類似度を ESS として捉えた出力を得るためです。1/2 倍しなくても，対象の併合のされ方に変わりはありませんが，その場合には非類似度は ESS の 2 倍になっていますので，値の解釈や再利用には注意が必要です。

12.6.2 その他の方法

ウォード法以外のクラスター形成方法として，最短距離法，最長距離法，群平均法，重心法の4つについて簡単に紹介します[*13]。まずは，最短距離法と最長距離法です。最短距離法（図 12.9 (a) 参照）では，クラスター q とクラスター r の非類似度は，クラスター q に含まれる対象とクラスター r に含まれる対象の全ての組み合わせに関する非類似度のうち最小のものとして定められます。

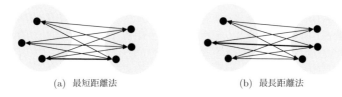

(a) 最短距離法　　　　　(b) 最長距離法

図 12.9　最短距離法と最長距離法

また，最長距離法（図 12.9 (b) 参照）では，クラスター q とクラスター r の非類似度は，クラスター q に含まれる対象とクラスター r に含まれる対象の全ての組み合わせに関する非類似度のうち最大のものとして定められます。

クラスター間の距離が一部の対象間の距離で定められるこれらの方法は，外れ値の影響が非常に大きいという欠点があります。考え方はシンプルですが，実用上あまり利用を勧められません。

続いて，群平均法と重心法を取り上げます。群平均法（図 12.10 (a) 参照）では，クラスター q とクラスター r の非類似度は，クラスター q に含まれる対象とクラスター r に含まれる対象の全ての組み合わせに関する非類似度について平均をとったものとして定められます。

重心法（図 12.10 (b) 参照）では，クラスター q とクラスター r の非類似度は，ク

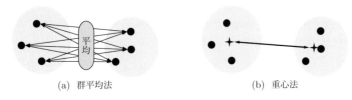

(a) 群平均法　　　　　(b) 重心法

図 12.10　群平均法と重心法

[*13] ウォード法と同様に，どれも Lance-Williams の更新式の観点から表現できます。各方法は，関数 `hclust` において，引数 `method` に `"single"`, `"complete"`, `"average"`, `"centroid"` を指定することで利用できます。

ラスター q に含まれる対象から算出された重心（平均）とクラスター r に含まれる対象から算出された重心（平均）の間の平方ユークリッド距離として定められます。

群平均法と重心法は，先の 2 つの方法とは異なり，クラスター間の距離の算出において全ての対象が考慮に入れられているため，外れ値の影響は相対的に小さくなります。ただし，重心法については単調性を逸脱する問題（12.6.3 項を参照）があり，実用上あまり利用を勧められません。

これまでに紹介したクラスター形成方法のうち，重心法とウォード法においては，対象間の類似度行列にどの距離のものを採用するかに注意する必要があります。具体的には，重心法は平方ユークリッド距離，ウォード法は平方ユークリッド距離の 1/2 としなければなりません[*14]。最短距離法，最長距離法，群平均法については特に制約はありませんので，各距離の特徴を考慮して非類似度行列の種類を決定できます。

12.6.3 解釈を困難にするデンドログラムの形状

階層的クラスター分析において，解釈を困難にする 2 つのデンドログラムを図 12.11 に示します。

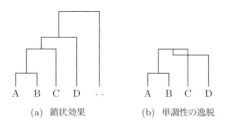

図 12.11 鎖状効果と単調性の逸脱

図 (a) は鎖状効果が生じたデンドログラムです。これはある併合に対象が 1 つずつ併合される状況を意味し，どの非類似度の値でデンドログラムを切断したとしても，ある併合とそれ以外の単一対象という分かれ方になってしまいます。複数の対象が含まれたクラスターがいくつか得られないため，意味のある解釈がしにくくなります。最短距離法は，鎖状効果を生じやすい方法として知られます。

図 (b) は類似度について単調性を逸脱したデンドログラムです。この場合，D の併合時に，直前の併合における類似度を下回ってしまいます。解釈を行う場合のクラスター数を決定する際に，類似度の大きさを参考にするのが難しくなります。重心法は，単調性を逸脱したデンドログラムを生成する可能性があります。

[*14] 形成方法におけるクラスター間の類似度を対象間に置き換えて考えることで，これらの結果が導かれます。

12.7 非階層的クラスター分析の考え方

本節では，非階層的クラスター分析の代表的手法である k 平均法の理論的背景を説明します。

12.7.1 k 平均法の概要

k 平均法についてはさまざまな計算手続き（アルゴリズム）が提案されていますが，大まかには以下のような流れになります。

1. 初期クラスターの形成
2. 対象ごとの所属クラスターの更新の検討
3. 最終的なクラスターの決定

まず，出発点としての暫定的なクラスターを形成します。続いて，各対象を現在割り当てられたクラスターに所属させたままにするのがよいのか，それとも別のクラスターに所属を変更したほうがよいのかを検討し，後者であれば所属クラスターを更新します。例えば，図 12.12 (a) のように初期クラスターが形成されたとき，現在クラスター 3 に所属する黒丸の対象について検討したとすれば，その所属をクラスター 2 に変更したほうが凝集性が高まるため，そのような更新が行われるでしょう。このような更新を何度も繰り返し，所属クラスターの変更がなくなり落ち着いたところで，最終的なクラスターを決定します。

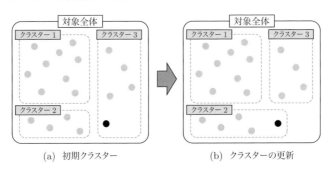

(a) 初期クラスター　　　(b) クラスターの更新

図 12.12　初期クラスターからの更新

以降では，Hartigan & Wong (1979) の方法[*15]の詳細を説明します。対象数 N を 60 とし，クラスター数 K を 12.3 節の内容に合わせて 3 として，具体例を示します。

[*15] R の関数 kmeans のデフォルトの方法です。

12.7.2 初期クラスター中心の決定

クラスターの数が決定されたら，初期値としての各クラスターの中心を定めます。Hartigan & Wong (1979) では，全体平均（対象全体での各変数の平均）からの平方ユークリッド距離を利用して，$1 + (k - 1) \times [N/K]$ 番目[16]の対象を初期のクラスター $k\ (= 1, \cdots, K)$ の中心として採用する方法が紹介されています[17]。

例えば，表 12.4 に掲載されている観測値を利用すると，1 番目の対象（青ピーマン）と全体平均との間の平方ユークリッド距離 D_E^2 は

$$D_E^2(青ピーマン, 全体平均)$$
$$= (2.3 - 3.24)^2 + (190 - 350.85)^2 + (400 - 1557.08)^2 + (20 - 97.80)^2$$
$$+ (26 - 88.23)^2 + (76 - 38.63)^2 = 1376037.54 \tag{12.20}$$

となります。この値に基づいて対象を昇順に並べ，その 1 番目（$= 1 + (1-1) \times [60/3]$），21 番目（$k = 2$ の場合），41 番目（$k = 3$ の場合）をクラスター 1, 2, 3 の初期中心 $C_1^{(0)}, C_2^{(0)}, C_3^{(0)}$ とします。具体的には，それらは "みずな"，"レタス"，"かぶ" です。

表 12.4　全体平均からの距離

	観 測 値	距 離
青ピーマン	(2.3, 190, 400, 20, 26, 76)	1376037.54
みずな	(3.0, 480, 1300, 120, 140, 55)	86212.11
レタス	(1.1, 200, 240, 29, 73, 5)	1763565.49
かぶ	(1.5, 280, 0, 0, 48, 19)	2441100.27
全体平均	(3.24, 350.85, 1557.08, 97.80, 88.23, 38.63)	0

12.7.3 所属クラスターの更新

初期クラスター中心が定まったら，決まった手順に従って各対象の所属クラスターを更新します。まずは，

ステップ 1　各対象について，測定値とクラスター中心の平方ユークリッド距離を求めて，最も近い中心と 2 番目に近い中心を持つクラスターをそれぞれ第 1 クラスター，第 2 クラスターに同定し，最も近い中心のクラスターに割り当てます。これを全ての対象について行います。

---

[16] ここでの [ ] は囲まれた値に関する小数点以下の切り捨てを意味します。

[17] 全対象から非復元抽出された対象を中心として採用する方法（関数 kmeans のデフォルト）など，さまざまな方法があります。ここでは，結果の再現性および説明の簡便さの点から，この方法を説明します。

ステップ2 各クラスターについて，割り当てられた対象にわたっての平均を算出して，新たなクラスター中心とします。

ステップ3 初期状態として，全てのクラスターをライブセット（積極的に検討すべきクラスターの集合）に含めます。

の3つのステップを具体的に説明します。ステップ1は各対象と $C_1^{(0)}, C_2^{(0)}, C_3^{(0)}$ の比較ですので，例えば "青ピーマン" では，

$$D_E^2(青ピーマン, C_1^{(0)}) = 917537.49 \tag{12.21}$$

$$D_E^2(青ピーマン, C_2^{(0)}) = 33032.44 \tag{12.22}$$

$$D_E^2(青ピーマン, C_3^{(0)}) = 172233.64 \tag{12.23}$$

から，最も近いクラスターは2，そして2番目に近いクラスターは3となり，クラスター2に割り当てられます。ステップ2として，これを全60個の対象について行うと，クラスター1, 2, 3の対象数は22, 16, 22となり，その平均からクラスター中心が以下のとおり更新されます。

$$C_1^{(1)} = (3.70, 454.50, 3955.00, 228.50, 128.09, 61.14) \tag{12.24}$$

$$C_2^{(1)} = (2.76, 315.62, 366.88, 37.19, 93.38, 36.38) \tag{12.25}$$

$$C_3^{(1)} = (3.13, 272.82, 24.77, 11.18, 44.64, 17.77) \tag{12.26}$$

そして，ステップ3で，これら3つのクラスターをライブセットに含めることにします。

その後，1番目の対象から60番目の対象まで繰り返し，以下の手続きを行います。

ステップ4 対象 i について，それが所属するクラスターがライブセットに含まれるかどうかを確認し，含まれればステップ4aへ，含まれなければステップ4bに移ります。

ステップ4a 対象 i の所属クラスターについて

$$R_1 = \frac{\{所属対象数 \times D_E^2(対象 i, クラスター中心)\}}{所属対象数 - 1} \tag{12.27}$$

を算出します。また，対象 i の所属クラスター以外のクラスターについて

$$R_2 = \frac{\{所属対象数 \times D_E^2(対象 i, クラスター中心)\}}{所属対象数 + 1} \tag{12.28}$$

を算出し，それらを比較して R_2 の最小値を同定します。R_2 の最小値が R_1 を下回ったならば，R_2 が最小となったクラスターを第1クラスター，現在の所属クラスターを第2クラスターとし，対象 i を R_2 が最小となったクラス

ターへ割り当て直します。そうでなければ，R_2 が最小となったクラスターを第 2 クラスターとします（対象 i を割り当て直すことはしません）。再割り当てが行われた場合には，その時点でクラスター平均を計算し直し，新たなクラスター中心とします。また，再割り当てに関連した 2 つのクラスターをライブセットに含めます。もし，直前の N 回の繰り返しで再割り当てが起こらなかった場合は計算を終了します。

ステップ 4b　R_2 算出の対象とするクラスターを，ライブセットに含まれるものに限定することを除き，ステップ 4a と同様です。

ステップ 5　ライブセットが空になった時点で計算をやめます。全対象を終えてライブセットが空でなければ，次のステップへ移ります。

　ステップ 4 の計算を具体的に見てみましょう。"青ピーマン"については，第 1 クラスターが 2，第 2 クラスターが 3 となっています。この時点では全てのクラスターがライブセットに含まれるので，ステップ 4a に進みます。クラスター 2 に所属する対象数は 16 ですので，R_1 は

$$R_1 = \frac{16 \times D_E^2(青ピーマン, C_2^{(1)})}{16 - 1} = \frac{16 \times 23284.06}{15} = 24836.33 \tag{12.29}$$

となります。また，クラスター 1 とクラスター 3 について，R_2 は

$$クラスター 1 の R_2 = \frac{22 \times D_E^2(青ピーマン, C_1^{(1)})}{22 + 1} = 12207228.89 \tag{12.30}$$

$$クラスター 3 の R_2 = \frac{22 \times D_E^2(青ピーマン, C_3^{(1)})}{22 + 1} = 144884.86 \tag{12.31}$$

と算出されます。R_2 の最小値（144884.86）と R_1（24836.33）を比較すると，R_2 の最小値は R_1 を下回っておらず，"青ピーマン"について再割り当ては行われません。

　次のステップでは，1 番目の対象から 60 番目の対象まで，以下の手続きを繰り返します。

ステップ 6　対象 i の第 1 クラスター中心と第 2 クラスター中心について，

$$R_1 = \frac{\{第 1 クラスター所属対象数 \times D_E^2(対象 i, 第 1 クラスター中心)\}}{第 1 クラスター所属対象数 - 1} \tag{12.32}$$

$$R_2 = \frac{\{第 2 クラスター所属対象数 \times D_E^2(対象 i, 第 2 クラスター中心)\}}{第 2 クラスター所属対象数 + 1} \tag{12.33}$$

を算出し，R_2 が R_1 以下であれば，第 1 クラスターと第 2 クラスターを入れ替えて，クラスター平均を計算し直し，新たなクラスター中心とします。また，関連した 2 つのクラスターをライブセットに含めます。

例えば，野菜データでは，ステップ6における対象1から対象60までの繰り返しを一度終えたとき，ライブセットには全クラスターが残ります。このとき，クラスター1, 2, 3に所属する対象数は13, 19, 28で，中心は

$$C_1^{(1)} = (4.45, 538.46, 5761.54, 313.77, 128.69, 48.23) \tag{12.34}$$

$$C_2^{(1)} = (2.63, 307.32, 872.63, 70.68, 106.84, 53.74) \tag{12.35}$$

$$C_3^{(1)} = (3.09, 293.29, 69.46, 15.93, 56.82, 23.93) \tag{12.36}$$

となります。ステップ6における"青ピーマン"に関する計算では，"青ピーマン"の第1クラスター（クラスター2）と第2クラスター（クラスター3）について，

$$R_1 = \frac{19 \times D_E^2(\text{青ピーマン}, C_2^{(1)})}{19 - 1} = 32313.07 \tag{12.37}$$

$$R_2 = \frac{28 \times D_E^2(\text{青ピーマン}, C_3^{(1)})}{28 + 1} = 425842.80 \tag{12.38}$$

のように R_1, R_2 が計算され，"青ピーマン"について入れ替えは生じません。

このような繰り返しを行い，最後のステップとして以下の手続きを経ます。

ステップ7 直前の N 回の繰り返しで入れ替えが生じなければステップ4aに進み，そうでなければステップ6に進みます。

Hartigan & Wong (1979) の方法では，以上のような繰り返し計算の過程を複数回経たあとで，各クラスターに所属する対象が決定されます。

12.8 クラスター数の妥当性の確認

本節では，クラスター数の妥当性の確認において使用される3つの指標の考え方について説明します。

12.8.1 クラスター内とクラスター間での比較の考え方

まず，指標に関連する基礎事項を解説します。ポイントはクラスター内の散らばりとクラスター間の散らばりという2種類の散らばりです。

クラスターの数を K 個としたときのクラスター内の散らばりの大きさを表す量として，

$$S_W^{\langle K \rangle} = \sum_{k=1}^{K} \text{ESS}_k \tag{12.39}$$

を定めます。野菜データの階層的クラスター分析でクラスター数を3つとした場合，1番目のクラスターには，"青ピーマン"から始まって"わらび"までの44個の対象が含まれます。その場合の ESS は

$$\mathrm{ESS}_1 = \sum_{i=1}^{44} D_E^2(\text{対象 } i, \text{クラスター 1 平均}) \tag{12.40}$$

$$= D_E^2(\text{青ピーマン}, \text{クラスター 1 平均})$$
$$+ \cdots + D_E^2(\text{わらび}, \text{クラスター 1 平均}) \tag{12.41}$$

$$= 6405178.79 \tag{12.42}$$

となります。同様に，$\mathrm{ESS}_2 = 8117174.72$，$\mathrm{ESS}_3 = 20413774.54$ と求められ，その総計として $S_W^{\langle 3 \rangle} = 34936127.66$ が算出されます。

一方，クラスター間の散らばりは，以下のように定めます。

$$S_B^{\langle K \rangle} = \sum_{k=1}^{K} n_k D_E^2(\text{クラスター } k \text{ 平均}, \text{全体平均}) \tag{12.43}$$

表 12.5 の値から，クラスター 1 について，

$$D_E^2(\text{クラスター 1 平均}, \text{全体平均})$$
$$= (2.97 - 3.24)^2 + (304.36 - 350.85)^2$$
$$+ (280.11 - 1557.08)^2 + (31.48 - 97.80)^2$$
$$+ (74.52 - 88.23)^2 + (35.25 - 38.63)^2 = 1637410.79 \tag{12.44}$$

が得られます。同様に，クラスター 2 とクラスター 3 についての平方ユークリッド距離は 3015961.44 および 42117827.51 と算出されるので，$S_B^{\langle 3 \rangle}$ は以下のようになります。

$$S_B^{\langle 3 \rangle} = 44 \times 1637410.79 + 10 \times 3015961.44 + 6 \times 42117827.51 \tag{12.45}$$
$$= 354912654.26 \tag{12.46}$$

表 12.5　クラスター平均と全体平均（クラスター数 3 の場合）

クラスター	対象数	食物繊維	カリウム	ベータカロテン	ビタミン K	葉酸	ビタミン C
1	44	2.97	304.36	280.11	31.48	74.52	35.25
2	10	2.63	414.90	3290.00	181.90	130.40	41.40
3	6	6.18	585.00	8033.33	444.00	118.50	58.83
全体	60	3.24	350.85	1557.08	97.80	88.23	38.63

12.8.2　3 つの指標

前項で示したクラスター内の散らばり S_W とクラスター間の散らばり S_B を利用して，Caliński & Harabasz (1974)，Hartigan (1975)，Krzanowski & Lai (1988) の指標が以下のように定義されます。

コラム 23：2種類のウォード法

R のパッケージ stats の関数 hclust のヘルプを見ると，引数 method では，ward.D と ward.D2 の 2 つのウォード法の選択肢があることがわかります。Lance-Williams の更新式の設定の違いにより，これらの選択肢が存在しています。非類似度行列の設定を誤ってしまうと，method でこれらを指定したとしても，ESS の考え方に基づいたウォード法の結果が得られず，値の解釈やグループ分けの判断が複雑になるので注意が必要です。2 つの Lance-Williams の更新式を以下に示します。

1. ward.D で採用される更新式

非類似度*(併合クラスター, クラスター s)

$$
= \frac{n_q + n_s}{n_q + n_r + n_s} 非類似度^*(クラスター\ q,\ クラスター\ s)
$$
$$
+ \frac{n_r + n_s}{n_q + n_r + n_s} 非類似度^*(クラスター\ r,\ クラスター\ s)
$$
$$
- \frac{n_s}{n_q + n_r + n_s} 非類似度^*(クラスター\ q,\ クラスター\ r)
$$

2. ward.D2 で採用される更新式

非類似度 (併合クラスター, クラスター s)

$$
= \left[\frac{n_q + n_s}{n_q + n_r + n_s} \{ 非類似度\ (クラスター\ q,\ クラスター\ s) \}^2 \right.
$$
$$
+ \frac{n_r + n_s}{n_q + n_r + n_s} \{ 非類似度\ (クラスター\ r,\ クラスター\ s) \}^2
$$
$$
\left. - \frac{n_s}{n_q + n_r + n_s} \{ 非類似度\ (クラスター\ q,\ クラスター\ r) \}^2 \right]^{1/2}
$$

ward.D2 で採用される更新式の両辺を 2 乗して，非類似度* = 非類似度^2 と置けば，両者は一致します。つまり，基準となる非類似度の単位が，その 1 はその 2 の 2 乗に設定されているのです。整理すると，以下のようになります。

- ward.D を指定する場合：平方ユークリッド距離の 1/2 倍の非類似度行列を入力とする（出力の非類似度は ESS）
- ward.D2 を指定する場合：平方ユークリッド距離の 1/2 倍について正の平方根をとった非類似度行列を入力とする（出力の非類似度は ESS の平方根）

なお，正しく非類似度行列を指定した場合，両者の関係から，ward.D で得られるデンドログラムの高さは ward.D2 の 2 乗になります。

多くの統計解析ソフトウェアは，どちらか一方のウォード法しか実装しておらず，どちらを採用しているかはソフトウェアによって異なる（詳しくは，Murtagh & Legendre, 2014 を参照）ため，利用の際には気をつけてください。

$$\mathrm{CH}(K) = \frac{S_B^{\langle K \rangle}/(K-1)}{S_W^{\langle K \rangle}/(N-K)} \tag{12.47}$$

$$\mathrm{H}(K) = \left(\frac{S_W^{\langle K \rangle}}{S_W^{\langle K+1 \rangle}} - 1 \right)(N-K-1) \tag{12.48}$$

$$\mathrm{KL}(K) = \left| \frac{S_W^{\langle K-1 \rangle}(K-1)^{2/p} - S_W^{\langle K \rangle}K^{2/p}}{S_W^{\langle K \rangle}K^{2/p} - S_W^{\langle K+1 \rangle}(K+1)^{2/p}} \right| \tag{12.49}$$

ここで, p は変数の個数です。定義式を見ると, これらの指標は

- CH：クラスター間は散らばりが大きく, かつクラスター内は散らばりが小さいと, 値が大きい
- H：クラスター数を1つ減らして K 個にしたときのクラスター内の散らばりの増加率が大きいと, 値が大きい
- KL：クラスター数を1つ減らして K 個にしたときのクラスター内の散らばりの乖離に対して, クラスター数を1つ増やして K 個にしたときのクラスター内の散らばりの乖離が大きいと, 値が大きい

という特徴を持っていることがわかります。ここで, クラスター数の変化に伴うクラスター内の散らばりの変化を図 12.13 に示します。クラスター内の散らばり $S_W^{\langle K \rangle}$ は, クラスター数が1のときを最大としてクラスター数の増加に伴い減少し, クラスター数が N のとき 0 になります。図 12.13 において, 指標 H では, 変化量 2 が $k+1$ のときの散らばりに対してどの程度か[*18]に注目し, 指標 KL では, 変化量 1 が変化量 2 に比してどれくらい大きいかに注目します。

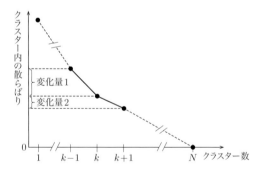

図 12.13　クラスター数とクラスター内の散らばりの変化

[*18] 式 (12.48) 右辺の1つ目の括弧内は $(S_W^{\langle K \rangle} - S_W^{\langle K+1 \rangle})/S_W^{\langle K+1 \rangle}$ と表せます。

野菜データを k 平均法で分析した場合の指標 CH の計算を具体的に見ると

$$\mathrm{CH}(3) = \frac{S_B^{\langle 3 \rangle}/(3-1)}{S_W^{\langle 3 \rangle}/(60-3)} = \frac{354912654.26/2}{34936127.66/57} = 289.53 \tag{12.50}$$

となります。また，$S_W^{\langle 2 \rangle} = 94642367.94$，$S_W^{\langle 4 \rangle} = 27013391.60$ を用いて

$$\mathrm{H}(3) = \left(\frac{S_W^{\langle 3 \rangle}}{S_W^{\langle 4 \rangle}} - 1 \right)(60 - 3 - 1) \tag{12.51}$$

$$= \left(\frac{34936127.66}{27013391.60} - 1 \right)(56) = 16.42 \tag{12.52}$$

$$\mathrm{KL}(3) = \left| \frac{S_W^{\langle 2 \rangle} \times 2^{2/6} - S_W^{\langle 3 \rangle} \times 3^{2/6}}{S_W^{\langle 3 \rangle} \times 3^{2/6} - S_W^{\langle 4 \rangle} \times 4^{2/6}} \right| \tag{12.53}$$

$$= \left| \frac{94642367.94 \times 2^{2/6} - 34936127.66 \times 3^{2/6}}{34936127.66 \times 3^{2/6} - 27013391.60 \times 4^{2/6}} \right| = 9.17 \tag{12.54}$$

が得られます。

章末演習

「都市の気象.csv」は，日本国内 47 都道府県の気象官署の所在地における気象データのファイルです。このデータファイルには，以下の 6 つの変数が含まれます。

- 「最低気温」：1 月の日最低気温の月平均を過去 10 年分平均した値〔C°〕
- 「最高気温」：8 月の日最高気温の月平均を過去 10 年分平均した値〔C°〕
- 「風速」：4 月の月平均風速を過去 10 年分平均した値〔m/秒〕
- 「少雲日数」：10 月の日平均雲量 1.5 未満の日数を 10 年分平均した値〔日〕
- 「降水量」：6 月の降水量の月合計を 10 年分平均した値〔mm〕
- 「降雪量」：2 月の降雪量の月合計を 10 年分平均した値〔cm〕

問1 「都市の気象.csv」を読み込んで，tsks というオブジェクトに代入してください。

問2 tsks について，変数ごとに z 得点化を行い，tsks.stdz というオブジェクトに代入してください。

問3 tsks.stdz について，ウォード法を採用した階層的クラスター分析を適用し，デンドログラムを確認してください。

問4 クラスター数を 5 に設定することの妥当性を確認してください。

問5 クラスター数を 5 とした場合のクラスター 1 とクラスター 4 の特徴を把握してください。

第 **13** 章
質的変数間の連関を視覚化したい
——コレスポンデンス分析

　　10 章では，対数線形モデルを用いて，質的変数間の連関について詳細に分析する方法を学びました。また，結果の解釈可能性の観点から，対数線形モデルで扱える変数の数には限りがあることも学びました。さらに，多数の質的変数間の連関について大まかに把握したい場合には，本章で解説するコレスポンデンス分析が有効です。この方法を利用すると，多重クロス集計表の持つ情報を視覚化することができます。

13.1　データと手法の概要

　最初にデータと手法の概要について解説します。

13.1.1　データの概要

　10 章と同様に，本章でもスポーツ自転車の市場調査結果をデータ例として利用します。あるスポーツ自転車雑誌がイタリアの老舗自転車メーカー "コレナゴ"，"デロンザ"，"ピロリロ"，"ビアンカ" の 4 社に関して，イメージ調査を行いました。具体的には調査参加者に次に購入したいメーカーを 1 つ選んでもらい，さらに，自転車を選ぶときの観点を「ブランド力」「コスパ」「技術力」「レース実績」「デザイン」のうちから 1 つ選んでもらいました。最終的に集められた回答者の総数は 1014 人です。図 13.1 に，この調査のクロス集計の結果を収めた外部データ「自転車データ 2.csv」

	A	B	C	D	E	F
1	メーカー/観点	ブランド力	コスパ	技術力	レース実績	デザイン
2	コレナゴ	41	11	67	51	54
3	デロンザ	84	21	54	23	82
4	ピロリロ	54	32	72	83	42
5	ビアンカ	32	43	42	34	92

図 13.1　「自転車データ 2.csv」のクロス集計表

13.1 データと手法の概要　　317

の内容を示します。

　さらに，この雑誌では "クォーク"，"チネッロ"，"イシドロ" の 3 社を加えたうえ
で，300 人の回答者に 5 つの観点から 4 段階評価で無作為に割り当てられた 1 つの
メーカーを評価してもらいました。図 13.2 に，この調査の集計結果を収めた「自転
車データ 3.csv」の一部を示します。

	A	B	C	D	E	F	G
1	評価者	メーカー	ブランド力	コスパ	技術力	レース実績	デザイン
2	1	イシドロ	D	B	A	C	D
3	2	イシドロ	D	A	D	C	D
4	3	ピロリロ	B	D	B	C	A
5	4	ピロリロ	C	D	B	C	D
6	5	デロンザ	B	C	C	C	B
7	6	デロンザ	C	C	C	C	C
8	7	ビアンカ	B	A	C	A	B
9	8	デロンザ	B	B	B	C	B
10	9	ビアンカ	B	C	C	C	B
11	10	チネッロ	A	C	C	D	D
12	11	クォーク	D	A	D	B	B
13	12	デロンザ	A	A	D	A	A

図 13.2　「自転車データ 3.csv」（一部抜粋）

- 「メーカー」：コレナゴ，デロンザ，ピロリロ，ビアンカ，クォーク，チネッロ，
  イシドロ
- 「ブランド力」：A ＝ とても高い，B ＝ 高い，C ＝ 普通，D ＝ 低い
- 「コスパ」：A ＝ とても高い，B ＝ 高い，C ＝ 普通，D ＝ 低い
- 「技術力」：A ＝ とても高い，B ＝ 高い，C ＝ 普通，D ＝ 必要最低限
- 「レース実績」：A ＝ かなりある，B ＝ ある，C ＝ あまりない，D ＝ ほとんど
  ない
- 「デザイン」：A ＝ とても良い，B ＝ 良い，C ＝ 普通，D ＝ 悪い

　図 13.1 に示した「自転車データ 2.csv」はクロス集計表であり，「メーカー」と「観
点」という 2 つの質的変数で構成されています。「メーカー」のカテゴリ数は 4，「観
点」のカテゴリ数は 5 です。

　一方，図 13.2 に示した「自転車データ 3.csv」は，「評価者」を除けば，「メーカー」
「ブランド力」「コスパ」「技術力」「レース実績」「デザイン」という 6 つの質的変数で
構成されています。このデータでは，「自転車データ 2.csv」において「観点」内の 5
つのカテゴリであったものが，5 つの変数として独立しており，その各変数内に "A"，
"B"，"C"，"D" という 4 つのカテゴリが設けられています。「自転車データ 3.csv」
に収められている全ての質的変数間の連関を考察する場合には，6 重クロス集計表を
参照することになります。

　ここで「自転車データ 3.csv」のデータ行列から，多重クロス集計表が作成できる
ことを確認しておきましょう。この例では「メーカー」「ブランド力」「技術力」の 3

318　第 13 章　質的変数間の連関を視覚化したい

変数を用いて 3 重クロス集計表を作成します。

```
「メーカー」「ブランド力」「技術力」の 3 重クロス集計表

> b3dat <- read.csv("自転車データ3.csv", row.names=1)  #データの読み込み
> head(b3dat)
    メーカー ブランド力 コスパ 技術力 レース実績 デザイン
1 イシドロ         D      B     A         C       D
2 イシドロ         D      A     D         C       D
3 ピロリロ         B      D     B         C       A
4 ピロリロ         C      D     B         B       C
5 デロンザ         B      C     C         C       B
6 デロンザ         C      C     C         C       C

> #3重クロス集計表の作成
> xtabs(~メーカー+ブランド力+技術力, data=b3dat)
, , 技術力 = A

              ブランド力
メーカー     A  B  C  D
   イシドロ   3  3  4 12
   クォーク   1  4  8 15
   コレナゴ   2  0  0  0
   チネッロ   3  0  0  0
   デロンザ   0  0  0  1
   ビアンカ   2  2  0  0
   ピロリロ   1  6  2  2

, , 技術力 = B

              ブランド力
メーカー     A  B  C  D
   イシドロ   1  0  3  4
   クォーク   2  1  3  4
   コレナゴ   9  8  1  1
   チネッロ   3  1  1  0
   デロンザ   3  6  3  0
   ビアンカ   2  3  1  2
   ピロリロ   6 16  3  3
-略-
```

　関数 read.csv の引数 row.names=1 として，第 1 変数（評価者）を行名に指定し
ていることに注意してください。

　以上から，「自転車データ 3.csv」には複数の質的変数が含まれており，そこから複
数のクロス集計表を作成できることが理解できます。

13.1.2 分析の目的と概要

本章の分析目的は，図 13.1 のような 2 重クロス集計表において，両変数のカテゴリ間の対応関係を視覚的に把握することです．また，図 13.2 のような多変数で構成されるカテゴリカルデータ行列に対しても（同等に多重クロス集計表に対しても），メーカーと各変数に含まれるカテゴリ間の対応関係を視覚的に把握します．

図 13.1 のような 2 重クロス集計表に適用する手法をコレスポンデンス分析（correspondence analysis; CA）と呼び，図 13.2 のような形式のカテゴリカルデータ行列（あるいは多重クロス集計表）に適用する手法を多重コレスポンデンス分析（multiple correspondence analysis; MCA）と呼びます．それぞれの手法の分析結果は，バイプロットと呼ばれる図として得られます．分析者はこの図の目視によって，カテゴリ間の対応関係について考察します．

図 13.3 の図 (a) はコレスポンデンス分析，図 (b) は多重コレスポンデンス分析のバイプロットのイメージです[*1]．

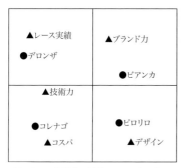

(a) クロス集計表に対するコレスポンデンス分析結果

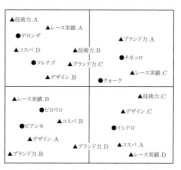

(b) 多変数カテゴリカルデータ行列に対する多重コレスポンデンス分析結果

図 13.3　コレスポンデンス分析のバイプロット例

図 (a) のバイプロットでは，クロス集計表を構成する 2 変数の各カテゴリが平面上に布置されます．互いに近い距離にあるカテゴリほど対応関係が強く，逆に遠い距離にあるカテゴリほど対応関係が弱いと解釈できます．例えば，"ピロリロ" はデザインから特徴づけられるメーカー，"デロンザ" はレース実績から特徴づけられるメーカーと解釈することができます．

図 (b) のバイプロットでは，カテゴリカルデータ行列を構成する 6 変数の各カテゴリが平面上に布置されます．例えば "イシドロ" というメーカーは，「コスパ.A」が近くにあることからコストパフォーマンスに優れている一方で，「レース実績.D」「デザ

[*1] あくまでもイメージですので，(b) については全てのカテゴリは描画していません．

イン.C」が近くにあることから，レースの実績がほとんどなく，デザインも良いわけではないと解釈できます。

10 章では，図 13.1 のようなクロス集計表に対して対数線形モデルを適用することで，変数間の連関についてきめ細やかに分析できることを示しました。ただ，対数線形モデルでは，基準セルを定めてから連関（交互作用効果）についての統計量を定義するので，結果が数的に与えられるという長所があるものの，変数が増えると母数の解釈が難しくなるという欠点もありました。

対数線形モデルと同様に，コレスポンデンス分析も質的変数間の連関を分析する手法です。ただし，その出力が視覚的に与えられるので考察したい変数が増えたとしても，直感的に結果が理解できるところが対数線形モデルとは異なります。このことは長所である一方，考察が主観的になりやすいという弱みにもなります。しかし，変数間の連関構造を探索するような場合には，たいへん有効な手法となります。

図 13.3 では，平面上にカテゴリが布置されていますが，理論的にはより高次元の空間にカテゴリを布置することが可能です。しかし，多次元空間上でのカテゴリの対応関係を，より低い次元で図示できることがこの手法の存在意義とも言えます。多くの適用例では，平面，つまり 2 次元空間上にカテゴリを布置しています。当然，その 2 次元でカテゴリ間の対応関係が十分説明できているのか，という疑問も生じてくるわけで，それを確認するためのプロセスも分析に含める必要があります。

以下は，コレスポンデンス分析の分析手順です。

1. 分析手法の選択（コレスポンデンス分析または多重コレスポンデンス分析）
2. 分析の実行と次元の確認
3. バイプロットの描画と解釈

13.2 コレスポンデンス分析

■ 13.2.1 手法の選択と次元の確認

まず「自転車データ 2.csv」の 2 重クロス集計表に対して，コレスポンデンス分析を適用しましょう。データの読み込みには，次のコードを用います。

```
「自転車データ 2.csv」の読み込み
> b2dat <- read.csv("自転車データ2.csv", row.names=1)  #データの読み込み
> b2dat
       ブランド力 コスパ 技術力 レース実績 デザイン
コレナゴ        41     11     67        51       54
デロンザ        84     21     54        23       82
ピロリロ        54     32     72        83       42
ビアンカ        32     43     42        34       92
```

コレスポンデンス分析の実行には，パッケージ FactoMineR に含まれている関数 CA を利用します．

コレスポンデンス分析の実行

```
> library(FactoMineR)   #パッケージFactoMineRの読み込み
> resb2dat <- CA(b2dat)   #コレスポンデンス分析の実行
```

このコードを実行すると，図 13.4 のバイプロットが自動的に描画されます．次に，この図を構成する統計量の詳細について確認していきます．

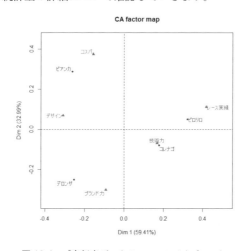

図 13.4　「自転車データ 2.csv」のバイプロット

最初の出力は固有値（eigenvalue）です．この値は平面を構成する各軸（次元）が，データの分散をどの程度説明しているかについて考察する際に利用できます．

固有値の出力

```
> resb2dat$eig
      eigenvalue percentage of variance
dim 1 0.068929372              59.408164
dim 2 0.038273069              32.986414
dim 3 0.008824326               7.605422
      cumulative percentage of variance
dim 1                          59.40816
dim 2                          92.39458
dim 3                         100.00000
```
---

percentage of variance には，全分散に占める，各軸の固有値の割合が記載されています．これを寄与率と呼びます．寄与率は，第 1 軸で 59.41%，第 2 軸で

322　第 13 章　質的変数間の連関を視覚化したい

32.99% という結果となっています。図 13.4 の横軸と縦軸に記載されている数値は，この寄与率です。

　cumulative percentage of variance には，寄与率の累積値が表示されています。これを累積寄与率と呼びます。第 2 軸までで，全分散の 92.4% が説明されていると解釈できます。

　次に，プロットに必要な座標情報を得ます。コレスポンデンス分析の枠組みではこの座標情報をスコアと呼びます。クロス集計表の行に配置されているカテゴリの座標情報を行スコア，列に配置されているカテゴリの座標情報を列スコアと呼びます。

行スコアと列スコアの出力

```
> resb2dat$row$coord   #行スコアの表示
              Dim 1         Dim 2         Dim 3
コレナゴ   0.1770967  -0.07957513  -0.16014501
デロンザ  -0.2535313  -0.25110976   0.04797783
ピロリロ   0.3213132   0.05081911   0.09476861
ビアンカ  -0.2620124   0.28697941  -0.01486906

> resb2dat$col$coord   #列スコアの表示
               Dim 1         Dim 2         Dim 3
ブランド力  -0.09150627  -0.30107873   0.10624583
コスパ      -0.15522470   0.37346361   0.16307907
技術力       0.16702061  -0.06915502  -0.08788395
レース実績   0.41800578   0.11083332   0.01651650
デザイン    -0.30804475   0.06907138  -0.08284909
```

　出力中には第 3 軸（Dim 3）までの計算結果が記載されていますが，バイプロットの描画に使用されているのは第 2 軸までのスコアです。

　関数 CA の推定結果が収められたオブジェクト resb2dat に対して関数 summary を適用すると，次のような出力が得られます。

関数 summary の出力（一部抜粋）

```
> summary(resb2dat)
Rows
             Iner*1000    Dim.1    ctr    cos2    Dim.2    ctr     cos2
コレナゴ |     13.993 |   0.177 10.051  0.495 |  -0.080  3.655   0.100 |
デロンザ |     33.751 |  -0.254 24.279  0.496 |  -0.251 42.894   0.486 |
ピロリロ |     32.041 |   0.321 41.802  0.899 |   0.051  1.883   0.022 |
ビアンカ |     36.241 |  -0.262 23.868  0.454 |   0.287 51.568   0.545 |

Columns
               Iner*1000    Dim.1    ctr    cos2    Dim.2    ctr     cos2
ブランド力 |     22.954 |  -0.092  2.528  0.076 |  -0.301 49.285   0.822
コスパ     |     20.067 |  -0.155  3.689  0.127 |   0.373 38.455   0.733
```

技術力	|	9.363	|	0.167	9.379	0.690	|	-0.069	2.896	0.118
レース実績	|	35.278	|	0.418	47.748	0.933	|	0.111	6.046	0.066
デザイン	|	28.365	|	-0.308	36.656	0.891	|	0.069	3.319	0.045

出力中の Dim.1, Dim.2 は，先に解説した座標情報の再掲です。新しい指標に Iner*1000, ctr, cos2 があります。

Iner*1000 とは，あるカテゴリが多次元空間上の重心からどれだけズレているかの指標である慣性（inertia）に 1000 を乗じた指標です。この値が大きいほど，そのカテゴリはバイプロット上の原点から遠い場所に位置していると解釈できます。例えば，列のカテゴリである「レース実績」の指標は 35.278 と一番大きいですが，バイプロットを見ると，5 つの観点の中で最も原点から遠くに布置されています。

ctr は，各カテゴリの軸への寄与率（contribution）を表し，パーセンテージによる表示となっています（各軸の ctr の和は 100）。この値が大きいカテゴリほど，その軸に強く寄与していると解釈できます。例えば，行カテゴリの第 1 軸に最も寄与しているカテゴリは，軸への寄与率が 41.802 で最大となっている "ピロリロ" です。

cos2 は，軸が各カテゴリにどの程度寄与しているかを表す指標であり，平方相関と呼ばれます。平方相関が高いカテゴリほど，軸によって良く説明されていると解釈できます。例えば，列カテゴリの「ブランド力」は，第 1 軸からは 7.6% 分しか説明されませんが，第 2 軸からは 82.2% 分も説明されていることが理解できます。

ここまで，さまざまな出力を確認しました。特に，固有値による累積寄与率は，第 2 軸まででデータの分散のほとんどが説明できることを示唆していましたから，以下では先に出力された平面のバイプロットの結果を使用します。

13.3 報告例

以上の結果を踏まえた報告例を示します。

> **コレスポンデンス分析の報告例**
>
> 「メーカー」と「観点」の連関を詳細に検討するため，コレスポンデンス分析を実行した。第 2 軸までの累積寄与率は 92.4% であり，データが持つ情報のほとんどが平面上に集約されていると解釈することができる。
>
> 次に軸の解釈を行う。「観点」のカテゴリに注目すると，第 1 軸に高い寄与を持っているのは「レース実績」（47.748）と「デザイン」（36.656）である。また，平方相関の観点からは，「技術力」は第 1 軸によって良く説明されている（0.690）。バイプロットを併せて参照すると，第 1 軸の右には「レース実績」と「技術力」に優れたメーカー，左には「デザイン」が良いメーカーが配置されるものと解釈できる。具体的には，"ピロリロ"，"コレナゴ" は相対的にレース実績や技術力に優れたメーカーで，"デロンザ"，"ビアンカ" はデザインが良いメーカーであると考えられる。

324　第13章　質的変数間の連関を視覚化したい

　　第2軸に高い寄与を持っているのは「ブランド力」（49.285）と「コスパ」（38.455）
である。第2軸の上部には「コスパ」が良いメーカー，下部には「ブランド力」の
高いメーカーが配置されるものと解釈できる。バイプロットを参照すると，"ビアン
カ"は他のメーカーに対してコストパフォーマンスの点で優位であり，"デロンザ"
はブランド力の点で優位であると考えられる。
　　ところで，"ピロリロ"と"コレナゴ"は「レース実績」と「技術力」の2つの観点
において近い評価を得ているが，「デザイン」「コスパ」からはやや遠く布置されてい
る。"ピロリロ"と"コレナゴ"は技術を先鋭化させ，勝ちにこだわるハイエンドの
自転車を開発しているメーカーであると考えられる。
　　次に，"デロンザ"は「ブランド力」の近くに布置されているが，「コスパ」「レース
実績」「技術力」からは遠くなっている。このメーカーは，ブランド力は高いが，性能
に比して高価であると見なせる。最新の技術を搭載した勝ちにこだわる自転車を作
らなくても，ブランド力の高さでその存在を認められているメーカーかもしれない。
　　最後に，"ビアンカ"は「コスパ」と「デザイン」の近くに布置されている。「ブラ
ンド力」も「レース実績」も「技術力」もそれほど優れていないが，コストパフォー
マンスと，気の利いたデザインで支持を得ているメーカーと考えられる。

13.4　クラスター分析の併用

　　ここで，「自転車データ2.csv」のクロス集計表を多変量データ行列と見なして，
各評価観点の度数のパターンから4つのメーカーをクラスタリングすることを考え
ます。

```
「メーカー」のクラスター分析

> z <- scale(b2dat)    #列方向にz得点化

> #平方ユークリッド距離
> D0 <- dist(z, method="euclidean")
> D <- (1/2)*D0^2

> #階層的クラスター分析
> resclust <- hclust(D, method="ward.D")
> plot(resclust)    #デンドログラムの描画
```

　　デンドログラムを図13.5 (a) に示します。デンドログラムから，"コレナゴ"と"ピ
ロリロ"，"ビアンカ"と"デロンザ"がそれぞれクラスターを形成していることがう
かがえます。
　　クラスターの解釈のために，クラスター別に観点の平均値のパターンを確認します。

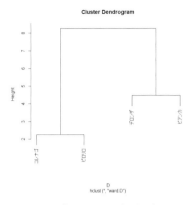
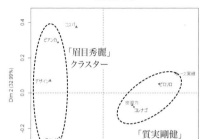

(a)「メーカー」のデンドログラム　　(b) クラスター分析の結果を反映させたバイプロット

図 13.5　デンドログラムとバイプロット

```
クラスターの解釈
> clus <- cutree(resclust, k=2)    #クラスター番号の取得
> clus
コレナゴ デロンザ ピロリロ ビアンカ
      1       2       1       2
Levels: 1 2
> b2dat$cluster <- clus
> by(b2dat[,-6], b2dat$cluster, apply, 2, mean)  #クラスター別の平均値の算出
b2dat$cluster: 1
ブランド力      コスパ    技術力 レース実績    デザイン
    47.5        21.5       69.5       67.0       48.0
-----------------------------------------------------
b2dat$cluster: 2
ブランド力      コスパ    技術力 レース実績    デザイン
    58.0        32.0       48.0       28.5       87.0
```

　平均値のパターンを参照すると，"コレナゴ" と "ピロリロ" が所属するクラスター 1 は，「技術力」「レース実績」で特に高い値をとっていることがわかります。クラスター 1 を「質実剛健」クラスターと命名します。

　一方，"デロンザ" と "ビアンカ" が所属するクラスター 2 は，「デザイン」「ブランド力」で特徴づけられることがわかります。クラスター 2 を「眉目秀麗」クラスターと命名します。

　このクラスター分析の結果を反映させたバイプロットを，図 13.5 (b) に示します。このバイプロットでは，4 つのメーカーがより少数のクラスターにまとめられているので，観点と 4 つのメーカーの対応をそれぞれ考察しなくてよくなります。例えば，

「眉目秀麗」クラスターに含まれるメーカーは、「ブランド力」「コスパ」「デザイン」について高い評価を得ている、などと簡潔に考察できます。

この例ではメーカーは4つですが、場合によっては数百の観測対象をバイプロット上に布置することもあります。このような場合には、積極的にクラスター分析を併用し、バイプロットの考察を効率的に行うよう工夫するとよいでしょう。

また、上記の例では行カテゴリについてクラスタリングしましたが、列カテゴリについてもクラスタリングし[*2]、バイプロット上に描画することも効果的です。

13.5 多重コレスポンデンス分析

13.5.1 手法の選択と次元の確認

次に「自転車データ 3.csv」の分析を行います。先に解説したように、この多変数カテゴリカルデータ行列を分析することは、多重クロス集計表の連関を分析することでもあります。このような場合には、多重コレスポンデンス分析を利用します。

多重コレスポンデンス分析を実行するために、まずカテゴリカルデータ行列である「自転車データ 3.csv」をダミーデータ行列に変換します[*3]。図 13.6 を参照してください。ここには、「メーカー」に関する5人の評価者のカテゴリカルデータ行列が収められています。この図では、メーカーのカテゴリを変数として配置し、該当する場合には1を、そうでない場合には0を立てるような形式に変換しています。このような形式の行列をダミーデータ行列と呼びます。

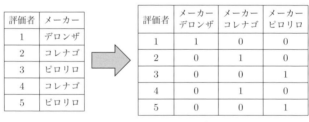

図 13.6　ダミーデータ行列への変換

ダミーデータ行列は、行に評価者、列に全項目のカテゴリを配置した2重クロス集計表と捉えることができます。このクロス集計表の度数は0と1のみであることに注意してください。

[*2] 行列を入れ替えてクラスター分析するという意味です。

[*3] パッケージ FactoMineR の関数 MCA を利用し、カテゴリカルデータ行列のまま分析することもできます。どちらの結果も全く同等となります。ここでは説明の都合上、ダミーデータ行列に変換してから関数 CA で分析する方法を最初に紹介します。

13.5 多重コレスポンデンス分析 327

　カテゴリカルデータ行列をダミーデータ行列に変換するには，パッケージ dummies に含まれている関数 dummie.data.frame が役に立ちます。

```
データ行列の変換
> library(dummies)   #パッケージdummiesの読み込み
> db3dat <- dummy.data.frame(b3dat, sep=":")   #関数dummie.data.frameの実行
> head(db3dat)   #最初の6行の一部を表示
  メーカー:イシドロ メーカー:クォーク メーカー:コレナゴ メーカー:チネッロ
1                 1               0               0               0
2                 1               0               0               0
3                 0               0               0               0
4                 0               0               0               0
5                 0               0               0               0
6                 0               0               0               0
```

　関数 dummie.data.frame には，第 1 引数としてダミーデータに変換したいデータフレームを与えます。また，第 2 引数の sep には，変数名とカテゴリ名の間に挿入したい記号を指定します。ここでは "：" を指定しているので，メーカー:イシドロ などの表示になっています。

　このダミーデータ行列に対して，関数 CA を適用することで，多重コレスポンデンス分析が実行できます。

```
関数 CA による（多重）コレスポンデンス分析の実行
> resdb3dat <- CA(db3dat)
> resdb3dat$eig   #固有値の出力の一部
        eigenvalue percentage of variance cumulative percentage of variance
dim 1 4.222986e-01            1.206567e+01                          12.06567
dim 2 3.484257e-01            9.955021e+00                          22.02069
dim 3 3.229287e-01            9.226534e+00                          31.24723
dim 4 2.624222e-01            7.497778e+00                          38.74501
```

　固有値に関する出力を確認すると，この分析では累積寄与率が第 2 軸までで 22.021% と，低い水準になっています。さらに第 3 軸までを見ても，31.247% と十分ではありません。しかし，多次元空間でプロットを解釈することは非常に困難ですので，ここでは平面（つまり第 2 軸まで）の結果を採択することにします。

13.5.2　図の出力

　バイプロットの考察を交えた結果の報告例については，13.3 節のコレスポンデンス分析と同じなので省略します。その代わり，バイプロットの出力上の工夫について解説します。関数 CA を実行すると，図 13.7 (a) が得られます。

　多重コレスポンデンス分析を実行することは，行に評価者，列に全カテゴリを配置

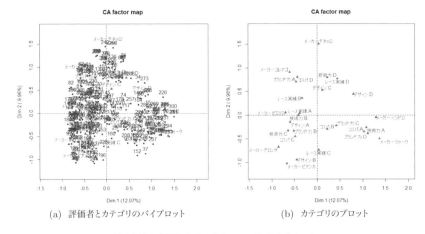

(a) 評価者とカテゴリのバイプロット　　(b) カテゴリのプロット

図 13.7 「自転車データ 3.csv」のバイプロット

したクロス集計表にコレスポンデンス分析を適用することですから，このデータ例のように評価者が多い場合にはバイプロットの視認性は非常に悪くなります。

このような場合，関数 plot の引数 invisible に"row"と指定することで，図 13.7 (b) のように列カテゴリのみをプロットすることができます。コード例は以下です。

列カテゴリのみをプロット
```
> plot(resdb3dat, invisible="row")
> #plot(resdb3dat, invisible="col")   #行カテゴリ（評価者）のみをプロット
```

invisible="col"とすることで，評価者のみをプロットすることも可能です。

■ 13.5.3　さまざまなデータ形式からの多重コレスポンデンス分析の実行

ダミーデータ行列に対して多重コレスポンデンス分析を適用する方法について解説しましたが，パッケージ FactoMineR に含まれる関数 MCA を利用することで，さまざまなデータ形式から同様の分析を実行することができます。

「自転車データ 3.csv」のカテゴリカルデータ行列をそのまま分析するには，次のコードを実行します。

関数 MCA による多重コレスポンデンス分析の実行 (1)
```
> resb3dat <- MCA(b3dat)
```

これにより，ラベルの表記ルールは異なるものの，図 13.7 と全く同じ出力が得られることを確認してください。

13.5 多重コレスポンデンス分析

次に、多重クロス集計表の形式で保存されているオブジェクトに対して多重コレスポンデンス分析を実行する方法について解説します。

以下のコードでは、最初に「自転車データ3.csv」を多重クロス集計表に変換し、これをデータフレームに再変換しています。多重クロス集計表をデータフレームに変換すると、行にセルの情報が配置された形式になります。

```
データフレームへ変換
> #多重クロス集計表の作成
> crosb3dat <- xtabs(~メーカー+ブランド力+コスパ+技術力+レース実績
+ +デザイン, data=b3dat)

> #データフレームへの変換
> crosdf <- as.data.frame(crosb3dat)
> head(crosdf)
  メーカー ブランド力 コスパ 技術力 レース実績 デザイン Freq
1 イシドロ        A      A      A        A        A    0
2 クォーク        A      A      A        A        A    0
3 コレナゴ        A      A      A        A        A    0
4 チネッロ        A      A      A        A        A    0
5 デロンザ        A      A      A        A        A    0
6 ピアンカ        A      A      A        A        A    0

> nrow(crosdf)   #行数の確認
[1] 7168
```

多重クロス集計表をデータフレームに変換したことで、全変数のカテゴリで構成される全てのセルの情報（7168個）が行に配置されています。最後の列（7列目）に、そのセルの度数を表すFreqという変数が追加されていることに注意してください。

このデータフレームに対して関数MCAを適用するには、度数が0のセルを除外する必要があります。

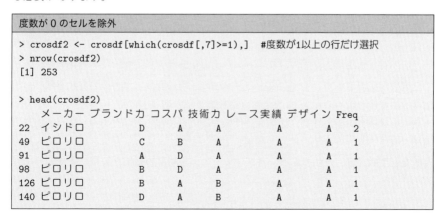

```
度数が0のセルを除外
> crosdf2 <- crosdf[which(crosdf[,7]>=1),]    #度数が1以上の行だけ選択
> nrow(crosdf2)
[1] 253

> head(crosdf2)
    メーカー ブランド力 コスパ 技術力 レース実績 デザイン Freq
22  イシドロ        D      A      A        A        A    2
49  ピロリロ        C      B      A        A        A    1
91  ピロリロ        A      D      A        A        A    1
98  ピロリロ        B      D      A        A        A    1
126 ピロリロ        B      A      B        A        A    1
140 ピロリロ        D      A      B        A        A    1
```

330 第 13 章 質的変数間の連関を視覚化したい

度数が 0 のセルを除外すると，253 セルのみが残ることがわかります。前処理は以上です。次に，多重コレスポンデンス分析を実行するためのコードを示します。

関数 MCA による多重コレスポンデンス分析の実行 (2)

```
> rescrosdf2 <- MCA(crosdf2, quanti.sup=7, row.w=crosdf2$Freq)
```

引数 quanti.sup には，量的変数が収められている列の番号を指定します。ここでは crosdf2 の第 7 列が度数であり量的変数なので，"7" とします。次に，引数 row.w に度数が収められているベクトルを指定します。ここでは crosdf2$Freq を引数として与えます。

このコードを実行すると，やはり図 13.7 と同じ出力が得られます。

このように，多重コレスポンデンス分析はさまざまなデータ形式から実行できます。

13.6 コレスポンデンス分析の理論

ここではコレスポンデンス分析の理論の概要について解説します。例として「自転車データ 2.csv」に含まれているクロス集計表の一部を用います[4]。

■ 13.6.1 行プロファイルと列プロファイル

説明のために，まず評価観点のカテゴリを 3 つに限定したクロス集計表を考えます。これを表 13.1 に示します。

表 13.1 評価観点を 3 つに限定したクロス集計表

	ブランド力	コスパ	技術力	メーカー周辺度数
コレナゴ	41	11	67	119
デロンザ	84	21	54	159
ピロリロ	54	32	72	158
ビアンカ	32	43	42	117
観点周辺度数	211	107	235	553

このクロス集計表には，行（メーカー）の周辺度数と列（観点）の周辺度数，そして全度数が記載されています。表中の「メーカー周辺度数」で各行の度数を割り，相対度数に変換したものが表 13.2 です（小数第 3 位で切り上げ）。

表中のメーカー重心とは，観点周辺度数を総度数で割った値であり，3 つの観点で構成される 3 次元空間上の重心と解釈します。一方，メーカー質量とはメーカー周辺度数を総度数で割った値であり，各メーカーの出現頻度の指標と解釈します。

---

[4] 以降の解説は，藤本 (2015) （原書は Stern-Erik Clausen, 1998) を参考にしています。藤本 (2015) には本章の内容を超える数理的な解説もありますので，興味のある読者は参照してください。

13.6 コレスポンデンス分析の理論

表 13.2　行プロファイル

	ブランド力	コスパ	技術力	メーカー質量
コレナゴ	0.345	0.092	0.563	0.215
デロンザ	0.528	0.132	0.340	0.288
ピロリロ	0.342	0.203	0.456	0.286
ビアンカ	0.274	0.368	0.359	0.212
メーカー重心	0.382	0.193	0.425	―

　この行列は，クロス集計表において行に配置されている各メーカーの「ブランド力」「コスパ」「技術力」における情報が収められているため，行プロファイルと呼ばれます。

　上述の処理を列方向に加えたものを列プロファイルと呼びます。表 13.3 に列プロファイルを掲載します。

表 13.3　列プロファイル

	コレナゴ	デロンザ	ピロリロ	ビアンカ	観点質量
ブランド力	0.194	0.398	0.256	0.152	0.382
コスパ	0.103	0.196	0.299	0.402	0.193
技術力	0.285	0.230	0.306	0.179	0.425
観点重心	0.215	0.288	0.286	0.212	―

　行プロファイルで成り立つことは列プロファイルでも成り立つので，以降の説明では行プロファイルを中心に見ていきます。

　行プロファイルの情報を利用すると，図 13.8 (a) のように，4 つのメーカーと重心を「ブランド力」「コスパ」「技術力」で構成される 3 次元空間上に布置できます。こ

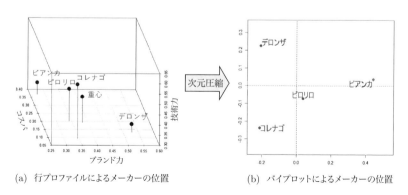

(a) 行プロファイルによるメーカーの位置　　(b) バイプロットによるメーカーの位置

図 13.8　多次元空間での位置を 2 次元空間上で表現する

の空間上の配置から，3つの観点におけるメーカーの特徴を視覚情報に基づいて考察することができます。ただし，観点の数が4つとなり，4次元空間上にメーカーが布置される場合には，視覚情報を利用することは不可能になります。

コレスポンデンス分析では，プロファイルによってメーカーが布置される空間が4次元空間，5次元空間 …，と高次元化していったとしても[*5]，人間が解釈できる空間

コラム 24：「タイタニックデータ」の多重コレスポンデンス分析

Rのコンソールで "data()" を実行すると，組み込みデータセットの一覧が表示されます。その中に Titanic というデータセットがあります。これは映画『タイタニック』で有名なタイタニック号沈没事故における乗客の情報です。このデータから「生死」(生還か死亡)，「性別」，「客室の等級」(1等，2等，3等，乗組員のいずれか)，「大人か子供か」の4変数を抽出し，カテゴリの対応関係をバイプロットで確認してみたいと思います。

このデータは多重クロス集計表として収められているので，データフレーム形式にしてから関数 MCA を適用しました。バイプロットを以下に示します。

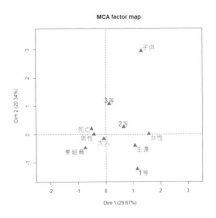

バイプロットの配置から "1等"，"女性" という属性の人が生還する傾向がうかがえます。また，"大人"，"男性"，"乗組員" という属性の人が死亡する傾向もうかがえます。"2等" は "生還"，"死亡" と等距離にあるので，"生還"(118人)と "死亡"(167人)がほぼ同等に生じていると解釈できます。一方，"3等" は "死亡"(528人)のやや近くに位置しており，"生還"(178人)よりも死亡者が多いことがうかがえます。

"子供"(109人)は他のカテゴリからは離れて位置しており，これは "大人"(2092人)に比べて人数が少ないことが原因だと考えられます。"生還"(57人)と "死亡"(52人)からほぼ等距離にあり，子供だからといって生還率が高かったわけではなかったことが読み取れます。

[*5] この例では，「観点の数が4つ，5つと増えていったとしても」ということを意味します。

（代表的には2次元空間）に，高次元空間上のメーカーの位置関係を再現しようと試みます。図13.8 (b) は，3次元空間のプロットの情報を平面上に表現している様子を例示しています。

さらに，この作業を行プロファイルと列プロファイルの両方に適用し，2つの図を重ねることで，行のカテゴリと列のカテゴリの対応をも同時に解釈できるようになります。これがバイプロットの描画過程の概要です。

繰り返しますが，行プロファイルと列プロファイルによる多次元空間上のプロットは，データに含まれる全ての情報を保持しています。しかし，一般的にこのプロットを視覚的に確認することは難しいので，平面上にわかりやすく表現したい，というのが，コレスポンデンス分析の理論面での基本的な考え方です。

13.6.2 ユークリッド距離

多次元空間での位置関係を平面上に再現できるのであれば，メーカー（カテゴリ）間の相対的な距離も再現できるはずです。そこで，メーカー間の距離について考えてみましょう。

3次元空間上に布置されている "コレナゴ" と "デロンザ" のユークリッド距離 $d(コレ，デロ)$ は，三平方の定理から

$$d(コレ，デロ) = \sqrt{(コレ_1 - デロ_1)^2 + (コレ_2 - デロ_2)^2 + (コレ_3 - デロ_3)^2} \quad (13.1)$$

となります。ここで，コレ$_1$，コレ$_2$，コレ$_3$ は，それぞれ "コレナゴ" のブランド力の相対度数（0.345），コスパの相対度数（0.092），技術力の相対度数（0.563）を表します。同様に，デロ$_1$，デロ$_2$，デロ$_3$ は，それぞれ "デロンザ" のブランド力の相対度数（0.528），コスパの相対度数（0.132），技術力の相対度数（0.340）を表します。

コレスポンデンス分析では，このユークリッド距離の定義に列のカテゴリの質量を重みとして与えた重み付きユークリッド距離 d' を利用します。"コレナゴ" と "デロンザ" の重み付き距離 d' は，次式で与えられます。

$$
\begin{aligned}
d'(コレ，デロ) &= \sqrt{\frac{(コレ_1 - デロ_1)^2}{「ブランド力」質量} + \frac{(コレ_2 - デロ_2)^2}{「コスパ」質量} + \frac{(コレ_3 - デロ_3)^2}{「技術力」質量}} \\
&= \sqrt{\frac{(0.345 - 0.528)^2}{0.382} + \frac{(0.092 - 0.132)^2}{0.193} + \frac{(0.563 - 0.340)^2}{0.425}} \\
&\simeq 0.462
\end{aligned}
\quad (13.2)
$$

その距離は 0.462 となりました。表 13.4 に，全てのメーカー間の距離 d' を求めた行列を示します。表の最下行は，当該メーカーと重心との距離を表しています[6]。

---

[6] この表では，より細かい数値から距離を計算しているので，"コレナゴ" と "デロンザ" の距離が 0.463 と，式 (13.2) の数値からわずかにずれています。

表 13.4　3 観点に基づく距離 d' の行列

	コレナゴ	デロンザ	ピロリロ	ビアンカ
デロンザ	0.463			
ピロリロ	0.300	0.385		
ビアンカ	0.709	0.676	0.418	
重心	0.318	0.305	0.082	0.444

　コレスポンデンス分析の結果，平面上に布置されたメーカー間の距離が表 13.4 に一致するのであれば，情報のロスなく，多次元空間上での位置関係を平面上に再現できていることになります．この場合，第 2 軸までの累積寄与率は 100% となります．
　第 2 軸までの累積寄与率が 100% にならない場合には，平面では多次元空間上での位置関係を完全には表現できていないことになります．
　表 13.1 のクロス集計表に対してコレスポンデンス分析を実行してみると，次のような結果が得られます．

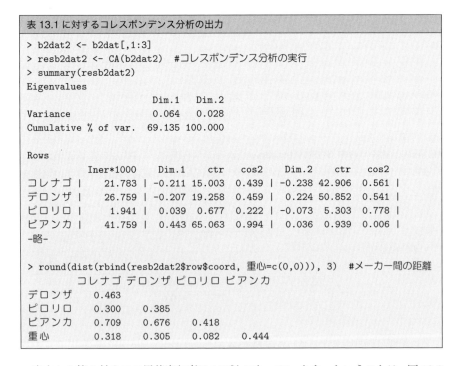

　出力から第 2 軸までの累積寄与率は 100% になっています．ということは，図 13.8 (a) の 3 次元空間での位置関係は，平面上で情報のロスなく再現されていると理解できます．

13.6 コレスポンデンス分析の理論 335

平面上のメーカーの座標は行スコアに保存されているので，行スコアの情報を利用してメーカー間の距離を求めてみましょう。平面上では重心の座標は $[0,0]$ ですから，その情報も追加して関数 dist で距離を求めると，上記の出力が得られます。この出力は表 13.4 に完全に一致しています[*7]。

ところで，13.2 節で出力した「自転車データ 2.csv」に対するコレスポンデンス分析の結果は，第 2 軸までの累積寄与率が 92.395 であり，100% にはなっていません。

このデータに対してコレスポンデンス分析を実行し，第 2 軸までの行スコアを用いて距離 d' を求めると，表 13.5 のようになります。

表 13.5　第 2 軸まで用いた重み付きユークリッド距離

	コレナゴ	デロンザ	ピロリロ	ビアンカ
デロンザ	0.464			
ピロリロ	0.194	0.649		
ビアンカ	0.572	0.538	0.629	
重心	0.194	0.357	0.325	0.389

一方，式 (13.2) を用いて求めた，4 つのメーカーの位置関係について完全な情報を持っている重み付きユークリッド距離は，表 13.6 のようになります。

表 13.6　5 観点に基づく距離 d' の行列

	コレナゴ	デロンザ	ピロリロ	ビアンカ
デロンザ	0.508			
ピロリロ	0.321	0.651		
ビアンカ	0.590	0.542	0.639	
重心	0.252	0.360	0.339	0.389

表 13.5 と表 13.6 を見比べると，表 13.5 の数値がわずかに小さくなっていることがわかり，第 2 軸までで説明できない情報が存在していることが推察できます。13.2 節のコレスポンデンス分析の出力を確認すると，第 3 軸までで累積寄与率は 100% となっています。そこで，コレスポンデンス分析の行スコアを第 3 軸まで用いて，重み付きユークリッド距離を求めると，表 13.6 が完全に再現されます。

以上の説明から，コレスポンデンス分析を適用することは，行プロファイル（同様に列プロファイル）によって多次元空間上に布置されたカテゴリを，その関係性をなるべく保持しつつ低次元の空間で再表現することであることが理解できたでしょう。

[*7] 関数 dist はユークリッド距離を求める関数ですが，行スコアはすでに重みづけされているので，関数 dist の出力は重み付きユークリッド距離になります。

336 第13章 質的変数間の連関を視覚化したい

平面上で説明できない場合には（第2軸までの累積寄与率が100%に届かない場合には），多次元空間上でのカテゴリ間の距離が過小評価されます。

■ 13.6.3 行・列スコアの算出

バイプロット上の布置は，行・列スコアに基づいて行われます。このスコアは，行・列プロファイルに含まれる変数の重み付き和になっており，コレスポンデンス分析では行・列スコアの分散が最大になるように，この重みを求めます。この重みを求めることは，バイプロット上の軸を定めるということでもあります。つまり，スコアの分散が最大になるように軸を定めていく過程として理解できます。また，各軸は直交する（90度で軸が交わる）ように順に推定されるという特徴もあります。

行・列スコアの算出過程に関する詳細については，線形代数の知識が必要になるので省略しますが[8]，基本的には，行・列のプロファイル行列に中心化などの前処理を加えたうえで共分散行列に変換し，この行列の固有値問題を解くことでスコア算出のための重みを推定します。

図13.8 (b) は，表13.1のデータに対してコレスポンデンス分析を実行した結果です。この横軸（第1軸）のもとで，メーカーのプロットの水平方向の散らばりは最大となっています。また，縦軸（第2軸）のもとで，垂直方向のプロットの散らばりが最大となっています。

行スコアも列スコアも別々に推定されますが，同一の座標軸で表現されます。つまり，行プロファイルから計算しても，列プロファイルから計算しても，固有値は完全に一致します。

13.7 寄与率・平方相関・慣性

■ 13.7.1 軸への寄与率

13.2節の分析例では，関数 CA の出力として各カテゴリの軸への寄与率（ctr）が与えられていました。ここでは，この指標の成り立ちについて解説します。

軸が保持しているデータの散らばりに関する情報は，その軸の固有値に集約されています。軸 j の固有値を λ_j とし，カテゴリ i（例えばメーカー i）の軸 j のスコアを s_{ij}，カテゴリ i の質量を m_i とするとき，固有値 λ_j は次のように定義できます。

$$\lambda_j = \sum_{i=1} m_i s_{ij}^2 \tag{13.3}$$

式 (13.3) から，各軸の固有値はカテゴリの質量とスコアの2乗の積和として表現

---

[8] 興味のある読者は，藤本 (2015)（原書は Stern-Erik Clausen, 1998）などの，より専門的な書籍を参照してください。

できることがわかります。表 13.1 のデータでは第 1 軸の固有値は 0.064 となっていましたが，関数 CA の行スコアと質量を用いて式 (13.3) の計算をすると，

$$\lambda_1 = 0.215 \times (-0.211)^2 + 0.288 \times (-0.207)^2$$
$$+ 0.286 \times (0.039)^2 + 0.212 \times (0.443)^2$$
$$= 0.0639 \tag{13.4}$$

となり，R の出力が再現されます。

式 (13.3) の $m_i s_{ij}^2$ の部分は，その軸の固有値に対するカテゴリ i の寄与の量を表しています。ですから，固有値に対する（すなわち軸に対する）カテゴリ i の寄与率は

$$\text{カテゴリ } i \text{ の第 } j \text{ 軸への寄与率} = \frac{m_i s_{ij}^2}{\lambda_j} \tag{13.5}$$

と求めることができます。表 13.1 のデータに対する関数 CA の分析結果では，第 1 軸に対する "コレナゴ" の寄与率は 15.003% となっていました。式 (13.5) を用いて計算すると

$$\text{"コレナゴ" の第 1 軸への寄与率} = \frac{(0.215(-0.211)^2)}{0.0639} = 0.150 \tag{13.6}$$

であり，こちらも R の出力と一致します。

■ 13.7.2 平方相関

関数 CA の出力には平方相関 cos2 も含まれていました。この値は第 j 軸がカテゴリ i にどの程度寄与しているかを示す指標でした。この指標は

$$\text{カテゴリ } i \text{ に対する第 } j \text{ 軸の平方相関} = \frac{s_{ij}^2}{d_i'^2} = \cos^2 \theta \tag{13.7}$$

で求められます。分析を行うと，バイプロット上にはカテゴリ i が布置されます。ここで，重心からカテゴリ i までの重み付きユークリッド距離の 2 乗を $d_i'^2$ と表現します。また，第 j 軸におけるカテゴリ i の座標までの距離の 2 乗を s_{ij}^2 と表現します。この 2 つの値の比は，2 つのベクトルの相関係数の 2 乗となります。2 つのベクトルがなす角度が 0 に近くなるほど，この指標は 1 に近くなります。

表 13.1 のデータに対する関数 CA の分析結果では，"コレナゴ" に対する第 1 軸の平方相関は 0.439 となりました。第 1 軸における s_{ij}^2 は $(-0.211)^2 = 0.045$ です。また，重心からカテゴリ i までの距離の 2 乗 $d_i'^2$ は，関数 dist の出力から $0.318^2 = 0.101$ となっています。両者の比を求めると，

$$\text{"コレナゴ" に対する第 1 軸の平方相関} = \frac{0.045}{0.101} = 0.446 \tag{13.8}$$

338　第 13 章　質的変数間の連関を視覚化したい

であり，R の出力を確認できます[*9]。

■ 13.7.3　慣性

関数 CA の出力には慣性という指標がありました。これは，あるカテゴリの重心からのズレの指標です。ここではこの慣性の算出法について解説します。カテゴリ i の慣性 δ_i は

$$\delta_i = m_i d_i'^2 \tag{13.9}$$

で求められます。関数 CA の出力は，この値を 1000 倍したものになっています。例えば，表 13.1 のデータでは，重心からの"コレナゴ"の重み付きユークリッド距離 d' は 0.318 でした。コレナゴの質量は 0.215 ですから，慣性は

$$\delta_i = 0.215 \times 0.318^2 = 0.0217 \tag{13.10}$$

です。R の出力はこの値に 1000 を掛けた 21.783 となっており，結果を確認することができます。

> **コラム 25：市場調査の実務で活躍するコレスポンデンス分析**
>
> 　コレスポンデンス分析は，複数の質的変数間の連関について考察できるたいへん便利な手法ですが，人文社会科学領域の学術研究で頻繁に使用されているわけではありません。例えば，因子分析や構造方程式モデリングなどと比較すれば，適用例は非常に限られています。
>
> 　この手法が重宝されているのは，市場調査の実務場面かもしれません。インテージ，クロスマーケティング，日経リサーチ，マクロミルという国内の市場調査大手 4 社の Web ページを確認すると，全ての企業のページで，クライアント向けにコレスポンデンス分析に関するわかりやすい解説がなされています（2018 年 5 月現在）。
>
> 　これらの解説では，自社や競合他社のブランドのイメージ調査やポジショニング調査に，コレスポンデンス分析が活かせると説明されています。本章では，架空の自転車メーカーに対するイメージ調査を例示しましたが，これは上記の企業の解説を参考にしています。
>
> 　バイプロットの目視による結果の考察は，主観が混入してしまうという点で容易ではありません。科学的レポートを作成する目的においては，コレスポンデンス分析は使いにくい手法かもしれません。しかし，統計に詳しくない人たちも含んだ実務チームによるマーケティング施策の検討場面では，バイプロットの視覚的表現は有力な参考情報になると考えられます。バイプロットによって直観的に分析結果が理解できることは，たいへん価値があることです。統計学の基本は分布の図示にあるのですから。

[*9] R の出力と数値例が一致していませんが，これは各種指標の数値を小数第 3 位までの表示にしているためです。小数点以下の桁数を増やすと R の出力が再現されます。

また，次式に示すように，この慣性を全カテゴリ分足し合わせたものを全慣性と呼びます。

$$全慣性 = \sum_{i=1} \delta_i \tag{13.11}$$

表 13.1 のデータについて，カテゴリ別に慣性を求めたあとで全慣性を求めると

$$全慣性 = 0.092 \tag{13.12}$$

となります。この値は，関数 CA の出力から得られた第 2 軸までの固有値の和，すなわち $0.064 + 0.028 = 0.092$ に一致しています。

慣性とは，重心からの各カテゴリのズレ具合の指標であり，データの散らばり具合とも解釈できます。このデータの散らばりの総体が固有値になっています。そして，これまでに解説したように，この固有値はさらに，第 1 軸による説明分 λ_1，第 2 軸による説明分 λ_2 …，と分解されていきます。コレスポンデンス分析とは，データの散らばりを重み付きユークリッド距離 d' に代表させ，これを任意の次元を持つ空間で説明していく手法であることが理解できます。

章末演習

データファイル「自転車データ練習 2.csv」には，イタリアの老舗自転車メーカーに関する調査結果が収められています。この調査では，"コレナゴ"，"デロンザ"，"ピロリロ"，"ビアンカ"，"チネッロ"，"クォーク"，"イシドロ"の 7 メーカーに対して，「ブランド力」「コスパ」「技術力」「レース実績」「デザイン」の 5 観点を "A"，"B"，"C" の 3 段階で評定しています。このデータに対して，以下の分析を実行してください。

問1 データファイル「自転車データ練習 2.csv」を exdat というオブジェクトとして R 上に保存してください。read.csv において行名を指定する必要はありません。

問2 パッケージ dummies の関数 dummy.data.frame を用いて，exdat をダミーデータ行列に変換し，dexdat というオブジェクトに保存してください。関数 dummy.data.frame の引数 sep には ":" を指定してください。

問3 dexdat に対して，パッケージ FactoMineR の関数 CA を用いて（多重）コレスポンデンス分析を実行し，分析結果を rdexdat に保存してください。次に，関数 summary を用いて，第 2 軸までの累積寄与率を確認してください。

問4 関数 MCA を用いて，exdat に対して多重コレスポンデンス分析を実行してください。その結果を rexdat として保存してください。次に，関数 summary

340 第 13 章 質的変数間の連関を視覚化したい

を用いて第 2 軸までの累積寄与率を確認し，問 3 の関数 CA の出力と一致し
ていることを確認してください。

問5 関数 xtabs を用いて exdat を多重クロス集計表に変換し，これをデータフ
レームに再変換し，dfexdat として保存してください。次に，dfexdat の
Freq が 0 の行を削除した dfexdat2 というオブジェクトを作成してくだ
さい。

問6 dfexdat2 に対して，関数 MCA を利用して多重コレスポンデンス分析を実行
し，その結果を rdfexdat2 というオブジェクトに保存してください。次に，
関数 summary を用いて第 2 軸までの累積寄与率を算出し，問 3，問 4 の結果
と一致していることを確認してください。

第 VI 部

多変量解析を使いこなす

第 **14** 章

データが持つ情報を視覚化したい ——パッケージ ggplot2 による描画

> データの持つ情報を把握するためには，グラフが大変な助けとなります。ただし，データに含まれる変数が多くなると，図を作成する手間が大きくなる傾向があります。本章では，そのような状況においても比較的簡単に作図ができるパッケージ ggplot2 を利用する方法を紹介します。

14.1 データと手法の概要

14.1.1 データの概要

　長年会社勤めをしている C さんは，現在札幌で妻と 2 人で暮らしています。C さんの会社では転勤が多く，夫婦はこれまで東京，那覇，新潟，大阪，仙台，福岡，名古屋，広島に住んだことがあります。子供たちも独立し，最近は夫婦で昔話をする機会が増え，どこの天候が暮らしやすかったかという話題が時折出てきます。しかし，記憶が曖昧で，はっきりとした印象が残っておらず，あまり話が盛り上がりません。そこで，C さんは各都市の気象の特徴をデータから図示し，それを二人で見ながら話すことを思いつきました。

　「9 都市の気象.csv」は，気象庁の Web ページ（http://www.data.jma.go.jp/obd/stats/etrn/index.php）から取得したデータをまとめたものです。このファイルをExcel で開くと，図 14.1 のように中身を確認することができます。

　このデータは，9 都市に関する 2012 年から 2016 年までの 5 年間分の気象データで，変数は全部で 9 個あります。各変数の名前と内容は以下のとおりです。

- 「都市」：札幌，仙台，東京，新潟，名古屋，大阪，広島，福岡，那覇
- 「年」：西暦（2012 〜 2016）

	A	B	C	D	E	F	G	H	I
1	都市	年	月	日	季節	天気	気温	風速	降水量
2	札幌	2012	1	1	冬	曇	-0.1	2.4	1.5
3	札幌	2012	1	2	冬	雪	-0.7	2.4	2.5
4	札幌	2012	1	3	冬	雪	-3.5	6.6	5.5
5	札幌	2012	1	4	冬	晴	-3.4	4.8	3.5
6	札幌	2012	1	5	冬	雪	-0.6	6.2	11.5
7	札幌	2012	1	6	冬	曇	-0.3	1.9	11
8	札幌	2012	1	7	冬	薄曇	-1.8	2.6	0
9	札幌	2012	1	8	冬	雪	-5.5	1.4	0
10	札幌	2012	1	9	冬	晴	-2.8	2.7	2.5

図 14.1 「9 都市の気象.csv」(一部抜粋)

- 「月」: 1 ～ 12
- 「日」: 1 ～ 31
- 「季節」: 春, 夏, 秋, 冬
- 「天気」: 正午時点の天気 (快晴, 晴, 薄曇, 曇, 煙霧, 霧, 霧雨, 雨, みぞれ, 雪, あられ, 雷)
- 「気温」: 1 日の平均気温 〔C°〕
- 「風速」: 1 日の平均風速 〔m/秒〕
- 「降水量」: 1 日の累積降水量 〔mm〕

■ 14.1.2 分析の目的と概要

　分析の目的は,「9 都市の気象.csv」のデータ (以下, 気象データ) から, 9 つの都市の気象に関する特徴を把握し, 視覚的にわかりやすく表現することです。これは, 記述統計の意味合いに留まらず, 推測統計においてどのモデルを使うべきかの判断材料としても役立ちます。1 章ですでに R での作図について触れていますが, ここでは, いろいろな観点から探索的に分析を行う場面で使い勝手が良いパッケージ ggplot2 を利用した描画と, そのためのデータハンドリング, そして, 集計を容易にするパッケージ dplyr および tidyr の利用の仕方を紹介します。

　ggplot2 は, さまざまな統計的な図を統一的に扱うための考え方である "Grammar of Graphics" に則り, レイヤー構造による作図を実装したパッケージです。データおよびマッピングする変数の指定を出発点として, どのような幾何学的オブジェクト (点, 線, 矩形図形など) で表現するか, どのような統計的変換を施すか, 軸や凡例などの尺度をどう設定するか, ファセット (データの層化, 条件づけ) の指定をどうするかなどを個々の要素とした, 多数の層によって 1 つの図を描きます。要約統計量を求めてからの作図や, カテゴリやその組み合わせごとで層化した作図を簡単に行えるため, R 標準の作図用の関数群と比較すると, 作図を行うためのコードの記述量が少なく, 考えついた視点から分析結果を即座に得ることができます。

344 第14章 データが持つ情報を視覚化したい

ggplot2 パッケージを使って描画するための主な方法としては，関数 qplot を使う方法と関数 ggplot と geom_*（"*" の部分は幾何学的オブジェクトの種類によって異なります）を組み合わせる方法があります。前者は，R 標準の描画関数と仕様が似ていてシンプルです。後者では，このパッケージの根底にある考え方，すなわちレイヤーによるグラフィックスの文法（石田, 2012; 原書は Wickham, 2009）に従った形式でコードを記述する必要がありますが，その分，細かい設定が可能です。ここでは，読者が今後さまざまな図を柔軟に作成したい場面に遭遇することを想定して，後者による説明を行います。

データハンドリングが必要になることはありますが，分析の手順というものは特にありません。以下では，次のような分析目的で作図を行うものとして，説明を進めます。

- 分布を調べる（棒グラフ，ヒストグラム）
- 時系列変化を調べる（折れ線グラフ）
- 2つの事柄の関係を調べる（散布図）

■ 14.1.3 データの読み込み・確認とカテゴリカル変数の水準の設定

まず，「9都市の気象.csv」の読み込みと，データフレームの内容確認を行うコードを示します。

```
データの読み込み, データフレームの確認
> ks <- read.csv("9都市の気象.csv",
+ colClasses=c(rep("factor", 6), rep("numeric", 3)))  #データの読み込み
> head(ks)
  都市   年 月 日 季節 天気 気温 風速 降水量
1 札幌 2012 1 1   冬   曇  -0.1  2.4    1.5
2 札幌 2012 1 2   冬   雪  -0.7  2.4    2.5
3 札幌 2012 1 3   冬   雪  -3.5  6.6    5.5
4 札幌 2012 1 4   冬   晴  -3.4  4.8    3.5
5 札幌 2012 1 5   冬   雪  -0.6  6.2   11.5
6 札幌 2012 1 6   冬   曇  -0.3  1.9   11.0
```

関数 read.csv の引数 colClasses は，csv ファイルを読み込む際に，データファイル内の各変数に対応するオブジェクトのクラスを明示的に指定するものです。「都市」から「天気」までは R 内で定義される因子（Factor）というクラスのオブジェクトとして，また「気温」から「降水量」までは実数値というクラスのオブジェクトとして読み込んで，データフレームを構成します。

続いて，データフレームの構造からカテゴリカル変数の水準を確認し，望む形になるように水準の設定をします。

14.2 分布の検討　345

カテゴリカル変数の水準の確認

```
> str(ks)
'data.frame':    16443 obs. of  9 variables:
 $ 都市  : Factor w/ 9 levels "広島","札幌",..: 2 2 2 2 2 2 2 2 ...
 $ 年    : Factor w/ 5 levels "2012","2013",..: 1 1 1 1 1 1 1 1 ...
 $ 月    : Factor w/ 12 levels "1","10","11",..: 1 1 1 1 1 1 1 1 ...
 $ 日    : Factor w/ 31 levels "1","10","11",..: 1 12 23 26 27 28 29 30 ...
 $ 季節  : Factor w/ 4 levels "夏","秋","春",..: 4 4 4 4 4 4 4 4 ...
 $ 天気  : Factor w/ 12 levels "あられ","みぞれ",..: 8 7 7 6 7 8 9 7 ...
 $ 気温  : num  -0.1 -0.7 -3.5 -3.4 -0.6 -0.3 -1.8 -5.5 ...
 $ 風速  : num  2.4 2.4 6.6 4.8 6.2 1.9 2.6 1.4 ...
 $ 降水量: num  1.5 2.5 5.5 3.5 11.5 11 0 0 ...
```

「都市」から「天気」までは確かに Factor クラスのオブジェクトであり，例えば
「都市」は第 1 水準から 広島，札幌 と続く 9 つの水準を持つことがわかります。ただ
し，この水準は読み込んだファイルの当該変数に含まれる要素を昇順で並べ替えて定
められたものなので，水準の順番が分析者の意図するものと異なる場合があります。
また，ファイル中には含まれていなかったけれども，とりうると想定される別の水準
が存在する場合もあるでしょう。そこで，カテゴリカル変数については，あらかじめ
水準を設定しておきます。

カテゴリカル変数の水準の設定

```
> ks$都市 <- factor(ks$都市, levels=c("札幌","仙台","東京","新潟",
+ "名古屋","大阪","広島","福岡","那覇"))
> ks$年 <- factor(ks$年, levels=as.character(2012:2016))
> ks$月 <- factor(ks$月, levels=as.character(1:12))
> ks$日 <- factor(ks$日, levels=as.character(1:31))
> ks$季節 <- factor(ks$季節, levels=c("春","夏","秋","冬"))
> ks$天気 <- factor(ks$天気, levels=c("快晴","晴","薄曇","曇","煙霧",
+ "霧","霧雨","雨","みぞれ","雪","あられ","雷"))
```

関数 factor の引数 levels に対して，文字列ベクトルの第 1 要素から順に第 1 水
準，第 2 水準，… として，とりうる水準を設定します。

14.2　分布の検討

それでは，実際にデータの特徴を，図を使って把握していきましょう。まず，変数
に関する分布の様子を調べます。具体的には，質的変数における棒グラフと量的変数
におけるヒストグラムについて説明します。

346 第 14 章　データが持つ情報を視覚化したい

■ 14.2.1　質的変数における棒グラフ

　気象データのうち質的変数「天気」の分布を，棒グラフを描いて調べます。関数 ggplot と geom_*を組み合わせて以下のように記述します。

```
棒グラフの描画
> library(ggplot2)
> P1_0 <- ggplot(data=ks, mapping=aes(x=天気))
> (P1_1 <- P1_0 + geom_bar())
```

　関数 ggplot では，描画をしていく際のベースとなるデータや変数の指定を行います。主な引数として，以下の 2 つがあります。

- data：描画対象となる変数を含んだデータフレーム
- mapping：図において審美的属性をマッピングする対象のリスト

　各変数の値に対して，審美的（aesthetic）属性，つまり，画面上に表示するための x 軸や y 軸に関する値，塗りつぶしなどの色，線種，形状の種類といった視覚的に認識可能な属性をマッピング（対応づけ）し，その関係をもとに図を作成するという考え方が，パッケージ ggplot2 では体現されています。それを指定するのが引数 mapping であり，審美的属性をマッピングする対象を，関数 aes を用いてリスト形式のオブジェクトとして指定します。先のコードでは，x=天気 によって，x 軸の審美的属性を「天気」にマッピングしています。なお，ここまでは作図の下地についての命令文であり，実行しても図は作成されません。

　作成されたオブジェクト P1_0 に対して，関数 geom_bar という棒グラフの具体的な幾何学的オブジェクトの要素を，"+"を用いて加えることで，棒グラフが描かれます。この関数内では特に引数を指定していませんが，それは ggplot の内容がそのまま引き継がれているからです。geom_bar 内で別のデータフレームの内容を審美的マッピングのリストとして取り込む場合には，データや審美的マッピングのリストを改めて指定することもできます。

　図 14.2 が得られた棒グラフです。ggplot2 で描かれる図には視認性を高めるための背景色とグリッド線がデフォルトでついています[*1]。グラフにおける x 軸には「天気」が，y 軸には count が配されています。実は，geom_* の関数には統計的変換を施すための引数 stat があり，geom_bar ではそのデフォルトが "count" という計数の処理なのです。計数処理を行った結果が y 軸に反映され，この図が作られています。以下のようなコードを利用すると，作図に移る前段階の過程を知ることができます。

[*1] 背景を変更することは可能です。詳しくは石田 (2012)（原書は Wickham, 2009）を参照してください。

14.2 分布の検討   347

棒に対応する値を得る

```
> ggplot_build(P1_1)$data[[1]]
      y count prop  x     -略-
1  1991  1991    1  1
2  5041  5041    1  2
-略-
11   21    21    1 11
12   49    49    1 12
```

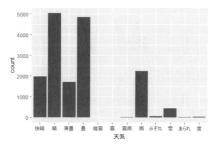

図 14.2　棒グラフ

　関数 ggplot_build は，描画オブジェクトを引数にとって，画像生成のために必要な全ての処理を行う関数です．上記のコードは，それに利用される情報を出力しています．その一部である data について，y もしくは count の列を見ると，"快晴" から順に 1991, 5041, … のように，具体的な数値を知ることができます．

　さて，図 14.2 より，9 つの都市をプールした，すなわち，カテゴリの違いを区別せず併合した場合，5 年間では "晴" が最も多く，次いで "曇" がわずかに少なく，"曇"の半分弱が "雨" であるといったことがわかります．

　続いて，カテゴリカル変数で層化した分布について調べてみましょう．層化した図を描くのに利用する関数は，facet_wrap と facet_grid です．前者はカテゴリカル変数の各水準（もしくは水準の組み合わせ）の図を描画エリアに順に並べます．後者はカテゴリカル変数の各水準（もしくは水準の組み合わせ）の図を，水準で作られるグリッド状の区画に配置します．まずは，「都市」のカテゴリで層化をして，都市ごとの「天気」の分布について調べてみましょう．facet_wrap を用いて，以下のようにコードを記述します．

棒グラフの描画（都市で層化）

```
> (P1_2 <- P1_1 + facet_wrap(~都市, ncol=3))
```

　facet_wrap の第 1 引数に，"~" を用いて "~変数名"（因子クラスのオブジェク

ト）と指定すると，その変数の水準ごとの図が描かれます。ここでは，「都市」の水準ごとに，R 内で指定した水準の順番に従って，描画デバイスの左上から横方向に[*2]棒グラフが描かれています（図 14.3）。facet_wrap の引数 ncol（もしくは nrow）により，図を何列（もしくは何行）に並べるかを指定できます。

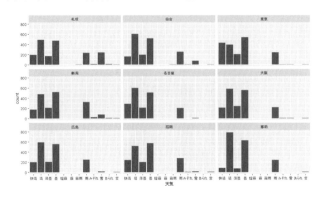

図 14.3　棒グラフ（都市で層化）

デフォルトでは，x 軸と y 軸は全ての図に対して共通に設定されるようになっており[*3]，9 つの都市についての天気の分布が簡単に比較できます。図 14.3 を見れば，東京の快晴の多さがよくわかります。

次に，「都市」に「季節」を加えて 2 つのカテゴリカル変数で層化した場合の「天気」の分布を調べます。今度は facet_grid を用いて，以下のようにコードを記述します。

棒グラフの描画（都市と季節で層化）
```
> (P1_3 <- P1_1 + facet_grid(都市~季節))
```

カテゴリカル変数の水準の組み合わせごとの図が，2 次元のグリッド上に配置されます（図 14.4）。関数 facet_grid の第 1 引数として，2 つのカテゴリカル変数のオブジェクトを "~" で繋いで指定しており，"~" の前に置く変数の水準が各行に対応し，あとに置く変数の水準が各列に対応します。デフォルトでは，各因子ベクトルの水準の順番に従って，行については上から，列については左から対応づけられます。図 14.4 からは，東京の快晴の多さは特に冬に顕著であることが見てとれます。

[*2] 引数 dir を "v" にすると，縦方向に並べることができます。
[*3] 共通にしたくない場合には，引数 scales に，"free_x"（x 軸は個別），"free_y"（y 軸は個別），"free"（x 軸 y 軸とも個別）を指定します。

14.2 分布の検討　　349

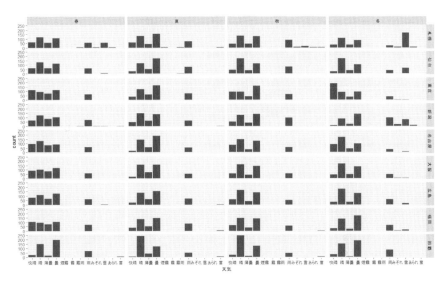

図 14.4　棒グラフ（都市と季節で層化）

14.2.2　量的変数におけるヒストグラム

今度は，量的変数「風速」の分布を調べるために，ヒストグラムを描きましょう。考え方は棒グラフのときと同様ですが，関数 geom_histogram を geom_bar の代わりに用います。

```
ヒストグラムの描画
> P2_0 <- ggplot(data=ks, mapping=aes(x=風速))
> (P2_1 <- P2_0 + geom_histogram(breaks=seq(0,25,0.5)))
```

geom_histogram では，連続的な値に対して階級を設け，階級ごとに計数をする "bin" という統計処理がデフォルトになっています。そこで，上のコードでは，引数 breaks に階級の境界値からなるベクトルを与えています。階級は bins（階級数），binwidth（階級幅）などでも指定が可能です。

コードを実行すると，図 14.5 のヒストグラムが得られます。都市や季節の違いを考えない全体的な傾向としては，風速 2.5m/秒付近の日が非常に多く，そこから逓減し，12.5m/秒以上の日はほとんどないことが読み取れます。

それでは，棒グラフの場合と同じようにして，「都市」や，「都市」と「季節」で層化した場合の「風速」の分布の様子を確認しましょう。

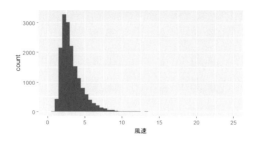

図 14.5　ヒストグラム

```
ヒストグラムの描画（都市で層化）
> (P2_2 <- P2_1 + facet_wrap(~都市, ncol=3))
```

　まず，都市のみで層化した分布（図 14.6）を見ると，那覇における分布がそれ以外とは全く異なることがわかります．頂点がかなり右に寄り，散らばりが大きくなっている印象を受けます．

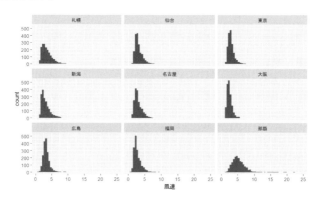

図 14.6　ヒストグラム（都市で層化）

　実際に各都市の分布の平均と不偏分散に基づく標準偏差を確認してみましょう．パッケージ dplyr の関数 summarise を利用すると，カテゴリカル変数の水準に関する要約統計量が簡単に得られます．

```
分布の平均と不偏分散に基づく標準偏差（都市で層化）
> library(dplyr)
> wind_MeanSD_city <- summarise(group_by(ks, 都市), Mean=mean(風速),
+ SD=sd(風速))
```

```
> print(wind_MeanSD_city)
    都市    Mean        SD
  <ord>   <dbl>      <dbl>
1   札幌 3.534866 1.5698921
2   仙台 3.176519 1.1600701
3   東京 2.921784 0.9399882
4   新潟 3.164204 1.4040660
5 名古屋 3.069294 1.1588621
6   大阪 2.444007 0.7967286
7   広島 3.318446 0.9435050
8   福岡 2.868692 1.0952924
9   那覇 5.301533 2.0541060
```

　summarise を使って「都市」ごとの平均や不偏分散に基づく標準偏差を得るために，まず関数 group_by を使い，第 1 引数にデータフレームのオブジェクト，第 2 引数に「都市」を指定して，その水準ごとに処理できる形式のデータオブジェクトを作成しています。それを summarise の第 1 引数に指定したうえで，第 2，第 3 引数にデータオブジェクト内の変数に対する処理を指定します。なお，Mean= や SD= によって，処理結果に名称を与えることができます。summarise によって返されるオブジェクトは，tbl_df というクラスに属するもので[4]，その内容を関数 print（厳密には，print.tbl_df）で表示しています。こうして，数値からも那覇の分布の特徴が確認できました。

　次に，「都市」と「季節」の 2 変数で層化をした場合の分布を見てみましょう。

ヒストグラムの描画（都市と季節で層化）

```
> (P2_3 <- P2_1 + facet_grid(都市~季節))
```

　図 14.7 を見ると，那覇では夏と秋に（台風によるであろう）かなりの強風の日があり，特に散らばりが大きいことがわかります。また，そのことは以下の数値からも確認できます。

分布の平均と不偏分散に基づく標準偏差（都市と季節で層化）

```
> wind_MeanSD_cityseason <- summarise(group_by(ks, 都市, 季節),
+ Mean=mean(風速), SD=sd(風速))
> print(wind_MeanSD_cityseason, n=50)
   都市  季節     Mean        SD
  <ord> <ord>    <dbl>      <dbl>
1   札幌    春 4.026522 1.7189806
2   札幌    夏 3.492174 1.5023814
3   札幌    秋 3.312088 1.3991057
```

---

[4] 関数 as.data.frame で簡単にデータフレームへ変換できます。

第 14 章　データが持つ情報を視覚化したい

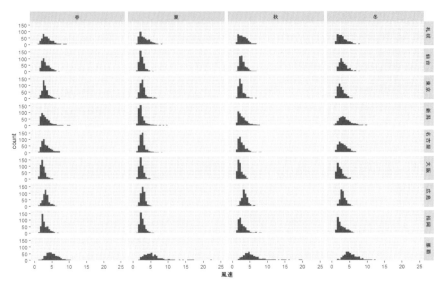

図 14.7　ヒストグラム（都市と季節で層化）

```
4      札幌    冬 3.302212 1.5332080
-略-
33     那覇    春 5.069130 1.5225836
34     那覇    夏 5.390217 2.4209444
35     那覇    秋 5.356044 2.3829797
36     那覇    冬 5.392920 1.7228073
```

14.3　時系列変化の検討

　時系列変化の検討に移りましょう。ここでは雨に注目し，1 月から 12 月までの雨の日数や平均降水量の変化を，折れ線グラフを描いて把握します。日数については度数，降水量については平均を利用するという点で処理が異なるため，14.3.1 項，14.3.2 項に分けてそれぞれ説明します。

14.3.1　度数を用いる折れ線グラフの描画

　雨の日数を図にするために，データフレーム ks において，変数「天気」の値が "雨" である対象のみを取り出して，新たなデータフレームを作ります。データフレームから条件に合致する行のみを取り出す関数としては，2.3 節で説明した関数 subset がありますが，ここではパッケージ dplyr の関数 filter を利用します。

14.3 時系列変化の検討

雨だけのデータフレームの作成

```
> ks_rain <- filter(ks, 天気=="雨")
```

このコードでは，第 1 引数にデータフレーム ks を，第 2 引数にデータフレーム内の変数に関する論理式を指定しています．

それでは，データフレーム ks_rain を用いて，1 月から 12 月の雨の日数を描画しましょう．折れ線グラフを描くには，線を引くための関数 geom_line と，点を打つための関数 geom_point を組み合わせて利用します[*5]．

---
1 月から 12 月の雨の日数の折れ線グラフの描画

```
> P3_0 <- ggplot(data=ks_rain, mapping=aes(x=月))
> P3_1 <- P3_0 + geom_line(aes(group=1), stat="count")
> (P3_2 <- P3_1 + geom_point(aes(group=1), stat="count"))
```

関数 ggplot 内の引数 mapping に対し，関数 aes を使って x に変数「月」を指定します．関数 geom_line および関数 geom_point で，引数 stat に"count"を指定して，変数「月」について計数の統計処理を行い，その結果を y 軸に反映させます．なお，この例のように系列が 1 つで図内の線が 1 本のみになる場合，group=1 によって，そのことを明示する必要があります．

実行すると，図 14.8 が得られます．9 都市にわたっての雨の日数は，（各月がもともと何日あるかを無視すれば）1 年の前半については，4 月に向かって増加し，5 月にいったん減少するものの，6 月には再び 4 月と同じくらいまで戻り，後半については，7 月，8 月と減少を続け，9 月に増加した後は，12 月まで同じような日数が続きます．

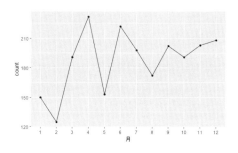

図 14.8　折れ線グラフ

[*5] 線を引くだけなら geom_line のみで十分ですが，データ上に存在しない水準や水準の組み合わせがあれば（例えば，2 月のデータが存在しない場合）そこを飛ばして線が引かれてしまいます．点を打つことでそのような事象の生起を確認することができます．

続いて，層化して都市ごとに比較してみましょう．ここでは，関数 facet_grid を利用して，1 行に都市を並べることにします．facet_grid において 1 つの変数のみを指定するときは，"~" の前後の一方に変数を置き，他方を "." で埋めます．

1 月から 12 月の雨の日数の折れ線グラフの描画（都市で層化）
> (P3_3 <- P3_2 + facet_grid(.~都市))

図 14.9 を見ると，新潟は 10 月以降に急激に雨の日数が増加しており，他の都市とは明らかに異なっていることがわかります．

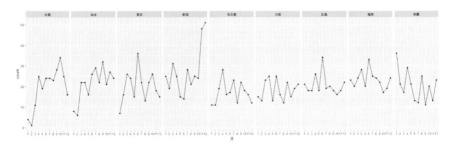

図 14.9 折れ線グラフ（都市で層化）

14.3.2 平均を用いる折れ線グラフの描画

今度は，1 月から 12 月の平均降水量を折れ線グラフで表しましょう．ここでポイントになるのは，「平均」という要約統計量の値について図を描くということです．パッケージ ggplot2 の関数 stat_summary を利用すると，数値ベクトルに対してさまざまな統計処理を施したうえでの描画が可能となります．ここでは，データセット ks を用います．コードは以下のように記述します．

1 月から 12 月の平均降水量の折れ線グラフの描画
> P3_3 <- ggplot(data=ks, mapping=aes(x=月, y=降水量)) > P3_4 <- P3_3 + stat_summary(aes(group=1), fun.y=mean, geom="line") > (P3_5 <- P3_4 + stat_summary(aes(group=1), fun.y=mean, geom="point"))

今度は降水量（の平均）に y 軸の審美的属性をマッピングさせるため，関数 ggplot 内の引数 mapping に対し，関数 aes を使って，「降水量」を引数 y に割り当てます．そのうえで，関数 stat_summary の引数 fun.y に，平均を求める関数である mean を指定します[6]．そして，geom="line" と geom="point" を順に適用して，折れ線に

---

[6] fun.y は数値ベクトルに作用してスカラーを返す関数を指定するための引数です．因子ベクトルには有効ではありません．

よる表現を行います。なお，幾何学的オブジェクトは，最後に適用されたものが最前面に来るように置かれます。

図 14.10 より，9 都市にわたっての平均降水量は，6 月に向かってかなり大きくなり，9 月までその水準を維持した後，12 月まで減少し続けることがわかります。

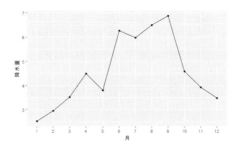

図 14.10　平均値による折れ線グラフ

それでは，雨の日数と同様に，平均降水量についても都市ごとの図を描いて比較してみましょう。

1 月から 12 月の平均降水量の折れ線グラフの描画（都市で層化）
`> (P3_6 <- P3_5 + facet_grid(.~都市))`

図 14.11 を見ると，新潟の 11 月，12 月の降水量は他の都市に比べてかなり多いことがわかります。また，札幌については，多くの都市で梅雨前線の影響を受ける 6 月や 7 月においても平均降水量が少ないことが確認できます。

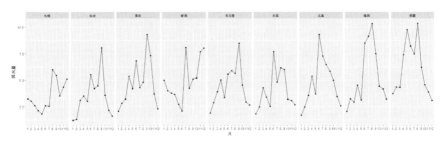

図 14.11　平均値による折れ線グラフ（都市で層化）

14.4　2 つの事柄の関係の検討

続いて，2 つの事柄の関係を把握するための図の描き方を学びましょう。年間日数が等しい連続年として 2014 年から 2015 年の 2 年間に注目し，同じ日の気温の関係を調べます。それにはデータの整形が必要になるため，そこから解説をします。

356　第 14 章　データが持つ情報を視覚化したい

■ 14.4.1　パイプ演算子を利用したデータ整形

　データの整形は，データ解析の一部として必要なものです。データ整形ではさまざまな処理が行われることになり，あとでコードを見直すとその内容がわからなくなっていることも，しばしばあります。ここでは，データ整形におけるコードの判読可能性を高める方法として，パッケージ magrittr によって提供される特別な演算子群の 1 つであるパイプ演算子を用いたデータ整形の方法を紹介します。演算子自体は，パッケージ dplyr やパッケージ tidyr を読み込めば使用できます。

---

2 年分の気温データに整形

```
> library(tidyr)
> ks_temp <-
+ ks %>%
+ filter(年=="2014"|年=="2015") %>%
+ select(都市, 月, 日, 年, 季節, 気温) %>%
+ spread(key=年, value=気温, sep="") %>%
+ rename(気温2014=年2014, 気温2015=年2015) %>%
+ fixname()
```

　上記のコードに含まれる "%>%" がパイプ演算子です。これを用いることで，データオブジェクトに対して連続的に処理を行うことを明示したコードの記述が可能になります。パイプ演算子は，左辺の内容を右辺の関数の引数に渡す働きをします。デフォルトでは，右辺の第 1 引数に渡すことになっており[7]，上記のコードの3〜4 行目は filter(ks, 年=="2014"|年=="2015") と同様の意味を持ちます。さらに，4〜5 行目は filter の処理を施したオブジェクトが関数 select の第 1 引数に渡されます。つまり，これは select(filter(ks, 年=="2014"|年=="2015"), 都市, 月, 日, 年, 季節, 気温) を意味します。そして，この処理によって生成されたオブジェクトが，関数 spread の第 1 引数，関数 rename の第 1 引数，自作関数 fixname の引数に順番に渡されて，ここまでの一連の処理の結果がオブジェクト ks_temp に代入されます。

　select, spread, rename の 3 つの関数について説明すると，select（パッケージ dplyr）は第 1 引数に指定されたデータオブジェクトから第 2 引数以降で指定された変数（ここでは「都市」「月」「日」「年」「気温」の 5 つの変数）を選択する働きを持ちます。また，spread（パッケージ tidyr）は，データオブジェクトについて，ある変数に関して積み重ねたロングフォーマット（以下の具体例を参照）を，その変数の値ごとの変数の形式（ワイドフォーマット）へと展開する働きを持ちます。引数

---

[7] 第 1 引数がデータオブジェクトでない関数の場合は，引数名のあとに "=." と入力すれば，その変数に渡されます。

key に指定した変数の値ごとに，value で指定した変数の値を持つ変数が生成されます。最後の rename（パッケージ dplyr）は，"=" の左辺に新しい変数名，右辺に既存の変数名を指定して，変数名を付け替えるのに使います。なお，最終行の fixname は，あとで利用する group_by による結果を適切に得るための補助的な役割を果たします[8]。

ロングフォーマット

```
    都市 月 日   年 季節 気温
1 札幌  1  1 2014   冬 -0.3
2 札幌  1  2 2014   冬 -3.4
3 札幌  1  3 2014   冬 -1.7
4 札幌  1  4 2014   冬 -3.7
5 札幌  1  5 2014   冬 -4.2
6 札幌  1  6 2014   冬 -3.7
-略-
```

ワイドフォーマット

```
    都市 月 日 季節 2014 2015
1 札幌  1  1   冬 -0.3 -4.0
2 札幌  1  2   冬 -3.4 -5.5
3 札幌  1  3   冬 -1.7 -5.0
4 札幌  1  4   冬 -3.7 -2.7
5 札幌  1  5   冬 -4.2 -2.4
6 札幌  1  6   冬 -3.7  1.1
-略-
```

■ 14.4.2　散布図の描画

それでは，整形されたデータフレーム ks_temp を用いて散布図を描画しましょう。散布図を描くには，関数 geom_point を以下のように用います。

散布図の描画

```
> P4_0 <- ggplot(data=ks_temp, mapping=aes(x=気温2014, y=気温2015))
> (P4_1 <- P4_0 + geom_point())
```

---

[8] OS が Windows の場合，select などの関数を適用した際にデータオブジェクトの変数名（文字列）の属性に変更が施されることがあり，それにより，group_by において "grouped_df_impl(data, unname(vars), drop) でエラー：" というようなエラーが生じることがあります。fixname はそれに対処する関数です。

描かれた図 14.12 を確認すると，2014 年と 2015 年の気温には正の相関関係があるように思われます。ただし，気温が低い領域においては，点のばらつきが大きい印象を受けます。

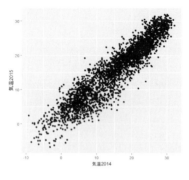

図 14.12　散布図

続いて，都市ごとに分けて描画するコードと結果（図 14.13）を示します。

散布図の描画（都市で層化）
`> (P4_2 <- P4_1 + facet_wrap(~都市))`

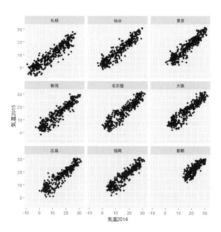

図 14.13　散布図（都市で層化）

図 14.13 を見たところでは，都市間で大きな違いはないように思われます。ただし，いくつかの都市を中心に，気温が低い領域における点の集まりが，それ以外から

分離している印象があります。そこで，都市に加えて，季節でも層化をした図を確認しましょう。コードと結果（図 14.14）を示します。

```
散布図の描画（都市と季節で層化）
> (P4_3 <- P4_1 + facet_grid(都市~季節))
```

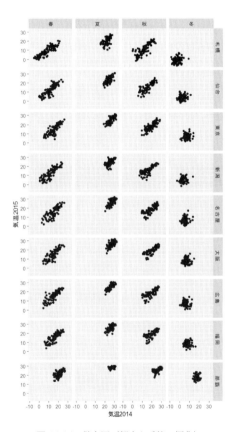

図 14.14　散布図（都市と季節で層化）

ここまで層化すると，実は冬についてはどの都市でも 2 つの年の間に関係があまりないことがわかります。また，東京や大阪などのように夏期の気温の関係が強い都市もあれば，札幌や那覇のようにそこまで関係が強くない都市もあります。以下のようにして関数 summarise を利用すれば，相関係数を求めることができます。

相関係数（都市と季節で層化）

```
> ks_temp1415 <- summarise(group_by(ks_temp, 都市, 季節),
+ Cor=cor(気温2014, 気温2015))
> print(ks_temp1415, n=50)
     都市    季節      Cor
    <ord>  <ord>    <dbl>
1   札幌     春   0.876031375
2   札幌     夏   0.478492826
3   札幌     秋   0.809290554
4   札幌     冬   0.205039791
-略-
33  那覇     春   0.597634632
34  那覇     夏   0.358422698
35  那覇     秋   0.657909126
36  那覇     冬   0.183566400
```

コラム 26：3 次元円グラフにはご注意を

　図は視覚的な面から情報の理解を促すため，プレゼンなど大勢の人が見る場面でしばしば用いられます。それだけに，その見映えにもこだわりが出てしまいがちですが，こだわりすぎたあまり，誤った情報を伝える場合があるので注意が必要です。3 次元円グラフは，そのような図としてしばしば取り上げられます。立体的で見映え良く感じるかもしれませんが，3 次元円グラフは高さがあり，角度をつけて表示されるので，扇形領域の面積の見え方が変わります。

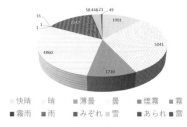

3 次元円グラフ

　上の図は，図 14.2 で棒グラフにより表した「天気」の度数分布の 3 次元円グラフです。これを見ると，手前にある "薄曇" の領域は，奥にある "快晴" や "雨" の領域よりも面積が大きいように感じます。実際の数値は "薄曇" が 1710，"快晴" と "雨" が 1991 と 2247 であり，視覚的に受ける印象とは異なります。考えてみれば，度数の大きさを伝えるという目的において，この円グラフが 3 次元である必要はなく，2 次元で十分です。伝えるべき情報は何かを念頭に置き，それに対して不必要な装飾を施して誤解を与えることがないように気をつけましょう。

14.5 軸以外の審美的属性のマッピング

ここまでで，軸の審美的属性を変数にマッピングして幾何学的オブジェクトとして表現するための基本的な事項について説明しました．本節では，棒グラフ，折れ線グラフ，散布図のそれぞれについて，軸以外の審美的属性（塗りつぶしの色，点や線の色・種類・サイズなど）をマッピングして，より多くの情報を含んだ図を作成する方法を解説します．なお，ヒストグラムは棒グラフと同様に扱えますので，ここでは省略します．

■ 14.5.1 棒グラフにおける塗りつぶし色のマッピング

図 14.2 を取り上げ，変数「季節」の水準を棒の塗りつぶし色へ反映させましょう．塗りつぶしの色の属性を「季節」にマッピングするには，`geom_bar` 内で `aes` の引数 `fill` に変数名を指定します．

塗りつぶしへの変数のマッピング

```
> P5_0 <- ggplot(data=ks, mapping=aes(x=天気))
> (P5_1 <- P5_0 + geom_bar(aes(fill=季節), position="stack"))
```

実行すると，図 14.15 (a) のような積み上げ棒グラフが得られます．凡例が自動的に右端に表示され，塗りつぶしの各色に季節のどの水準が対応するかがわかります．色の塗りは，因子ベクトルの水準の順に割り当てられます．積み上げ棒グラフの場

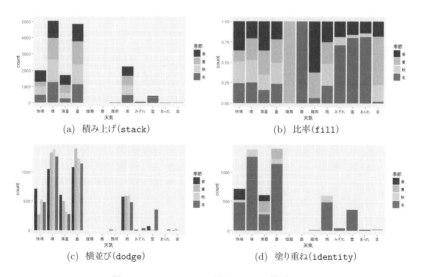

図 14.15 `position` が異なる 4 つの棒グラフ

合，特に指定しなければ，棒の最上部に1番目の水準が来ます[*9]。

関数 geom_bar には，位置を調整するための引数 position が用意されており，デフォルトの値 "stack"（積み上げ）を "fill"（比率），"dodge"（横並び），"identity"（塗り重ね）に変更することで，図 (b) 〜 (d) の棒グラフが描けます。

なお，棒グラフの棒を任意の一色で塗りつぶすのは，色の属性と変数の値とを対応づけるわけではないので，マッピングをすることにはなりません（図 14.16）。それを行う際は，引数 mapping に指定する関数 aes の内側ではなく，外側で目的の色を指定します。

棒の塗りつぶし色の変更（マッピングではない）
```
> P5_0 <- ggplot(data=ks, mapping=aes(x=天気))
> (P5_1 <- P5_0 + geom_bar(fill="red"))
```

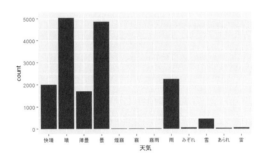

図 14.16　塗りつぶし色の変更（マッピングではない）

■ 14.5.2　折れ線グラフにおける線の色および線種のマッピング

続いて，図 14.8 の折れ線グラフをベースに，線の色や線種に関する審美的属性を「都市」にマッピングする方法を説明します。線色は color で指定します。折れ線グラフで都市ごとの線を別々の色にする場合，aes の中の group と color の両方に「都市」を指定します。また，線種については同じく aes の中の linetype に「都市」を指定します。これによって得られるのが図 14.17 です。

[*9] 逆順にするには，
　　　geom_bar(aes(fill=季節), position=position_stack(reverse=TRUE))
と記述し，任意の順にするには，
　　　geom_bar(aes(fill=季節, group=factor(季節, levels=c("秋","冬","春","夏"))))
と記述します。

線色と線種のマッピング

```
> P6_0 <- ggplot(data=ks_rain, mapping=aes(x=月))
> (P6_1 <- P6_0 + geom_line(aes(group=都市, color=都市), stat="count"))
> (P6_2 <- P6_0 + geom_line(aes(group=都市, color=都市, linetype=都市),
+ stat="count"))
```

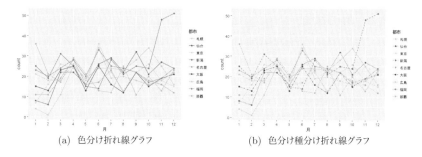

(a) 色分け折れ線グラフ   (b) 色分け種分け折れ線グラフ

図 14.17　線色や線種をマッピングした折れ線グラフ

14.5.3　散布図における点の色および種類のマッピング

最後に，図 14.12 に示した散布図で，点の色と種類の審美的属性を「季節」にマッピングする方法を説明します。点の色は線の色と同様に aes の中の color で，また，点の種類は shape で指定できます。「季節」の水準をこれらに反映させるには以下のように記述します。

点色と点種のマッピング

```
> P7_0 <- ggplot(data=ks_temp, mapping=aes(x=気温2014, y=気温2015))
> (P7_1 <- P7_0 + geom_point(aes(color=季節, shape=季節)))
```

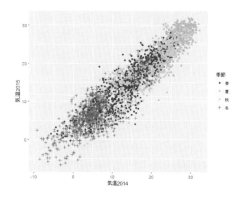

図 14.18　色分け型分け散布図

364 第 14 章 データが持つ情報を視覚化したい

14.6 軸と凡例の設定

　図の情報をわかりやすく提示するために，軸や凡例を設定する必要が生じることがあります。ここでは，図 14.15 (a) をベースに，軸と凡例それぞれの代表的な設定項目を紹介します。

14.6.1 軸の設定

軸については，以下の 3 つを設定する方法を示します。

- y 軸の範囲と目盛り
- 軸のタイトル名
- 軸タイトル・目盛りラベルの文字サイズ

　これらを設定する方法は一通りには限られません。一例として，関数 scale_y_continuous, labs, theme を使ってそれぞれを設定するコードを示します。

```
軸に関する設定
> P8_0 <- ggplot(data=ks, mapping=aes(x=天気))
+ + geom_bar(aes(fill=季節))
> P8_1 <- P8_0 + scale_y_continuous(limits=c(0,6000),
+ breaks=seq(0,6000,1000))
> P8_2 <- P8_1 + labs(x="天気の種類", y="度数")
> (P8_3 <- P8_2 + theme(axis.text.x=element_text(size=15),
+ axis.title.y=element_text(size=15)))
```

　まず，y 軸の範囲や目盛りの設定には scale_y_continuous[*10]を用います。引数limits に，軸の最小値と最大値に割り当てたい値を要素とする数値ベクトルを指定し，引数 breaks に，軸ラベルとして表示したい数値を数値ベクトルで指定します。なお，x 軸については，マッピングされる変数が数値であるときの scale_x_continuous と，因子であるときの scale_x_discrete の 2 つが用意されています。

　続いて，軸に関するタイトルは関数 labs で設定します。引数 x と y に x 軸と y 軸のタイトルを，それぞれ"天気の種類"，"度数"のように文字列で指定します。

　最後に，関数 theme を用いて，軸タイトルや目盛りラベルの文字サイズを設定します。引数 axis.text.*（"*" は x か y）で軸の目盛りの文字の装飾を，また，axis.title.* で軸のタイトルの装飾を変更できます。なお，これら引数の指定においては，大きさや角度などテキストのさまざまな要素を設定するための関数 element_

[*10] 関数名に含まれる scale（スケール）とは，変数の値と審美的属性の対応のことです。マッピングした各種の審美的属性についての詳細設定を行う関数として scale_*_*（最初の "*" には fill, color, linetype などの審美的属性の種類が入ります）が用意されています。

textを使う必要があります。この関数内で引数sizeを指定して，文字サイズを変更します。ここまでのコードを実行すると，図14.19 (b) が得られます。

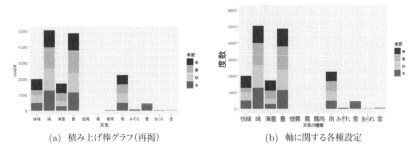

(a) 積み上げ棒グラフ(再掲)　　　　(b) 軸に関する各種設定

図14.19　軸の設定による棒グラフの違い

14.6.2　スケールと凡例の設定

図14.19 (b) に対して，さらにスケール（審美的属性と値との対応関係）と凡例の見た目の設定を行います。凡例の見た目については以下の3つを取り上げます。

- 凡例の位置
- 凡例のタイトル名
- 凡例の項目の配列

関数 scale_fill_manual, theme, labs, guides を用いてそれらの設定を行うコードと出力（図14.20）を示します。

```
凡例に関する設定
> keys <- c("春","夏","秋","冬")
> mycolor <- c("plum","tomato","wheat","lemonchiffon");
+ names(mycolor) <- keys
> P8_4 <- P8_3 + scale_fill_manual(values=mycolor)
> P8_5 <- P8_4 + theme(legend.position="bottom")
> P8_6 <- P8_5 + labs(fill="四季")
> (P8_7 <- P8_6 + guides(fill=guide_legend(nrow=1, byrow=TRUE)))
```

まず，塗りつぶし色に関するスケール（塗りつぶし色と因子ベクトル「季節」の水準との対応）を設定します。その準備として，最初の3行で，色名のオブジェクトを要素，それに対応する水準ラベルを要素名とするベクトルを作成しています。4行目で，それを用いて実際に設定を行っています。fill（塗りつぶし）のスケールを設定する関数 scale_fill_manual の引数 values に作成されたベクトルを指定することで，デフォルトのスケールが変更されます。この例では，色"plum"を水準"春"に，

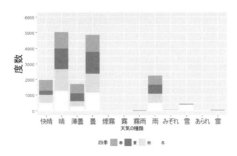

図 14.20 スケールおよび凡例に関する各種設定

"tomato"を"夏"に，といった対応を設定します[11]。

次に，5行目以降で凡例の見た目の設定を行います。5行目では関数 theme の引数 legend.position によって凡例の位置を幾何学的オブジェクトの下に設定しています。"bottom"以外に"top"，"left"，"right"があり，座標値での指定も可能です。そして，6行目で先ほど説明した関数 labs の引数 fill で凡例のタイトルを変更しています[12]。さらに，最終行で，関数 guides の引数 fill で塗りつぶし色の凡例における項目の配列を設定しています。引数の指定にあたっては，関数 guide_legend が必要で，引数 nrow（ncol もあります）や byrow により配列の数や割り当ての方向を決めることができます。

14.7 状況・目的に応じたさまざまな図の描画

最終節では，度数分布表や水準ごとの平均値など集計値からなるデータフレームを用いた作図を説明し，これまでに取り上げていない幾何学的オブジェクトを紹介します。

14.7.1 集計データからの描画

データフレームに収められた集計値そのものに基づいて図を描く場合，geom_bar のように stat のデフォルト値が"count"（計数）などに設定された幾何学的オブジェクトについては，関数 geom_* において stat="identity"と設定します。これにより統計処理を抑制することができます。以下に，図 14.15 (a) と図 14.17 (b) のグラフを集計データから描くためのコードを示します。

---

[11] 引数 limits に水準のベクトルを指定すると，凡例に表示される水準の順番を制御することができます。例えば，limits=rev(keys) とすると，冬，秋，夏，春の順に凡例の項目が表示されます。
[12] ここでは塗りつぶし色のスケールを意味する引数 fill を用いて設定していますが，線や点の色であれば color，線種であれば linetype による設定となります。

14.7　状況・目的に応じたさまざまな図の描画　367

集計データからの棒グラフ

```
> ks_bar <-
+ ks %>%
+ group_by(季節, 天気) %>%
+ summarise(度数=n()) %>%
+ complete(季節, 天気, fill=list(度数=0)) %>%
+ as.data.frame()
> (P9_0 <- ggplot(ks_bar, aes(x=天気, y=度数))
+ + geom_bar(aes(fill=季節), stat="identity"))
```

集計データからの折れ線グラフ

```
> ks_line <-
+ ks %>%
+ group_by(月, 都市) %>%
+ summarise(平均降水量=mean(降水量)) %>%
+ as.data.frame()
> P9_1 <- ggplot(ks_line, aes(x=月, y=平均降水量))
> (P9_2 <- P9_1 + geom_line(aes(group=都市, color=都市,
+ linetype=都市), stat="identity"))
> (P9_3 <- P9_2 + geom_point(aes(group=都市, color=都市),
+ stat="identity"))
```

■ 14.7.2　他の幾何学的オブジェクトの紹介

　ggplot2 パッケージには，これまでに紹介した以外にも多くの幾何学的オブジェクトが用意されています。ここでは，それらのうち

- 文字の布置（geom_text）
- 推定密度関数による分布（geom_density）
- 垂直線の描画（geom_vline）
- 値の重なり・散らばり（geom_jitter）

を取り上げ，コードと図を示します。

　まずは関数 geom_text です。これは文字を布置する関数で，審美的属性として x と y に加えて label を指定する必要があります[13]。コード例を以下に示します。

文字情報を付加する（geom_text）

```
> P10_1 <- ggplot(data=ks, mapping=aes(x=天気)) + geom_bar()
> (P10_2 <- P10_1 + geom_text(aes(label=..count..), stat="count",
+ vjust=-0.5))
```

---

[13] コード内で y は明示的に指定していませんが，計数の統計処理による結果のオブジェクトが y として関数内部で生成されています。

計数処理を行って内部で生成されたオブジェクト ..count.. をラベルに採用し，それを x 軸，y 軸に関する座標点に布置します。なお，そのままでは文字と棒が重なってしまうため，引数 vjust によって y 軸方向の位置を一律に動かして重ならないように調整をしています。コードを実行すると，図 14.21 が得られます。

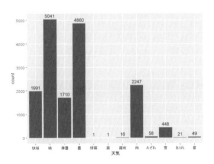

図 14.21　geom_text を用いた図の例

コラム 27：色に頼りすぎない

　本章の後半では，塗りつぶし，線，点の色の属性を変数にマッピングして作図する方法を紹介しました。しかし，このような色の利用には注意が必要です。それは，人によって色の認識が異なる可能性があるからです。全ての人が自分と同じように見えているとは限りません。作図における色の扱いについて，Okabe & Ito (2008) は以下のような注意点を挙げています。

- 作図するときに，使う色の数は最小限に留める
- 作図するときに，色だけで情報を伝えるのではなく，テクスチャ，線種，点の形状，文字情報などにおける違いでも同様に情報を伝えるようにする（図 14.17 (b) を参照。ただし，現在のところ ggplot でテクスチャを簡単に設定する方法はありません）
- 図の説明をするときには，色の名前だけを用いるのではなく，位置や形状に関する情報も併せて提示するようにする

　上記のことに加えて，多くの人にとって違いを認識しやすい色を用いることも大切です。Okabe & Ito (2008) に具体的なパレット（色の集まり）が紹介されています。また，それ以外にも同様の試みは行われており，Cynthia Brewer によって提案されたパレットが R のパッケージ RColorBrewer として実装されています。パッケージに含まれる関数を用いて，色見本を表示させたり，色のデータを取得したりすることができます。また，パッケージ ggplot2 には，関数 scale_fill_brewer や scale_color_brewer が用意されており，引数に指定したパレットの色に基づいて作図をすることができます。このような点にも気をつけて，適切に図を用いていく姿勢が大切です。

次は，関数 geom_density および geom_vline です．前者は，連続変数について，データを用いて推定された密度関数を描く関数です．推定密度分布のほうがヒストグラムよりも特徴が明確に表れる場合があります．後者は x 軸に対して垂直線を引く関数です．コード例を以下に示します．

```
分布の概形を調べる（geom_density, geom_vline）
> ks_mean_temp <-
+ ks %>%
+ group_by(季節, 都市) %>%
+ summarise(平均気温=mean(気温)) %>%
+ as.data.frame()
> P10_3 <- ggplot(data=ks, mapping=aes(x=気温))
+ + geom_density(aes(linetype=季節, color=季節))
> P10_4 <- P10_3 + geom_vline(data=ks_mean_temp,
+ aes(xintercept=平均気温, color=季節), linetype="twodash")
> (P10_5 <- P10_4 + facet_wrap(~都市))
```

geom_vline では，「季節」と「都市」の水準の組み合わせごとの「平均気温」を収めたデータフレーム ks_mean を利用し，垂直線を引く x 軸の値の引数 xintercept にその変数を指定します．コードを実行すると，図 14.22 が得られます．

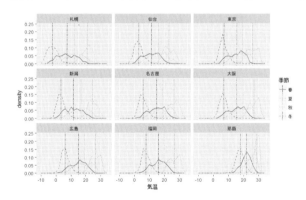

図 14.22　geom_density と geom_vline を用いた図の例

最後は関数 geom_jitter です．ある変数について全ての観測値を打点すると，同じ値のものは重なり，特徴を捉えにくくなってしまいます．geom_jitter は，打点の位置を変数の軸に直交する方向へずらすことで，この問題点を解決した図を作成します．ヒストグラムでは，度数が少なくてわかりにくい分布の端の部分について検討したい場合などに有効です．コード例を以下に示します．

データのばらつきを詳細に調べる（geom_jitter）

```
> P10_6 <- ggplot(data=ks, mapping=aes(x=都市, y=風速))
+ + geom_jitter(aes(color=季節, group=季節),
+ position=position_jitterdodge(dodge.width=0.6), alpha=1/5)
> (P10_7 <- P10_6 + stat_summary(aes(x=都市, y=風速, group=季節),
+ color="white", fun.y=median, geom="point", shape=4,
+ position=position_dodge(width=0.6)))
```

geom_jitter 内の引数 position で，点のずらし具合を指定しています．また，引数 alpha では点の透過の程度を決めています．"1/5" は，5つ重ねると透過度が0になるように各点を透過させることを意味します．なお，最後の stat_summary では，dodge の幅を合わせたうえで中央値を打点しています．コードを実行すると，図14.23 が得られます．

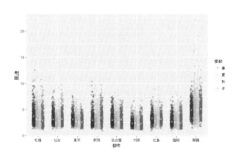

図 14.23　geom_jitter を用いた図の例

章末演習

「6都市の気象.csv」は，鹿児島，高松，金沢，長野，横浜，青森の2016年各日の気象データが収められています．このデータファイルには以下の9つの変数が含まれます．

- 「都市」：鹿児島，高松，金沢，長野，横浜，青森
- 「月」：1〜12
- 「日」：1〜31
- 「季節」：春，夏，秋，冬
- 「午前天気」：午前9時時点の天気（快晴，晴，薄曇，曇，霧，雨，みぞれ，雪，あられ，雷）
- 「午後天気」：午後3時時点の天気（快晴，晴，薄曇，曇，霧，雨，みぞれ，雪，あられ，雷）

- 「気温」：1 日の平均気温〔C°〕
- 「風速」：1 日の平均風速〔m/秒〕
- 「降水量」：1 日の累積降水量〔mm〕

問1 「6 都市の気象.csv」を読み込んで rtks というオブジェクトに代入し，「都市」から「午後天気」までの各変数について，上に書かれた水準の順で因子ベクトルの設定をしてください．

問2 rtks により，「午後天気」の棒グラフを描いてください．

問3 rtks により，関数 stat_summary を用いて「季節」を x 軸，「気温」の平均を y 軸に配した折れ線グラフを描いてください．

問4 rtks により，関数 summarise を用いて「季節」の水準ごとの平均気温を変数に含むデータフレームを作成し，オブジェクト rtks2 に代入してください．

問5 rtks2 により，「季節」を x 軸，「気温」の平均を y 軸に配した棒グラフを描いてください．

問6 rtks により，塗りつぶし色を「季節」にマッピングした「午後天気」の積み上げ棒グラフを「都市」で層化して描いてください．

第 **15** 章

多変量解析を実践で生かしたい
——手法の組み合わせ

　本書では，各章で 1 つの多変量解析手法を取り上げ，それをどのような場面でどのように適用すればよいかを解説してきました。しかし，実際のデータ分析場面では，複雑な研究目的を達成するために複数の多変量解析手法を組み合わせて使用する必要も生じます。本章では，そのような場面を想定して，手法の組み合わせについて説明します。

　解析手法を組み合わせて適用する代表的な例として，以下の 3 つを取り上げて分析の流れを紹介します。

1. グループ化 → グループの影響の検討
2. 尺度得点化 → 尺度得点による説明
3. 測定状況の確認 → 多変数間の関係の検討

　1 つ目は，複数の変数から観測対象を分類し，その結果を用いて分類の違いが別の変数に与える影響を調べます。2 つ目は，似通った内容に関する多数の観測変数をまとめて尺度を構成し，その尺度得点を使って別の変数を説明します。3 つ目は，潜在変数が適切に測定されているかどうかを確認し，その変数を一部として組み込んで，より大きいモデルについて検討します。

15.1　グループ化——グループの影響の検討

■ 15.1.1　データの概要

　首都圏で食品スーパーマーケットを展開する Z 社では，店舗の改装を予定しています。社員の P さんは店舗改装の方針を探るために調査データの分析を行うことになりました。ファイル「店舗調査.csv」に収められたデータ（以下，店舗データ）は，

15.1　グループ化──グループの影響の検討　　373

ランダムに選ばれた 160 の各店舗についてランダムに選ばれた 50 人の顧客から得られた観測値の平均をまとめたものです（図 15.1）。店舗データは 6 つの変数からなっており，各変数の内容は以下のとおりです。

- 「店舗」：店舗の識別子
- 「明るさ」：店舗内の明るさの印象（5 件法）（全くそう思わない（1）〜 非常にそう思う（5））
- 「広さ」：店舗内の広さの印象（5 件法）
- 「整然さ」：店舗内の整然さの印象（5 件法）
- 「清潔さ」：店舗内の清潔さの印象（5 件法）
- 「滞在時間」：店舗内に滞在していた時間〔分〕

	A	B	C	D	E	F
1	店舗	明るさ	広さ	整然さ	清潔さ	滞在時間
2	店舗1	1.7	2.02	1.69	1.88	15.98
3	店舗2	3.46	3.51	1.96	3.98	57.97
4	店舗3	2.15	1.27	1.42	2.08	15.37
5	店舗4	3.74	3.67	3.58	3.66	44.7
6	店舗5	4.09	4.4	4.02	3.45	50.01
7	店舗6	4.22	3.32	3.76	3.81	44.96

図 15.1　「店舗調査.csv」（一部抜粋）

■ 15.1.2　分析の目的と用いる手法

　分析の目的は，顧客が抱く印象の違いから店舗をグループ化し，グループの違いが滞在時間に与える影響について検討することです。グループ化をすることにより話を単純化し，グループごとに店舗改装の方針を立てることに繋げるという狙いもあります。用いる手法は，以下のとおりとします。

1. グループ化：階層的クラスター分析
2. グループの影響の検討：分散分析

　グループの影響の検討として，ここではグループごとに滞在時間の平均に違いがあるかどうかを調べます。

■ 15.1.3　データの内容の確認

　店舗データを実際に読み込んで，内容を確認しましょう。以下に，そのためのコードを示します。

```
データの読み込み，データフレームの確認
> tmp <- read.csv("店舗調査.csv", row.names=1)  #データの読み込み
> head(tmp)
```

374 第 15 章　多変量解析を実践で生かしたい

	明るさ	広さ	整然さ	清潔さ	滞在時間
店舗1	1.70	2.02	1.69	1.88	15.98
店舗2	3.46	3.51	1.96	3.98	57.97
店舗3	2.15	1.27	1.42	2.08	15.37
店舗4	3.74	3.67	3.58	3.66	44.70
店舗5	4.09	4.40	4.02	3.45	50.01
店舗6	4.22	3.32	3.76	3.81	44.96

関数 read.csv において row.names=1 と指定することで，元の csv ファイルの 1 列目をデータフレームの行名として採用しています。

■ 15.1.4　グループ化

「明るさ」「広さ」「整然さ」「清潔さ」の 4 つの変数を用いて，160 の店舗を少数のグループに分類します。データフレーム tmp から滞在時間以外の変数を取り出したオブジェクトを用いて，階層的クラスター分析（ウォード法）によってデンドログラムを描いてみましょう。

階層的クラスター分析の実行

```
> tmp_clt <- tmp[, c("明るさ","広さ","整然さ","清潔さ")]
> D0 <- dist(tmp_clt, method="euclidean")
> D <- (1/2)*D0^2
> tmp.out <- hclust(d=D, method="ward.D")
> plot(as.dendrogram(tmp.out), ylab="非類似度",
+ nodePar=list(lab.cex=0.5, pch=NA), ylim=c(0,500))
```

変数の分散がそこまで大きく異ならないので，変数はあえて標準化せずに，解釈の容易さを優先して分析を行います。また，関数 plot の引数 nodePar により，各対象を示すラベルの大きさを設定しています。

得られたデンドログラム（図 15.2）における併合時の非類似度の変化から，3 個もしくは 4 個のグループ（以下，クラスター）に分類するのがよさそうです。そこで，4 つの変数に関するクラスター数の違いを図に表して確認します。そのためのコードを以下に示します。

クラスター数の違いの図示

```
> cluster3 <- as.factor(cutree(tmp.out, k=3))
> cluster4 <- as.factor(cutree(tmp.out, k=4))
> tmp_clt_resW <- data.frame(tmp_clt, "クラスター数3"=cluster3,
+ "クラスター数4"=cluster4, "店舗"=row.names(tmp_clt))
> library(tidyr)
> tmp_clt_resL1 <- gather(tmp_clt_resW, key=観点, value=評価値,
+ -クラスター数3, -クラスター数4, -店舗)
```

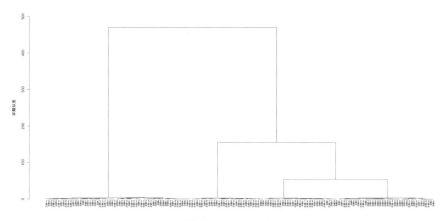

図 15.2 階層的クラスター分析の結果

```
> tmp_clt_resL2 <- gather(tmp_clt_resL1, key=クラスター数,
+ value=クラスター, -観点, -評価値, -店舗)
> library(ggplot2)
> P0 <- ggplot(data=tmp_clt_resL2, aes(x=観点))
> P1 <- P0 + geom_line(aes(y=評価値, color=クラスター,
+ linetype=クラスター, group=店舗), stat="identity")
> (P2 <- P1 + facet_wrap(~クラスター数))
```

　前半のコードで，クラスター数を3および4とした場合に各対象に割り当てられるクラスター番号からなる変数を作成し，それらを各列に収めたワイドフォーマットのデータフレーム（tmp_clt_resW）を作成します。そして，それをパッケージ tidyr の関数 gather を用いてロングフォーマットのデータフレーム（tmp_clt_resL1, tmp_clt_resL2）へと変換します。引数 value に指定した名前の変数が作られ，それ以降に "-" をつけて指定された変数を除くデータフレーム内の全変数の要素が展開され，その要素として収められます。また，各要素が由来する変数名が，引数 key に指定した変数名の変数に収められます。

　後半のコードでは，パッケージ ggplot2 の関数を利用して，クラスター数で層化したときの各印象観点の評価値をプロットします。図 15.3 を確認すると，クラスター数3の図において評価値が高い部分で観察されるクラスター番号3内の異質性が，クラスター数を4としたときには分離されています[*1]。

[*1] "by(tmp_clt, cluster4, FUN=function(x){apply(x,2,mean)})" といったコードで，各クラスターの変数ごとの平均値が得られます。

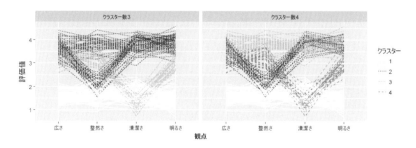

図 15.3 異なるクラスター数における対象の分類の様子

```
クラスター数の妥当性の確認
> from <- 1; to <- 11
> clabel <- function(x){factor(cutree(tmp.out, k=x))}
> clusters <- data.frame(lapply(from:to, clabel))
> names(clusters) <- from:to
> CNvalidity(dat=tmp_clt, clusters=clusters)
  cluster.n       CH          H      diffH         KL
1         2 277.1899 217.093811  60.0960693  1.9498660
2         3 436.6957 142.662424  74.4313877  2.3824579
3         4 601.3741  13.551246 129.1111775 23.3784885
4         5 490.7068  11.470081   2.0811654  1.4030823
5         6 421.3768  11.134989   0.3350916  2.7948535
6         7 376.1128   8.604102   2.5308876  0.5776817
7         8 339.6339   8.839627  -0.2355254  5.8109245
8         9 313.6121   9.208399  -0.3687715  0.2906838
9        10 294.9433   8.114415   1.0939831  1.2918408
```

　クラスター数の妥当性に関する指標を確認しても、4つに分類することに問題はなく、クラスター数は4として店舗を分類することにします。図15.3から簡単に解釈をすると、クラスター1は全ての観点において評価が低い店舗群、クラスター2は整然さのみ評価が低く、それ以外の観点では評価が高い店舗群、クラスター3は全ての観点で評価が高い店舗群、クラスター4は清潔さの評価がとても低く、それ以外の観点の評価は中庸な店舗群です。

15.1.5　グループの影響の検討

　続いて、先の分類で得られたカテゴリカル変数（cluster4）を用いて、グループごとの「滞在時間」の平均を求め、それらの間に違いがあるかどうかを検討します。グループが4つなので、違いの検討には一元配置分散分析（対応なし）[*2]を用います。

　[*2] 一元配置分散分析（対応なし）については、『Rによるやさしい統計学』p.159〜172に解説があります。

15.1 グループ化——グループの影響の検討 **377**

1要因の分散分析（全体）

```
> tmp_aov <- data.frame(tmp, "クラスター"=cluster4)
> tapply(tmp_aov[,"滞在時間"], INDEX=tmp_aov[,"クラスター"], FUN=mean)
       1        2        3        4
23.86133 63.95033 44.23775 29.18467

> tmp_aov.out <- aov(formula=滞在時間~クラスター, data=tmp_aov)
> summary(tmp_aov.out)

             Df Sum Sq Mean Sq F value Pr(>F)
クラスター    3  36039   12013   370.7 <2e-16 ***
Residuals   156   5055      32
---
Signif. codes:  0 ‘***’ 0.001 ‘**’ 0.01 ‘*’ 0.05 ‘.’ 0.1 ‘ ’ 1
```

まず，最初に読み込んだデータフレームにクラスターの変数を追加したデータフレームのオブジェクト（tmp_aov）を作成し，関数 tapply（使用法は 1.3.2 項を参照）によりクラスターごとの平均を確認します。

続いて，関数 aov の引数 data にこのデータフレームを指定し，引数 formula に「(特性値の変数名)~(要因の変数名)」の形式で，分散分析のモデルを指定します。出力を確認すると，クラスターの行の p 値（Pr(>F)）は 0.001 を下回っていますので，母集団において，どのタイプの店舗かにより滞在時間の平均に違いが生じることになります。

具体的に，どのタイプとどのタイプの間で滞在時間の平均に違いがあるかを検討するためには，多重比較を行います。多重比較にはいろいろな方法がありますが，ここでは最も単純な方法の1つであるテューキー（Tukey）の方法[3]を利用します。

1要因の分散分析（多重比較）

```
> TukeyHSD(tmp_aov.out)
  Tukey multiple comparisons of means
    95% family-wise confidence level

          diff        lwr        upr     p adj
2-1  40.089000  36.783318  43.394682 0.0000000
3-1  20.376417  17.358756  23.394077 0.0000000
4-1   5.323333   2.017652   8.629015 0.0002785
3-2 -19.712583 -23.283128 -16.142039 0.0000000
4-2 -34.765667 -38.582739 -30.948594 0.0000000
4-3 -15.053083 -18.623628 -11.482539 0.0000000
```

15

---

[3] テューキーの方法については，『R によるやさしい統計学』p.173～174 に解説があります。

378 第15章 多変量解析を実践で生かしたい

　出力における diff の列は，行名におけるハイフンの左側のカテゴリの平均から右側のカテゴリの平均を減じた2つの群の平均値の差を表し，lwr と upr はその95%信頼区間の下限と上限，p adj は調整済み[*4]の p 値を表します。2-1（クラスター2とクラスター1）から4-3までの全ての組み合わせで p 値が0.001を下回っていますので，全てにおいて滞在時間の平均に差があると言えます。クラスター4（清潔さの評価がとても低く，それ以外の観点の評価は中庸な店舗群）については，全観点での評価が低いクラスター1までは行かずとも，他の2つのクラスターに比べて滞在時間がかなり短いようです。

> **報告例**
>
> 　160店舗について，各50人が明るさ，広さ，整然さ，清潔さの観点で評価した値の平均を観測値としたデータから，店舗の分類を行った。階層的クラスター分析（ウォード法を用い，対象間の非類似度は平方ユークリッド距離の1/2倍とした）の結果として得られたデンドログラムとクラスターごとの観測値の傾向から，4クラスターで解釈可能性の高さが示唆され，Caliński & Harabasz (1974)，Hartigan (1975)，Krzanowski & Lai (1988) の指標からもクラスター数の妥当性が支持された。4つのクラスターは「全観点低評価」クラスター，「整然さが低評価でそれ以外は高評価」クラスター，「全観点高評価」クラスター，「清潔さが低評価でそれ以外は中庸」クラスターと解釈された。
>
> 　続いて，先の分類によるクラスターの違いが滞在時間に与える影響を調べるため，クラスターを要因，平均滞在時間を特性値とした一元配置分散分析（対応なし）を行った。要因の効果は有意であり（$F(3, 156) = 370.728$，$p < .000$），多重比較を行ったところ，全ての組み合わせについて有意差が認められた。平均値差の値からは「清潔さが低評価でそれ以外は中庸」クラスターの滞在時間の低さが特徴的であり，対象店舗の改善の必要性が示唆された。

15.2　尺度得点化 —— 尺度得点による説明

15.2.1　データの概要

　ある研究所に勤める J 君はサザエさん症候群（休みが終わりに近づく日曜日の夕方に，憂鬱になったり倦怠感を覚えたりすること）に関する研究に携わっています。J 君が先日初めて競馬場に行ってみたところ，とても良いリフレッシュになり，やる気も湧いてきました。そこで，競馬を楽しむこととサザエさん症候群の関係を調べてみようと考えました。J 君は競馬に詳しい友人に協力してもらい，競馬を楽しむ程度

[*4] 比較する群の標本サイズが異なる場合に調整を行います。この方法は Tukey-Kramer 法と呼ばれます。

15.2 尺度得点化 — 尺度得点による説明　379

を測定するための項目を用意し，日曜日の夕方に競馬場でアンケート調査を行いました。そうして得られたデータが「競馬調査.csv」（以下，競馬データ）にまとめられています。図 15.4 にその一部を示します。

	A	B	C	D	E	F	G	H	I	J	K	L	M	N	O	P	Q	R	S	T	U	V	W	X
1	X1	X2	X3	X4	X5	X6	X7	X8	X9	X10	Y1	Y2	Y3	Y4	Y5	Y6	Y7	Y8	Y9	Y10	サザエ	収支	性別	年齢
2	2	3	3	3	3	3	3	2	3	3	2	2	4	3	3	3	3	4	2	3	30	-4.7	1	47
3	3	3	3	3	2	3	2	2	3	2	3	2	4	3	3	3	3	3	3	4	41	-0.8	1	43
4	3	4	4	3	4	4	3	2	4	3	2	3	2	2	4	3	2	4	2	3	35	7	0	41
5	4	4	3	3	4	4	4	5	3	2	4	3	3	4	3	4	3	3	2	2	26	-7.5	0	42
6	3	2	3	3	2	3	2	3	2	3	3	2	3	4	2	3	4	2	3	3	33	-0.2	1	33

図 15.4　「競馬調査.csv」（一部抜粋）

競馬データには 24 個の変数があります。各変数の内容は以下のとおりです。

- 「X1」〜「X10」：スポーツ観戦として，競馬を楽しむことに関する 10 項目（5 件法）（全くそう思わない（1）〜 非常にそう思う（5））
- 「Y1」〜「Y10」：ゲームやギャンブルとして，競馬を楽しむことに関する 10 項目（5 件法）
- 「サザエ」：サザエさん症候群の傾向を測る尺度得点
- 「収支」：その日の馬券の収支〔千円〕
- 「性別」：女性 = 0，男性 = 1
- 「年齢」

競馬を楽しむことに関する項目については，スポーツ観戦としての視点とゲームやギャンブルとしての視点から，それぞれ 10 個の質問文を用意しました（表 15.1）。

■ 15.2.2　分析の目的と用いる手法

分析の目的は，競馬を楽しむことに関する尺度を構成し，その尺度得点を説明変数としてサザエさん症候群の傾向を説明することです。用いる手法は，以下のとおりとします。

1. 尺度得点化：探索的因子分析
2. 尺度得点による説明：階層的重回帰分析

競馬を楽しむことに関する項目は，2 つの観点から作成して 2 因子を想定してはいるものの，先行研究があるわけではないので，探索的因子分析を用いてこれらの項目について分析します。尺度得点を用いた説明では，統制変数の意味合いとして「性別」「年齢」「収支」の変数を採用したうえで，競馬を楽しむ程度がサザエさん症候群の傾向を説明するかどうかを検討します。

380 第 15 章 多変量解析を実践で生かしたい

表 15.1 質問文

記号	内　容
X1	観客が一体となって盛り上がると気持ちが高揚する
X2	騎手を応援するのが楽しい
X3	馬同士の真剣勝負にすがすがしさを感じる
X4	大きな声で馬を応援すると気持ちが晴れる
X5	過去に応援していた馬の子供や孫が出走しているとうれしい気持ちになる
X6	ゴール前の接戦を見るとどきどきする
X7	競走馬の馬体や走る姿を見て，優美さにほれぼれする
X8	広々とした空間が気持ちいい
X9	ファンファーレを聴くとわくわくする
X10	芝生の色や匂いで気持ちが落ち着く
Y1	当たったときの払戻金を想像するとどきどきする
Y2	馬の特徴からどの馬が勝つかを考えるのが楽しい
Y3	レース展開からどの馬が勝つかを考えるのが楽しい
Y4	コースの特徴からどの馬が勝つかを考えるのが楽しい
Y5	騎手の特徴からどの馬が勝つかを考えるのが楽しい
Y6	収支がプラスになるとうれしい
Y7	他者の予想について考えたり議論したりするのが楽しい
Y8	どの馬券を買うと利益を得やすいかを考えるのが面白い
Y9	穴を開ける馬を探すのが楽しい
Y10	考えたとおりに馬券が当たるとうれしい

■ 15.2.3　データの内容の確認

競馬データを読み込んで，内容を確認しましょう。そのためのコードを示します。

データの読み込み，データフレームの確認

```
> kbs <- read.csv("競馬調査.csv")  #データの読み込み
> head(kbs)
  X1 X2 -略- X10 Y1 Y2  -略-  Y10 サザエ  収支 性別 年齢
1  2  3       3  2  2          3    30 -4.7    1   47
2  3  3       2  3  3          4    41 -0.8    1   43
3  3  4       2  2  3          3    35  7.0    0   41
4  4  4       3  2  2          2    26 -7.5    0   42
5  3  2       3  3  3          3    33 -0.2    1   33
6  2  2       3  3  3          4    34 -9.7    0   41
```

■ 15.2.4　尺度得点化

質問項目に対する回答から競馬を楽しむことに関する尺度を構成し，最終的に尺度得点を算出します。読み込んだデータフレーム kbs より，「X1」から「Y10」までの前半 20 個の変数を取り出したデータフレームを作成して，探索的因子分析を行います。まず，因子数を決定するために，スクリープロットと平行分析を出力しましょう。

15.2 尺度得点化——尺度得点による説明

データの整形と因子数の検討

```
> kbs_fa <- kbs[,1:20]
> library(psych)
> VSS.scree(kbs_fa)
> eigen(cor(kbs_fa))$values
> fa.parallel(kbs_fa, fm="ml", fa="pc", n.iter=100)
```

　図 15.5 および図 15.6 に示す出力を見ると，ガットマン基準では因子数 3，スクリーテストと平行分析からは因子数 2 とするのが良さそうです．第 3 因子の固有値が 1 をわずかに超えていますが，スクリープロットを見ると第 2 因子との乖離が大き

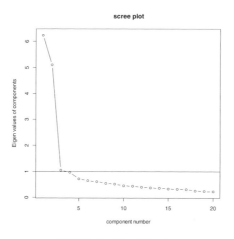

図 15.5　スクリープロット

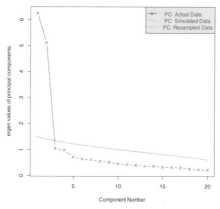

図 15.6　平行分析

382　第15章　多変量解析を実践で生かしたい

く，第4因子との乖離はわずかですので，因子数を2として因子の抽出および回転を
行います。

```
探索的因子分析の結果
> library(GPArotation)
> kbs_fa.out <- fa(kbs_fa, nfactors=2, fm="ml", rotate="promax")
> print(kbs_fa.out, sort=TRUE, digits=3)
-出力の一部-
Standardized loadings (pattern matrix) based upon correlation matrix
     item    ML1     ML2      h2     u2  com
X1      1  0.858   0.032  0.7436  0.256 1.00
X6      6  0.850  -0.029  0.7186  0.281 1.00
X7      7  0.818  -0.033  0.6639  0.336 1.00
X8      8  0.776  -0.040  0.5972  0.403 1.01
X3      3  0.773   0.013  0.5998  0.400 1.00
X4      4  0.769  -0.008  0.5899  0.410 1.00
X9      9  0.720  -0.017  0.5165  0.483 1.00
X10    10  0.681  -0.029  0.4599  0.540 1.00
X5      5  0.643   0.128  0.4476  0.552 1.08
X2      2  0.630  -0.089  0.3935  0.606 1.04
Y10    20 -0.039   0.878  0.7652  0.235 1.00
Y6     16 -0.024   0.822  0.6723  0.328 1.00
Y1     11  0.053   0.817  0.6790  0.321 1.01
Y4     14 -0.021   0.787  0.6165  0.383 1.00
Y3     13 -0.032   0.762  0.5771  0.423 1.00
Y2     12 -0.048   0.758  0.5687  0.431 1.01
Y5     15 -0.031   0.703  0.4911  0.509 1.00
Y7     17 -0.048   0.601  0.3570  0.643 1.01
Y9     19 -0.015   0.232  0.0532  0.947 1.01
Y8     18  0.071   0.143  0.0276  0.972 1.47
With factor correlations of
      ML1    ML2
ML1 1.000  0.105
ML2 0.105  1.000
```

　ML1およびML2の列より因子負荷の値を確認すると，第1因子は「X1」から「X10」，
第2因子は「Y1」から「Y10」と比較的関係が強いことがわかります。第2因子に
ついては，「Y8」と「Y9」の因子負荷の値が小さく，内容面から考えても一般性を欠
く項目と思われるので，尺度から除くことにします。残った項目の内容と因子負荷の
値から検討して，第1因子は「スポーツ観戦として競馬レースや競馬場を満喫する」
程度，第2因子は「ゲームやギャンブルとして競馬レースを満喫する」程度として捉
え，尺度としてそれぞれ「競馬満喫尺度（観戦）」「競馬満喫尺度（ゲーム・ギャンブ
ル）」とします。

　それぞれの尺度を構成する項目数は10項目および8項目で，一定数が確保されて

いるため，ここでは項目の合計得点を尺度得点とします。合計得点の信頼性係数の推定値である α 係数を算出して，尺度の信頼性を確認しましょう。

α 係数の算出

```
> kbs_S1 <- kbs_fa[,1:10]
> alpha(kbs_S1)
-出力の一部-
  raw_alpha std.alpha G6(smc) average_r S/N   ase mean  sd
       0.93      0.93    0.93      0.56  13 0.0061 3.1 0.62

 lower alpha upper     95% confidence boundaries
  0.92  0.93  0.94

> kbs_S2 <- kbs_fa[, -1 * c(1:10, 18, 19)]
> alpha(kbs_S2)
-出力の一部-
  raw_alpha std.alpha G6(smc) average_r S/N   ase mean   sd
       0.92      0.92    0.91      0.58  11 0.007   3 0.59

 lower alpha upper     95% confidence boundaries
   0.9  0.92  0.93
```

`raw_alpha` と "95% confidence boundaries" の値から，「競馬満喫尺度（観戦）」と「競馬満喫尺度（ゲーム・ギャンブル）」の α 係数は，それぞれ 0.93（95%CI [0.92, 0.94]）と 0.92（95%CI [0.90, 0.93]）であり，どちらの尺度も信頼性の高さが推測されます。これをもって尺度構成を終え，尺度得点を算出します。

尺度得点の算出

```
> S1 <- rowSums(kbs_S1)
> S2 <- rowSums(kbs_S2)
```

関数 rowSums により，データフレームの数値を行方向に足し合わせます。オブジェクト S1，S2 がそれぞれ「競馬満喫尺度（観戦）」尺度得点，「競馬満喫尺度（ゲーム・ギャンブル）」尺度得点です。

■ 15.2.5 尺度得点を用いた説明

それでは，得られた尺度得点を用いてサザエさん症候群の傾向に対する影響を階層的重回帰分析によって検討しましょう。サザエさん症候群の傾向はすでに尺度化が行われており，尺度得点が得られているものとします。まず，簡単のため，分析に該当する変数だけを取り出したデータフレームを作成します。

384 第 15 章　多変量解析を実践で生かしたい

階層的重回帰分析用のデータフレームの作成

```
> kbs_hmr <- data.frame(kbs[, c("サザエ","収支","性別","年齢")], S1, S2)
> head(kbs_hmr)
  サザエ 収支 性別 年齢 S1 S2
1    30 -4.7    1   47 28 23
2    41 -0.8    1   43 25 26
3    35  7.0    0   41 34 21
4    26 -7.5    0   42 38 21
5    33 -0.2    1   33 27 24
6    34 -9.7    0   41 27 28
```

この分析では，サザエさん症候群傾向の尺度得点を目的変数として，

モデル 1　性別，年齢，収支

モデル 2　性別，年齢，収支，「競馬満喫尺度（観戦）」尺度得点，「競馬満喫尺度（ゲーム・ギャンブル）」尺度得点

のように，異なる説明変数群を持つ 2 つのモデルを分析します。「性別」「年齢」「収支」を説明変数として投入するモデル 1 に対して，さらに 2 つの競馬満喫尺度得点を説明変数に投入したときに，追加した変数が目的変数の説明に役立つかどうかを検討します。分析のためのコードと出力を以下に示します。

階層的重回帰分析の実行（分散説明率の増分の検定）

```
> M1 <- lm(サザエ~性別+年齢+収支, data=kbs_hmr)
> (M1_R2 <- summary(M1)$r.squared)
[1] 0.4486624

> M2 <- lm(サザエ~性別+年齢+収支+S1+S2, data=kbs_hmr)
> (M2_R2 <- summary(M2)$r.squared)
[1] 0.4784451

> M2_R2 - M1_R2    #分散説明率の増分
[1] 0.02978268

> anova(M1, M2)
Analysis of Variance Table

Model 1: サザエ ~ 性別 + 年齢 + 収支
Model 2: サザエ ~ 性別 + 年齢 + 収支 + S1 + S2
  Res.Df    RSS Df Sum of Sq      F    Pr(>F)
1    296 7023.5
2    294 6644.1  2     379.4 8.3942 0.0002849 ***
```

関数 anova を用いた分散説明率の増分に関する検定の結果を見ると，p 値（Pr(>F)）が 0.001 を下回っており，2 つの競馬満喫尺度得点を加えたことで，サザエさん症候

群傾向尺度得点がより良く説明されることがわかります。また，以下に示すとおり，AIC の観点からも，2 つの競馬満喫尺度得点を加えたほうがよいことが示されています。

階層的重回帰分析の実行（AIC の算出）

```
> extractAIC(M1)
[1]    4.0000 953.9696

> extractAIC(M2)
[1]    6.0000 941.3098
```

投入後の重回帰分析の結果

```
> summary(M2)
Coefficients:
            Estimate Std. Error t value Pr(>|t|)
(Intercept) 35.21827    2.45733  14.332  < 2e-16 ***
性別         0.69882    0.57256   1.221  0.22325
年齢         0.05838    0.04345   1.344  0.18013
収支        -0.53608    0.03896 -13.759  < 2e-16 ***
S1          -0.13999    0.04965  -2.820  0.00513 **
S2          -0.16195    0.05801  -2.792  0.00558 **

> confint(M2, level=0.95)
                 2.5 %        97.5 %
(Intercept) 30.38207997 40.05445662
性別        -0.42801382  1.82565141
年齢        -0.02713507  0.14389239
収支        -0.61275658 -0.45939347
S1          -0.23770090 -0.04228129
S2          -0.27611482 -0.04779148
```

　投入後のモデルの推定値を確認すると，どちらの競馬満喫尺度得点もサザエさん症候群傾向の尺度得点に負の影響を与えており，競馬を満喫することで，サザエさん症候群の傾向が緩和されることが示唆されます。

報告例

　競馬を楽しむことのサザエさん症候群傾向に対する影響について調べるため，まず，競馬を楽しむ程度を測定する尺度を構成した。2 つの下位概念を想定して作成した計 20 個の項目について 300 人から得られたデータに，探索的因子分析（最尤法・プロマックス回転）を適用した。固有値は 6.247, 5.102, 1.047, 0.970, 0.712, … であり，1 を超える固有値は 3 つであったが，固有値の減衰状況と平行分析の結果からは 2 因子が示唆され，それらの総合的判断ともともとの下位尺度の想定

から，2因子解を採用した。その結果，「スポーツ観戦として競馬レースや競馬場を満喫する」程度と「ゲームやギャンブルとして競馬レースを満喫する」程度の因子が抽出され，因子負荷の小さい項目を除いて「競馬満喫尺度（観戦）」（10項目，$\alpha = .928$）と「競馬満喫尺度（ゲーム・ギャンブル）」（8項目，$\alpha = .918$）が構成された。

各作成尺度について項目の値の合計を尺度得点とし，「性別」「年齢」「収支」を統制したうえで2つの尺度得点がサザエさん症候群傾向を説明するかどうかを検討した。階層的重回帰分析を利用し，「性別」「年齢」「収支」を説明変数としたモデル1に対して，モデル2として上記の2つの尺度得点を追加投入した。その結果，モデル2の決定係数の増分は有意であり（$\Delta R^2 = .030$，$F(2, 294) = 8.394$，$p < .000$），3変数による統制のもと，2つの尺度によってサザエさん症候群傾向が説明されることがわかった（下表参照）。「競馬満喫尺度（観戦）」と「競馬満喫尺度（ゲーム・ギャンブル）」の係数は，どちらも負に推定されており（-0.140（95%CI $[-0.238, -0.042]$），-0.162（95%CI $[-0.276, -0.048]$）），競馬を楽しむことでサザエさん症候群傾向が緩和される可能性が示唆された。

表：階層的重回帰分析の結果

		推定値	標準誤差	95%CI
ステップ1	性別	1.195	0.565	[0.083, 0.307]
$R^2 = .449$	年齢	0.037	0.044	[−0.050, 0.123]
	収支	−0.574	0.037	[−0.647, −0.501]
ステップ2	性別	0.699	0.573	[−0.428, 1.826]
	年齢	0.058	0.043	[−0.027, 0.144]
$R^2 = .478$	収支	−0.536	0.039	[−0.613, −0.459]
$\Delta R^2 = .030$	競馬満喫尺度（観戦）	−0.140	0.050	[−0.238, −0.042]
	競馬満喫尺度（ゲーム・ギャンブル）	−0.162	0.058	[−0.276, −0.048]

15.3　測定状況の確認——多変数間の関係の検討

■ 15.3.1　データの概要

教育心理学の研究室に所属するVさんは，男子高校生の逸脱行為に関心を持っています。修士論文の研究として，逸脱行為に関係しそうな「情緒的共感」（他人の感情に共感できる程度）と「暴力肯定観」（暴力行為を肯定する程度）を，「学業不適応感」（学業面で適応できていないと感じる程度），「友人関係不適応感」（友人関係で適応できていないと感じる程度），「BMI」で説明するモデル（図15.7）を立て，

仮説1　（他の変数で統制したとき）「学業不適応感」および「友人関係不適応感」は「情緒的共感」に負，「暴力肯定観」に正の影響を与える

仮説2　（他の変数で統制したとき）「BMI」は「暴力肯定観」に正の影響を与える

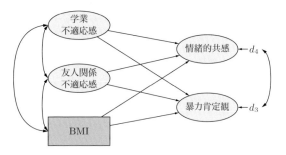

図 15.7 検討モデル（観測変数は省略）

について検討することにしました[*5]。なお，4つの構成概念のうち，「情緒的共感」と「暴力肯定観」については既存の尺度項目を高校生用に修正して使用し，それ以外は既存の尺度をそのまま使用しました。

夏休みを利用して400人の男子高校生から収集した結果が，「男子校調査.csv」のデータ（以下，男子校データ）です（図15.8）。全部で21個の変数が含まれており，その内容は以下のとおりです。

- 「学業1」～「学業5」：学業不適応感の程度を測定する5項目（5件法）（全くそう思わない（1）～非常にそう思う（5））
- 「友人1」～「友人5」：友人関係不適応感の程度を測定する5項目（5件法）
- 「情緒1」～「情緒5」：情緒的共感の程度を測定する5項目（5件法）
- 「暴力1」～「暴力5」：暴力肯定観の程度を測定する5項目（5件法）
- 「BMI」：Body Mass Index の値

図 15.8　「男子校調査.csv」（一部抜粋）

[*5] 「情緒的共感」と「暴力肯定観」については，負の相関（他人の感情に共感できないと暴力を肯定する考えを持つ）という関係を想定します。この負の相関はモデルとして取り上げた説明変数だけでは説明しきれず，学業以外の活動の不適応や家族関係の不適応などの共通要因から誤差間相関として残ると仮定します。

388 第15章 多変量解析を実践で生かしたい

■ 15.3.2 分析の目的と用いる手法

分析の目的は，潜在変数を伴う多変数間の関係をモデル化し，その推定結果から仮説を検証することです。ただし，目的変数である2つの変数「情緒的共感」「暴力肯定観」については，関連する項目の内容が修正されているため，尺度としての適切さをあらかじめ確認します。目的達成のための手順と手法は以下のとおりです。

1. 測定状況の確認：確認的因子分析
2. 多変数間の関係の検討：潜在変数を伴うパス解析

なお，測定状況の確認のための分析は，項目内容を修正した「情緒1」～「情緒5」，「暴力1」～「暴力5」の10個の変数のみを対象とします。

■ 15.3.3 データの内容の確認

男子校データを読み込んで，内容を確認しましょう。以下に，そのためのコードを示します。

```
データの読み込み，データフレームの確認
> dsk <- read.csv("男子校調査.csv")  #データの読み込み
> head(dsk)
  学業1 -略- 友人5 情緒1 -略- 暴力5   BMI
1    2         3    3         2  19.02
2    3         3    3         3  19.67
3    3         2    5         3  22.00
4    3         4    2         3  18.89
5    3         2    3         3  18.74
6    3         3    3         2  20.93
```

■ 15.3.4 尺度の測定状況の確認

因子として想定される「情緒的共感」「暴力肯定観」からそれぞれを測定する観測変数にのみ影響が与えられることを仮定した2因子モデルをデータフレーム dsk に適用し，当てはまりの良さを確認します。パス図に示したように，「情緒的共感」と「暴力肯定観」には誤差間の相関に基づく相関関係が想定されるため，2因子モデルであればその部分の確認も可能となります。モデルの記述から推定，出力までを実行するコードを以下に示します。

```
確認的因子分析モデルの推定
> dsk_model_cfa <- "
+ 情緒=~情緒1+情緒2+情緒3+情緒4+情緒5
+ 暴力=~暴力1+暴力2+暴力3+暴力4+暴力5
+ "
```

15.3　測定状況の確認——多変数間の関係の検討　　389

```
> library(lavaan)
> dsk.out_cfa <- cfa(model=dsk_model_cfa, data=dsk)
> summary(dsk.out_cfa, fit.measures=TRUE, standardized=TRUE, ci=TRUE)
-出力の一部-
  Number of observations                           400

  Estimator                                         ML
  Minimum Function Test Statistic               65.974
  Degrees of freedom                                34
  P-value (Chi-square)                           0.001

User model versus baseline model:

  Comparative Fit Index (CFI)                    0.985
  Tucker-Lewis Index (TLI)                       0.980

Root Mean Square Error of Approximation:

  RMSEA                                          0.048
  90 Percent Confidence Interval        0.031    0.066
  P-value RMSEA <= 0.05                          0.532

Standardized Root Mean Square Residual:

  SRMR                                           0.060

Latent Variables:

          Estimate Std.Err z-value P(>|z|) ci.lower ci.upper Std.lv Std.all
  情緒 =~
    情緒1    1.000                            1.000    1.000  0.579   0.846
    情緒2    0.944   0.046  20.363   0.000    0.853    1.035  0.546   0.841
    情緒3    1.034   0.054  19.041   0.000    0.928    1.141  0.599   0.804
    情緒4    0.931   0.048  19.237   0.000    0.836    1.025  0.539   0.809
    情緒5    0.982   0.055  17.919   0.000    0.875    1.090  0.569   0.771
  暴力 =~
    暴力1    1.000                            1.000    1.000  0.618   0.853
    暴力2    1.124   0.059  18.945   0.000    1.008    1.241  0.695   0.854
    暴力3    0.855   0.058  14.699   0.000    0.741    0.969  0.528   0.687
    暴力4    0.783   0.057  13.726   0.000    0.671    0.895  0.484   0.651
    暴力5    0.466   0.056   8.265   0.000    0.356    0.577  0.288   0.420

Covariances:

          Estimate Std.Err z-value P(>|z|) ci.lower ci.upper Std.lv Std.all
  情緒 ~~
    暴力   -0.144   0.022  -6.525   0.000   -0.187   -0.101 -0.403  -0.403
```

15

390　第 15 章　多変量解析を実践で生かしたい

　出力を見ると，モデルの当てはまりは良好であり（CFI = 0.985，TLI = 0.980，RMSEA = 0.048，SRMR = 0.060），「情緒」（「情緒的共感」）と「暴力」（「暴力肯定観」）の変動が各観測変数の変動に強く表れていることがわかります。また，両者には −0.403 の相関があることが確認できます。修正した項目群による測定に，問題はないようです。

■ 15.3.5　多変数間の関係の検討

　2 つの潜在変数の測定に問題がないことが確認できましたので，続いて検討モデルの分析に移ります。潜在変数を伴うパス解析で図 15.7 のモデルを推定します。モデルは以下のとおり記述します。なお，分散に関する記述は，モデルを推定するための関数 lavaan で一括して指定しますので，上記のコードには含まれません。

検討モデルのモデル記述

```
> dsk_model_path <- "
+ 学業=~1*学業1+学業2+学業3+学業4+学業5
+ 友人=~1*友人1+友人2+友人3+友人4+友人5
+ 情緒=~1*情緒1+情緒2+情緒3+情緒4+情緒5
+ 暴力=~1*暴力1+暴力2+暴力3+暴力4+暴力5
+ 情緒~学業+友人+BMI
+ 暴力~学業+友人+BMI
+ 学業~~友人+BMI
+ 友人~~BMI
+ 情緒~~暴力
+ "
```

　出力より，モデルのデータへの当てはまりは良いことがわかります（CFI = 0.989，TLI = 0.987，RMSEA = 0.025，SRMR = 0.042）。そこで，係数の推定値から仮説について検討していきましょう。まず，「（他の変数で統制したとき）学業不適応感および友人関係不適応感は情緒的共感に負，暴力肯定観に正の影響を与える」については，Regressions: の 情緒~ の項目において，学業 と 友人 の係数が有意であり，その値が負に推定されていること，同じく 暴力~ の項目において，学業 と 友人 の係数が有意であり，その値が正に推定されていることから支持されます。

　また，「（他の変数で統制したとき）BMI は暴力肯定観に正の影響を与える」については，暴力~ の項目における BMI の係数が有意であり，その値が正に推定されていることから支持されます。

検討モデルの推定結果

```
> dsk.out_path <- lavaan(model=dsk_model_path, data=dsk, auto.var=TRUE)
> summary(dsk.out_path, fit.measures=TRUE, standardized=TRUE, ci=TRUE)
-出力の一部-
```

```
 Number of observations                            400

 Estimator                                          ML
 Minimum Function Test Statistic               225.074
 Degrees of freedom                                180
 P-value (Chi-square)                            0.013

User model versus baseline model:

 Comparative Fit Index (CFI)                     0.989
 Tucker-Lewis Index (TLI)                        0.987

Root Mean Square Error of Approximation:

 RMSEA                                           0.025
 90 Percent Confidence Interval          0.012   0.035
 P-value RMSEA <= 0.05                           1.000

Standardized Root Mean Square Residual:

 SRMR                                            0.042

Regressions:

        Estimate Std.Err z-value P(>|z|) ci.lower ci.upper Std.lv Std.all
 情 緒 ~
    学 業  -0.192   0.055  -3.469   0.001   -0.300   -0.083 -0.194  -0.194
    友 人  -0.450   0.062  -7.304   0.000   -0.571   -0.329 -0.422  -0.422
    BMI    0.018   0.014   1.290   0.197   -0.009    0.045  0.031   0.060
 暴 力 ~
    学 業   0.486   0.064   7.571   0.000    0.361    0.612  0.460   0.460
    友 人   0.176   0.063   2.800   0.005    0.053    0.299  0.154   0.154
    BMI    0.046   0.015   3.122   0.002    0.017    0.075  0.075   0.146
```

15

報告例

　　男子高校生における「情緒的共感」「暴力肯定観」「学業不適応感」「友人関係不適応感」「BMI」の関係に関して，「（他の変数で統制したとき）学業不適応感および友人関係不適応感は情緒的共感に負，暴力肯定観に正の影響を与える」（仮説 1），「（他の変数で統制したとき）BMI は暴力肯定観に正の影響を与える」（仮説 2）の仮説を立てて，男子高校生 400 人から得た調査データを分析してそれらを検証した。「BMI」以外は各 5 項目の既存尺度を利用して測定したが，「情緒的共感」と「暴力肯定観」の測定項目は内容を微修正したため，まずはその測定状況を探索的因子分析によって確認した。各潜在変数から対応する測定項目にのみ影響が与えられることを仮定した探索的因子分析モデルを共分散構造分析で推定したところ，当てはまりは良好

であった（CFI = .985，TLI = .980，RMSEA = .048，SRMR = .060）。

　そこで，5 つの変数間に下図 [本書の図 15.7] に示すモデルを仮定し，潜在変数を伴うパス解析を適用した。共分散構造分析でモデル推定を行い，当てはまりが良好であることを確認した（CFI = .989，TLI = .987，RMSEA = .025，SRMR = .042）。下表の推定結果より，「情緒的共感」への係数は負（「学業 → 情緒」：−0.192（95%CI [−0.300, −0.083]），「友人 → 情緒」：−0.450（95%CI [−0.571, −0.329]）），「暴力肯定観」への係数は正（「学業 → 暴力」：0.486（95%CI [0.361, 0.612]），「友人 → 暴力」：0.176（95%CI [0.053, 0.299]））なので，仮説 1 は支持された。また，「BMI → 暴力」の推定値は 0.046（95%CI [0.017, 0.075]）であり，仮説 2 も支持された。

表：潜在変数を伴うパス解析の結果（仮説に関する部分）

	非標準化係数	標準誤差	95%CI	標準化係数
学業 → 情緒	−0.192	0.055	[−0.300, −0.083]	−.194
友人 → 情緒	−0.450	0.062	[−0.571, −0.329]	−.422
学業 → 暴力	0.486	0.064	[0.361, 0.612]	.460
友人 → 暴力	0.176	0.063	[0.053, 0.299]	.154
BMI → 暴力	0.046	0.015	[0.017, 0.075]	.146

コラム 28：合計得点や平均値による尺度化で気をつけること

　尺度構成において，各項目の値の合計や平均を尺度得点として利用することは，しばしば行われます。本章においても，「競馬満喫尺度（観戦）」尺度得点と「競馬満喫尺度（ゲーム・ギャンブル）」尺度得点は，それぞれの尺度に含まれる項目に対する回答値の合計として定めました。

　しかしながら，このように定めた尺度得点には，尺度によって測定したい内容とは無関係の部分，すなわち誤差が含まれることを認識しておく必要があります。尺度構成に利用される因子分析のモデルを見れば，観測変数は因子で説明される部分と誤差で説明される部分とに分けられていることがよくわかります。合計得点（平均値）を尺度得点とする場合，各項目の値に含まれる誤差も合計（平均）されることになります。そして，それを用いて得られた変数間の関係は，そこに本来存在するはずの関係よりも弱められてしまいます。これは希薄化としてよく知られている問題です。

　尺度項目数が少ない場合には特にその影響が顕著になるため，項目数が数個ずつといった状況では，誤差を除いた潜在変数自体の関係をモデル化できる共分散構造分析の枠組みから分析することが望ましいでしょう。なお，このコラムに関連する詳細な議論については，狩野 (2002) を参照してください。

章末演習の解答

◆1章

問1

```
> mat <- read.csv("学力調査結果.csv")
> library(lattice)
> histogram(~プレ得点|部活, data=mat)
> boxplot(プレ得点~部活, data=mat, horizontal=TRUE)
```

問2

```
> tapply(mat$プレ得点, mat$部活, mean)
  体育系     文化系     無所属
182.6379 188.8655 183.5000
> tapply(mat$プレ得点, mat$部活, median)
体育系 文化系 無所属
 180.0   186.5   185.5
> tapply(mat$プレ得点, mat$部活, sd)
  体育系     文化系     無所属
51.48008 46.30607 49.18550
```

問3

```
> m <- mat$数学[mat$性別=="M"]
> f <- mat$数学[mat$性別=="F"]
> t.test(m, f, var.equal=TRUE)
> effectd1(m, f, clevel=0.95)
        効果量       信頼水準       区間下限       区間上限                U3
 0.02165224  0.95000000 -0.11695593  0.16024684  0.50863732
```

《結果の報告》 5% 水準で数学平均に性差は見られなかった（$t(798) = 0.306$, n.s., $d = 0.022$
（95%CI $[-0.117, 0.160]$））。

問4

```
> goukei <- apply(mat[, c("プレ得点", "ポスト得点")], 1, sum)
```

問5

```
> spre1 <- scale(mat$プレ得点)
> plot(mat$プレ得点, spre1)
> cor(mat$プレ得点, spre1)
```

394   章末演習の解答

《分布について言えること》 標準化すると分布の原点と単位が変わるが，データ間の相対的位置関係は変わらない。

問6

```
> library(psych)
> matc <- mat[, c("プレ得点","ポスト得点","国語","社会","英語")]
> partial.r(matc, c(3:5), c(1:2))
partial correlations
      国語  社会  英語
国語  1.00  0.02 -0.28
社会  0.02  1.00 -0.13
英語 -0.28 -0.13  1.00
```

問7

```
> library(polycor)
> kcat <- cut(mat$国語, breaks=c(-Inf, mean(mat$国語), Inf),
+ right=FALSE, labels=c(0,1))
> scat <- cut(mat$社会, breaks=c(-Inf, mean(mat$社会), Inf),
+ right=FALSE, labels=c(0,1))
> ecat <- cut(mat$英語, breaks=c(-Inf, mean(mat$英語), Inf),
+ right=FALSE, labels=c(0,1))
> mat2 <- data.frame(kcat, scat, ecat)
> hetcor(mat2, ML=TRUE)
Correlations/Type of Correlation:
        kcat       scat       ecat
kcat       1 Polychoric Polychoric
scat 0.6654          1 Polychoric
ecat 0.5094     0.5474          1
```

問8

```
> effectv(mat$性別, mat$部活, clevel=0.95)
    効果量V  カイ2乗値  信頼水準  区間下限  区間上限
  0.1815144 26.3579743 0.9500000 0.1187906 0.2528534
```

◆2章

問1

```
> # 以下は，作業ディレクトリが「POSフォルダ2」を含んだフォルダ
> # であることを前提としている
> fname <- dir()
> fname2 <- paste(fname, "/2013", sprintf("%02d", 1:12), ".csv", sep="")
> tmpall <- lapply(fname2, read.csv, stringsAsFactors=FALSE)
> posall2 <- do.call(rbind, tmpall)
> locv <- c("顧客ID","店舗","商品カテゴリ")
> posall2[,locv] <- lapply(posall2[,locv], as.factor)
```

章末演習の解答　　395

問2

```
> loc2 <- (substr(posall2$購買日, 1, 6)=="201302")
> loc5 <- (substr(posall2$購買日, 1, 6)=="201305")
> pos02 <- posall2[loc2,]
> pos05 <- posall2[loc5,]
```

問3

```
> store02 <- tapply(pos02$購買金額, list(pos02$顧客ID, pos02$店舗), sum)
> store05 <- tapply(pos05$購買金額, list(pos05$顧客ID, pos05$店舗), sum)
> store02[is.na(store02)] <- 0
> store05[is.na(store05)] <- 0
```

問4

```
> #顧客IDを変数として含むデータフレームを作成
> dat02 <- data.frame(rownames(store02), store02)
> dat05 <- data.frame(rownames(store05), store05)

> #変数名を変更
> colnames(dat02) <- c("顧客ID","2月店舗A","2月店舗B","2月店舗C")
> colnames(dat05) <- c("顧客ID","5月店舗A","5月店舗B","5月店舗C")

> #顧客IDによって2つのデータフレームをマージ
> mdat <- merge(dat02, dat05, by="顧客ID")
```

問5

```
> #200円以上あった月と店舗の情報を抽出する関数の定義
> get200 <- function(x)
+ {
+ loc <- which(x>=200)
+ return(names(x[loc]))
+ }

> #定義した自作関数を利用して，顧客ID別に情報を抽出
> apply(mdat[,2:7], 1, get200)
```

問6

```
> ptime <- factor(round(posall2$購買時間), levels=seq(9,21,1))
> table(posall2$商品カテゴリ, ptime)
```

問7

```
> #年月日の情報をyyyy-mm-dd形式に変換
> tmpdate2 <- paste(substr(posall2$購買日, 1, 4), "-",
+ substr(posall2$購買日, 5, 6), "-", substr(posall2$購買日, 7, 8), sep="")

> ndate2 <- as.Date(tmpdate2)   #文字列をdate形式に変換する
> restime3 <- tapply(ndate2, posall2$顧客ID, diff)   #顧客別の来店間隔
> restime4 <- lapply(restime3, as.numeric)   #リストの要素を数値化しておく

> #ベクトルの要素が50以上の場合TRUEを，さもなくばFALSEを返す関数の定義
> x50 <- function(x)
```

396   章末演習の解答

```
+ {
+ res <- sum(x>=50)
+ return(ifelse(res>=1, TRUE, FALSE))
+ }

> sid <- sapply(restime4, x50)
> names(sid[sid==TRUE])
```

問8

```
> fmat <- readLines("項目反応固定長2.txt")  #データの読み込み
> sp <- c(1, 7:106)  #始点の桁
> ep <- c(6, 7:106)  #終点の桁
> fmat2 <- sapply(fmat, substring, sp, ep)  #行列形式に変換

> #行名を変換
> dimnames(fmat2)[[2]] <- paste("ID", sprintf("%04d", 1:1000), sep="")
> fmat3 <- t(fmat2)  #行列を転置
> key2 <- read.csv("key2.txt")  #正答キーの読み込み
> sweep(fmat3[,-1], 2, key2[,1], FUN="==")*1  #正誤反応データの生成
```

◆3章

問1

```
> kamokudat <- read.csv("科目内試験結果.csv")
> dim(kamokudat)
> colnames(kamokudat)
```

問2

```
> restest <- lm(final~t1+t2+t3+t4+t5, data=kamokudat)
```

問3

```
> library(car)
> vif(restest)
       t1        t2        t3        t4        t5
 1.567852 57.690405  1.801130 58.275192  1.630464
```

《多重共線性の判定》 変数 2 と 4 には多重共線性の可能性がある。

問4

```
> #t4を削除する場合
> restest2 <- lm(final~t1+t2+t3+t5, data=kamokudat)
> #t2を削除する場合
> restest2 <- lm(final~t1+t3+t4+t5, data=kamokudat)
> summary(restest2)

Call:
lm(formula = final ~ t1 + t3 + t4 + t5, data = kamokudat)

Residuals:
```

```
          Min       1Q   Median       3Q      Max
     -13.2023  -2.5509   0.1511   2.5912   8.9968

     Coefficients:
                  Estimate Std. Error t value Pr(>|t|)
     (Intercept) -8.20262    1.85638  -4.419 1.65e-05 ***
     t1           0.32520    0.03603   9.027  < 2e-16 ***
     t3           0.14469    0.03860   3.748 0.000234 ***
     t4           0.39303    0.03564  11.028  < 2e-16 ***
     t5           0.30113    0.03674   8.196 3.25e-14 ***
     ---
     Signif. codes:  0 ‘***’ 0.001 ‘**’ 0.01 ‘*’ 0.05 ‘.’ 0.1 ‘ ’ 1

     Residual standard error: 4.061 on 195 degrees of freedom
     Multiple R-squared:  0.8384,    Adjusted R-squared:  0.8351
     F-statistic: 252.9 on 4 and 195 DF,  p-value: < 2.2e-16
```

問5

```
> confint(restest2)
                   2.5 %      97.5 %
(Intercept) -11.86378472 -4.5414549
t1            0.25415065  0.3962541
t3            0.06856489  0.2208219
t4            0.32274238  0.4633168
t5            0.22866465  0.3735894
```

問6

```
> restest3 <- lm(final~t1+t2, data=kamokudat)
> extractAIC(restest2)
[1]   5.0000 565.4909
> extractAIC(restest3)
[1]   3.0000 648.3233
```

《モデル適合に関する判定》 4つの説明変数を含むモデルのほうが適合が高い。

問7

```
> round(cor(kamokudat), 2)
        t1   t2   t3   t4   t5 final
t1    1.00 0.37 0.54 0.38 0.50  0.70
t2    0.37 1.00 0.53 0.99 0.48  0.73
t3    0.54 0.53 1.00 0.53 0.51  0.68
t4    0.38 0.99 0.53 1.00 0.49  0.74
t5    0.50 0.48 0.51 0.49 1.00  0.73
final 0.70 0.73 0.68 0.74 0.73  1.00
```

《偏回帰係数の解釈》 多重共線性が生じている変数を除いても，説明変数間に $0.37 \sim 0.54$ といった無視できない相関係数が観測される。特定の説明変数の影響について，偏回帰係数によって解釈することは実質的に不可能であるから，説明変数群による目的変数の説明力について，決定係数に基づいて解釈する必要がある。

398　　章末演習の解答

◆4章

問1

```
> ssk <- read.csv("成績.csv")  #データの読み込み
> res1 <- lm(テスト成績~性別+通塾有無+有能感, data=ssk)
> summary(res1)
> res2 <- lm(テスト成績~性別+通塾有無+有能感+アスピレーション, data=ssk)
> summary(res2)
```

問2

```
> anova(res1, res2)
Analysis of Variance Table

Model 1: テスト成績 ~ 性別 + 通塾有無 + 有能感
Model 2: テスト成績 ~ 性別 + 通塾有無 + 有能感 + アスピレーション
  Res.Df    RSS Df Sum of Sq      F    Pr(>F)
1    496 105462
2    495 103139  1    2322.7 11.148 0.0009048 ***
```

《決定係数の増分の有意性》決定係数の増分は統計的に有意である。

問3

```
> extractAIC(res1)
[1]    4.000 2683.749
```

```
> extractAIC(res2)
[1]    5.000 2674.613
```

《AIC によるモデル比較》AIC の観点からは，ステップ 2 のモデルのほうがデータに適合している。

問4

```
> ssk$アスピレーション.c <- ssk$アスピレーション-mean(ssk$アスピレーション)
> res3 <- lm(テスト成績~性別+通塾有無+有能感+アスピレーション.c
+ +通塾有無*アスピレーション.c, data=ssk)
> summary(res3)
```

問5

```
> ssk$アスピレーション.h <- ssk$アスピレーション.c-sd(ssk$アスピレーション.c)
> res3.h <- lm(テスト成績~性別+通塾有無+有能感+アスピレーション.h
+ +通塾有無*アスピレーション.h, data=ssk)
> summary(res3.h)
-出力の一部-
Coefficients:
                       Estimate Std.  Error t value Pr(>|t|)
(Intercept)             38.7563    2.4449 15.852  < 2e-16 ***
性別                    -4.8309    1.2772 -3.782 0.000174 ***
通塾有無                 9.9728    1.9025  5.242 2.36e-07 ***
有能感                   5.3702    0.6028  8.909  < 2e-16 ***
アスピレーション.h       -1.1814    1.0799 -1.094 0.274484
通塾有無:アスピレーション.h  6.1626    1.3613  4.527 7.51e-06 ***
```

章末演習の解答　　399

```
> ssk$アスピレーション.1 <- ssk$アスピレーション.c+sd(ssk$アスピレーション.c)
> res3.1 <- lm(テスト成績~性別+通塾有無+有能感+アスピレーション.1
+ +通塾有無*アスピレーション.1, data=ssk)
> summary(res3.1)
-出力の一部-
Coefficients:
```

	Estimate	Std. Error	t value	Pr(>|t|)	
(Intercept)	41.0058	2.0913	19.608	< 2e-16	***
性別	-4.8309	1.2772	-3.782	0.000174	***
通塾有無	-1.7619	1.8319	-0.962	0.336630	
有能感	5.3702	0.6028	8.909	< 2e-16	***
アスピレーション.1	-1.1814	1.0799	-1.094	0.274484	
通塾有無:アスピレーション.1	6.1626	1.3613	4.527	7.51e-06	***

《結果の解釈》通塾の効果は，アスピレーションの低い中学生については見られず，アスピレーションの高い中学生でのみ見られる。

問6

```
> library(MASS)　#パッケージの読み込み
> base <- lm(テスト成績~1, data=ssk)
> step.res <- stepAIC(base, direction="both", scope=list(upper=~性別+通塾有無
+ +有能感+アスピレーション+平日勉強時間+休日勉強時間+ニュース視聴+読書+外遊び))
> summary(step.res)
```

◆5章

問1

```
> kch <- read.csv("価値.csv")　#データの読み込み
> library(ICC)　#パッケージの読み込み
> ICCest(as.factor(学生), 興味, data=kch, alpha=0.05, CI.type="Smith")
```

問2

```
> kch$価値.cwc <- kch$価値-ave(kch$価値, kch$学生)　#集団平均中心化
> kch$期待.c <- kch$期待-mean(kch$期待)　#全体平均中心化
```

問3

```
> library(lmerTest)　#パッケージの読み込み
> model1 <- lmer(興味~価値.cwc+(1|学生), data=kch, REML=FALSE)
> summary(model1)
```

問4

```
> model2 <- lmer(興味~価値.cwc+(1+価値.cwc|学生), data=kch, REML=FALSE)
> summary(model2)
```

問5

```
> model3 <- lmer(興味~価値.cwc+期待.c+価値.cwc*期待.c+(1+価値.cwc|学生),
+ data=kch, REML=FALSE)
> summary(model3)
-出力の一部-
Fixed effects:
```

```
                Estimate Std.  Error          df  t value  Pr(>|t|)
  (Intercept)     6.77333      0.13360  100.00004   50.699   < 2e-16 ***
  価値.cwc         0.37749      0.04028  100.08548    9.371  2.22e-15 ***
  期待.c           0.07774      0.04063  100.00004    1.913    0.0586 .
  価値.cwc:期待.c -0.02469      0.01124   82.47102   -2.197    0.0308 *
```

《クロスレベルの交互作用効果》有意なクロスレベル交互作用効果が見られ，価値の認知と興味の関係は大学生の期待によって異なることが示唆された。

問6

```
> anova(model1, model2, model3)
Data: kch
Models:
object: 興味 ~ 価値.cwc + (1 | 学生)
..1: 興味 ~ 価値.cwc + (1 + 価値.cwc | 学生)
..2: 興味 ~ 価値.cwc + 期待.c + 価値.cwc * 期待.c + (1 + 価値.cwc |
..2:     学生)
        Df    AIC    BIC  logLik deviance  Chisq Chi Df Pr(>Chisq)
object   4 5887.7 5909.0 -2939.9   5879.7
..1      6 5867.5 5899.4 -2927.8   5855.5 24.2383      2  5.454e-06 ***
..2      8 5865.1 5907.6 -2924.6   5849.1  6.3787      2     0.0412 *
```

《最も望ましいモデル》 AIC と尤度比検定の結果からは，クロスレベルの交互作用効果を加えたモデルの適合が最も良かった。

◆6章

問1

```
> hyk <- read.csv("授業評価.csv")
> hyk.model <- '
+   興味~困難度+有用性
+   学習行動~興味
+   成績~学習行動
+ '
```

問2

```
> hyk.fit <- sem(hyk.model, data=hyk)
```

問3

```
> summary(hyk.fit, standardized=TRUE, rsquare=TRUE, fit.measures=TRUE)
```

《当てはまりの良さ》CFI = 0.813，TLI = 0.664，RMSEA = 0.113，SRMR = 0.079 であり，当てはまりは良くない。

問4

```
> modindices(hyk.fit)
-出力の一部-
```

章末演習の解答　401

	lhs	op	rhs	mi	epc	sepc.lv	sepc.all	sepc.nox
11	興味	~~	学習行動	6.480	-21.617	-21.617	-0.590	-0.590
12	興味	~~	成績	1.311	3.011	3.011	0.062	0.062
13	学習行動	~~	成績	2.497	-39.469	-39.469	-0.289	-0.289
14	興味	~	学習行動	6.480	-0.228	-0.228	-0.641	-0.641
15	興味	~	成績	0.815	0.015	0.015	0.057	0.057
16	学習行動	~	成績	2.497	-0.253	-0.253	-0.336	-0.336
17	学習行動	~	困難度	15.640	-0.971	-0.971	-0.223	-0.096
18	学習行動	~	有用性	0.133	0.082	0.082	0.021	0.008
19	成績	~	興味	2.497	0.329	0.329	0.088	0.088
20	成績	~	困難度	3.588	-0.585	-0.585	-0.102	-0.043
21	成績	~	有用性	1.865	0.386	0.386	0.073	0.029
23	困難度	~	学習行動	17.390	-0.052	-0.052	-0.227	-0.227

《修正指標から考えられる修正案》「困難度 → 学習行動」あるいは「学習行動 → 困難度」というパスを追加すると，適合度が改善されることが示された。学習内容が難しくて理解できそうにないときには，学習行動が阻害される可能性があることから，「困難度 → 学習行動」というパスを追加するという修正案が考えられる。

問5

```
> hyk.model2 <- '
+  興味~困難度+有用性
+  学習行動~興味+困難度
+  成績~学習行動
+ '
> hyk.fit2 <- sem(hyk.model2, data=hyk)
> summary(hyk.fit2, standardized=TRUE, rsquare=TRUE, fit.measures=TRUE)
```

《適合度の改善》新たに「困難度 → 学習行動」というパスを追加して分析を行った結果，$CFI = 0.961$, $TLI = 0.913$, $RMSEA = 0.057$, $SRMR = 0.040$ であり，適合度は改善された。

問6

```
> summary(hyk.fit2, standardized=TRUE, rsquare=TRUE, fit.measures=TRUE,
+ ci=TRUE)
```

◆7章

問1

```
> skk <- read.csv("性格.csv")
> cor.skk <- cor(skk)
> eigen(cor.skk)
$values
[1] 3.4003439 1.2941737 0.8562578 0.6638816 0.5443059  -略-
```

《ガットマン基準の結果》ガットマン基準では，2因子解が示唆された。

402　章末演習の解答

問2

```
> library(psych)
> VSS.scree(skk)
```

《スクリーテストの結果》スクリーテストでは，2 因子解が示唆された。

問3

```
> fa.parallel(skk, fm="ml", fa="pc", n.iter=100)
```

《平行分析の結果》平行分析の結果からは，2 因子解が示唆された。

問4

```
> library(GPArotation)
> fa.skk <- fa(skk, nfactors=2, fm="ml", rotate="promax")
> print(fa.skk, sort=TRUE, digits=3)
```

問5

```
> skk2 <- skk[, c("陽気","積極的","外向的","社交的")]
> alpha(skk2)

> skk3 <- skk[, c("協力的","温和","素直","親切")]
> alpha(skk3)
```

問6

```
> omega(skk2, nfactors=1)

> omega(skk3, nfactors=1)
```

◆8章

問1

```
> skk <- read.csv("性格.csv")
> skk.model1 <- '
+  F1=~温和+陽気+外向的+親切+社交的+協力的+積極的+素直
+ '
> skk.fit1 <- cfa(skk.model1, data=skk, std.lv=TRUE)
> summary(skk.fit1, fit.measures=TRUE, standardized=TRUE)
```

問2

```
> skk.model2 <- '
+  F1=~陽気+外向的+社交的+積極的
+  F2=~温和+親切+協力的+素直
+ '
> skk.fit2 <- cfa(skk.model2, data=skk, std.lv=TRUE)
> summary(skk.fit2, fit.measures=TRUE, standardized=TRUE)
```

章末演習の解答　403

《因子モデルの比較》AIC と BIC の値は 2 因子モデルのほうが小さく，2 因子モデルのほうが当てはまりが良いことが示された。

◆9章

問1　「人間関係の良好さ」と「心の健康」

問2　自由母数が 27 個（うち係数 11 個，分散 16 個）なので，78 − 27 より自由度は 51

問3

```
> sws <- read.csv("幸せ調査.csv")
> sws.model <- "
> f1=~E1+E2+1*E3
> f2=~R1+R2+1*R3
> f3=~M1+M2+1*M3
> f4=~H1+H2+1*H3
> f1~f3
> f4~f2+f3
> "
> sws.fit <- lavaan(model=sws.model, data=sws, auto.var=TRUE)
```

問4

```
> summary(sws.fit, fit.measures=TRUE, standardized=TRUE, ci=TRUE)
```

《適合の評価》CFI $= 0.966$，TLI $= 0.956$，RMSEA $= 0.068$（90%CI $[0.051, 0.086]$），SRMR $= 0.120$ であり，モデルがデータに良く適合しているとは言えない。

問5　Std.all を見ると「人間関係の良好さ」からの値は 0.350，「心の健康」からの値は 0.330 であり，「人間関係の良好さ」からの影響のほうが強いようである。

◆10章

問1

```
> bdat2 <- read.csv("自転車データ練習1.csv")
> bdat2$年代 <- factor(bdat2$年代, levels=c("30代", "20代", "40代"))
> bdat2$性別 <- factor(bdat2$性別, levels=c("M", "F"))
> bdat2$メーカー <- factor(bdat2$メーカー, levels=c("チネッロ", "カレッラ",
+ "クォーク"))
```

問2

```
> indmodel2 <- glm(度数~年代+性別+メーカー, data=bdat2, family="poisson")
> fullmodel2 <- glm(度数~年代*性別*メーカー, data=bdat2, family="poisson")
```

問3

```
> anova(indmodel2, fullmodel2, test="Chisq")
```

《検定結果と適合度の比較》検定結果は有意である。飽和モデルの適合が相対的に良い。

404 章末演習の解答

問4

```
> summary(fullmodel2)
```

《有意な交互作用効果》年代 20 代:性別 F:メーカーカレッラ の交互作用効果が有意である。

問5

```
> xtabs(fullmodel2$fitted~年代+メーカー+性別, data=bdat2)
```

問6

```
> (frate <- ((837/1266)/(649/442)))  #女性の比率
[1] 0.4502662

> (mrate <- ((744/888)/(626/432)))  #男性の比率
[1] 0.5781884

> log(frate/mrate)
[1] -0.2500609
```

問7 20 代女性のカレッラユーザーのオッズ比は 0.450 である。これは，基準となる同性の 20 代チネッロユーザーのオッズの 0.45 倍であり，基準と比較してカレッラユーザーが相対的に少ないことを示唆している。一方，20 代男性のカレッラユーザーのオッズ比は 0.578 であり，女性と同様に，基準と比較してカレッラユーザーが少ないことがうかがえる。両者のオッズ比の比は，0.77854（= 0.450/0.578）であるから，同一基準のもとで考えれば，男性より女性のほうが，20 代のカレッラユーザーが相対的に少ないことがうかがえる。

◆11 章

問1

```
> sks <- read.csv("資格試験.csv")
> sks$試験結果01 <- ifelse(sks$試験結果=="合格", 1, 0)
> sks$祈願01 <- ifelse(sks$祈願=="あり", 1, 0)
```

問2

```
> sks.out <- glm(試験結果01~勉強時間+祈願01+年齢, family="binomial", data=sks)
> summary(sks.out)
```

《変数の係数の有意性》勉強時間および祈願 01 の係数が有意である。

問3

```
> exp(sks.out$coefficients)
```

《切片と係数の指数変換値の解釈》切片の変換値は 0.193 であり，「勉強時間が 0」「合格祈願をしない」「年齢が 0」のとき，合格のオッズは 0.193（合格する確率は不合格の確率の 0.193 倍）となる。係数の変換値は 1.55 であり，勉強時間が 1〔時間〕増加すると，合格のオッズは増加前の 1.55 倍となる。

章末演習の解答　　405

問4

```
> LRAstdcoef(sks.out, c("勉強時間", "年齢"))
> exp(LRAstdcoef(sks.out, c("勉強時間", "年齢")))
```

《係数の指数変換値の解釈》係数の変換値は 1.36 であり，勉強時間が z 得点における 1 単位増加すると，合格のオッズは増加前の 1.36 倍となる。

問5

```
> library(ResourceSelection)
> hoslem.test(x=sks.out$y, y=fitted(sks.out))
```

《モデルの当てはまり》検定の結果は有意ではなく，モデルは当てはまっていると判断される。

問6

```
> library(car)
> vif(sks.out)
```

《多重共線性の評価》多重共線性が生じているとは考えられない。

◆12 章

問1

```
> tsks <- read.csv("都市の気象.csv", row.names=1)
```

問2

```
> tsks.stdz <- scale(tsks)
```

問3

```
> D0.stdz <- dist(tsks.stdz, method="euclidean")
> D.stdz <- (1/2)*D0.stdz^2
> tsks.stdz.out <- hclust(d=D.stdz, method="ward.D")
> plot(as.dendrogram(tsks.stdz.out), xlim=c(100,0), xlab="非類似度",
+ horiz=TRUE)
```

問4

```
> from <- 1; to <- 11
> clabel <- function(x){factor(cutree(tsks.stdz.out, k=x))}
> clusters <- data.frame(lapply(from:to, clabel))
> names(clusters) <- from:to
> CNvalidity(dat=tsks.stdz, clusters=clusters)
```

《5 クラスターの妥当性》検討対象とした 2 ～ 10 のクラスター数において，5 クラスターの CH と H は中庸で，diffH が比較的大きく，KL は最大である。妥当性を強くは支持していないが，相対的に見て大きな問題はないと言える。

問5

```
> (cluster <- factor(cutree(tsks.stdz.out, k=5)))
> by(tsks.stdz, INDICES=cluster, FUN=function(x){apply(x, 2, mean)})
```

406　　　章末演習の解答

《クラスター 1, 4 の比較》クラスター 1 は札幌と青森の 2 つの対象で構成されている。47 都市の中では最低気温と最高気温がかなり低く，降水量が少なめで，降雪量が極端に多い。夏は涼しく，冬は寒くて大雪に見舞われ，梅雨時期の雨が少ないという特徴を持った都市群と言える。一方，クラスター 4 は高知，佐賀，長崎，熊本，宮崎，鹿児島の 6 つの対象で構成されている。47 都市の中では少雲日数と降水量が多く，降雪量が少ない。秋晴れになる機会が多く，梅雨時期は雨が多く，冬に雪は降りにくいという特徴を持った都市群と言える。

◆ 13 章

問 1

```
> exdat <- read.csv("自転車データ練習2.csv")
```

問 2

```
> library(dummies)
> dexdat <- dummy.data.frame(exdat, sep=":")
```

問 3

```
> library(FactoMineR)
> rdexdat <- CA(dexdat)
> summary(rdexdat)
```

《第 2 軸までの累積寄与率》第 2 軸までの累積寄与率は 43.615。

問 4

```
> rexdat <- MCA(exdat)
> summary(rexdat)
```

《第 2 軸までの累積寄与率》第 2 軸までの累積寄与率は 43.615 であり，問 3 の関数 CA の出力と一致する。

問 5

```
> dfexdat <- data.frame(xtabs(~., data=exdat))
> dfexdat2 <- dfexdat[which(dfexdat$Freq>=1),]
```

問 6

```
> rdfexdat2 <- MCA(dfexdat2, quanti.sup=7, row.w=dfexdat2$Freq)
> summary(rdfexdat2)
```

《第 2 軸までの累積寄与率》第 2 軸までの累積寄与率は 43.615 であり，問 3 と問 4 の出力と一致する。

章末演習の解答　　407

◆14章

問1

```
> rtks <- read.csv("6都市の気象.csv",
+ colClasses=c(rep("factor", 6), rep("numeric", 3)))
> rtks$都市 <- factor(rtks$都市, levels=c("鹿児島","高松","金沢","長野",
+ "横浜","青森"))
> rtks$月 <- factor(rtks$月, levels=as.character(1:12))
> rtks$日 <- factor(rtks$日, levels=as.character(1:31))
> rtks$季節 <- factor(rtks$季節, levels=c("春","夏","秋","冬"))
> rtks$午前天気 <- factor(rtks$午前天気, levels=c("快晴","晴","薄曇",
+ "曇","煙霧","霧","霧雨","雨","みぞれ","雪","あられ","雷"))
> rtks$午後天気 <- factor(rtks$午後天気, levels=c("快晴","晴","薄曇",
+ "曇","煙霧","霧","霧雨","雨","みぞれ","雪","あられ","雷"))
```

問2

```
> library(ggplot2)
> ggplot(data=rtks, aes(x=午後天気)) + geom_bar()
```

問3

```
> ggplot(data=rtks, aes(x=季節, group=1))
+ + stat_summary(aes(y=気温), fun.y=mean, geom="line")
+ + stat_summary(aes(y=気温), fun.y=mean, geom="point")
```

問4

```
> library(dplyr)
> rtks2 <- rtks %>%
+ group_by(季節) %>%
+ summarise(平均気温=mean(気温)) %>%
+ as.data.frame()
```

問5

```
> ggplot(data=rtks2, aes(x=季節, y=平均気温, group=1))
+ + geom_line(stat="identity") + geom_point(stat="identity")
```

問6

```
> ggplot(data=rtks, aes(x=午後天気)) + geom_bar(aes(fill=季節))
+ + facet_grid(~都市)
```

参考文献

- 足立浩平 (2006). 『多変量データ解析法 — 心理・教育・社会系のための入門』. ナカニシヤ出版.
- Aiken, L. S., & West, S. G. (1996). *Multiple regression: Testing and interpreting interactions*. Sage.
- 青木繁伸 (2009). 『R による統計解析』. オーム社.
- Barcikowski, R. S. (1981). "Statistical power with group mean as the unit of analysis". *Journal of Educational Statistics, 6*, 267–285.
- Bliese, P. D. (2000). "Within-group agreement, non-independence, and reliability: Implications for data aggregation and analysis". In K. J. Klein & S. W. J. Kozlowski (Eds.). *Multilevel Theory, research, and methods in organizations* (349–381). Jossey-Bass.
- Caliński, T., & Harabasz, J. (1974). "A dendrite method for cluster analysis". *Communications in Statistics, 3*, 1–27.
- Cohen, J., Cohen, P., West, S. G., & Aiken, L. S. (2002). *Applied multiple regression/correlation analysis for the behavioral sciences*. Erlbaum.
- Dobson, A. J. (2002). *An introduction to generalized linear models*. 2nd ed. Chapman & Hall/CRC. (田中豊・森川敏彦・山中竹春・冨田誠 (訳) (2008). 『一般化線形モデル入門』. 共立出版)
- 舟尾暢男 (2016). 『The R Tips — データ解析環境 R の基本技・グラフィックス活用集 (第 3 版)』. オーム社.
- 南風原朝和 (2001). 「量的調査 — 尺度の作成と相関分析」. 南風原朝和・市川伸一・下山晴彦 (編) 『心理学研究法入門 — 調査・実験から実践まで』 (63–91). 東京大学出版会.
- 南風原朝和 (2002). 『心理統計学の基礎 — 統合的理解のために』. 有斐閣アルマ.
- 南風原朝和 (2014). 『続・心理統計学の基礎 — 統合的理解を広げ深める』. 有斐閣アルマ.
- Hartigan, J. A. (1975). *Clustering algorithms*. Wiley.
- Hartigan, J. A., & Wong, M. A. (1979). "A k-means clustering algorithm". *Journal of the Royal Statistical Society, 28*, 100–108.
- 服部環 (2011). 『心理・教育のための R によるデータ解析』. 福村出版.
- 平井洋子 (2006). 「測定の妥当性からみた尺度構成 — 得点の解釈を保証できますか」. 吉田寿夫 (編著) 『心理学研究法の新しいかたち』 (21–49). 誠信書房.
- 星野崇宏・岡田謙介・前田忠彦 (2005). 「構造方程式モデリングにおける適合度指標とモデル改善について — 展望とシミュレーション研究による新たな知見」. 行動計量学,

32, 209–235.

- Hu, L., & Bentler, P. M. (1998). "Fit indices in covariance structure modeling: Sensitivity to underparameterized model misspecification". *Psychological Methods*, *3*, 424–453.

- Huguet, P., Dumas, F., Marsh, H., Regner, I., Wheeler, L., Suls, J., Seaton, M., & Nezlek, J. (2009). "Clarifying the role of social comparison in the big-fish-little-pond effect (BFLPE): An integrative study". *Journal of Personality and Social Psychology*, *97*, 156–170.

- 池田安世 (2015). 「試験場面における達成関連感情尺度日本語版の作成」. 心理学研究, *86*, 456–466.

- 池原一哉 (2009). 「因子分析における不変性の検討」. 豊田秀樹（編著）『共分散構造分析 実践編 — 構造方程式モデリング』(250–260). 朝倉書店.

- 狩野裕 (2002). 「構造方程式モデリングは，因子分析，分散分析，パス解析のすべてにとって代わるのか？」. 行動計量学, *29*, 138–159.

- 加藤健太郎・山田剛史・川端一光 (2014). 『R による項目反応理論』. オーム社.

- Kreft, I., & De Leeuw, J. (1998). *Introducing multilevel modeling*. Sage Publications. (小野寺孝義・菱村豊・村山航・岩田昇・長谷川孝治（訳）(2006). 『基礎から学ぶマルチレベルモデル — 入り組んだ文脈から新たな理論を創出するための統計手法』. ナカニシヤ出版)

- Krzanowski, W. J., & Lai, Y. T. (1988). "A criterion for determining the number of groups in a data set using sum of squares clustering". *Biometrics*, *44*, 23–34.

- 久保沙織・豊田秀樹 (2013). 「多特性多方法行列に対する確認的因子分析モデルにおいて信頼性および妥当性の解釈を一通りに定める方法 — 方法因子の因子得点の和が 0 になるという制約の下で」. パーソナリティ研究, *22*, 93–107.

- Ludtke, O., Robitzsch, A., Trautwein, U., & Kunter, M. (2009). "Assessing the impact of learning environments: How to use student ratings of classroom or school characteristics in multilevel modeling". *Contemporary Educational Psychology*, *34*, 120–131.

- Marsh, H. W. (1987). "The big-fish-little-pond effect on academic self-concept". *Journal of Educational Psychology*, *79*, 280–295.

- 松田紀之 (1988). 『質的情報の多変量解析』. 朝倉書店.

- Messick, S. (1995). "Validity of psychological assessment: Validation of inferences from persons' responses and performances as scientific inquiry into score meaning". *American Psychologist*, *50*, 741–749.

- 三好一英・服部環 (2010). 「海外における知能研究と CHC 理論」. 筑波大学心理学研究, *40*, 1–7.

- 村井潤一郎 (2017). 「教育心理学領域における社会心理学的研究の概観と研究法・統計法に関する考察」. 教育心理学年報, *56* 巻, 63–78.

- 村瀬洋一・高田洋・廣瀬毅士（編）(2007).『SPSS による多変量解析』. オーム社.
- 村山航 (2012).「妥当性概念の歴史的変遷と心理測定学的観点からの考察」. 教育心理学年報, *51*, 118–130.
- Murtagh, F., & Legendre, P. (2014). "Ward's hierarchical agglomerative clustering method: Which algorithms implement Ward's criterion?". *Journal of Classification, 31*, 274–295.
- 中村健太郎 (2014).「テスト理論」. 豊田秀樹（編著）『共分散構造分析 R 編 — 構造方程式モデリング』. 朝倉書店.
- Okabe, M., & Ito, K. (2008). "Color universal design (CUD) — How to make figures and presentations that are friendly to colorblind people". Retrieved from http://jfly.iam.u-tokyo.ac.jp/color/
- 岡田謙介 (2011).「クロンバックの α に代わる信頼性の推定法について — 構造方程式モデリングによる方法・McDonald の ω の比較」. 日本テスト学会誌, *7*, 38–50.
- 岡田謙介 (2015).「心理学と心理測定における信頼性について — Cronbach の α 係数とは何なのか，何でないのか」. 教育心理学年報, *54*, 71–83.
- 尾崎幸謙 (2015).「縦断データ解析による因果関係の探索」. 山田剛史（編著）『R による心理学研究法入門』(200–230). 北大路書房.
- 尾崎幸謙・川端一光・山田剛史（編著）(近刊).『マルチレベルモデル［入門編］』. 朝倉書店.
- 尾崎幸謙・荘島宏二郎 (2014).『パーソナリティ心理学のための統計学』. 誠信書房.
- Pekrun, R., Goetz, T., Frenzel, A. C., Barchfeld, P., & Perry, R. P. (2011). "Measuring emotions in students' learning and performance: The achievement emotions questionnaire (AEQ)". *Contemporary Educational Psychology, 36*, 36–48.
- Robinson, W. S. (1950). "Ecological correlations and the behavior of individuals". *American Sociological Review, 15*, 351–357.
- Stern-Erik Clausen (1998). *Applied correspondence analyssis — An introduction.* Sage Publications, Inc. （藤本一男（訳）(2015).『対応分析入門 — 原理から応用まで：解説 — R で検算しながら理解する』. オーム社）
- 末木新 (2017).「高校野球における試合の勝敗に影響を与える要因 — 投手力・打撃力・守備力の比較」. 体育学研究, *62*, 289–295.
- 高野陽太郎 (2000). 「因果関係を推定する」. 佐伯胖・松原望（編）『実践としての統計学』(109–146). 東京大学出版会.
- 高野陽太郎 (2004).「科学と実証」. 高野陽太郎・岡隆（編）『心理学研究法 — 心を見つめる科学のまなざし』(2–19). 有斐閣アルマ.
- 谷伊織 (2017).「人間の特性は何次元か — 因子分析」. 荘島宏二郎（編）『計量パーソナリティ心理学』(1–17). ナカニシヤ出版.
- 外山美樹 (2008).「教室場面における学業的自己概念 — 井の中の蛙効果について」. 教

育心理学研究, *56*, 560–574.

- 豊田秀樹 (1998). 『共分散構造分析 入門編 ― 構造方程式モデリング』. 朝倉書店.
- 豊田秀樹 (2000). 『共分散構造分析 応用編 ― 構造方程式モデリング』. 朝倉書店.
- 豊田秀樹 (2002). 「「討論: 共分散構造分析」の特集にあたって」. 行動計量学, *29*, 135–137.
- 豊田秀樹（編著）(2003). 『共分散構造分析 疑問編 ― 構造方程式モデリング』. 朝倉書店.
- 豊田秀樹（編著）(2007). 『共分散構造分析 Amos 編 ― 構造方程式モデリング』. 東京図書.
- 豊田秀樹（編著）(2012). 『因子分析入門 ― R で学ぶ最新データ解析』. 東京図書.
- 豊田秀樹（編著）(2014). 『共分散構造分析 R 編 ― 構造方程式モデリング』. 東京図書.
- 豊田秀樹（編著）(2017). 『もうひとつの重回帰分析 ― 予測変数を直交化する方法』. 東京図書.
- 宇佐美慧・荘島宏二郎 (2015). 『発達心理学のための統計学 ― 縦断データの分析』. 誠信書房.
- Ward, J. H. Jr. (1963). "Hierarchical grouping to optimize an objective function". *Journal of the American Statistical Association, 58*, 236–244.
- Wasserstein, R. L., & Lazar, A. L. (2016). "The ASA's statement on *p*-values: Context, process, and purpose". *The American Statistician, 70*, 129–133.
- Wickham, H. (2009). *ggplot2 ― Elegant graphics for data analysis.* 1st ed. Springer. （石田基広・石田和枝（訳）(2012). 『グラフィックスのための R プログラミング ― ggplot2 入門』. 共立出版）
- 山田剛史・村井潤一郎・杉澤武俊 (2015). 『R による心理データ解析』. ナカニシヤ出版.
- 山田剛史・杉澤武俊・村井潤一郎 (2008). 『R によるやさしい統計学』. オーム社.
- 柳井晴夫・前川真一・繁桝算男・市川雅教 (1990). 『因子分析 ― その理論と方法』. 朝倉書店.

索引

■ 数字・記号

1次の交互作用効果　240
2項分布　277
2次因子　200
　——分析　200
2次の交互作用効果　240
3次元散布図　82
%>%　356
α 係数　172, 182, 383
χ^2 検定　23, 240
χ^2 値　23
ω 係数　172, 183

■ A

aes　346
AIC　80, 269
alpha　173, 383
anova　244, 270, 384
aov　377
apply　14
as.data.frame　77
as.Date　64
as.dendrogram　290, 374
assocstats　22
ave　123

■ B

BIC　80, 269
boxplot　10
by　15, 293

■ C

CA　319
CA　321
car パッケージ　73, 272
cfa　189, 389
CFI　156
character 型　58
chisq.test　23
Cohen の d　33
colnames　4
complete.cases　48
confint　76, 267, 385
cor　19
corr.test　20, 36

cov　19
cut　31

■ D

df　11
diff　64
dim　4
dimnames　55
dir　56
dist　289, 374
do.call　58
dplyr パッケージ　350
dummie.data.frame　327
dummies パッケージ　327

■ E

eigen　165, 381
exp　266
extractAIC　81, 269, 385

■ F

fa　167, 382
fa.parallel　166, 381
fa.poly　176
facet_grid　348
facet_wrap　347, 375
FactoMineR パッケージ　321
Factor　42
factor　43
filter　352
fitmeasures　145, 219

■ G

gather　375
geom_bar　346
geom_density　367
geom_histogram　349
geom_jitter　367
geom_line　353, 375
geom_point　353
geom_text　367
geom_vline　367
ggplot　346
ggplot_build　347
ggplot2 パッケージ　343

索引　413

glm　241, 265
GParotation　169
gplots パッケージ　13
guide_legend　366
guides　366

■ H

hclust　290, 374
head　4
Hedges の g　33
hetcor　32
hist　5
histogram　5
Holm による有意確率の修正　20
hoslem.test　269
Hosmer-Lemeshow の適合度検定　269

■ I

ICC(2)　130
ICCest　120
ICC パッケージ　120
ID 付き POS データ（ID-POS データ）　56
int　42

■ K

kmeans　294
k 平均法　307

■ L

labs　366
Lance-Williams の更新式　303
lapply　58
lattice パッケージ　5
lavaan　217, 390
lavaan パッケージ　142, 212
lavInspect　223
lm　71, 384
lmer　125
lmerTest パッケージ　125

■ M

MASS パッケージ　111
matrix　23
MBESS パッケージ　33
MCA　319
MCA　328
mean　6
median　6
merge　51
ML 法　32
modindices　146, 220

■ N

NA　47
na.omit　48
names　62
Notepad++　57
num　43

■ O

omega　174
order　48

■ P

p　11
partial.r　29
paste　55
plot　16, 328
plotmeans　13
polychoric　175
polycor パッケージ　32
print　37, 168
psych パッケージ　20, 166

■ R

R^2　74
rbind　58
read.csv　3, 43
readLines　53
rename　357
residuals　219
ResourceSelection パッケージ　269
RFM 分析　59
RMSEA　156
rowSums　383
Rstudio　57

■ S

sapply　54
scale　15, 77
scale_fill_manual　365
scale_y_continuous　364
SD　7
sd　7
SE　27
select　356
sem　142
semPaths　224
semPlot パッケージ　224
sort　6, 48
spread　356
SRMR　156
stat_summary　354
step　271
stepAIC　111

str 42
subset 44
substr 54, 64
substring 54
summarise 350
summary 10, 243, 322
sweep 55

■ T
t.test 11, 13
table 6, 21, 60
tapply 8, 61
theme 364
TLI 156
two-step 法 32

■ U
U_3 35

■ V
var 7
var.test 11
vcd パッケージ 22
VIF 73, 90
vif 73, 272
VSS.scree 166, 381

■ W
Welch 法 11
which 51

■ X
xtabs 21, 60
xyplot 17

■ Z
z 得点 26

■ い
一元配置分散分析（対応なし） 376
逸脱度 249, 281
因子 177
　　——型 42
　　——寄与 168
　　——寄与率 169
　　——軸の回転 169, 179
　　——負荷 167, 178

■ う
ウォード法 301

■ お
オッズ 254, 266
　　——比 255, 277

オブザベーション 2
オブジェクト 3
重み付きユークリッド距離 333

■ か
外生変数 140, 213
階層線形モデル 93
階層データ 117
階層的クラスター分析 288, 374
階層的重回帰 93
　　——分析 383
確認的因子分析 185, 388
ガットマン基準 165
慣性 323, 338
間接効果 223
観測対象 2
観測値の独立性 119
観測変数 177, 213

■ き
棄却 11
基準セル 243, 251, 260
期待度数 252
　　——行列 252
帰無仮説 11
逆転項目 210
級内相関係数 119
行スコア 322
共通因子 177
共通性 179
行プロファイル 331
共分散 19
　　——行列 19
　　——構造分析 212
寄与率 321, 323, 336

■ く
クラスター間の散らばり 311
クラスター数の妥当性 311
クラスター内の散らばり 311
クラメールの連関係数 V 22
クロス集計表 20, 239
クロスレベルの交互作用効果 118
群平均法 305

■ け
欠損値 47
決定係数 74, 88, 223
　　——の増分 97

■ こ
効果量 33
交互作用項 99

交互作用効果　93, 240
高次因子　200
　　——分析　200
高次の交互作用効果　260
構成概念　163
構造化　153, 229
構造変数　213
構造方程式　226
　　——モデリング　212
誤差　70
　　——の平方和　87
　　——分散　84
　　——変数　213
固定効果　119
固定制約　229
固定長データ　53
古典的テスト理論　181
固有値　165, 321
　　——問題　336
コレスポンデンス分析　260, 319
コンジョイント分析　87

■さ ─────────────
再検査法（再テスト法）　182
最小2乗法　81
最短距離法　305
最長距離法　305
最頻値　6
最尤法　32, 81, 231
作業ディレクトリ　3
鎖状効果　306
残差分析　23
散布図　16
　　——行列　16
散布度　7

■し ─────────────
市街地距離　299
指数表記　11
実験計画法　87
実数値　43
質的変数　21
　　——を含む重回帰分析　79
質量　330
四分位範囲　9
尺度　164
斜交回転　179
重回帰分析　69
重回帰モデル　70
重心　330
　　——法　305
修正指標　146, 220

修正済み g　33
収束的証拠　207
集団平均値の信頼性　130
集団平均中心化　121
自由度　11, 195, 229
　　——調整済み決定係数　74, 88
自由母数　195, 229
順序カテゴリカル変数　30
初期解　168
真値　181
審美的属性　346
信頼性　181
　　——係数　181

■す ─────────────
スクリーテスト　166
スクリープロット　166
ステップワイズ法　110

■せ ─────────────
正規分布の確率密度関数　84
整数型　42
正の相関関係　16
折半法　182
切片　70
説明変数　11, 69
零和制約　251
全慣性　339
潜在変数　177, 213
　　——を伴うパス解析　209, 390
全体平均中心化　121

■そ ─────────────
層化　343
相関関係　16
相関行列　26
相関係数の信頼区間　36
総合効果　223
層別クロス集計表　21
層別散布図　17
ソート　48
測定方程式　226

■た ─────────────
第1四分位数　10
第2四分位数　9
第3四分位数　10
帯域幅と忠実度のジレンマ　206
対応のある t 検定における効果量　35
対数線形モデル　240
　　——の自由度　250
対数尤度関数　249
代表値　6

多重共線性　72
多重クロス集計表（多元分割表）　240, 317
多重コレスポンデンス分析　319, 326
妥当性　205
多特性多方法行列　207
多変量データ　14
　　——行列　2
単回帰係数　70
　　——の標準誤差　73
単回帰式　70
単回帰モデル　70
探索的因子分析　164, 380
単純傾斜　103
単純効果　103
単純構造　169, 179
単調性の逸脱　306
端点制約　251
単変量データ　5

■ち

チェビシェフ距離　300
置換　51
中央値　6
中心化　99
調整効果　93
調整変数　93
直接効果　223
直交回転　179

■て

データフレーム　42
適合度指標　144, 156, 218
テトラコリック相関係数　30
テューキーの方法　377
デンドログラム　290, 324

■と

等値制約　194, 195, 229
同値モデル　158
等分散　11
独自因子　177
独自性　179
独立な 2 群の t 検定　11
　　——における効果量　33
独立モデル　156, 241

■な

内生変数　140, 213

■ぬ

ヌル逸脱度　283
ヌルモデル　282

■は

バイシリアル相関係数　30
パイプ演算子　356
バイプロット　319
箱ヒゲ図　9
パス解析　139
パス図　139

■ひ

ピアソンの積率相関係数　19
非階層的クラスター分析　288
非心 t 分布　33
ヒストグラム　5
標準誤差　27
標準得点　26
標準偏回帰係数　77
標準偏差　7
標本サイズ　24
標本標準化平均値差　33
標本標準偏差　25
標本分散　25
標本平均　25
　　——の標本分布　27
非類似度行列　288

■ふ

ファセット　343
不適解　199
不等式制約　229
負の相関関係　16
不偏共分散　25
不偏分散　7, 25
　　—— $\hat{\sigma}^2$　25
　　——の平方根　25
分散　7
　　——拡大要因　73
　　——説明率　223
　　——分析　87

■へ

平均値　6
平行検査法（平行テスト法）　182
平行分析　166
平方相関　323, 337
平方ユークリッド距離　297
平方和　25
ベルヌーイ分布　277
偏回帰係数　70
　　——の信頼区間　76, 89
偏差　25, 27
変数　3
　　——減少法　110

索引　417

——選択　110
——増加法　110
——の型　42
偏相関係数　28
弁別的証拠　207
変量効果　119

■ ほ

ポアソン分布　241, 249
飽和モデル　195, 241, 282
母数　24
——の制約　197, 251
母平均
——の $(1-\alpha)$100% 信頼区間　28
——の 95% 信頼区間　12
ポリコリック相関係数　30
ポリシリアル相関係数　30

■ ま

マージ　50
マルチレベルモデル　115

■ み

ミンコフスキー距離　300

■ む

無相関　16

■ も

目的変数　11, 69
—— y の平方和　87
モデルの逸脱度　243

モデルの識別性　194

■ ゆ

有意確率　11
ユークリッド距離　297
尤度　84
——比検定　244, 250

■ よ

要約統計量　10
予測値　82
—— $\hat{y}$ の平方和　87

■ ら

ランダム傾きモデル　118
ランダム切片モデル　118

■ り

離散型の確率分布　249
量的変数　19

■ る

累積寄与率　322

■ れ

列スコア　322
列プロファイル　331
連関　20, 239
——係数　22

■ ろ

ロジスティック回帰分析　262
ロジスティック回帰モデル　273

〈著者略歴〉

川端一光（かわはし いっこう）［担当：第1章，第2章，第3章，第10章，第13章］
2008 年　早稲田大学大学院文学研究科博士後期課程単位取得退学
　　　　　博士（文学）
現　在　明治学院大学心理学部准教授
〈専　門〉心理統計学・教育測定学
〈主な著書〉『R による項目反応理論』（共著）オーム社，2014
　　　　　『心理学のための統計学入門』（共著）誠信書房，2014

岩間徳兼（いわま のりかず）［担当：第9章，第11章，第12章，第14章，第15章］
2011 年　早稲田大学大学院文学研究科博士後期課程修了
　　　　　博士（文学）
現　在　北海道大学高等教育推進機構准教授
〈専　門〉心理統計学・教育測定学
〈主な著書〉『因子分析入門』（分担執筆），東京図書，2012
　　　　　『共分散構造分析［R 編］』（分担執筆）東京図書，2014

鈴木雅之（すずき まさゆき）［担当：第4章，第5章，第6章，第7章，第8章］
2013 年　東京大学大学院教育学研究科博士課程修了
　　　　　博士（教育学）
現　在　横浜国立大学教育学部准教授
〈専　門〉教育心理学
〈主な著書〉『テストの作成と運用』（分担執筆）北大路書房，2016
　　　　　『SPSS による心理統計』（共著）東京図書，2017

- 本書の内容に関する質問は，オーム社書籍編集局「（書名を明記）」係宛に，書状または FAX（03-3293-2824），E-mail（shoseki@ohmsha.co.jp）にてお願いします。お受けできる質問は本書で紹介した内容に限らせていただきます。なお，電話での質問にはお答えできませんので，あらかじめご了承ください。
- 万一，落丁・乱丁の場合は，送料当社負担でお取替えいたします。当社販売課宛にお送りください。
- 本書の一部の複写複製を希望される場合は，本書扉裏を参照してください。

JCOPY ＜出版者著作権管理機構 委託出版物＞

R による多変量解析入門
データ分析の実践と理論

2018 年 7 月 20 日　　第 1 版第 1 刷発行
2020 年 1 月 30 日　　第 1 版第 4 刷発行

著　　者　川端一光・岩間徳兼・鈴木雅之
発行者　村上和夫
発行所　株式会社オーム社
　　　　郵便番号　101-8460
　　　　東京都千代田区神田錦町 3-1
　　　　電話　03(3233)0641(代表)
　　　　URL https://www.ohmsha.co.jp/

© 川端一光・岩間徳兼・鈴木雅之 2018

組版　グラベルロード　　印刷・製本　壮光舎印刷
ISBN978-4-274-22236-8　Printed in Japan

好評関連書籍

Rによるやさしい テキストマイニング
[機械学習編]

小林 雄一郎 著

定価（本体2,800円【税別】）
A5／256頁

機械学習を用いた本格的なテキストマイニングをやさしく解説！

本書は、フリーの分析ツールである R を用いて、機械学習による大規模なテキストデータ解析の手法などをわかりやすく解説した書籍です。(1) ウェブからのテキストデータの自動収集、(2) 生の「きたない」データを分析しやすい「きれいな」データにするための前処理、(3) 大規模データを解析するための機械学習の手法、(4) 分析結果を顧客や上司に分かりやすく伝えるための可視化の手法を丁寧に解説しています。

Rによる実証分析
―回帰分析から因果分析へ―

星野 匡郎・田中 久稔 共著

定価（本体 2,700 円【税別】）
A5／276頁

回帰分析の「正しい」使い方をRで徹底解説!!

本書は、フリーの分析ツールである R を用いて、機械学習による大規模なテキストデータ解析の手法などをわかりやすく解説した書籍です。「因果分析」を中心テーマに据え、関連する内容がこのテーマに収まるように構成し、経済学を中心とする社会科学における回帰分析の「正しい」使い方を徹底解説するものです。テーマを回帰分析による因果分析に絞り込むことで、高校数学程度の知識でも理解できるよう必要とする数学を最小限にとどめ、また多くの分析例に加えて、多数の例題および解答・解説を収録します。

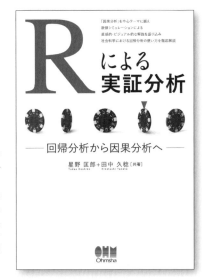

もっと詳しい情報をお届けできます。
◎書店に商品がない場合または直接ご注文の場合で右記宛にご連絡ください。

ホームページ http://www.ohmsha.co.jp/
TEL/FAX TEL.03-3233-0643 FAX.03-3233-3440

（定価は変更される場合があります）

F-1611-205